Proteomics-Methoden

Andrew J. Link und Joshua LaBear

Proteomics-Methoden

Ein Cold Spring Harbor Laborhandbuch

Aus dem Englischen übersetzt von Birgit Jarosch

Autoren:
Andrew J. Link, Vanderbilt University School of Medicine
Joshua LaBear, Harvard University of Medicine and Harvard Institute of Proteomics

Titel der Originalausgabe: Proteomics. A Cold Spring Harbor Laboratory Course Manual

Aus dem Englischen übersetzt von Birgit Jarosch

Bibliografische Information der Deutschen Nationalbibliothek
Die Deutsche Nationalbibliothek verzeichnet diese Publikation in der Deutschen Nationalbibliografie; detaillierte bibliografische Daten sind im Internet über http://dnb.d-nb.de abrufbar.

Springer ist ein Unternehmen von Springer Science+Business Media
springer.de

Spektrum Akademischer Verlag ist ein Imprint von Springer

10 11 12 13 14 5 4 3 2 1

Planung und Lektorat: Dr. Ulrich G. Moltmann; Imme Techentin
Redaktion: Birgit Jarosch, Ruth Horn
Satz: TypoStudio Tobias Schaedla, Heidelberg
Umschlaggestaltung: SpieszDesign, Neu-Ulm
Titelfotografie: © Pasieka/SPL/Agentur Focus

ISBN 978-3-8274-2408-2

Inhalt

Vorwort

Die Experten der DNA-Sequenzierung lieferten sich einen erbitterten Wettkampf, wer als erster das menschliche Genom vollständig sequenzieren würde, und das Interesse der Medien erreichte seinen Höhepunkt, und dennoch konnten viele von uns nicht die Finger von den wohl interessantesten Makromolekülen der Biologie lassen – den Proteinen. Die Sequenzierung von DNA ist sicherlich einfacher als die Identifizierung, die Sequenzierung und die Untersuchung von Proteinen. Spleißvarianten und die große Zahl an möglichen posttranslationalen Prozessierungsschritten von Addukten bis hin zur selektiven Spaltung sorgen für eine außerordentlich große Zahl möglicher Proteinspezies. Proteine sind weitaus komplexer als jedes andere Makromolekül, das wir kennen; die einzigartige Chemie eines jeden Proteins macht es nahezu unmöglich, auf alle Proteine anwendbare Methoden zu entwickeln. Doch erfordern nicht die wertvollsten Dinge des Lebens die größten Anstrengungen?

Das Leben findet auf der Ebene der Proteine statt; sie stellen der Biologie die notwendigen Verben zur Verfügung. Sie bauen auf, prozessieren, aktivieren und inaktivieren; sie polymerisieren, reparieren, unterstützen, verändern, bauen ab, falten, wandern und transportieren; sie verkürzen, signalisieren, spalten, hemmen, verdauen, fluoreszieren, induzieren, schneiden aus, tragen und reprimieren; sie binden, übertragen, übermitteln, amplifizieren, lesen Korrektur, regulieren und vollbringen unzählige andere Aktivitäten. Laufen Vorgänge nicht ordnungsgemäß ab, sind Proteine unweigerlich der Kern des Problems. Die meisten Erkrankungen gehen auf eine Fehlfunktion eines Proteins zurück und nahezu alle medizinischen Wirkstoffe verändern die Proteinfunktion.

Das Humangenomprojekt stellt einen Wendepunkt der Untersuchung von Proteinen und ihrer Funktion dar. Die aus ihm hervorgehende Sequenzinformation war die Grundlage für die Vorhersage der Aminosäuresequenzen der meisten Proteine und führte im Bereich der Informatik zur Entwicklung von Werkzeugen, die bei der Identifizierung von Proteinen durch Massenspektrometrie mittlerweile routinemäßig eingesetzt werden. Und es sind Gensequenzen erkennbar, die sich klonieren lassen, um rekombinante Proteine herzustellen. Auf einer anderen Ebene betrachtet veränderten die Sequenzierprojekte die Biologie auch in einer Richtung, die zum damaligen Zeitpunkt in den anderen Naturwissenschaften bereits verbreitet war: das Etablierung multidisziplinärer Forschungsteams. Und man verfolgte bei der Untersuchung von Proteinen einen neuen Ansatz, die Proteomik, die die im großen Maßstab durchgeführten Analysen und multidisziplinären Ansätze der Genomprojekte an die Untersuchung von Proteinen und ihrer Funktion in der Biologie anpasste.

Nahezu alle Arten von Experimenten mit DNA basieren auf Varianten der gleichen grundlegenden Chemie – die Paarung von Nucleotidbasen durch Wasserstoffbrücken. Chemie und Struktur eines jeden Proteins sind dagegen einzigartig, sodass der Einsatz universell anwendbarer Methoden unmöglich ist. So sind die Werkzeuge, derer sich die Proteomik bedient, zahlreicher und auch komplexer als die Methoden, die der Analyse von Nucleinsäuren dienen, und wir lernen immer noch, sie im entsprechenden Maßstab anzuwenden.

Zu Beginn dieses Jahrhunderts nahm das Interesse an der Proteomik zur Analyse von Proteinen rasant zu. Dieses rasch wachsende Interesse legte auch die Einführung von Kursen nahe, in denen die entsprechenden Methoden gelehrt wurden. Studierende, Postdoktoranden, technische Assistenten und Laborleiter – alle waren fasziniert und wollten Proteomik in ihrer Forschung einsetzen, doch die meisten wussten nicht wie. Und selbst wenn sich jemand finden ließ, der die Proben untersuchte und die Daten sammelte, gab es doch Bedenken, dass man die Methoden nicht ausreichend verstanden haben könnte, um die Daten auch korrekt interpretieren zu können. Welchen Daten würde man glauben schenken können und welchen nicht?

Um Abhilfe zu schaffen, riefen zwei aus unserer Gruppe, zusammen mit Philip Andrews von der University of Michigan, im Jahre 2002 am Cold Spring Harbor Laboratory einen Proteomikkurs ins Leben, der als intensive praktische Einführung in das Gebiet dienen sollte. Der grundlegende Ansatz des Kurses war, in jedem Jahr 16 Studenten auszuwählen und sie in Proteomik zu unterrichten, indem sie aktuelle Methoden durchführten und die gewonnenen Daten interpretierten. Wie mit diesem Buch deutlich wird, deckt der Kurs ein breites Spektrum an Themen aus dem Bereich der Proteomik ab, wie verschiedene Verfahren zur Proteinpräparation,

Methoden der Auftrennung, allgemeine Methoden der Massenspektrometrie, Klonierung von codierenden Sequenzen für die Proteinexpression im großen Maßstab, die Herstellung und Verwendung von Proteinmicroarrays und die Methoden zur Datenanalyse. Thema des Kurses sind einige der am weitesten entwickelten Verfahren der Proteomik, einschließlich vieler neuer Methoden, die noch nicht veröffentlicht sind. Seitdem der Kurs erstmals stattgefunden hat, hat er stets großen Anklang bei den Studierenden gefunden und die Zahl der Bewerber übertrifft die Zahl der freien Plätze um das Fünffache.

Dieses Laborhandbuch enthält Protokolle, anhand derer sich die meisten Methoden, die wir in den letzten sechs Jahren behandelt haben, Schritt für Schritt durchführen lassen. Die Anleitungen sind ausführlich, sie enthalten Anmerkungen zu den Techniken, um des den Kursteilnehmern zu erleichtern, die Methoden im eigenen Labor durchzuführen. Da sich das Feld der Proteomik rasant entwickelt, werden einige dieser Methoden in den kommenden Jahren von neueren Verfahren abgelöst werden. Die in unserem Kurs behandelten Methoden werden sich weiterentwickeln, wenn sich neue Verfahren und neue Ansätze zur Proteinanalyse etablieren. Alle hier erwähnten Verfahren sind über einen langen Zeitraum erprobt und nicht sehr fehleranfällig. Wir beabsichtigen, dieses Handbuch regelmäßig zu aktualisieren, wenn sich die Inhalte des Kurses verändern.

Dieses Werk wäre nicht möglich gewesen ohne die Unterstützung unserer hervorragenden wissenschaftlichen Mitarbeiter, mit deren Hilfe die Protokolle verfasst wurden, und ohne die vielen Mitglieder unserer Labors und der Labors der Massenspektrometrie, der analytischen Chemie, der Bioinformatik und der biologischen Gemeinde, die sie mitentwickelt haben. Wir sind ihnen Allen zu großem Dank verpflichtet.

Joshua LaBaer
Andrew J. Link

Einleitung

E

Die Proteomik hat sich zu einem leistungsfähigen Ansatz entwickelt, mit dem sich biologische Prozesse analysieren und Veränderungen der Proteinausstattung von Zellen und Geweben feststellen lassen. In der Medizin stellt die Proteomik zum einen ein wichtiges Werkzeug für die Suche nach neuen Biomarkern für menschliche Erkrankungen dar; zum anderen bildet sie auch die Basis für die Suche nach neuen Angriffsstellen für therapeutische Wirkstoffe (Omenn 2006). Die meisten der heute bei der Behandlung von Erkrankungen eingesetzten Wirkstoffe haben Proteine zum Ziel.

Der Proteomikkurs am Cold Spring Harbor Laboratory (CSHL) wurde ins Leben gerufen, um Studierende, Postdoktoranden und erfahrene Forscher in fortgeschrittenen Methoden und Anwendungen der Proteomik in der biomedizinischen Forschung anzuleiten; und mit diesem Ziel wurde auch dieses Handbuch konzipiert. Im Buch sind grundlegende Methoden der Proteomik beschrieben, die die an der Lehre beteiligten wissenschaftlichen Mitarbeiter ausgewählt haben und die in dem zweiwöchigen Kurs unterrichtet werden. Diese universell einsetzbaren Methoden der Proteomik lassen sich an ein breites Spektrum an Fragestellungen in der biologischen Forschung anpassen, und wir hoffen, dass dieses Handbuch vielen Wissenschaftlern bei ihrer praktischen Arbeit an der Laborbank gute Dienste leisten wird.

Genomik und Proteomik

Vor der vollständigen Sequenzierung von Genomen behandelten Forschungsprojekte in der Biologie hauptsächlich eine begrenzte Zahl an Genen oder Proteinen. In der Genetik oder in der Biochemie wurden routinemäßig Screenings eingesetzt, um neue Gene und Proteine zu finden, die an biologischen Prozessen beteiligt sind. Die Isolierung und Sequenzierung von Genen und Proteinen war ein langsamer und arbeitsintensiver Prozess. Neue Proteine wurden in der Regel mithilfe der Edman-Sequenzierung identifiziert, für die die Isolierung des jeweiligen Proteins erforderlich ist –, anschließend identifizierte man Schritt für Schritt die Aminosäuren der Peptide, in die das Protein zuvor gespalten worden war.

Das Aufkommen der Molekularbiologie, der PCR und der DNA-Sequenzierung im großen Maßstab veränderte die biologische Forschung grundlegend. Verbesserte Methoden für die Herstellung rekombinanter Proteine ausgehend von klonierten Genen, ermöglichte die Etablierung von außerordentlich vielfältigen funktionellen Analysen, und die Zahl an aufgeklärten dreidimensionalen Proteinstrukturen nahm exponentiell zu. Die Methoden einer schnellen und kostengünstigen DNA-Sequenzierung haben die Aufklärung von Nucleotidsequenzen einer großen Zahl von Genen und Genomen stark vereinfacht. Die Verknüpfung dieser Sequenzinformation mit Informationen über die Struktur und die biologische Bedeutung des Genprodukts wurde zu einem Unternehmen, an dem sich Forschergruppen weltweit beteiligten (ENCODE Project Consortium 2004; Birney et al. 2007). Unter Verwendung annotierter Genome erstellte man Proteindatenbanken, die zumindest theoretisch das vollständige Proteom enthalten, das vom Genom des jeweiligen Organismus codiert wird. Dieses Handbuch beschreibt verschiedene Ansätze und Methoden der Proteomik, mit deren Hilfe sich annotierte Genome in der biologischen Forschung nutzen lassen.

Herausforderungen des Proteoms

Proteine zeigen hinsichtlich ihrer Größe, ihrer Gestalt, ihres isoelektrischen Punktes, ihrer Hydrophobizität und ihrer biologischen Affinität eine außerordentliche Variabilität. Die Diversität der Seitenketten der Aminosäuren und die Fähigkeit von Proteinen, sich zu einzigartigen dreidimensionalen Konformationen zu falten, verleihen jedem Protein bestimmte physikalische, chemische und funktionelle Eigenschaften. Diese Diversität ist es, durch die Proteine so viele verschiedene Funktionen in der Zelle übernehmen können. Neben dieser großen Bandbreite physikalischer Eigenschaften kann die Häufigkeit von Proteinen im Proteom um sechs Zehnerpotenzen variieren. Die Zahl regulatorischer Proteine wie Transkriptionsfaktoren kann zwischen einer und zehn Kopien pro Zelle liegen, bei Strukturproteinen können es pro Zelle 1 000 000 Kopien sein (Ghaemmaghami et al. 2003). Im menschlichen Blut, so schätzt man, schwankt die Häufigkeit bestimmter Proteine zwischen neun und zwölf Zehnerpotenzen (Omenn et al. 2005). Die Vielfalt physikalischer Eigenschaften und die stark variierende Menge an Proteinen bedeuten eine stetige Herausforderung für die Proteomik.

Verglichen mit dem Genom ist das Proteom eines Organismus wesentlich komplexer. Das alternative Spleißen von RNA, RNA-Editierung, die proteolytische Prozessierung und posttranslationale Modifikationen erhöhen die Komplexität des zellulären Proteoms beträchtlich (Modrek et al. 2001; Zavolan et al. 2002). Schätzungen zufolge entstehen ausgehend von 40–60 % aller Gene des menschlichen Genoms Transkripte mit alternativen Exons (Modrek und Lee 2002). In einer Untersuchung zur Annotierung des menschlichen Genoms, schätzte das ENCODE-Projekt, dass von den proteincodierenden Genen des Genoms im Durchschnitt jedes Gen die Grundlage für 5–6 verschiedene Transkripte darstellt (Denoeud et al. 2007). Wie viele von diesen alternativen Transkripten tatsächlich in Proteine translatiert werden ist unbekannt. Posttranslationale Modifikationen von Proteinen wie die Addition funktioneller Gruppen an Polypeptide und die Veränderung der Proteinstruktur oder der Aminosäurechemie erweitern das Spektrum der Proteinfunktionen und -aktivitäten dramatisch (Walsh 2006). Diese Modifikationen von Proteinen und der proteincodierenden Transkripte haben einen großen Anteil an der Diversität des Proteoms. Die etwa 25 000 proteincodierenden Gene des menschlichen Genoms sind laut Schätzungen die Grundlage für 500 000–2 000 000 einzigartige Proteine (International Human Genome Sequencing Consortium 2004; Jensen 2004; Birney et al. 2007).

Während das Genom eines Organismus relativ konstant ist, erweist sich das Proteom als sehr dynamisch. Je nach Zelltyp, Stadium des Zellzyklus, Entwicklungsphase und Umweltbedingungen unterscheiden sich Genexpression und Proteinsynthese in einem Organismus sehr stark; außerdem verändern sich die Wechselwirkungen zwischen den Proteinen, die intrazelluläre Lokalisation und die posttranslationalen Modifikationen während all dieser Ereignisse ständig. Eine der großen Aufgaben der Proteomik ist, die im Proteom einer Zelle oder eines Gewebes stattfindenden Veränderungen genau zu erfassen und zu quantifizieren.

Trotz der weltweiten Bemühungen, Genome und Proteome zu annotieren, sind die biologischen Funktionen der meisten Gene und Proteine bislang unbekannt. So ist die Hefe *Saccharomyces cerevisiae* mit ihrem verhältnismäßig kleinen Proteom von 6 000 Proteinen weiterhin zentrales Forschungsobjekt für Genetik, Genomik und Proteomik in großem Maßstab, die alle das Ziel verfolgen, Genom und Proteom zu annotieren (Winzeler et al. 1999; Uetz et al. 2000; Tong et al. 2001, 2004; Gavin et al. 2002, 2006; Giaever et al. 2002; Ho et al. 2002; Measday et al. 2005; Krogan et al. 2006). Dennoch wissen wir über die biologische Funktion von etwa 40 % des Hefeproteoms bislang sehr wenig (Clare und King 2003; Hirschman et al. 2006).

Proteomik: Grundlagen, Methoden und Anwendungen

Biochemie und Reinigung von Proteinen

Die Proteinbiochemie bildet die Basis der Proteomik. Für Studierende und Lehrende, die sich an die Proteomik heranwagen, sind grundlegende Kenntnisse der Proteinbiochemie und der Proteinreinigung unabdingbar; ein Grundverständnis in beiden Bereichen wird bei den Nutzern dieses Handbuches vorausgesetzt. Praktische Erfahrungen in der Ernte von Zellen und Gewebeproben, der Extraktion von Proteinen, der Reinigung von Proteinen, der Auftrennung mittels SDS-PAGE und dem Nachweis von Proteinen werden die Erfolgschancen beim Einstieg in die Proteomik verbessern. Diejenigen, die sich zuvor weitere Grundlagen aneignen möchten, können auf etliche exzellente Quellen zurückgreifen (Marshak et al. 1996; Walker 1996; Golemis 2002; Simpson 2003).

Darstellung des Proteoms

In den 1970er-Jahren wurde die zweidimensionale (2D-)Gelelektrophorese entwickelt. Sie stellt eine leistungsfähige und sensitive Methode dar, um eine große Zahl von Proteinen in Gesamtzellextrakten aufzutrennen und sichtbar zu machen (O'Farrell 1975; O'Farrell et al. 1977). Durch die Verknüpfung der isoelektrischen Fokussierung mit der SDS-PAGE lassen sich Tausende von Proteinen auftrennen (Abb. E.1). Die Intensität der Spots auf dem 2D-Gel spiegelt die Häufigkeit der Proteine wider und wird eingesetzt, um das Proteom quantitativ zu erfassen. Die Reproduzierbarkeit der 2D-Gelelektrophorese wurde durch die Verwendung von immobilisierten

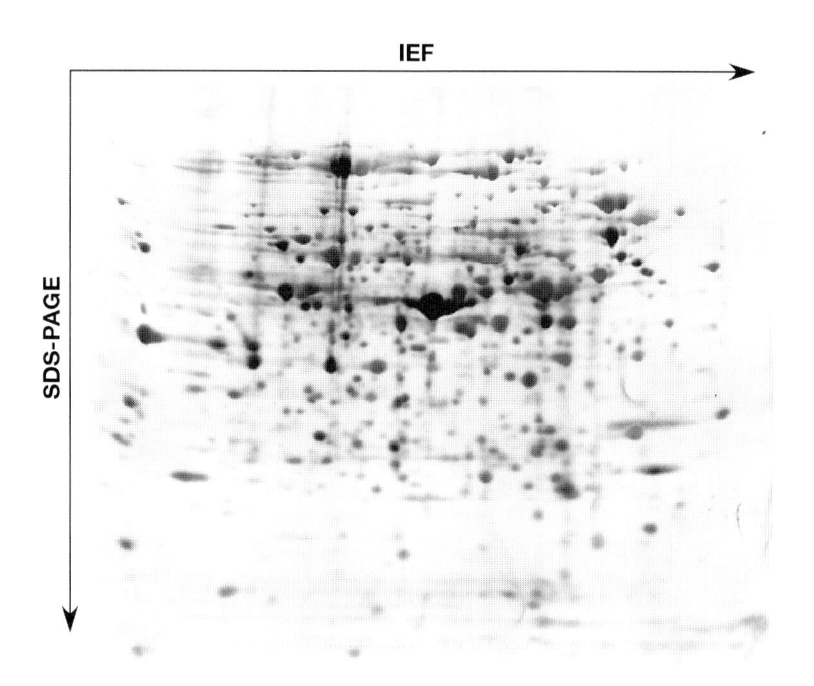

Abb. E.1 Darstellung einer zweidimensionalen (2D-)Gelelektrophorese des Proteoms von *Escherichia coli*. Der Proteinextrakt wurde aus Zellen gewonnen, die in Vollmedium kultiviert wurden. Die Proteine wurden zunächst mit einer isoelektrischen Fokussierung (IEF) aufgetrennt, die auf dem für jedes Protein charakteristischen isoelektrischen Punkt (Aminosäurezusammensetzung) beruht. Eine Polyacrylamid-Gelelektrophorese (PAGE) mit Natriumdodecylsulfat (SDS) diente anschließend der Auftrennung der Proteine nach ihrer Molekülmasse (Größe). Die Intensität der 2D-Spots spiegelt die Häufigkeit der Proteine im Proteom wider. Das mit Coomassie-Blau gefärbte Gel zeigt mehr als 1 000 Spots. (Nachdruck aus Link et al. 2004, © Elsevier 2004.)

pH-Gradienten (IPG), die Standardisierung des Verfahrens, der Fluoreszenzmarkierung von Proteinen und Weiterentwicklungen im Bereich der bildgebenden Darstellung und der Computertechnik erheblich verbessert (Bjellqvist et al. 1982; Blomberg et al. 1995; Klose und Kobalz 1995; Unlü et al. 1997; Link 1998; Wildgruber et al. 2000; Righetti et al. 2004). Das Verfahren wird in der Regel eingesetzt, um ein Profil der gesamten in Zellen oder Geweben exprimierten Proteine zu erstellen. Um die Proteine zu identifizieren, werden Spots aus den 2D-Gelen ausgeschnitten, die Proteine noch im Gel mit Trypsin gespalten, die Peptide aus dem Gel isoliert und einer Massenspektrometrie unterzogen. Experiment 1 schult die Studierenden in der Vorbereitung und Durchführung einer 2D-Gelelektrophorese mit Gesamtzelllysaten und der Identifizierung von Proteinen in den Spots der 2D-Gele.

Identifizierung und Quantifizierung des Proteoms mithilfe der Massenspektrometrie

Die Massenspektrometrie (*mass spectrometry*, MS) ist eine der Methoden, die die Proteomik erheblich vorangebracht haben, und sie entwickelte sich zur Methode der Wahl, wenn es darum geht, Peptide, Proteine und posttranslationale Modifikationen sensitiv und schnell zu identifizieren (Abb. E.2). Eine Massenspektrometrie vermag in kurzer Zeit von einer großen Zahl an Proteinen ungeheure Datenmengen zu produzieren. In Kombination mit den verschiedenen Ansätzen zur Markierung von Peptiden und Proteinen mit stabilen Isotopen lässt sich die Massenspektrometrie auch einsetzen, um eine große Zahl an Proteinen im Proteom zu quantifizieren.

Mithilfe der Massenspektrometrie wird bei Ionen, die sich in der Gasphase befinden, formal das Verhältnis von Masse zu Ladung (m/z) gemessen, das in der analytischen Chemie der Quantifizierung und der Charakterisierung der Struktur von kleinen Molekülen (<1 000 Da) dient. In den späteren 1980er-Jahren wurden zwei Methoden zur Ionisierung eingeführt, die sich für die Ionisierung von Peptiden und Proteinen eignen.

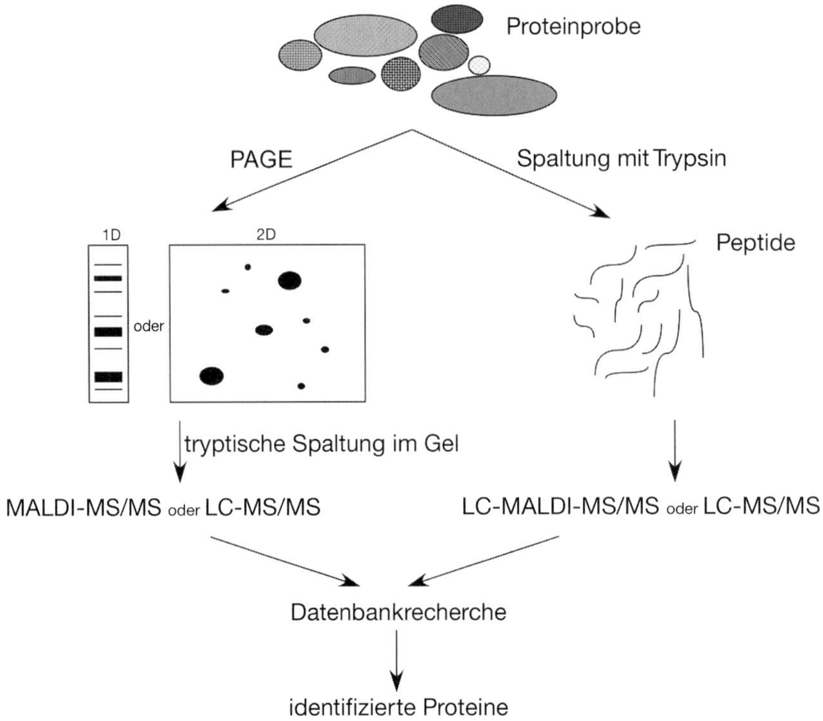

Proteinprobe
PAGE
Spaltung mit Trypsin
1D
2D
oder
Peptide
tryptische Spaltung im Gel
MALDI-MS/MS oder LC-MS/MS
LC-MALDI-MS/MS oder LC-MS/MS
Datenbankrecherche
identifizierte Proteine

Abb. E.2 Varianten der Massenspektrometrie zur Identifizierung von Proteinen. Eine Proteinprobe (z.B. ein Zelllysat, eine subzelluläre Fraktion, ein Proteinkomplex oder ein gereinigtes Protein) wird entweder durch Gelelektrophorese aufgetrennt oder direkt mit Trypsin gespalten. Die mithilfe eines Gels aufgetrennten Proteine werden noch im Gel trypsiniert und die Peptide aus dem Gel extrahiert. Anschließend werden sie mithilfe der matrixgestützten Laserdesorptionsionisierung (MALDI), gekoppelt mit einer Tandemmassenspektrometrie (MS/MS), analysiert, um das Sequenzspektrum einzelner Peptide zu erhalten. Eine Alternative stellt die Analyse der Peptide mithilfe der Flüssigkeitschromatographie dar, die ebenfalls mit einer Tandemmassenspektrometrie gekoppelt wird (LC-MS/MS), um Tandemmassenspektren zu erhalten. Bei beiden Ansätzen werden die Spektren mithilfe einer Computersoftware mit den in Datenbanken hinterlegten Eigenschaften bekannter Proteinsequenzen abgeglichen, um die Proteine in der Probe zu identifizieren.

Die matrixgestützte Laserdesorptionsionisierung (*matrix-assisted laser desorption ionization*, MALDI) und die Elektrosprayionisierung (*electrospray ionization*, ESI) sind Verfahren zur schonenden Ionisierung (Whitehouse et al. 1985; Karas und Hillenkamp 1988). Während des Ionisierungsprozesses werden Polypeptide in der Regel nicht zerstört und die Methoden sind bei der Herstellung von ionisierten Peptiden und Proteinen außerordentlich effizient. Sowohl bei der Anwendung von MALDI als auch von ESI lassen sich mithilfe der Massenspektrometrie (MS) die m/z-Werte von Peptiden und Proteinen exakt bestimmen. Die Tandemmassenspektrometrie (MS/MS) dient der Isolierung einzelner Peptidionen, die anschließend weiter fragmentiert werden, um Ionen für die Sequenzierung zu erhalten. Anhand der m/z-Verhältnisse der einzelnen Ionen lassen sich die Aminosäuresequenz des Peptids und dessen Struktur ermitteln. Die Experimente 3, 4, 6 und 7 und die Anhänge 1 und 7 veranschaulichen die Durchführung einer MS/MS-Analyse mithilfe von MALDI und ESI zur Identifizierung von Proteinen.

LC-MS – die Kopplung von Flüssigkeitschromatographie (*liquid chromatography*, LC) mit einer MS – stellt eine leistungsfähige analytische Methode für die Analyse von Peptidgemischen dar. Mithilfe der Flüssigkeitschromatographie, insbesondere der Hochleistungsflüssigkeitschromatographie (*high performance liquid chromatography*, HPLC), werden die Peptide eines komplexen Gemisches vor der Analyse durch MS physikalisch aufgetrennt. Die Entwicklung von Chromatographiesystemen mit niedriger Durchflussgeschwindigkeit und geringen erforderlichen Probenmengen erhöhte die Empfindlichkeit der LC-MS außerordentlich. Heute überragt die Mikrokapillarflüssigkeitschromatographie gekoppelt mit MS/MS alle herkömmlichen Methoden zur Analyse von komplexen Peptid- oder Proteingemischen. Sie hat sich als extrem leistungsfähig für eine rasche Identifizierung und Quantifizierung von Peptiden, Proteinen und posttranslationalen Modifikationen erwiesen (Aebersold und Mann 2003; Cravatt et al. 2007). Experiment 4 bringt den Kursteilnehmern die Vorbereitung und den Betrieb einer ESI-Ionenquelle für die Kopplung von Umkehrphasen-Mikrokapillarflüssigkeitschromatographie mit MS/MS näher, mit deren Hilfe trypsinierte Proteine, die nur in geringen Mengen vorhanden sind, identifiziert werden sollen.

Die multidimensionale Flüssigkeitschromatographie gekoppelt mit MS/MS ist eine leistungsfähige Methode, um Proteome aus Zellen und Geweben schnell zu identifizieren und miteinander zu vergleichen (Link et al. 1999; Washburn et al. 2001; Zhen et al. 2004). In Analogie zur DNA-Sequenzierung von Genomen umfasst die „Shotgun-Proteomik" die trypsinvermittelte Spaltung des Proteoms zu Peptiden, deren Fraktionierung durch multidimensionale Flüssigkeitschromatographie, die Identifizierung einzelner Peptide durch MS/MS und das Zusammenfügen der identifizierten Peptidsequenzen zu einer Reihe von Proteinen. Durch die *in vivo*-Markierung von Zellen mit isotopmarkierten Aminosäuren oder die *in vitro*-Markierung von Proteinen, die aus Zellen oder Geweben extrahiert wurden, mit chemisch reaktiven Isotop-Tags, ist es auch möglich, Proteome mithilfe der multidimensionalen Flüssigkeitschromatographie gekoppelt mit MS/MS quantitativ zu vergleichen (Gygi et al. 1999a; Ong et al. 2002; Ross et al. 2004). Experiment 6 behandelt den Aufbau und die Durchführung einer multidimensionalen Mikrokapillarflüssigkeitschromatographie, die direkt mit MS/MS gekoppelt ist und die man einsetzt, um trypsingespaltene Proteome umfassend zu untersuchen. Experiment 7 bringt dem Studierenden die Markierung von Proteomen mit stabilen Isotopen und die Anwendung der mit MALDI gekoppelten, multidimensionalen Chromatographie zur quantitativen und vergleichenden Analyse von Proteomen nahe (Ross et al. 2004).

Die Verarbeitung und Auswertung von MS-Daten ist ein wichtiger Bestandteil der Proteomik. Für die meisten Studierenden ist dies einer der wichtigsten und nützlichsten Inhalte des Proteomikkurses am CSHL. Bevor die Projekte zur Genomsequenzierung ins Leben gerufen wurden, wurden die Spektren der Tandemmassenspektrometrie ohne Unterstützung durch geeignete Software ausgewertet. Die Interpretation von Spektren, um eine Aminosäuresequenz eines Peptids abzuleiten, ohne auf vorhandene Daten zurückgreifen zu können, erforderte eine jahrelange Erfahrung. Im Jahre 1994 kam mit SEQUEST die erste Software auf den Markt, die den Zugriff auf Proteindatenbanken und noch nicht interpretierte MS/MS-Daten erlaubte, um Proteine zu identifizieren (Eng et al. 1994). Das Programm vergleicht die theoretischen Eigenschaften von Proteinen in einer Proteindatenbank mit den experimentellen Daten aus den MS/MS-Experimenten. Seit der Veröffentlichung des SEQUEST-Algorithmus wurde eine Reihe weiterer Programme entwickelt, die für die Auswertung von MS-Daten ebenfalls auf Proteindatenbanken zurückgreifen (Perkins et al. 1999; Craig und Beavis 2004; Geer et al. 2004; Tabb et al. 2007). Experiment 8 behandelt den Umgang mit verschiedenen MS-Suchmaschinen, mit deren Hilfe sich MS/MS-Daten von trypsingespaltenen Proteinen verarbeiten, analysieren und in die Liste von validierten Proteinen und posttranslationalen Modifikationen einreihen lassen.

Quantifizierung des Proteoms

DNA-Microarrays und andere Technologien ermöglichen es dem Forscher, die Transkriptionsaktivität und Häufigkeit von mRNAs in Zellen und Geweben zu bestimmen. Die Menge an mRNA ist jedoch kein Maß für die posttranskriptionelle Regulation, die letztlich die Stärke der Proteinexpression bestimmt. Etliche Studien konnten zeigen, dass die mRNA-Konzentration nicht zwingend mit der Konzentration des jeweiligen Proteins korreliert (Gygi et al. 1999b; Ideker et al. 2001; Chen et al. 2002; Greenbaum et al. 2003; Washburn et al. 2003; Lu et al. 2007). Die quantitative Proteomik, die die Menge der in den Zellen vorhandenen Proteine genau erfasst, ergänzt die Information, die durch die Messung der Transkriptionsaktivität zu Verfügung gestellt wird. Dieses Handbuch behandelt zwei verschiedene Verfahren zur Quantifizierung des Proteoms. Experiment 1 zeigt die 2D-Gelelektrophorese und Experiment 7 behandelt die Isotopmarkierung und MS-Techniken zur Quantifizierung von Proteinen des Proteoms.

Wechselwirkungen zwischen Proteinen

Allgemein nimmt man an, dass die meisten Proteine zusammen mit anderen Proteinen in Komplexen wirken und nicht als einzelne Moleküle aktiv sind, um spezifische biologische Funktionen zu erfüllen (Alberts 1998).

Ein Beispiel dafür sind Signalwege, die Signale von außerhalb der Zelle über Wechselwirkungen zwischen Proteinen in das Zellinnere übertragen. Die Identifizierung solcher Interaktionen führte zur Entwicklung von biologischen Netzwerken, die die gesamten Wechselwirkungen in einer Zelle abbilden sollen (Uetz et al. 2000; Gavin et al. 2002, 2006; Ho et al. 2002; Rual et al. 2005; Krogan et al. 2006).

Die Bezeichnung „Interaktom" beschreibt die Gesamtheit der Wechselwirkungen in der Zelle (Sanchez et al. 1999; Cusick et al. 2005). Die Identifizierung von Interaktionen von Proteinen mit anderen Proteinen und Makromolekülen (z.B. DNA-Sequenzen, RNA-Molekülen und kleinen Molekülen) ist eines der wichtigsten Ziele der Proteomik. Indem man bestimmt, mit welchen anderen Molekülen ein Protein in Wechselwirkung tritt, sind häufig Rückschlüsse auf die Funktionen eines bislang nicht charakterisierten Proteins möglich. Bei bereits beschriebenen Proteinen kommen durch die Entdeckung unerwarteter Interaktionen mit anderen Proteinen eventuell neue Funktionen hinzu. Ein Protein kann Bestandteil verschiedener Komplexe sein, von denen jeder eine spezifische Funktion besitzt (Cohen 2002; Sanders et al. 2002). Thema von Experiment 2 sind zwei unterschiedliche Versuchsprotokolle für die Isolierung von Proteinkomplexen aus Zellen oder Geweben. Experiment 11 behandelt die Anwendung von Proteinmicroarrays für die Identifizierung von Wechselwirkungen zwischen Proteinen *in vivo*.

Posttranslationale Modifikationen

Während das Genom die lineare Reihenfolge der Aminosäuren vorgibt, sind die Stellen für posttranslationale Modifikationen von Proteinen weitestgehend unbekannt. Posttranslationale Modifikationen (PTMs) sind kovalente chemische Modifikationen von Proteinen, die in der Regel nach der Translation der mRNA stattfinden. Die chemischen Veränderungen von Proteinen sind außerordentlich wichtig, da sie die physikalischen oder chemischen Eigenschaften eines Proteins wie auch seine Konformation, seine Aktivität, die zelluläre Lokalisation oder seine Stabilität beeinflussen können. So kann ein Protein in Abhängigkeit von seinem Phosphorylierungsstatus aktiv oder inaktiv sein. Über 400 verschiedene Proteinmodifikationen sind bislang bekannt und wahrscheinlich kommen noch einige hinzu (Creasy und Cottrell 2004). Die Proteomik, insbesondere die MS, spielt eine zunehmend bedeutendere Rolle bei der Identifizierung von Proteinmodifikationen und der Substrate der modifizierenden Enzyme.

Laut Schätzungen werden 30 % des Proteoms phosphoryliert (Hubbard und Cohen 1993; Cohen 2001). So verkörpert die Phosphoproteomik einen Zweig der Proteomik, der sich mit der Identifizierung, der Quantifizierung, der Katalogisierung und dem Vergleich von Phosphoproteinen im Proteom befasst. Experiment 5 befasst sich mit Techniken zur Anreicherung von Phosphopeptiden aus Proteomen und mit der Anwendung von MS/MS für die Identifizierung der Phosphorylierungsstellen.

Posttranslationale Proteinmodifikationen werden allesamt durch enzymatische Reaktionen katalysiert. Beispiele für Enzyme, die an solchen Modifikationen beteiligt sind, sind Proteinkinasen, Phosphatasen, Acetyltransferasen, Deacetylasen, Methyltransferasen, Demethylasen, Ubiquitinligasen, deubiquitinylierende Enzyme und Proteasen. Etwa 5 % des translatierten menschlichen Genoms, so schätzt man, codieren Enzyme, die mit PTMs befasst sind (Walsh 2006). Die Experimente 2 und 11 behandeln einige Ansätze zur Identifizierung von Proteinsubstraten von modifizierenden Enzymen.

Funktionelle Proteomik

Die funktionelle Proteomik befasst sich mit der Untersuchung der Funktion einzelner Proteine. Dazu ist in der Regel die Herstellung umfassender Klonsammlungen mit vollständigen offenen Leserastern (ORFs) notwendig, die jedes Gen aus dem Genom des jeweiligen Organismus enthalten. Die Klonsammlungen erleichtern die systematische Expression einzelner Proteine mit hohem Durchsatz. Groß angelegte Analysen mit cDNA-Klonen führten zur Identifizierung einer großen Zahl an exprimierten Genen und ihrer Exon-Intron-Grenzen. Die Klone sind jedoch wegen der 5'- und 3'-untranslatierten Sequenzen nicht für die Proteinexpression geeignet. Für eine umfassende Proteinexpression ist die Klonierung eines vollständigen ORF notwendig. Mithilfe der Polymerasekettenreaktion (PCR) wurden, ausgehend von genomischer DNA oder cDNA-Bibliotheken, vollständige ORFs amplifiziert und umfassende Klonsammlungen prokaryotischer und eukaryotischer Organismen erstellt. Wählt man für die Klonierung der Sequenzen ein Klonierungssystem aus, das sich die Rekombination eines Bakteriophagen zunutze macht, lassen sich die ORFs bequem in eine große Zahl verschiedener Expressionsvektoren klonieren (Hartley et al. 2000). Viele Forschergruppen haben

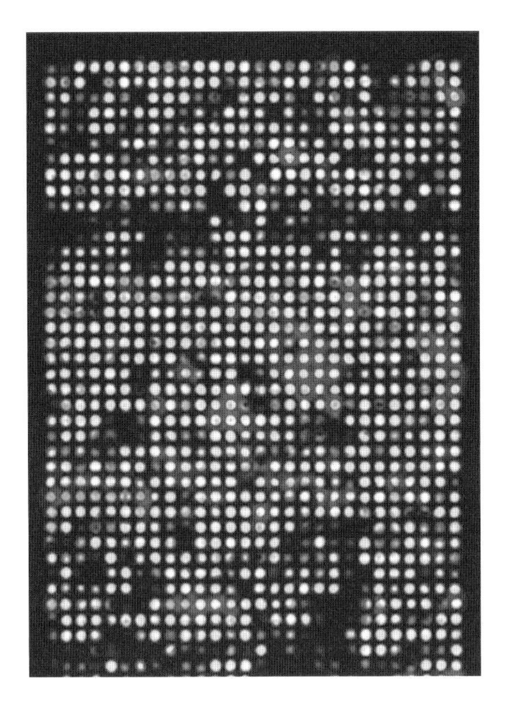

Abb. E.3 Ausschnitt aus einem Microarray von Proteinen des Menschen, fixiert auf einem Glasträger (Farbabbildung in voller Größe siehe Farbteil, Abb. 10.13). Die Proteine wurden mit einem Antikörper gegen ein GST-Epitop nachgewiesen, das zuvor mit jedem Protein fusioniert worden ist. Der Proteinmicorarray wurde nach dem Protokoll der Experimente 9 und 10 dieses Handbuchs durchgeführt.

Strategien für die Verwendung von Klonbibliotheken entwickelt (Braun und LaBaer 2003; Rolfs et al. 2008). Experiment 9 befasst sich mit der Durchführung einer Hochdurchsatzklonierung von ORFs und der Konzipierung von Expressionskonstrukten.

Die Verfügbarkeit von genomabdeckenden Sammlungen klonierter ORFs ermöglichte die Entwicklung von Hochdurchsatzstrategien für eine umfassende Analyse von Wechselwirkungen zwischen Proteinen und ihren biochemischen Funktionen (Martzen et al. 1999; Uetz et al. 2000). Viele Forschergruppen haben Strategien entwickelt, wie sich Klonbibliotheken für die Herstellung von Proteinmicroarrays einsetzen lassen (Zhu et al. 2001; Ramachandran et al. 2004; Abb. E.3. Proteinarrays werden für eine Reihe verschiedener Anwendungen zusammengestellt, zu denen auch die Identifizierung von Wechselwirkungen zwischen zwei Proteinen wie auch zwischen einem Protein und einem anderen kleinen Molekül gehört; ebenso werden mit ihrer Hilfe Profile von Immunreaktionen erstellt (Zhu et al. 2001; Anderson et al. 2008). Experiment 10 behandelt die Herstellung von Arrays mit hoher Dichte unter Verwendung einer Reihe von ORF-Klonen, die direkt auf dem Träger exprimiert werden. Experiment 11 befasst sich mit einem Ansatz, bei dem Proteinarrays der Identifizierung von Protein-Protein-Wechselwirkungen dienen.

Proteomik in der Lehre

Die 16 Teilnehmer des jährlich stattfindenden, zweiwöchigen CSHL-Proteomikkurses sind hochqualifiziert und motiviert und setzen sich zusammen aus erfahrenden Laborleitern, Postdoktoranden und graduierten Studierenden. Wir bilden vier Gruppen und teilen die Teilnehmer so auf, dass jede Gruppe von den verschiedenen Qualifikationen profitieren kann. In den zwei Wochen rotieren die Gruppen und führen die in diesem Handbuch beschriebenen Experimente durch. Dabei erhalten die Gruppen eine allgemeine didaktische Anleitung kombiniert mit einer individuellen Betreuung für jede Gruppe. Außerdem laden wir acht oder neun Referenten ein, die Vorträge halten und auch direkt mit den Teilnehmern in Kontakt treten. Die Themen der Vorträge über die Proteomik sind inhaltlich breit gestreut und behandeln entweder Bereiche, die der Kurs nicht abdeckt, oder sie vertiefen im Kurs unterrichtete Inhalte. Einen Großteil der Zeit verbringen die Teilnehmer mit der Durchführung der beschriebenen Versuche unter Aufsicht eines der Kursleiter. Wir sind der Überzeugung, dass sich Proteomik am besten über praktische Erfahrung lehren lässt. Dieses Handbuch beschreibt die Experimente, die wir bei unserer Lehre der Proteomik durchführen.

Literatur

Aebersold R, Mann M (2003) Mass spectrometry-based proteomics. *Nature* 422: 198-207

Alberts B (1998) The cell as a collection of protein machines: Preparing the next generation of molecular biologists. *Cell* 92: 291-294

Anderson KS, Ramachandran N, Wong J, Raphael JV, Hainsworth E, Demirkan G, Gramer D, Aronzon D, Hodi FS, Harris L et al (2008) Application of protein microarrays for multiplexed detection of antibodies to tumor antigens in breast cancer. *J Proteome Res* 7: 1490-1499

Birney E, Stamatoyannopoulos JA, Dutta A, Guigó R, Gingeras TR, Margulies EH, Weng Z, Snyder M, Dermitzakis ET, Thurman RE et al (2007) Identification and analysis of functional elements in 1 % of the human genome by the ENCODE pilot project. *Nature* 447: 799-816

Bjellqvist B, Ek K, Righetti PG, Gianazza E, Görg A, Westermeier R, Postel W (1982) Isoelectric focusing in immobilized pH gradients: Principle, methodology and some applications. *J Biochem Biophys Methods* 6: 317-339

Blomberg A, Blomberg L, Norbeck J, Fey SJ, Larsen PM, Larsen M, Roepstorff P, Degand H, Boutry M, Posch A et al (1995) Interlaboratory reproducibility of yeast protein patterns analyzed by immobilized pH gradient two-dimensional gel electrophoresis. *Electrophoresis* 16: 1935-1945

Braun P, LaBaer J (2003) High throughput protein production for functional proteomics. *Trends Biotechnol* 21: 383-388

Chen G, Gharib TG, Huang C-C, Taylor JMG, Misek DE, Kardia SLR, Giordano TJ, Iannettoni MD, Orringer MB, Hanash SM et al (2002) Discordant protein and mRNA expression in lung adenocarcinomas. *Mol Cell Proteomics* 1: 304-313

Clare A, King RD (2003) Predicting gene function in *Saccharomyces cerevisiae. Bioinformatics* (Suppl. 2) 19: ii42-49

Cohen P (2001) The role of protein phosphorylation in human health and disease. The Sir Hans Krebs Medal Lecture. *Eur J Biochem* 268: 5001-5010

Cohen PT (2002) Protein phosphatase 1-targeted in many directions. *J Cell Sci.* 115: 241-256

Craig R, Beavis RC (2004) TANDEM: Matching proteins with tandem mass spectra. *Bioinformatics* 20: 1466-1467

Cravatt BE, Simon GM, Yates III JR (2007) The biological impact of mass-spectrometry-based proteomics. *Nature* 450: 991-1000

Creasy DM, Cottrell JS (2004) Unimod: Protein modifications for mass spectrometry. *Proteomics* 4: 1534-1536

Cusick ME, Klitgord N, Vidal M, Hill DE (2005) Interactome: gateway into Systems biology. *Hum Mol Genet* 14 Spec No 2: R171-181

Denoeud F, Kapranov P, Ucla C, Frankish A, Castelo R, Drenkow J, Lagarde J, Alioto T, Manzano C, Chrast J et al (2007) Prominent use of distal 5' transcription start sites and discovery of a large number of additional exons in ENCODE regions. *Genome Res* 17: 746-759

ENCODE Project Consortium (2004) ENCODE (ENCyclopedia Of DNA Elements) Project. *Science* 306: 636-640

Eng JK, McCormack AL, Yates III JR (1994) An approach to correlate tandem mass spectral data of peptides with amino acid sequences. *J Am Soc Mass Spectrom* 5: 976-989

Gavin AC, Aloy P, Grandi P, Krause R, Boesche M, Marzioch M, Rau C, Jensen LJ, Bastuck S, Dümpelfeld B et al (2006) Proteome survey reveals modularity of the yeast cell machinery. *Nature* 440: 631-636

Gavin AC, Bösche M, Krause R, Grandi P, Marzioch M, Bauer A, Schultz J, Rick JM, Michon AM, Cruciat CM et al (2002) Functional organization of the yeast proteome by systematic analysis of protein complexes. *Nature* 415: 141-147

Geer LY, Markey SP, Kowalak JA, Wagner L, Xu M, Maynard DM, Yang X, Shi W, Bryant SH (2004) Open mass spectrometry search algorithm. *J Proteome Res* 3: 958-964

Ghaemmaghami S, Huh WK, Bower K, Howson RW, Belle A, Dephoure N, O'Shea EK, Weissman JS (2003) Global analysis of protein expression in yeast. *Nature* 425: 737-741

Giaever G, Chu AM, Ni L, Connelly C, Riles L, Véronneau S, Dow S, Lucau-Danila A, Anderson K, André B et al (2002) Functional profiling of the *Saccharomyces cerevisiae* genome. *Nature* 418: 387-391

Golemis E (Hrsg) (2002) Protein-protein interactions: A molecular cloning manual. Cold Spring Harbor Laboratory Press, Cold Spring Harbor, New York

Greenbaum D, Colangelo C, Williams K, Gerstein M (2003) Comparing protein abundance and mRNA expression levels on a genomic scale. *Genome Biol* 4: 117

Gygi SP, Rist B, Gerber SA, Turecek F, Gelb MH, Aebersold R (1999a) Quantitative analysis of complex protein mixtures using isotope-coded affinity tags. *Nat Biotechnol* 17: 994-999

Gygi SP, Rochon Y, Franza BR, Aebersold R (1999b) Correlation between protein and mRNA abundance in yeast. *Mol Cell Biol* 19: 1720-1730

Hartley JL, Temple GF, Brasch MA (2000) DNA cloning using in vitro site-specific recombination. *Genome Res* 10: 1788-1795

Hirschman JE, Balakrishnan R, Christie KR, Costanzo MC, Dwight SS, Engel SR, Fisk DG, Hong EL, Livstone MS, Nash R et al (2006) Genome Snapshot: A new resource at the *Saccharomyces* Genome Database (SGD) presenting an overview of the *Saccharomyces cerevisiae* genome. *Nucleic Acids Res* 34: D442-445

Ho Y, Gruhler A, Heilbut A, Bader GD, Moore L, Adams SL, Millar A, Taylor P, Bennett K, Boutilier K et al (2002) Systematic identification of protein complexes in *Saccharomyces cerevisiae* by mass spectrometry. *Nature* 415: 180-183

Hubbard MJ, Cohen P (1993) On target with a new mechanism for the regulation of protein phosphorylation. *Trends Biochem Sci* 18: 172-177

Ideker T, Thorsson V, Ranish JA, Christmas R, Buhler J, Eng JK, Bumgarner R, Goodlett DR, Aebersold R, Hood L (2001) Integrated genomic and proteomic analyses of a systematically perturbed metabolic network. *Science* 292: 929-934

International Human Genome Sequencing Consortium (2004) Finishing the euchromatic sequence of the human genome. *Nature* 431: 931-945

Jensen ON (2004) Modification-specific proteomics: Characterization of post-translational modifications by mass spectrometry. *Curr Opin Chem Biol* 8: 33-41

Karas M, Hillenkamp F (1988) Laser desorption ionization of proteins with molecular masses exceeding 10,000 daltons. *Anal Chem* 60: 2299-2301

Klose J, Kobalz U (1995) Two-dimensional electrophoresis of proteins: an updated protocol and implications for a functional analysis of the genome. *Electrophoresis* 16: 1034-1059

Krogan NJ, Cagney G, Yu H, Zhong G, Guo X, Ignatchenko A, Li J, Pu S, Datta N, Tikuisis AP et al (2006) Global landscape of protein complexes in the yeast *Saccharomyces cerevisiae. Nature* 440: 637-643

Link AJ (Hrsg) (1998) 2-D Protocols for proteome analysis. Humana Press, Inc, Totowa, New Jersey

Link AJ (2004) Complex mixture analysis. In: Gross MI, Caprioli RM (Hrsg) Encyclopedia of mass spectrometry 2. Kap. 3, S. 274-289. Elsevier Science, New York

Link AJ, Eng J, Schieltz DM, Carmack E, Mize GJ, Morris DR, Garvik BM, Yates III JR (1999) Direct analysis of protein complexes using mass spectrometry. *Nat Biotechnol* 17: 676-682

Lu P, Vogel C, Wang R, Yao X, Marcotte EM (2007) Absolute protein expression profiling estimates the relative contributions of transcriptional and translational regulation. *Nat Biotechnol* 25: 117-124

Marshak DR, Kandonaga JT, Burgess RR, Knuth MW, Brennan WA Jr, Lin S-H (1996) Strategies for protein purifIcation and Characterization: A laboratory course manual. Cold Spring Harbor Laboratory Press, Cold Spring Harbor, New York

Martzen MR, McCraith SM, Spinelli SL, Torres FM, Fields S, Grayhack EJ, Phizicky EM (1999) A biochemical genomics approach for identifying genes by the activity of their products. *Science* 286: 1153-1155

Measday V, Baetz K, Guzzo J, Yuen K, Kwok T, Sheikh B, Ding H, Ueta R, Hoac T, Cheng B et al (2005) Systematic yeast synthetic lethal and synthetic dosage lethal screens identify genes required for chromosome segregation. *Proc Natl Acad Sci* 102: 13956-13961

Modrek B, Lee C (2002) A genomic view of alternative splicing. *Nat Genet* 30: 13-19

Modrek B, Resch A, Grasso C, Lee C (2001) Genome-wide detection of alternative splicing in expressed sequences of human genes. *Nucleic Acids Res* 29: 2850-2859

O'Farrell PH (1975) High resolution two-dimensional electrophoresis of proteins. *J Biol Chem* 250: 4007-4021

O'Farrell PZ, Goodman HM, O'Farrell PH (1977) High resolution two-dimensional electrophoresis of basic as well as acidic proteins. *Cell* 12: 1133-1141

Omenn GS (2006) Strategies for plasma proteomic profiling of cancers. *Proteomics* 6: 5662-5673

Omenn GS, States DJ, Adamski M, Blackwell TW, Menon R, Hermjakob H, Apweiler R, Haab BB, Simpson RJ, Eddes JS et al (2005) Overview of the HUPO Plasma Proteome Project: results from the pilot phase with 35 collaborating laboratories and multiple analytical groups, generating a core dataset of 3020 proteins and a publicly-available database. *Proteomics* 5: 3226-3245

Ong SE, Blagoev B, Kratchmarova I, Kristensen DB, Steen H, Pandey A, Mann M (2002) Stable isotope labeling by amino acids in cell culture, SILAC, as a simple and accurate approach to expression proteomics. *Mol Cell Proteomics* 1: 376-386

Perkins DN, Pappin DJC, Creasy DM, Cottrell JS (1999) Probability-based protein identification by searching sequence databases using mass spectrometry data. *Electrophoresis* 20: 3551-3567

Ramachandran N, Hainsworth E, Bhullar B, Eisenstein S, Rosen B, Lau AY, Walter JC, LaBaer J (2004) Self-assembling protein microarrays. *Science* 305: 86-90

Righetti PG, Castagna A, Antonucci F, Piubelli C, Cecconi D, Campostrini N, Antonioli P, Astner H, Hamdan M (2004) Critical survey of quantitative proteomics in two-dimensional electrophoretic approaches. *J Chromatogr A* 1051: 3-17

Rolfs A, Hu Y, Ebert L, Hoffmann D, Zuo D, Ramachandran N, Raphael J, Kelley F, McCarron S, Jepson DA et al (2008) A biomedically enriched collection of 7000 human ORF clones. *PLoS ONE* 3: e1528

Ross PL, Huang YN, Marchese JN, Williamson B, Parker K, Hattan S, Khainovski N, Pillai S, Dey S, Daniels S et al (2004) Multiplexed protein quantitation in *Saccharomyces cerevisiae* using amine-reactive isobaric tagging reagents. *Mol Cell Proteomics* 3: 1154-1169

Rual J-F, Venkatesan K, Hao T, Hirozane-Kishikawa T, Dricot A, Li N, Berriz GF, Gibbons FD, Dreze M, Ayivi-Guedehoussou N et al (2005) Towards a proteome-scale map of the human protein-protein interaction network. *Nature* 437: 1173-1178

Sanchez C, Lachaize C, Janody F, Bellon B, Roder L, Euzenat J, Rechenmann F, Jacq B (1999) Grasping at molecular interactions and genetic networks in *Drosophila melanogaster* using FlyNets, an Internet database. *Nucleic Acids Res* 27: 89-94

Sanders SL, Jennings J, Canutescu A, Link AJ, Weil PA (2002) Proteomics of the eukaryotic transcription machinery: Identification of proteins associated with components of yeast TFIID by multidimensional mass spectrometry. *Mol Cell Biol* 22: 4723-4738

Simpson RJ (2003) *Proteins and proteomics: A laboratory manual.* Cold Spring Harbor Laboratory Press, Cold Spring Harbor, New York

Tabb DL, Fernando CG, Chambers MC (2007) MyriMatch: Highly accurate tandem mass spectral peptide identification by multivariate hypergeometric analysis. *J Proteome Res* 6: 654-661

Tong AH, Evangelista M, Parsons AB, Xu H, Bader GD, Pagé N, Robinson M, Raghibizadeh S, Hogue CW, Bussey H et al (2001) Systematic genetic analysis with ordered arrays of yeast deletion mutants. *Science* 294: 2364-2368

Tong AH, Lesage G, Bader GD, Ding H, Xu H, Xin X, Young J, Berriz GF, Brost RL, Chang M et al (2004 Global mapping of the yeast genetic interaction network. *Science* 303: 808-813

Uetz P, Giot L, Cagney G, Mansfield TA, Judson RS, Knight JR, Lockshon D, Narayan V, Srinivasan M, Pochart R et al (2000) A comprehensive analysis of protein-protein interactions in *Saccharomyces cerevisiae. Nature* 403: 623-627

Unlü M, Morgan ME, Minden JS (1997) Difference gel electrophoresis: A single gel method for detecting changes in protein extracts. *Electrophoresis* 18: 2071-2077

Walker JM (Hrsg) (1996) The protein protocols handbook. Humana Press, Totowa, New Jersey

Walsh CT (2006) Posttranslational modification of proteins: Expanding nature's inventory. Roberts and Company, Greenwood Village, Colorado

Washburn MP, Wolters D, Yates III JR (2001) Large-scale analysis of the yeast proteome by multidimensional protein identification technology. *Nat Biotechnol* 19: 242-247

Washburn MP, Koller A, Oshiro G, Ulaszek RR, Plouffe D, Deciu C, Winzeler E, Yates III JR (2003) Protein pathway and complex clustering of correlated mRNA and protein expression analyses in *Saccharomyces cerevisiae. Proc Natl Acad Sci* 100: 3107-3112

Whitehouse CM, Dreyer RN, Yamashita M, Fenn JB (1985) Electrospray interface for liquid chromatographs and mass spectrometers. *Anal Chem* 57: 675-679

Wildgruber R, Harder A, Obermaier C, Boguth G, Weiss W, Fey SJ, Larsen PM, Görg A (2000) Towards higher resolution: Two-dimensional electrophoresis of *Saccharomyces cerevisiae* proteins using overlapping narrow immobilized pH gradients. *Electrophoresis* 21: 2610-2616

Winzeler EA, Shoemaker DD, Astromoff A, Liang H, Anderson K, Andre B, Bangham R, Benito R, Boeke JD, Bussey H et al (1999) Functional characterization of the *S. cerevisiae* genome by gene deletion and parallel analysis. *Science* 285: 901-906

Zavolan M, van Nimwegen E, Gaasterland T (2002) Splice Variation in mouse full-length cDNAs identified by mapping to the mouse genome. *Genome Res* 12: 1377-1385

Zhen Y, Xu N, Richardson B, Becklin R, Savage JR, Blake K, Peltier JM (2004) Development of an LC-MALDI method for the analysis of protein complexes. *J Am Soc Mass Spectrom* 15: 803-822

Zhu H, Bilgin M, Bangham R, Hall D, Casamayor A, Bertone P, Lan N, Jansen R, Bidlingmaier S, Houfek T et al (2001) Global analysis of protein activities using proteome Chips. *Science* 293: 2101-2105

1

Experiment 1

Analyse von Gesamtzelllysaten durch zweidimensionale Gelelektrophorese und MALDI-Massenspektrometrie

Sarah L. Volk

Department of Biological Chemistry, University of Michigan, Ann Arbor, Michigan 48109

Die zweidimensionale (2D-)Gelelektrophorese war über einen langen Zeitraum die Methode der Wahl, um komplexe Proteingemische aufzutrennen. Sie vereinigt zwei orthogonale zueinander operierende Trennverfahren miteinander (die isoelektrische Fokussierung und die SDS-Gelelektrophorese) und stellt das am besten auflösende Verfahren für die Separierung von Proteinen dar. Die 2D-Gelelektrophorese ist außerdem durch mehrere sehr positive Eigenschaften gekennzeichnet wie ihre Reproduzierbarkeit, die Anwendbarkeit auf eine große Zahl an verschiedenen Probentypen, ihre Eignung für quantitative Analysen, eine ausreichende Beladungskapazität, die mögliche parallele Auftrennung mehrerer Proteinproben und ihre Durchführbarkeit in den meisten Forschungslabors.

Die 2D-Gelelektrophorese ist ein wertvolles Hilfsmittel in der Proteomforschung, in der komplexe Proteingemische für die weitere Analyse aufgetrennt werden müssen. Das Verfahren erleichtert die Identifizierung von konditional exprimierten Proteinen, das Ausmaß ihrer Expression, und mir ihrer Hilfe lässt sich ermitteln, ob eine Veränderung der posttranslationalen Modifikation stattgefunden hat. Durch den Einsatz einer entsprechenden Software zur Bildanalyse können zwei oder mehr verschiedene Zustände einer Zelle oder eines Organismus über eine qualitative wie auch quantitative Untersuchung der Proteome miteinander verglichen werden. Das einem typischen 2D-Gelelektrophorese-Experiment zugrundeliegende Protokoll lautet:

1. Probenvorbereitung
2. erste Dimension: isoelektrische Fokussierung (IEF)
3. zweite Dimension: SDS-PAGE
4. Färbung
5. bildliche Darstellung
6. Bildauswertung
7. Spaltung mit Trypsin
8. Identifizierung der Proteine mithilfe der Massenspektrometrie

Probenvorbereitung

Einer guten Probenvorbereitung wird zwar häufig keine große Bedeutung beigemessen, sie ist aber essenziell, um in der 2D-Gelelektrophorese ein qualitativ zufriedenstellendes Ergebnis zu erhalten. Für jeden Probentyp muss die optimale Probenvorbereitung experimentell ermittelt werden. Die Solubilisierung der Probe soll die Entstehung von Artefakten und Aggregaten verhindern und die Denaturierung und Reduktion aller Proteine in der Probe fördern, jedoch mit einer minimalen Anzahl von Versuchsschritten. Ihre Effizienz hängt von

Tab. 1.1 Methoden des Zellaufschlusses

Methode des Zellaufschlusses	Herkunft des Zellmaterials	Grad der Lyse
osmotische Lyse	Blutzellen, Zellen aus Gewebekulturen	mittel
Lyse durch Einfrieren und Auftauen	Bakterienzellen, Zellen aus Gewebekulturen	mittel
Lyse durch Detergenzien	Zellen aus Gewebekulturen	mittel
enzymatische Lyse	Pflanzengewebe, Bakterien- und Pilzzellen	mittel
Ultraschall	Zellsuspensionen	hoch
French-Presse	Bakterien, Algen, Hefen	hoch
Mörsern	feste Gewebe, Mikroorganismen	hoch
mechanische Homogenisierung	feste Gewebe	hoch
Homogenisierung mit Glaskügelchen	Zellsuspensionen, Organismen mit Zellwänden	hoch

der gewählten Methode des Zellaufschlusses, der Aufkonzentrierung und Lösung der Proteine, der Wahl des Detergens und der Zusammensetzung der Probenlösung ab. Um intrazelluläre Proteine vollständig analysieren zu können, müssen die Zellen effizient aufgeschlossen werden. Die für den Aufschluss gewählte Methode hängt von der Herkunft des Zellmaterials ab. Tab. 1.1 fasst einige Probenquellen und Lyseverfahren zusammen.

Die Anwesenheit von DNA und RNA in der Probe kann zu einer schlechten Fokussierung im sauren Bereich des IEF-Gels führen und in silbergefärbten Gelen eine deutliche Hintergrundfärbung hervorrufen. Die Behandlung der Probe mit einem Gemisch aus DNasen und RNasen oder der Endonuclease Benzonase ist einfach und effektiv. Die DNase erfordert jedoch die Anwesenheit von Magnesiumionen, und weder DNase noch RNase zeigen bei Anwesenheit von Harnstoff eine hohe Aktivität. Benzonase spaltet sowohl DNA als auch RNA und ist auch bei einer Harnstoffkonzentration von 8 M noch aktiv. Andere Methoden zur Entfernung von DNA und RNA verwenden Streptomycin und Polyethylenimin.

Die Fällung der Probe ist zwar optional aber sinnvoll, um störende Substanzen zu entfernen und die Probe aufzukonzentrieren. Salze, Puffer, kleine geladene Moleküle, ionische Detergenzien, Nucleinsäuren, Polysaccharide, Lipide und phenolische Verbindungen können die elektrophoretische Auftrennung der Proteine stören, wenn sie in ausreichend hohen Konzentrationen vorliegen. Kommerzielle Kits zur Reinigung und Fällung der Proben werden von einer Reihe von Herstellern wie GE Healthcare, Sigma-Aldrich und Bio-Rad angeboten.

Zusammensetzung der Solubilisierungslösung

Um die vollständige Solubilisierung und Denaturierung der Proteine sicherzustellen, muss die Lösung folgende Bestandteile enthalten:

- **Harnstoff**, ein neutrales chaotropes Salz, das die Proteine solubilisiert und entfaltet, sodass sie in einer zufälligen Konformation vorliegen. Die Zugabe von Thioharnstoff verbessert die Solubilisierung insbesondere von Membranproteinen.
- **nichtionische oder zwitterionische Detergenzien** wie CHAPS, ASB-14, Triton X-100 und NP-40, um die vollständige Solubilisierung der Probe zu gewährleisten und die Bildung von Aggregaten zu verhindern.
- **Reduktionsmittel** wie TCEP oder TBP, um Disulfidbindungen zu reduzieren. TBP und TCEP sind Non-Thiol-Reduktionsmittel, sodass Thiolate (pK>9) keinen Einfluss haben und eventuell vorhandene zusätzliche Thiole bei der Alkylierung nicht berücksichtig werden müssen.
- **Trägerampholyte** werden eingesetzt, um die Solubilität zu erhöhen, indem sie die Zahl der Wechselwirkungen zwischen Proteinen, die auf unterschiedlichen Ladungen beruhen, minimieren.
- **Bromphenolblau** erlaubt es, die Wanderung der Ionen Richtung Anode zu beobachten.

Proteine, die mithilfe von Säure oder den meisten organischen Lösungsmitteln präzipitiert wurden, sind denaturiert und häufig schwer wieder zu lösen. Bei der Durchführung einer 2D-Gelelektrophorese ist das aufgrund der sehr effizienten Solubilisierungsverfahren jedoch von nur geringer Bedeutung.

Allgemeine Hinweise zur Probenvorbereitung

- Gestalten Sie die Vorbereitung so einfach wie möglich, um den Proteinverlust zu verringern.
- Schließen Sie die Zellen so auf, dass möglichst keine Proteolyse stattfindet.
- Setzen Sie die Solubilisierungslösung unmittelbar vor dem Gebrauch an oder verwenden Sie tiefgeforen gelagerte Lösung.
- Bereiten Sie die Proben erst kurz vor der Durchführung der IEF vor, um die Qualität nicht zu beeinträchtigen.
- Entfernen Sie vor der Durchführung der IEF alle festen Bestandteile durch Ultrazentrifugation.
- Erhitzen Sie die Proben nicht über 37 °C, wenn die Solubilisierungslösung Harnstoff enthält, um eine Modifikation der Proteine zu vermeiden.

Erste Dimension: Grundlagen

Die isoelektrische Fokussierung (IEF) ist eine Elektrophorese in einem Gel mit einem pH-Gradienten, wobei sich der pH-Wert von der Anode zur Kathode hin erhöht. Im Gegensatz zur konventionellen Elektrophorese lassen sich mit einer IEF ausschließlich amphotere Moleküle wie Proteine und Peptide auftrennen, die geladene Seitenketten besitzen. Die Nettoladung eines Proteins kann, abhängig vom pH-Wert der Umgebung, positiv oder negativ sein. Legt man ein elektrisches Feld an, dann wandert das Protein wie bei der herkömmlichen Elektrophorese entsprechend seiner Ladung entlang dem pH-Gradienten. Der pH-Gradient beeinflusst jedoch die Nettoladung des Proteins, und das Molekül trifft bei seiner Wanderung schließlich auf den pH-Wert, bei dem die Nettoladung gleich Null ist; es erreicht den isoelektrischen Punkt (pI). Diffundiert das Protein aus dem Bereich seines pI, dann weicht seine Nettoladung wieder von Null ab und das Molekül wandert im elektrischen Feld, bis es wieder den pH-Wert erreicht hat, der seinem pI entspricht. Dieser fokussierende Effekt ist der Grund dafür, dass die IEF die Methode mit der höchsten Auflösung bei der Auftrennung von Proteinen ist. Mithilfe einer IEF lassen sich Komponenten trennen, deren pI sich nur um 0,001 pH-Einheiten unterscheidet. Dazu sind allerdings Gele mit einem flachen pH-Gradienten notwendig. Die Proteine des Gemischs werden auf diese Weise nach ihrem charakteristischen pI getrennt und aufkonzentriert bzw. fokussiert. Der pI eines Proteins wird bestimmt durch die Gesamtzahl der positiv bzw. negativ geladenen Seitenketten der Aminosäuren, aus denen sich das Protein zusammensetzt. Durch die denaturierenden Bedingungen, die in der Regel für die Durchführung einer 2D-Polyacrylamid-Gelelektrophorese (2D-PAGE) im Rahmen der Proteomanalyse gewählt werden, sind die Proteine nicht gefaltet, sodass alle ionisierbaren Seitenketten exponiert vorliegen und auch tatsächlich zum isoelektrischen Punkt beitragen. In der „nativen" Konfiguration befinden sich die ionisierbaren Seitenketten der Proteine zwar hauptsächlich, aber eben nicht ausschließlich, an der Moleküloberfläche, und der pI kann von dem des nichtgefalteten, denaturierten Proteins abweichen.

Die IEF ist die einzige elektrophoretische Methode, bei der letztlich alle aufgetrennten Moleküle eine stabile Position einnehmen. Das bedeutet, dass das Endergebnis nicht von der ursprünglichen Position der Probenbestandteile zu Beginn des Laufs beeinflusst wird. Durch diese Eigenschaft ist es nicht von Bedeutung, an welcher Stelle der Gelmatrix die Proben aufgetragen werden. Kommerziell erhältliche immobilisierte pH-Gradientengele (IPG) werden in getrocknetem Zustand geliefert und müssen rehydratisiert werden. Die Proteinproben können über zwei verschiedene Verfahren auf die IPG-Streifen appliziert werden: Die Proteine können sich in einer Rehydratisierungs-Solubilisierungs-Lösung befinden oder sie werden direkt mithilfe von Probentaschen oder Probenbechern auf den rehydratisierten IPG-Streifen aufgetragen. Die Beladung im Zuge der Rehydratisierung hat den Vorteil, dass sich größere Proteinmengen und auch verdünnte Probenlösungen laden lassen (Tab. 1.2).

Tab. 1.2 Ungefähre Menge an Protein bzw. Volumina, die sich auf einen IPG-Streifen laden lassen

Länge des IPG-Streifens (cm)	Menge an Protein für eine analytische IEF (Silberfärbung oder Färbung mit SYPRO-Ruby)	Menge an Protein für eine präparative IEF (Coomassie-Blau-Färbung)	Volumen der Rehydratisierungslösung (µl)
7	10–100 µg	100–300 µg	160
11	20–200 µg	100–500 µg	200
17/18	100–1000 µg	250 µg - 1 mg	350

Äquilibrierung

Die fokussierten IPG-Streifen müssen vor der Beladung des Gels für die zweite Dimension in SDS-PAGE-Puffer äquilibriert werden, denn die Proteine sollten sättigend von SDS umgeben sein, um eine gute Auftrennung in der zweiten Dimension sicherzustellen. Einige Proteine präzipitieren, wenn ihr pI erreicht ist, und bilden in dem fokussierten Gelstreifen weiße Banden. Die Zugabe von Harnstoff zum Äquilibrierungspuffer für die SDS-PAGE sorgt jedoch dafür, dass sich die meisten Proteine wieder lösen. In der Regel werden die IPG-Streifen in zwei Schritten äquilibriert. Der erste Schritt ist die Inkubation in SDS-PAGE-Harnstoffpuffer mit einem Reduktionsmittel (meist TCEP oder TBP), um intra- und intermolekulare Disulfidbrücken zu spalten. Die Zugabe von Iodacetamid anstelle des Reduktionsmittels im zweiten Schritt der Äquilibrierung sorgt für die Alkylierung aller Cysteinreste.

Wird bei der Äquilibrierung DTT als Reduktionsmittel verwendet, muss auf die ausreichende Menge an Iodacetamid geachtet werden, um alle im DTT vorhandenen Thiole zu alkylieren. Eine unzureichende Alkylierung der Thiole kann zur Bildung von Schlieren in der zweiten Dimension führen. Die Äquilibrierung mit Non-Thiol-Reduktionsmitteln wie TBP oder TCEP kann dieses Problem verhindern.

Zweite Dimension: Grundlagen

Die SDS-PAGE ist ein Elektrophoreseverfahren, das die Proteine entsprechend ihrer Masse auftrennt. Die Proteine, die in dem Gelstreifen nach ihrem pI aufgetrennt wurden, werden in der zweiten Dimension im rechten Winkel zur ersten Dimension separiert. Sie wandern durch die Poren des SDS-Gels, wobei Proteine mit größerer Masse langsamer wandern als kleine. Die Auftrennung ausschließlich nach der Masse beruht auf der Wirkung von SDS (*sodiumdodecylsulfate*, Natriumdodecylsulfat), einem anionischen Detergens, das an die Proteine bindet und so anionische Komplexe mit relativ konstanter negativer Nettoladung pro Masseneinheit bildet. Die von den Proteinen zurückgelegte Strecke ist linear abhängig vom Logarithmus der Molekülmasse. Ist der Lauf beendet, erhält man ein Gel, in dem in der Regel jeder Spot Moleküle einer einzigen Proteinspezies enthält. Doch ist es auch nicht ungewöhnlich, wenn sich zwei oder mehr verschiedene Spezies in einem Spot nachweisen lassen (dies ist bei ca. 10 % der Spots auf großformatigen Gelen der Fall). Mithilfe dieser Methode lassen sich mehr als 10 000 einzelne Proteinspezies auftrennen, und man erhält Informationen über den pI der Proteine wie auch ihre Molekülmasse.

Sichtbarmachung der Proteine

Um die aufgetrennten Proteine im Gel sichtbar zu machen, müssen sie gefärbt werden. Dazu verwendet man in der Regel Methoden, die auf einem Farbstoff oder der färbenden Wirkung von Metallen beruhen. Bei der Wahl der geeigneten Färbemethode müssen einige Aspekte bedacht werden: die Sensitivität der Methode, der lineare Bereich, die Handhabung, die Kosten und die Kompatibilität mit der Massenspektrometrie. Die färbenden Substanzen interagieren auf unterschiedliche Weise mit den Proteinen. Kein Farbstoff färbt universell alle Proteine proportional zu ihrer im Gel vorhandenen Menge an. Ein breites Spektrum an Proteinen wird von rutheniumbasierten Fluoreszenzfarbstoffen und von Coomassie-Blau gefärbt, die auch kompatibel mit der Massenspektrometrie sind. Einige Eigenschaften verschiedener Farbstoffe für Proteine sind in Tab. 1.3 aufgeführt.

Tab. 1.3 Sensitivität von Farbstoffen für die Proteinfärbung

Färbemethode	Sensitivität	Kompatibilität
Flamingo	0,5 ng	MS-kompatibel, breiter linearer Bereich, hohe Sensitivität
SYPRO-Ruby	1 ng	MS-kompatibel, linear über drei Zehnerpotenzen, hohe Sensitivität
Coomassie G-250	<10 ng	MS-kompatibel, leicht sichtbar zu machen
Silberfärbung	1 ng	Silberfärbung nach Vorum ist MS-kompatibel, hohe Sensitivität

Digitalisierung und Bildanalyse

Um ein 2D-Gel auswerten zu können, wird es mithilfe eines Densidometers, einer CCD-Kamera, eines Phosphoimagers oder eines Fluoreszenzscanners digitalisiert. Das Ziel ist, ein Graustufenbild des Gels zu erhalten, das nicht manuell bearbeitet wurde und nicht über- oder unterbelichtet ist. Die Bilder der so erfassten Gele verschiedener Proben werden elektronisch überlagert. Dazu bedient man sich einer speziellen Software zur Bildanalyse, die es erlaubt, bestimmte Proteinspots als Fixpunkte (*landmarks*) auszuwählen; die Bilder werden anschließend verzerrt und so zur Deckung gebracht. Für die Quantifizierung und die Reproduzierbarkeit ist wichtig, dass von jeder Probe drei oder mehr Gele in die Auswertung einfließen.

Für die Auswertung von komplexen 2D-Gelen sind Softwarepakete für die Bildanalyse notwendig, die umfassende Daten über Quantität und Qualität liefern. Die Mehrzahl der Softwarepakete erlaubt:

- die Speicherung großer Mengen an Bilddaten
- die automatische Erkennung und Quantifizierung der Spots
- die Erstellung von Master-Gelen aus replizierten 2D-Gelen
- den Vergleich von 2D-Gelbildern

Identifizierung von Proteinen

2D-Gele erlauben die Quantifizierung von Proteinen, die gleichzeitige Reinigung von Proteinen, und sie stellen einen geeigneten Ausgangspunkt für die Proteinidentifizierung durch Massenspektrometrie dar. Die Effizienz von 2D-Gelen wird durch neu entwickelte Geräte mit größerer Sensitivität und höherem Durchsatz verbessert. Die Identifizierung beginnt mit der Bildanalyse und der Ermittlung der Spots von Interesse, also der Spots, die durch signifikant unterschiedliche Signalintensität und somit Proteinmengen auffallen. Diese Spots werden entweder manuell mit einer Klinge oder automatisch mithilfe eines Spotcutters ausgeschnitten. Die Proteine in den ausgeschnittenen Spots werden enzymatisch, in der Regel mit Trypsin, gespalten, um die Moleküle aus dem Gel zu lösen. Die manuelle Durchführung der Spaltung ist ein langwieriger Prozess und kann zur Kontamination der Proben, insbesondere durch Keratin, führen. Durch Automatisierung ist eine Hochdurchsatzanalyse möglich und die Kontaminationsgefahr wird minimiert. Das entstehende Peptidgemisch wird aus dem Gel extrahiert und mithilfe einer MALDI-Massenspektrometrie analysiert, um einen Peptidmassenfingerabdruck zu erhalten. Diese Fingerabdrücke lassen sich anschließend für einen Abgleich mit der Proteindatenbank des entsprechenden Organismus verwenden, um auf diese Weise die Proteine zu identifizieren, die am besten zu den gewonnenen Daten passen. Führt ein Peptidmassenfingerabdruck zu einer nicht eindeutigen Proteinidentität, dann müssen die Proteindatenbanken unter Verwendung zusätzlicher Informationen durchsucht werden. Bei diesen Informationen handelt es sich in der Regel um Daten, die durch eine Tandem-MS-Analyse von mindestens zwei Peptiden gewonnen werden, welche schließlich die Sequenzinformation liefert. Zu den Massenspektrometern, die derartige Informationen generieren, zählen im Allgemeinen ESI-LC-MS/MS- und MALDI-MS/MS-Geräte.

Überblick über das Experiment

Die Hefe *Saccharomyces cerevisiae*, ein Eukaryot, vermag zwischen Gärung und Atmung zu wechseln, was mit erheblichen Veränderungen der Stoffwechselaktivität einhergeht. Dieser Wechsel wird auch als diauxische Verschiebung (*diauxic shift*) bezeichnet. Ist Glucose reichlich vorhanden, dann erfolgt ihr Abbau in erster Linie durch Gärung. Beginnt sich ihr Vorrat jedoch zu verknappen, stellt die Hefe ihr Wachstum vorübergehend ein. Während dieses Wachstumsstopps stellt sich der Stoffwechsel von der Gärung auf die Atmung um; danach werden alternative Kohlenstoffquellen wie Ethanol, Glycerin und Ölsäure genutzt.

In diesem Versuch sollen die 2D-Gelprofile von Proteinen aus Hefezellen, die in Anwesenheit von Glucose kultiviert wurden (Gärung), mit den Profilen von Proteinen aus Zellen verglichen werden, die mit Glycerin als Kohlenstoffquelle angezogen wurden (Atmung). In unserem Kurs wird dazu der *S. cerevisiae*-Stamm S288C in dem Vollmedium YPD (*yeast peptone dextrone*) kultiviert. Die Zellen für den Atmungsstoffwechsel werden zunächst in YPD kultiviert und dann in YPG (*yeast peptone glycerol*) überimpft. Die Ernte erfolgt nach 16 h. Nach der Zelllyse und Solubilisierung der Proteine werden die Proteinproben für die 2D-Gelelektrophorese vorbereitet. Bei den 2D-Gelen handelt es sich um 11-cm-Gele mit einem pH-Gradienten von 4–7. Die Spotprofile der Kontrolle (Gärung) und der Probe (Atmung) werden verglichen und differenziell exprimierte Proteine analysiert.

Vermeidung der Kontamination von Proben
Vermeiden Sie die Kontamination Ihrer Proben, indem Sie folgende Punkte beachten.

- Tragen Sie stets puderfreie Handschuhe, wenn Sie mit Proben, Reagenzien, IPG-Streifen, SDS-Polyacrylamidgelen und anderen Geräten umgehen, die in diesem Experiment eingesetzt werden.
- Sorgen Sie für eine saubere Arbeitsumgebung. Reinigen Sie alle Geräte mit einem geeigneten Detergens und spülen Sie sie mit destilliertem H_2O ab. Arbeiten Sie, wenn möglich, an der Sterilbank.
- Verwenden Sie stets reinste Chemikalien, die für die Elektrophorese geeignet sind (Elektrophoresegrad) und ultrareines H_2O (wenn erforderlich).
- Tragen Sie keine Kleidung aus Wolle oder Seide.

Protokoll 1
Herstellung von Hefezelllysaten

Materialien

Achtung: Für den korrekten Umgang mit Substanzen, die mit einem <!> gekennzeichnet sind, siehe Anhang 11.

Reagenzien

2D Cleanup Kit (GE Healthcare)
2D Quant Kit (GE Healthcare)
Ampholyte, pH 4–7
DNase/RNase-Lösung
1 mg ml^{-1} DNase I
0,25 mg ml^{-1} RNase
0,5 M Tris-Cl (pH 7,0)
50 mM $MgCl_2$ <!>
Lysepuffer
Mischen von 8 ml CelLytic-Y (Sigma-Aldrich), 200 µl 200 mM Tris-Carboxyethylphosphin <!> (TCEP in 1,5 M Tris-Cl [pH 8,8]), 100 µl DNase/RNase-Lösung und Zugabe von zwei Tabletten Proteaseinhibitor (nonEDTA; Roche).
Solubilisierungs-Rehydratisierungs-Puffer
Destreak (GE Healthcare), eine geschützte Formulierung
Eine selbst hergestellte Alternative zu Destreak ist der folgende Solubilisierungs-Rehydratisierungs-Puffer:
7 M Harnstoff <!>
2 M Thioharnstoff <!>
1 % ASB-14 <!>
1 % Triton X-100 <!>
1 % CHAPS <!>
Herstellen mit entionisiertem H_2O; Zugabe einer sehr geringen Menge an Bromphenolblau und Auffüllen mit H_2O; Zugabe der Trägerampholyte und des Reduktionsmittels kurz vor Gebrauch in Schritt 7.
200 mM TCEP <!>
Hefezellen
Im Kurs wird der *S. cerevisiae*-Stamm S288C in dem Vollmedium YPD (1 % w/v Hefeextrakt, 2 % w/v Pepton, 2 % w/v Glucose) kultiviert und bis zu einer optischen Dichte von 600 nm (OD_{600}) von 1,1 inkubiert. Die Probe für die Atmung besteht aus dem gleichen Stamm, der in YPD bis zu einer OD_{600} von 1–2 angezogen wird, die Zellen werden pelletiert und in YPG (3 % v/v Glycerin statt der Glucose) überimpft. Die Zellen werden nach 16 h geerntet und eingefroren.

Geräte

Inkubator, 30 °C

Durchführung

Zelllyse

1. Auftauen der Zellpellets (falls notwendig).
2. Zugabe von 4 ml kaltem Lysepuffer zu jedem aufgetauten Zellpellet.
3. Inkubation für 30 min bei Raumtemperatur unter leichtem Schütteln.
4. Zentrifugieren der lysierten Zellen für 10 min bei 4 °C mit 12 000×g, um den Zelldebris zu pelletieren.
5. Abschätzen der Proteinkonzentration mithilfe des 2D Quant Kits.
   Im Kurs sind es in der Regel ca. 10 µg μl^{-1} Zellen. Sollen große Proteinmengen gewonnen werden, dann wird der proteinhaltige Überstand in neue Gefäße überführt und in Aliquots von 50 µl, 200 µl und 500 µl aufbewahrt.
6. Präzipitieren der Proteine mithilfe des 2D Cleanup Kits nach der Anleitung des Herstellers.

Solubilisierung der Proteine

7. Pro 1 ml Solubilisierungspuffer Zugabe von 10 µl 200 mM TCEP und 10 µl Ampholyte (pH 4–7).
   Endkonzentrationen: 2 mM TCEP, 1 % Ampholyte.
8. Suspendieren des Proteinpellets in dem geeigneten Volumen Solubilisierungspuffer, der TCEP und Ampholyte enthält.
   In ein Probengefäß, das ca. 225 µg Protein enthält, müssen ca. 750 µl Solubilisierungspuffer gegeben werden; im Kurs werden mit jeder Probe drei Gele beladen, sodass pro Gel ca. 75 µg Protein aufgetragen werden; durch den Fällungsschritt sind Verluste aufgetreten.
9. Vortexen, um das Proteinpellet zu solubilisieren.
10. Inkubation für 1 h bei 30 °C, um die Solubilisierung der Pellets zu fördern; währenddessen gelegentlich vortexen.
11. Zentrifugieren nach der Inkubation für 5 min mit 10 000×g, um unlösliche Bestandteile zu pelletieren; der Überstand enthält die Proteine, die in Protokoll 2 verwendet werden.

Protokoll 2
Rehydratisierung der IPG-Streifen und isoelektrische Fokussierung (IEF)

Materialien

Reagenzien

Mineralöl
Proteinprobe (Überstand von Schritt 11, Protokoll 1)

Geräte

IPG-Streifen
Fokussiereinheit (Bio-Rad)
Pinzetten
IEF-Gerät (Protean IEF Cell; Bio-Rad)
Träger für Rehydratisierung und Fokussierung
Filterpapierstreifen für die IEF

Durchführung

Aktive Rehydratisierung der IPG-Streifen

1. Ausrichten des Trägers für Rehydratisierung und Fokussierung, sodass sich das + auf der linken Seite befindet; Pipettieren von 200 µl Probenlösung mit dem Hefeprotein (aus Schritt 11, Protokoll 1) in eine Rinne; Bildung großer Luftblasen vermeiden (Abb. 1.1).

2. Aufnehmen eines IPG-Streifens und vorsichtiges Zurückfalten der Schutzschicht; das basische Ende des Streifens, der sich auf einem Plastikträger befindet, mit einer Pinzette greifen und Schutzschicht abnehmen.
   Der Plastikträger des Gels ist mit Angaben zum pH-Gradienten versehen; das saure Ende ist mit einem + markiert.
3. Absenken des IPG-Streifens, beginnend mit dem sauren Ende (+) auf der linken Seite und der **Gelseite nach unten**, in die Rinne, die die Lösung enthält, ohne dass sich Luftblasen unter dem Gel bilden; alternativ lässt sich der Streifen in einer u-Form von der Mitte aus zu den Enden hin ablegen; der Streifen kann zum Ausrichten oder Entfernen von Luftblasen vorsichtig hin- und herbewegt werden (Abb. 1.2).
4. Pipettieren einer Schicht Mineralöl auf jeden IPG-Streifen (ca. 1 ml); Abdecken des Trägers mit dem Plastikdeckel; Zuordnen der Proben zu den Rinnen und Markieren der Beladung mit einem Filzstift auf dem Plastikdeckel; Einlegen des Trägers in die Fokussiereinheit, wobei sichergestellt sein muss, dass die Elektroden des Trägers Kontakt zu den Elektroden der Einheit haben.
5. Anschalten des IEF-Geräts; für eine aktive Rehydratisierung folgendes Protokoll verwenden:
   Auswählen von „Rehydration"
   Rehydratisierungsbedingungen: „Active at 50 V"
   Temperatur: „25 °C"
   „Start"
   Rehydratisierung für mindestens 16 h (Abb. 1.3)

Abb. 1.1 Die Lösung mit Hefeproteinen wird in eine Rinne des Rehydratisierungsträgers pipettiert.

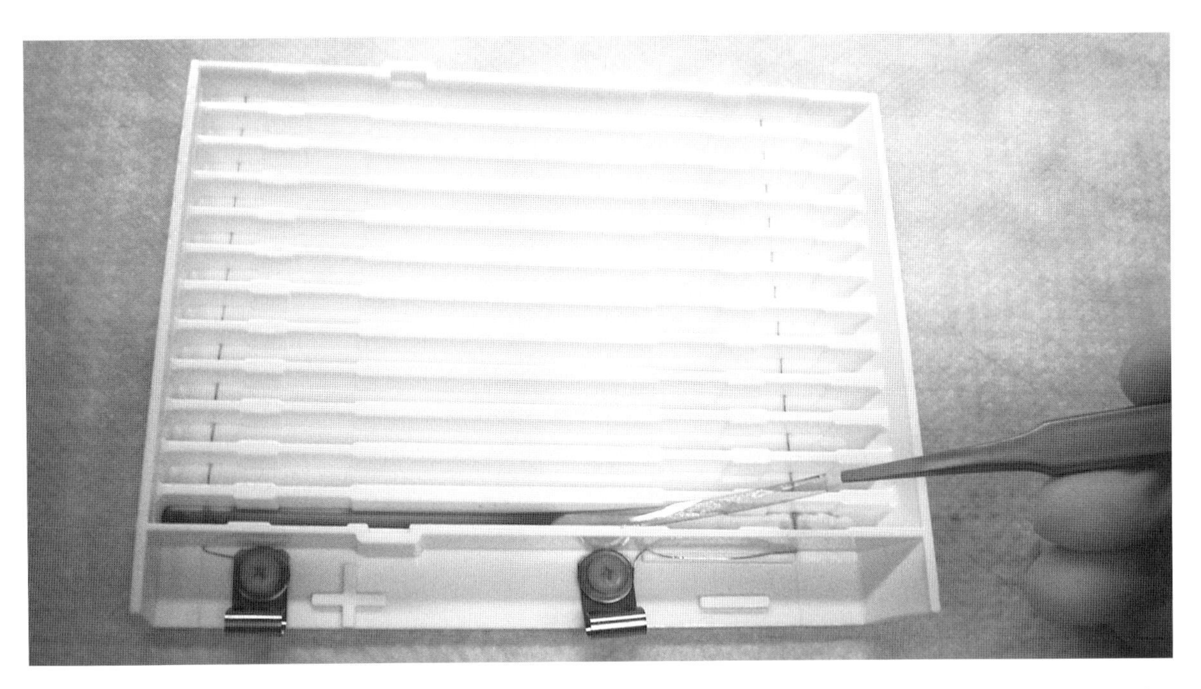

Abb. 1.2 Mithilfe von Pinzetten wird der Streifen mit dem immobilisierten pH-Gradienten (IPG) vorsichtig mit der Gelseite nach unten auf die Probenlösung abgesenkt. Es dürfen sich keine Luftblasen unter dem Streifen befinden.

Abb. 1.3 Die aktive Rehydratisierung dauert 16–24 h bei einer konstanten Spannung von 50 V.

Erste Dimension: IEF

6. Beenden der aktiven Rehydratisierung durch das Drücken der „Stopp"-Taste, frühestens 16 h nach Beginn; Entfernen des Fokussierungsträgers aus dem IEF-Gerät.
7. Mit einer Pinzette die erforderliche Zahl an Filterpapierstreifen (zwei pro IPG-Streifen) auf ein fusselfreies saugfähiges Papier legen; Pipettieren von 40–50 µl H_2O auf jeden Filterpapierstreifen; Entfernen von überschüssigem H_2O.
8. Mit einer Pinzette ein Ende eines rehydratisierten IPG-Streifens am Plastikträger anheben und mit einer Pinzette einen Filterpapierstreifen auf die Metallelektrode in jeder Rinne des Fokussierungsträgers legen; dabei das rehydratisierte Gel nicht berühren (Abb. 1.4).

   Der Filterpapierstreifen auf der Elektrode dient dazu, Substanzen zu absorbieren, die während der Fokussierung aus dem Gel eluiert werden. Die Streifen sollten häufiger ausgetauscht werden. Dadurch verringert sich der Widerstand, der Aufbau des Spannungsgradienten verbessert sich und das Ausmaß der Denaturierung von Proteinen am Streifenende wird reduziert. Stellen Sie sicher, dass der Streifen so in der Rinne ausgerichtet ist, dass das Gel direkt über einer Elektrode und auf einem feuchten Filterpapierstreifen liegt.
9. Aufsetzen des Deckels auf den Träger; Plazieren des Trägers in dem IEF-Gerät, wobei sichergestellt sein muss, dass die Elektroden des Trägers Kontakt zu den Elektroden des Geräts haben.

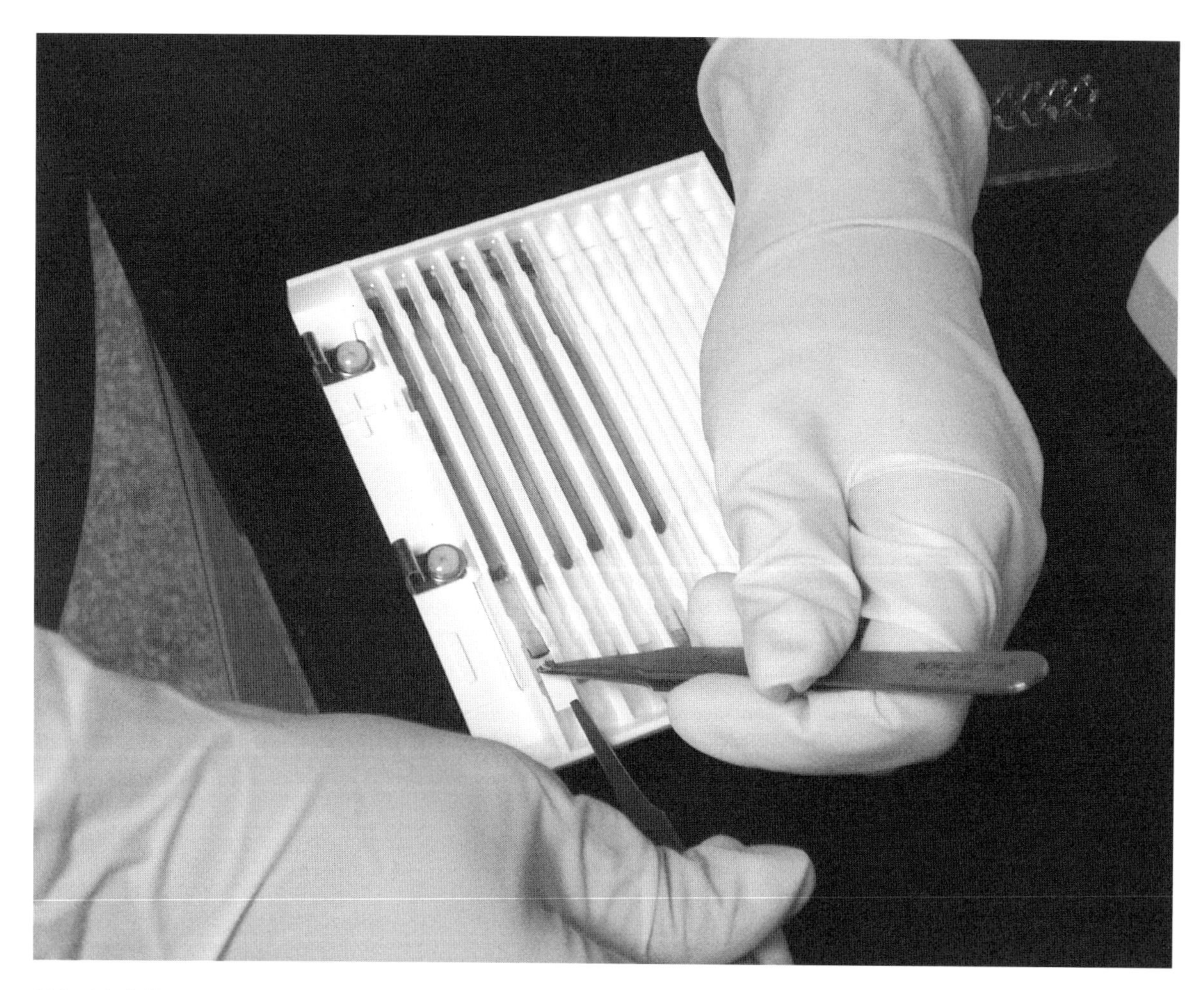

Abb. 1.4 Während der isoelektrischen Fokussierung wird das Programm angehalten, der IPG-Streifen wird an einem Ende angehoben und ein angefeuchteter Filterpapierstreifen auf der Elektrode plaziert. Das IPG-Gel liegt unmittelbar auf dem Filterpapier.

10. Programmieren des IEF-Geräts mit den unten angegebenen Bedingungen; Verwendung der Standardzelltemperatur von 20 °C; **die maximale Stromstärke pro Streifen beträgt 50 μA**; die Zeit für den Lauf richtet sich nach den akkumulierten Voltstunden.
Die Fokussierungsbedingungen für die Proteinproben aus Hefe sind:
250 V für 15 min
Spannungsgradient bis 8 000 V über 2,5 h
50 000 Voltstunden
50 μA pro Streifen
20 °C
Das Protean-IEF-Cell-Gerät von Bio-Rad enthält einige bereits vorprogrammierte Methoden. Für die Erstellung eines eigenen Programms führt Tab. 1.4 einige Richtwerte für einen 11-cm-IPG-Streifen auf; bei anderen Proben kann jedoch eine abweichende Zahl an Voltstunden erforderlich sein.

11. Die Filterpapierstreifen sind 60–120 min nach dem Beginn des Laufs zu wechseln; dazu auf „Pause" (blaue Taste) drücken – *NICHT die rote Taste für Stopp!* – und warten, bis die Spannung Null erreicht hat. Den Deckel der Einheit abheben und den Fokussierungsträger aus dem Gerät nehmen. Den Deckel des Trägers abnehmen, die Enden jedes Streifens anheben, die Filterpapierstreifen entfernten und durch neue angefeuchtete Streifen ersetzen; den Träger anschließend wieder in die Kammer legen, die Deckel schließen und wieder auf „Start" drücken; den Vorgang gegebenenfalls später wiederholen.
Zu Beginn des Laufs ist der Widerstand in jedem Streifen gering und die Stromstärke erreicht das Maximum von 50 μA pro Streifen; die programmierte Spannung muss daher nicht unbedingt erreicht werden. Ist der Debris eluiert, fällt die Stromstärke in der Regel und die Spannung nimmt zu; für jeden Streifen wird dann typischerweise ein niedriger Wert von 10 μA erreicht. Proben, die sehr viel Salz und Proteine enthalten, welche außerhalb des Fokussierungsspektrums liegen, erfordern im Allgemeinen einen häufigeren Wechsel der Filterpapierstreifen, um die Stromstärke zu reduzieren. Ist die Stromstärke auf einen niedrigeren Wert gesunken, kann die Spannung auf die programmierte Höhe ansteigen. Für IPG-Streifen, die nicht 11 cm lang sind, ist die in Tab. 1.5 angegebene maximale Spannung anzusetzen.
Die Fokussierung läuft bei abweichenden Proben anders ab. Es ist unter Umständen notwendig, den Probenlauf zu verlängern oder zu verkürzen. **Fokussieren Sie nicht unterschiedliche Probentypen oder IPG-Streifen mit unterschiedlichen pH-Gradienten auf demselben Fokussierungsträger.**

Tab. 1.4 Spannungsschritte für die Durchführung einer IEF mit 11-cm-IPG-Streifen

Volt	Zeit (min)	Voltstunden
250	15	62,5
500	15	125
1 000	15	250
2 000	30	1 000
4 000	30	2 000
8 000	372	49 600
	akkumulierte Voltstunden	53 038

Tab. 1.5 Maximale Spannungen für unterschiedlich lange IPG-Streifen

Länge des Streifens (cm)	maximale Spannung (V)	ungefähre Voltstunden (Vh)	maximale Stromstärke pro Streifen (μA)
7	3 000	2 500–20 000	50
11	8 000	35 000–80 000	50
17 oder 18	10 000	60 000–120 000	50

Protokoll 3
Äquilibrierung der fokussierten IPG-Streifen

Nach der Fokussierung der IPG-Streifen müssen die Streifen in SDS-haltigem Puffer äquilibriert werden. Die Äquilibrierung verläuft in zwei Schritten, einem reduzierenden Schritt mit TCEP und einem alkylierenden Schritt mit Iodacetamid.

Materialien

Achtung: Für den korrekten Umgang mit Substanzen, die mit einem <!> gekennzeichnet sind, siehe Anhang 11.

Reagenzien

Äquilibrierungspuffer
6 M Harnstoff <!>
20 % Glycerin
2 % (w/v) SDS <!>
50 mM Tris-Cl (pH 8,8)
Mit H_2O auffüllen; Zugabe von TCEP <!> bzw. Iodacetamid <!> kurz vor dem Gebrauch in Schritt 1.
fokussierte IPG-Streifen (aus Protokoll 2)

Geräte

Glasröhrchen

Durchführung

1. Vorbereitung von zwei Behältern mit je 30 ml Äquilibrierungspuffer.
   a. Zugabe von 750 µl 200 mM TCEP in einen Behälter.
   b. Zugabe von 750 mg Iodacetamid in den anderen Behälter.
2. Plazieren eines Gelstreifens mit der **Gelseite nach oben** in einem Glasröhrchen und Zugabe von 5 ml des TCEP-haltigen Äquilibrierungspuffers in jedes Röhrchen; Inkubation der Streifen unter leichtem Schütteln für 15 min.
3. Dekantieren des Puffers in einen Abfallbehälter und Zugabe von 5 ml des iodacetamidhaltigen Äquilibrierungspuffers in jedes Röhrchen; Inkubation der Streifen unter leichtem Schütteln für 15 min.

Protokoll 4
Zweite Dimension: SDS-PAGE

Materialien

Achtung: Für den korrekten Umgang mit Substanzen, die mit einem <!> gekennzeichnet sind, siehe Anhang 11.

Reagenzien

äquilibrierte und fokussierte IPG-Streifen (aus Protokoll 3)
Fixierer für die SYPRO-Ruby- oder Coomassie-Blau-Färbung (40 % Methanol <!>, 10 % Essigsäure <!>)
Molekülmassenstandard (Kaleidoscope prestained standards; Bio-Rad)
Laufpuffer (MES <!> oder MOPS <!>)

Geräte

4–12 % Bis-Tris-SDS-PAGE-Gele
Gelelektrophoreseeinheit für die zweite Dimension (Criterion Dodeca Cell; Bio-Rad)
Ständer für die Gelbeladung (Criterion; Bio-Rad)

Durchführung

1. Auffüllen der Gelkammer für die zweite Dimension mit 1×Laufpuffer; Kühlen auf 4–10 °C; die Bis-Tris-SDS-PAGE-Gele (4–12 %) laufen in MES- oder MOPS-Puffer; im Kurs wird 1×MES-Puffer verwendet.
2. Entfernen des Kammes, der sich am oberen Ende der Gelkassette befindet; mit einer Pipette beide Probentaschen mit Laufpuffer spülen; Gelkassette in einer vertikalen Position fixieren.
   Der Kassettenbehälter wird später noch für die Färbung eingesetzt.
3. Beladen einer Probentasche mit 5 µl Molekülmassenstandard (Kaleidoscope prestained standard).
4. Nach der Äquilibrierung den IPG-Streifen aus dem Röhrchen nehmen und direkt auf das Gel der zweiten Dimension legen; der IPG-Streifen muss gleichmäßig auf dem Polyacrylamidgel liegen (eventuell mit einem Spatel leicht andrücken) (Abb. 1.5).
   Achten Sie darauf, dass sich keine Luftblasen zwischen dem IPG-Streifen und der Oberfläche des Polyacrylamidgels befinden; die Orientierung der Streifen sollte für alle Proben gleich sein.
5. Einbau der Kassette in die Elektrophoreseeinheit für die zweite Dimension; Lauf bei 4 °C (in der Regel in einem Kühlraum) (Abb. 1.6). Alternativ gibt es Zusatzgeräte zum Kühlen der Einheit.

Abb. 1.5 Nach der Äquilibrierung wird der fokussierte IPG-Streifen oben auf ein SDS-PAGE-Gel für die zweite Dimension gelegt. Der IPG-Streifen liegt gleichmäßig auf der Oberfläche, und es befinden sich keine Luftblasen zwischen Streifen und Gel.

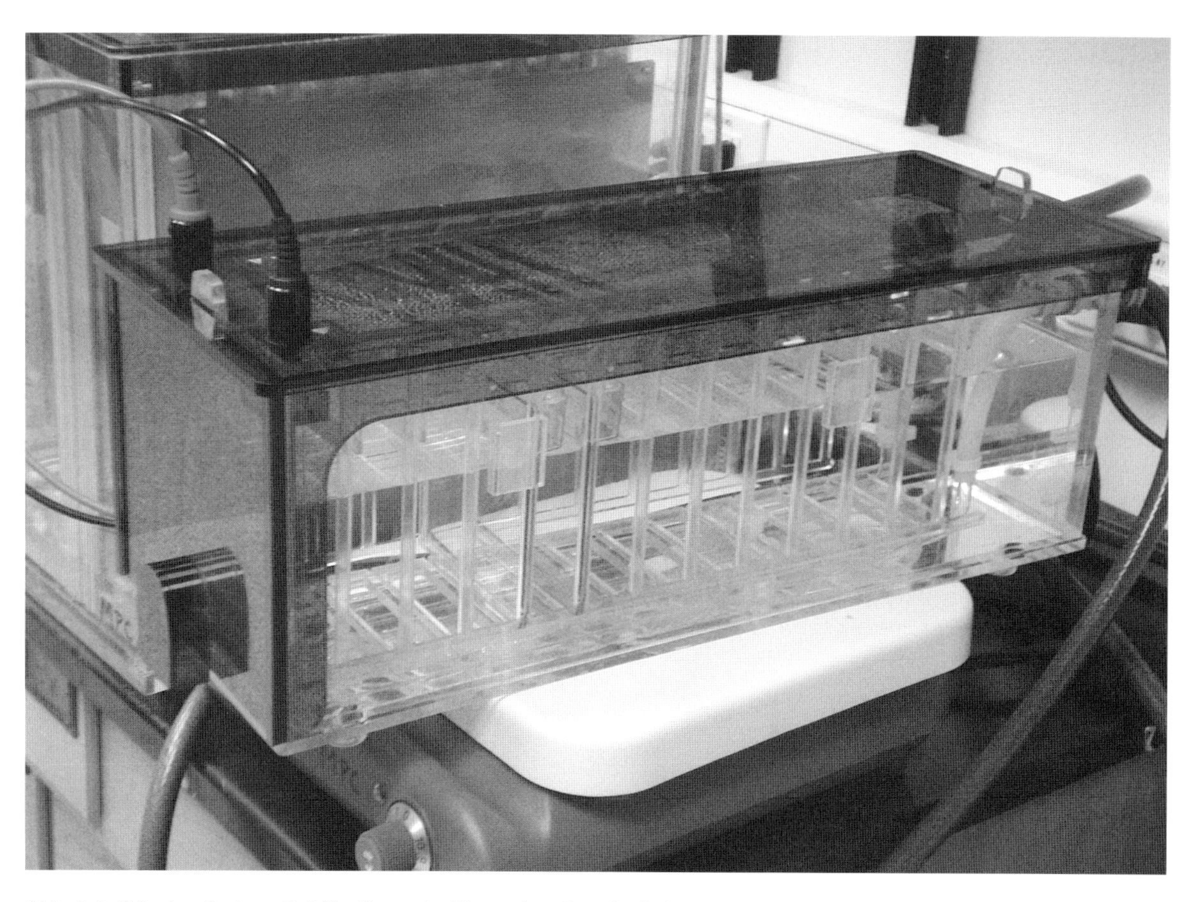

Abb. 1.6 Criterion Dodeca Cell für die zweite Dimension. Das Gerät fasst bis zu 12 Gele. Der Lauf erfolgt bei einer konstanten Spannung von 200 V, bis sich der Farbmarker weniger als 1 cm oberhalb der unteren Gelkante befindet.

6. Programmieren des Stromgebers für den Lauf bei einer konstanten Spannung von 200 V (Dauer ca. 1–1,5 h); Lauf der zweiten Dimension.
7. Nach dem Lauf das Gel aus der Einheit nehmen und das Ende der Kassette „aufbrechen", um die Kassette zu öffnen; das Gel vorsichtig aus der Kassette nehmen, in einen gekennzeichneten Behälter mit H_2O legen und für einige Minuten waschen, um Methanol und Essigsäure zu entfernen.
8. ca. 100 ml Fixierlösung in den Behälter geben.
   Ab jetzt müssen die Gele mit großer Vorsicht behandelt werden, damit sie nicht einreißen; tragen Sie beim Umgang mit den Gelen stets Handschuhe, um Kontaminationen mit Keratin zu vermeiden.
9. Fixierung unter leichtem Schwenken für mindestens 2 h; die Gele können ggf. auch über Nacht oder einige Tage fixiert werden.

Sichtbarmachung der aufgetrennten Proteine

Die folgenden Protokolle stellen einige Methoden für das Färben von Proteinen im Gel vor. Die Protokolle 5, 6 und 7 nutzen Fluoreszenzfarbstoffe für das Gesamtprotein, Phosphoproteine und Glykoproteine. Fluoreszenzfarbstoffe sind lichtempfindlich und müssen im Dunkeln verwendet und gelagert werden. Besprochen werden auch die schnell durchzuführende Färbung mit Coomassie-Blau und eine Silberfärbung, die kompatibel mit der Massenspektrometrie ist.

Protokoll 5
Färbung aller Proteine mit SYPRO-Ruby

Die Färbung des Gels mit SYPRO-Ruby wird als Alternative zur konventionellen Silberfärbung empfohlen. Die Sensitivität von SYPRO-Ruby ist mit der der Silberfärbung vergleichbar; ebenso ist mit dem Farbstoff eine Quantifizierung möglich und die Färbung ist kompatibel mit der Massenspektrometrie. Nach der Anwendung von SYPRO-Ruby lässt sich das Gel, falls erwünscht, noch mit Silber oder Coomassie-Blau färben. Die Gele können gegebenenfalls auch über Nacht oder einige Tage fixiert werden.

Materialien

Achtung: Für den korrekten Umgang mit Substanzen, die mit einem <!> gekennzeichnet sind, siehe Anhang 11.

Reagenzien

2D-Gel mit aufgetrennten Proteinproben
10 % Methanol <!>
40 % Methanol <!>, 10 % Essigsäure <!>
SYPRO-Ruby <!> (Bio-Rad)

Geräte

Horizontalschüttler
UV-Transilluminator

Durchführung

1. Baden des Gels in ca. 100 ml 40 % Methanol, 10 % Essigsäure; für die Fixierung für mindestens 2 h leicht schwenken.
2. Dekantieren der Fixierlösung.
3. Baden des Gels in ca. 200 ml SYPRO-Ruby (die Gele sollten bedeckt sein).
4. Färben für mindestens 90 min.
5. Waschen der Gele in 10 % Methanol für mindestens 1 h.
6. Sichtbarmachung der Proteine im Gel mithilfe eines UV-Transilluminators (oder eines anderen geeigneten Geräts).

Protokoll 6
Färbung der Phosphoproteine mit Pro-Q Diamond

Materialien

Achtung: Für den korrekten Umgang mit Substanzen, die mit einem <!> gekennzeichnet sind, siehe Anhang 11.

Reagenzien

2D-Gel mit aufgetrennten Proteinproben
Entfärbelösung (20 % Acetonitril <!>, 50 mM Natriumacetat [pH 4,0])
50 % Methanol <!>, 10 % Essigsäure <!>
Pro-Q Diamond phosphoprotein gel staining kit (Invitrogen)

Geräte

Horizontalschüttler
UV-Transilluminator

Durchführung

1. Baden des Gels in ca. 100 ml 50 % Methanol, 10 % Essigsäure; für die Fixierung für mindestens 30 min leicht schwenken; den Schritt wiederholen, um das SDS vollständig aus dem Gel zu entfernen; die Gele können über Nacht in der Fixierlösung aufbewahrt werden.
2. Dekantieren der Fixierlösung; Waschen des Gels in ca. 100 ml H_2O für 30 min; Waschen zweimal wiederholen; Methanol- und Essigsäurereste stören die Phosphoproteinfärbung.
3. Färben des Gels mit Pro-Q Diamond für ca. 90 min; Inkubation im Dunkeln unter leichtem Schwenken in 75–100 ml Färbelösung; eine Färbung über Nacht ergibt eine zu starke Hintergrundfärbung.
4. Entfärben mit ca. 100 ml Entfärbelösung für 30 min; Vorgang zweimal wiederholen; Gel vor Licht schützen; je länger das Entfärben dauert, umso schwächer wird die Intensität der Färbung.
5. Waschen des Gels mit H_2O für 5 min; wiederholen; ist die Hintergrundfärbung zu stark, kann der zweite Waschschritt auf 20–30 min ausgedehnt werden.
6. Sichtbarmachung der Phosphoproteine im Gel mithilfe eines UV-Transilluminators (oder eines anderen geeigneten Geräts).

Protokoll 7
Färbung der Glykoproteine mit Pro-Q Emerald

Materialien

Achtung: Für den korrekten Umgang mit Substanzen, die mit einem <!> gekennzeichnet sind, siehe Anhang 11.

Reagenzien

2D-Gel mit aufgetrennten Proteinproben
3 % Essigsäure <!>
50 % Methanol <!>, 10 % Essigsäure
Pro-Q Emerald staining kit (Invitrogen)
Das Kit enthält das Färbereagenz, den Färbepuffer und die Oxidationslösung (Periodsäure <!>).

Geräte

Horizontalschüttler
UV-Transilluminator

Durchführung

1. Baden des Gels in ca. 100 ml 50 % Methanol, 10 % Essigsäure; für die Fixierung für mindestens 30 min leicht schwenken; den Schritt wiederholen, um das SDS vollständig aus dem Gel zu entfernen; die Gele können über Nacht in der Fixierlösung aufbewahrt werden.
2. Waschen des Gels in ca. 100 ml 3 % Essigsäure für 10–20 min; wiederholen.
3. Oxidation der Kohlenhydrate mit ca. 50 ml Oxidationslösung für 30 min.
4. Waschen des Gels in ca. 100 ml 3 % Essigsäure für 10–20 min; zweimal wiederholen.
5. Ansetzen der Färbelösung durch Verdünnen von 1 ml Stammlösung in 50 ml Färbepuffer; Inkubation des Gels in der Färbelösung für 90–120 min im Dunkeln unter leichtem Schwenken; nicht überfärben.
6. Waschen des Gels in ca. 100 ml 3 % Essigsäure für 15–20 min; wiederholen.
7. Vor Auflegen auf den Imager kurz mit H_2O abspülen; Pro-Q Emerald 300 hat eine Anregungswellenlänge von 280 nm; Sichtbarmachung der Glykoproteine im Gel mithilfe eines UV-Transilluminators (oder eines anderen geeigneten Geräts).

Protokoll 8
Färbung aller Proteine mit Coomassie-Blau

Materialien

Achtung: Für den korrekten Umgang mit Substanzen, die mit einem <!> gekennzeichnet sind, siehe Anhang 11.

Reagenzien

2D-Gel mit aufgetrennten Proteinproben
Färbelösung (Imperial Protein Stain, Pierce)
10 % Methanol <!> (optional, s. Schritt 5)

Geräte

Horizontalschüttler

Durchführung

1. Transfer des Gels in einen sauberen Behälter; Waschen des Gels durch leichtes Schwenken in 200 ml H_2O für 15 min.
2. Mischen der Färbelösung unmittelbar vor der Verwendung, um Klumpen zu lösen.
3. Zugabe von Färbelösung, sodass das Gel vollständig bedeckt ist.
4. Färben des Gels für 2 h unter leichtem Schwenken.
5. Verwerfen der Färbelösung und Waschen mit 200 ml H_2O oder 200 ml 10 % Methanol, um die Hintergrundfärbung zu reduzieren; Waschen über Nacht verbessert das Ergebnis.
   H_2O mehrfach wechseln, um die für das Waschen benötigte Zeit zu reduzieren.

Protokoll 9
Färbung aller Proteine mit einer Silberfärbungsmethode, die mit der Massenspektrometrie kompatibel ist

Gele, die mit Coomassie-Blau oder Fluoreszenzfarbstoffen gefärbt wurden, lassen sich anschließend auch mit dieser Silberfärbungsmethode färben. Bei solchen bereits fixierten Gelen kann man mit Schritt 2 beginnen. Bei der Silberfärbung ist es wichtig, den zeitlichen Ablauf genau einzuhalten. Die Silberfärbung ist nicht quantitativ.

Materialien

Achtung: Für den korrekten Umgang mit Substanzen, die mit einem <!> gekennzeichnet sind, siehe Anhang 11.

Reagenzien

2D-Gel mit aufgetrennten Proteinproben
1,0 % Essigsäure <!>
0,2 % $AgNO_3$ <!>, 0,08 % Formaldehyd <!>
35 % Ethanol <!>
40 % Methanol <!>, 10 % Essigsäure
6,0 % Na_2CO_3 <!>, 0,05 % Formaldehyd, 0,0004 % $Na_2S_2O_3$
0,02 % $Na_2S_2O_3$ (Pentahydrat)

Geräte
Horizontalschüttler

Durchführung
1. Fixieren des Gels in 40 % Methanol, 10 % Essigsäure für mindestens 2 h oder auch über Nacht.
2. Waschen des Gels in 35 % Ethanol für 20 min; zweimal wiederholen.
3. Inkubieren des Gels in 0,02 % $Na_2S_2O_3$ (Pentahydrat) für 2 min.
4. Waschen des Gels MilliQ-H_2O für 5 min; zweimal wiederholen.
5. Färben des Gels in 0,2 % $AgNO_3$, 0,08 % Formaldehyd für 20 min.
6. Waschen des Gels in MilliQ-H_2O für 1 min; einmal wiederholen.
7. Entwickeln des Gels in 6,0 % Na_2CO_3, 0,05 % Formaldehyd, 0,0004 % $Na_2S_2O_3$.
8. Abstoppen der Entwicklung mit 40 % Methanol, 10 % Essigsäure für 5 min.
9. Aufbewahren des Gels in 1,0 % Essigsäure bei 4 °C.

Protokoll 10
Bildanalyse und Extraktion der Proteine aus 2D-Gelen

Materialien
Achtung: Für den korrekten Umgang mit Substanzen, die mit einem <!> gekennzeichnet sind, siehe Anhang 11.

Reagenzien
2D-Gel, gefärbt
Ethanol <!> (optional, s. Schritt 7)

Geräte
96-Well-Matrize
CCD-Digitalkamera (ChemiDoc XRS CCD Digitalkamera; Bio-Rad)
Hautstanze, 1,5 oder 2,0 mm (ähnliche Hilfsmittel sind eine abgeschnittene 1-ml-Pipettenspitze, ein Skalpell oder eine Pinzette)
96-Well-Mikrotiterplatte (Polypropylen) für die Spaltung
Spotanalysesoftware

Durchführung

Aufnahme des Bildes und Auswertung
1. Fotografieren der gefärbten Gele mit einer CCD-Digitalkamera nach der Anleitung des Herstellers. Speichern der Bilder für die Analyse und Ausdruck in maximal möglicher Größe.
   Alternativ lassen sich gefärbte Gele mit einem Fluoreszenzscanner, einem Phosphoimager oder einem Densidometer dokumentieren (Abb. 1.7).
2. Vergleichen der Spotprofile mithilfe von Flicker (einer frei erhältlichen Software, die aus dem Internet geladen werden kann) oder der PDQuest gel analysis software (Bio-Rad) (Abb. 1.8 und Abb. 1.9).
3. Bei der Sichtung der 2D-Gele sollten alle Unterschiede und/oder Veränderungen der Expression zwischen dem „Glucosegel" (Gärung) und dem „Glyceringel" (Atmung) erfasst werden; Annotierung der Gelbilder und Ausdruck.

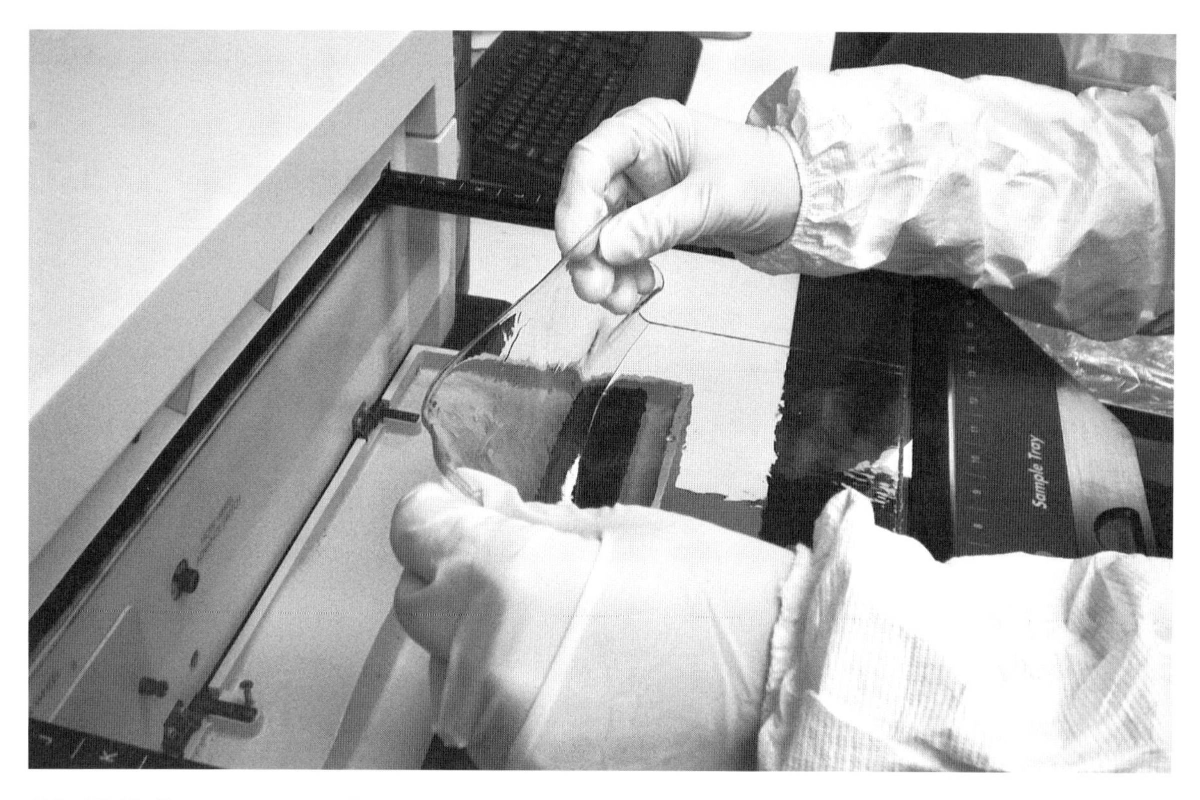

Abb. 1.7 Ein Fluoreszenzscanner (Molecular Imager FX; Bio-Rad) für die Fotografie eines gefärbten Gels.

Abb. 1.8 Beispiel für ein großes 2D-„Glucosegel" (Gärung). Der IPG-Streifen hatte einen pH-Gradienten von 4–7 und eine Länge von 18 cm. Bei dem Gel der zweiten Dimension handelt es sich um ein 12,5 % Polyacrylamidgel mit den Maßen 20×20 cm. Das Gel wurde mit SYPRO-Ruby gefärbt.

Abb. 1.9 Beispiel für großes 2D-„Glyceringel" (Atmung). Der IPG-Streifen hatte einen pH-Gradienten von 4–7 und eine Länge von 18 cm. Bei dem Gel der zweiten Dimension handelt es sich um ein 12,5 % Polyacrylamidgel mit den Maßen 20×20 cm. Das Gel wurde mit SYPRO-Ruby gefärbt.

Ausschneiden der Spots

4. Mithilfe des annotierten, ausgedruckten Fotos des jeweiligen Gels und einer 96-Well-Matrize wird jedem weiter zu analysierenden Spot eine Vertiefung in einer 96-Well-Mikrotiterplatte zugewiesen und diese entsprechend markiert.
5. Pipettieren von 50 µl ultrareinem H_2O in die erforderliche Anzahl von Vertiefungen der 96-Well-Mikrotiterplatte.
6. Ausschneiden der Proteinspots von Interesse aus dem Gel mit einer 1,5–2,0 mm großen Hautstanze (oder ähnlichem) und Überführen der Gelblöckchen in die entsprechenden Vertiefungen der Mikrotiterplatte.
7. Abspülen der Stanze zwischen den Schnitten mit H_2O oder Ethanol, um Kreuzkontaminationen zu vermeiden.

Allgemeine Anmerkungen zur Durchführung einer Proteinspaltung mit Trypsin

- Verwenden Sie stets die reinsten zur Verfügung stehenden Reagenzien, d.h. Optimagrad oder HPLC-Grad bei H_2O und Acetonitril.
- Setzen Sie die Reagenzien unmittelbar vor dem Gebrauch an.
- Einige Kunststoffe können durch das Produktionsverfahren Kontaminationen enthalten; erkundigen Sie sich daher vor Ort oder beim Hersteller.
- Polystyrol eignet sich nicht für organische Stoffe; verwenden Sie Polypropylen.
- Reinigen Sie alle Arbeitsplätze bevor Sie mit der Arbeit beginnen, einschließlich der Ständer; arbeiten Sie, wenn möglich, an der Sterilbank.
- Tragen Sie keine Kleidung aus Wolle oder Seide.

Protokoll 11
Spaltung im Gel mit Trypsin

Materialien

Achtung: Für den korrekten Umgang mit Substanzen, die mit einem <!> gekennzeichnet sind, siehe Anhang 11.

Reagenzien

Alkylierungslösung (55 mM Iodacetamid [IAA]) <!>

Lösen von 102 mg IAA in 100 mM Ammoniumhydrogencarbonat, auf 10 ml auffüllen.

100 mM Ammoniumhydrogencarbonat

Lösen von 0,395 g NH_4HCO_3 in H_2O (HPLC-Grad), auf 50 ml auffüllen.

Dehydratisierungslösung (Acetonitril [HPLC-Grad]) <!>

Extraktionslösung (1 % Ameisensäure <!>, 2 % Acetonitril <!>)

Mischen von 100 µl Ameisensäure und 200 µl Acetonitril in 10 ml H_2O (HPLC-Grad).

Proteinproben in Gelblöckchen (aus Protokoll 10)

Reduktionslösung (10 mM DTT) <!>

Lösen von 15,4 mg DTT in 100 mM Ammoniumhydrogencarbonat, auf 10 ml auffüllen.

Trypsinlösung

Lösen von 100 µg lyophilisiertem Trypsin <!> in 1 ml Rekonstitutionspuffer (50 mM Essigsäure <!>), der mit dem Trypsin geliefert wird; Aliquotieren der Lösung in Aliquots von 200 µl; Einfrieren bei –80 °C; das Trypsin ist bei 4 °C und Temperaturen darunter inaktiv.

Geräte

Inkubator, 37 °C

PCR-Platte

Durchführung

1. Entfernen überschüssiger Flüssigkeit aus jeder Vertiefung; die Gelblöckchen sollten in den Vertiefungen bleiben.
2. Wurde das Gel mit Coomassie-Blau oder SYPRO-Ruby gefärbt, müssen die Blöckchen durch Zugabe von 50 µl 50 mM Ammoniumhydrogencarbonat und 50 µl Acetonitril in jede Vertiefung entfärbt werden; Inkubation für 10 min bei 37 °C; Abziehen und Verwerfen der Lösung aus jeder Vertiefung; wiederholen.
3. Zugabe von 50 µl Actronitril in jede Vertiefung und Inkubation für 5 min bei 37 °C zur Dehydratisierung der Gelblöckchen; Abziehen der Lösung aus jeder Vertiefung; Entfernen des restlichen Acetonitrils durch Inkubation für 10 min bei 37 °C.
4. Zugabe von 50 µl 10 mM DTT in jede Vertiefung und Inkubation für 20 min bei 37 °C zur Reduktion der Proteine; Abziehen der Lösung aus jeder Vertiefung.
5. Zugabe von 30 µl 55 mM Iodacetamid in jede Vertiefung und Inkubation für 20 min bei 37 °C zur Alkylierung der Proteine; Abziehen der Lösung aus jeder Vertiefung.
6. Zugabe von 50 µl Acetonitril in jede Vertiefung und Inkubation für 5 min bei 37 °C; Abziehen der Lösung aus jeder Vertiefung; Vorgang wiederholen; Entfernen des restlichen Acetonitrils durch Inkubation für 5 min bei 37 °C.
7. Aktivierung der Trypsinlösung wie folgt: Zugabe von 800 µl 50 mM Ammoniumhydrogencarbonat zu einem 200-µl-Aliquot der Trypsinlösung (Konzentration 100 µg ml^{-1}); 10 µl enthalten schließlich 200 ng Trypsin (20 ng $µl^{-1}$).

   Die Zugabe von Ammoniumhydrogencarbonat aktiviert das Trypsin, das bei einem pH-Wert zwischen 7 und 9 seine maximale Aktivität besitzt.
8. Zugabe von 15 µl aktiviertem Trypsin in jede Vertiefung und Inkubation für 10 min bei Raumtemperatur, damit das Trypsin in die Gelblöckchen diffundieren kann.
9. Zugabe von 15 µl Ammoniumhydrogencarbonat in jede Vertiefung und Inkubation für 4 h bei 37 °C (Inkubation über Nacht, wenn erforderlich).
10. Zugabe von 20 µl Extraktionslösung in jede Vertiefung und Inkubation für 30 min bei Raumtemperatur.
11. Abziehen der Lösung aus jeder Vertiefung und Überführen in eine neue PCR-Platte.

Protokoll 12
Auftragen der Proben auf einen MALDI-Probenträger

Probenträger sind im 100-Well- und im 192-Well-Format erhältlich. Das im Kurs eingesetzte MALDI-TOF/TOF-Massenspektrometer ist für das 192-Well-Format konfiguriert, und eine Platte dieser Größe erfordert keine besondere Fixierung.

Materialien

Achtung: Für den korrekten Umgang mit Substanzen, die mit einem <!> gekennzeichnet sind, siehe Anhang 11.

Reagenzien

Acetonitril <!>
Kalibrierungs/Matrix-Mix
Ameisensäure <!>
Methanol <!>
Proteinproben
Matrix für die Proteinproben (α-Cyano-4-hydroxyzimtsäure) <!>

10 mg ml^{-1} α-Cyano-4-hydroxyzimtsäure in 50 % Acetonitril (HPLC-Grad), 50 % H_2O (HPLC-Grad) und 0,1 % TFA <!>; Zugabe von 2 mg ml^{-1} Ammoniumcitrat kurz vor dem Gebrauch.

Geräte

Becherglas
MALDI-Probenträger
Ultraschallgerät <!>

Durchführung

Reinigung des Probenträgers

1. Spülen des Trägers mit Methanol und Trocknen mit einem saugfähigen, fusselfreien Tuch.
2. Träger in ein Becherglas stellen und mit Methanol bedecken; Zugabe eines Tropfens Ameisensäure; Ultraschallbehandlung für 30 min.
3. Träger aus dem Becherglas nehmen und abtrocknen.
4. Träger in das Becherglas stellen und mit Acetonitril bedecken; Ultraschallbehandlung für 30 min.
5. Träger abtrocknen.

Auftragen von Matrix und Probe auf den Probenträger

Die Proben für die Massenspektrometrie müssen frei von Salzen und geringsten Kontaminationen sein. Die im Gel gespaltenen Proben können in der Regel direkt auf den Träger aufgetragen werden. Es steht eine Vielzahl an Matrices zur Verfügung; eine der am häufigsten eingesetzten Matrices ist α-Cyano-4-hydroxyzimtsäure.

6. Ausfüllen eines Schemas für den Probenauftrag auf dem TOF/TOF-Träger (192-Well-Format); es ist unbedingt notwendig, die Anordnung der Proben auf dem Träger zu dokumentieren.
7. Auftragen von 0,5 μl Probe auf den markierten Probenbereich auf dem Träger; die Probe vor der Zugabe der Matrixlösung nicht trocknen lassen (Abb. 1.10).
8. Zugabe von 0,5 μl Matrixlösung direkt auf die Probe; Probe und Matrix kristallisieren zusammen aus; Trocknen an der Luft; die getrocknete Matrix sollte ein gleichmäßiges Erscheinungsbild haben und cremefarben bis hellgelblich sein.
9. Auftragen von 0,5 μl Kalibrierungs/Matrix-Mix auf weitere Probenbereiche auf dem Träger.
10. Einsetzen der Trägerplatte in das Massenspektrometer und Lauf entsprechend den Angaben in Experiment 3.
11. Analyse der Ergebnisse der Massenspektrometrie (s. Experiment 8).

Abb. 1.10 Pro markiertem Probenbereich auf der MALDI-Trägerplatte wird eine Probe aufgetragen und die Matrix anschließend direkt auf die Probe pipettiert. Probe und Matrix kristallisieren beim Trocknen zusammen aus.

Experiment 2

2

Reinigung von Proteinkomplexen für die Massenspektrometrie

Für nahezu alle biologischen Prozesse sind Wechselwirkungen zwischen Proteinen notwendig. Das Wissen um Protein-Protein-Interaktionen ist daher ein Schlüssel, um eine Vorstellung von der Funktion eines Proteins in der Zelle entwickeln zu können. Durch die Kenntnis der Wechselwirkungen lässt sich die Entstehung von Krankheiten leichter nachvollziehen, auch sind mögliche Ziele für die Therapie besser erkennbar. Und so gilt auch in der Proteomik der Grundsatz „schuldig durch Komplizenschaft", wenn die biochemische Funktion eines nichtcharakterisierten Proteins auf der Grundlage seiner Interaktionspartner abgeleitet werden soll.

Für die Identifizierung von Protein-Protein-Wechselwirkungen verfolgt man die Strategie, zunächst das Protein von Interesse aus Zellen oder Geweben unter nichtdenaturierenden Bedingungen zu extrahieren. Anschließend werden alle Proteine des aufgereinigten Komplexes mithilfe der Massenspektrometrie identifiziert. Die Verknüpfung von hochspezifischen Strategien der Proteinaufreinigung und der Massenspektrometrie hat sich als ein sehr erfolgreicher Ansatz für die Identifizierung von Protein-Protein-Wechselwirkungen erwiesen. Zwei wichtige Aspekte sind dabei zu berücksichtigen. Einer ist die Extraktion der Proteinkomplexe aus Zellen oder Geweben in einer für die Massenspektrometrie ausreichenden Menge. Und zweitens müssen die gereinigten Komplexe mit einem Minimum an unspezifischen Wechselwirkungen extrahiert werden. So ist eine Menge Zeit und auch finanzieller Mittel notwendig, unspezifische Wechselwirkungen zu ermitteln. Das Ziel ist, eine ausreichende Menge der miteinander interagierenden Proteine in einer möglichst geringen Zahl von Schritten zu isolieren. Die Bedingungen für die Extraktion und Reinigung müssen so abgestimmt sein, dass Wechselwirkungen zwischen die physiologischen Interaktionspartnern stabilisiert, unspezifische oder nichtphysiologische Bindungen jedoch unterdrückt werden.

Dieses Experiment behandelt zwei leistungsfähige Strategien zur Affinitätsreinigung von Proteinkomplexen aus Hefe. Zunächst wird die Tandemaffinitätsreinigung (*tandem affinity purification*, TAP) für die Aufreinigung von Proteinen vorgestellt. Anschließend sollen die Studierenden mit der Immunoaffinitätsreinigung von Proteinkomplexen vertraut gemacht werden, bei der Magnetkügelchen zum Einsatz kommen. In der Lehre ist die Reinigung von affinitätsmarkierten Proteinen ein geeignetes Verfahren zur Demonstration von grundlegenden Techniken und Methoden. Die Ansätze, die in diesem Experiment beschrieben werden, wurden auf andere Organismen einschließlich Prokaryoten und höhere Eukaryoten bereits angewendet. Führen Studierende im Kurs die Aufreinigung von Proteinkomplexen anhand der zwei vorgestellten Protokolle durch, sind drei kritische Punkte hervorzuheben. Erstens sollte zügig gearbeitet werden, um die Dissoziation von endogenen Komplexen und die Bildung von nichtphysiologischen Interaktionen zu minimieren. Zweitens sollte bei 4 °C gearbeitet werden und alle Lösungen bis zur Verwendung auf Eis stehen, um eine unerwünschte Proteolyse und den Proteinabbau zu verhindern. Und drittens sollten die Proteinextrakte nur minimal verdünnt werden, um die Dissoziation der nativen Komplexe und die Bildung von unspezifischen Wechselwirkungen so gering wie möglich zu halten. Die meisten Proteinkomplexe bilden sich durch nichtkovalente Wechselwirkungen.

Tandemaffinitätsreinigung (TAP) von Proteinkomplexen

Beitrag von Andrew J. Link, Connie Weaver und Adam Farley (*Vanderbilt University School of Medicine, Nashville, Tennessee 37232*).

Die Affinitätsreinigung von Proteinkomplexen beginnt mit der Extraktion eines markierten Proteins unter nativen Bedingungen. Anschließend lässt sich das Protein zusammen mit den gleichzeitig aufgereinigten Proteinen mithilfe der Massenspektrometrie identifizieren. Für den Aufreinigungsschritt sind Epitop-Tags, die eine Affinitätsreinigung erlauben, ideal, da sich mit ihrer Hilfe in nur ein oder zwei Schritten verhältnismäßig reine Proteinkomplexe isolieren lassen, wodurch der Verlust von assoziierten Proteinen relativ gering bleibt. In Hefe beruht ein neues Verfahren zur Epitopmarkierung auf der Verwendung eines TAP-Tags (Rigaut et al. 1999). Die IgG-bindende Domäne von Protein A aus *Staphylococcus aureus* (ProtA) und das calmodulinbindende Peptid (CBP) werden in Tandemanordnung fusioniert, sind jedoch durch eine dazwischenliegende Schnittstelle getrennt, die spezifisch für eine Protease des Tabakätzvirus (*tobacco etch virus*, TEV) ist, sodass die Affinitätsreinigung letztlich auf zwei Epitopen beruht (Abb. 2.1). Schnell durchführbare, PCR-basierte Methoden wurden entwickelt, um Epitop-Tags in Loci von Hefechromosomen einzuführen. TAP-Affinitäts-Tags und Aufreinigungsverfahren ermöglichen zusammen eine hohe Ausbeute an Proteinen, die unter nativen Bedingungen in der Zelle nur in geringer Konzentration vorliegen (Abb. 2.2). Die Expression des Zielproteins auf dem natürlichen Niveau verhindert die Aggregation zu nichtphysiologischen Komplexen, wie es bei überexprimierten Proteinen der Fall sein kann.

In diesem Abschnitt wird die Extraktion von bereits konstruierten TAP-markierten Komplexen aus pelletierten *Saccharomyces cerevisiae*-Zellen beschrieben. Zur Kontrolle werden gleichzeitig aus dem ursprünglichen Hefestamm nichtmarkierte Komplexe aufgereinigt, um das Ausmaß unspezifischer Interaktionen zu bestimmen. Ein Teil der aufgereinigten Proteinkomplexe wird über ein SDS-PAGE-Gel aufgetrennt, das anschließend mit Silber gefärbt wird, der Rest wird mithilfe einer Massenspektrometrie analysiert.

Nach diesem Abschnitt über die TAP wird die Immunoaffinitätsreinigung von Proteinkomplexen mit Magnetkügelchen beschrieben.

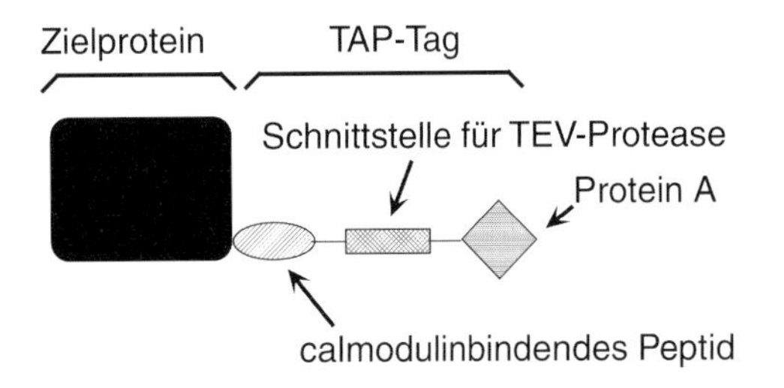

Abb. 2.1 Aufbau des Tags für die Tandemaffinitätsreinigung (TAP). Die verschiedenen Komponenten des TAP-Tags werden wie dargestellt mit dem Carboxylende des Zielproteins fusioniert. Die IgG-Bindungsdomäne von Protein A aus *Staphylococcus aureus* (ProtA) und das calmodulinbindende Peptid (CBP) werden in Tandemanordnung fusioniert, sind aber durch eine dazwischenliegende Schnittstelle für eine TEV-Protease voneinander getrennt. Dadurch ist eine auf beiden Epitopen beruhende Affinitätsreinigung möglich.

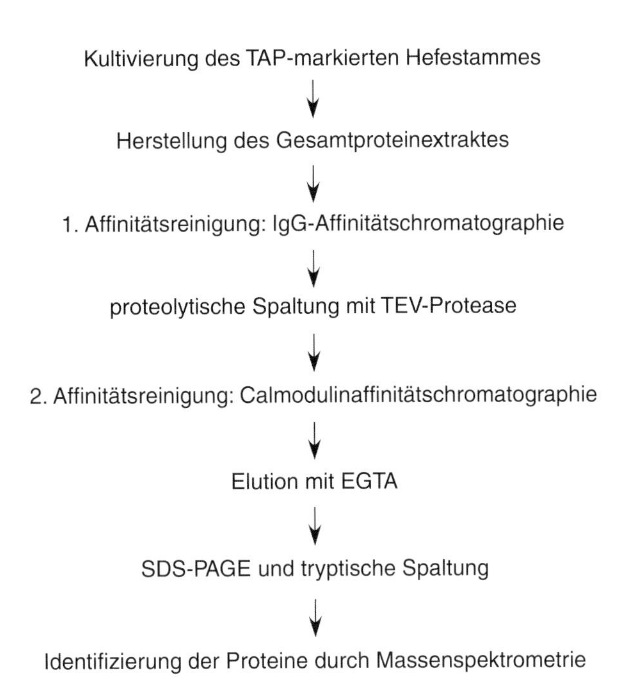

Abb. 2.2 Fließdiagramm zur praktischen Durchführung der Tandemaffinitätsreinigung.

Protokoll 1
Kultivierung und Ernte von TAP-markierten Hefezellen

Materialien

Achtung: Für den korrekten Umgang mit Substanzen, die mit einem <!> gekennzeichnet sind, siehe Anhang 11.

Reagenzien

Drop-out-Mix (ohne Histidin)

Adenin	0,5 g	Leucin	10,0 g
Alanin <!>	2,0 g	Lysin	2,0 g
Arginin	2,0 g	Methionin	2,0 g
Asparagin	2,0 g	para-Aminobenzoesäure	0,2 g
Asparaginsäure	2,0 g	Phenylalanin	2,0 g
Cystein	2,0 g	Prolin	2,0 g
Glutamin	2,0 g	Serin	2,0 g
Glutaminsäure	2,0 g	Threonin	2,0 g
Glycin	2,0 g	Tryptophan	2,0 g
Histidin	–	Tyrosin	2,0 g
Inositol	2,0 g	Uracil	2,0 g
Isoleucin	2,0 g	Valin	2,0 g

SC–His-Agarplatten

Für die Herstellung von 1 l Flüssigmedium in einem 2-l-Erlenmeyerkolben:

Komponente	Menge	Endkonzentration
Bacto Yeast Nitrogen Base ohne Aminosäuren*	6,7 g	0,67 %
Bacto-Agar	20 g	2 %
Glucose	20 g	2 %
Drop-out-Mix (ohne Histidin)	2 g	0,2 %

*Yeast Nitrogen Base ohne Aminosäuren (YNB) ist mit und auch ohne Ammoniumsulfat im Handel erhältlich. Dieses Rezept gilt für YNB mit Ammoniumsulfat. Verwendet man YNB ohne Ammoniumsulfat, wird das Medium nur mit 1,7 g YNB angesetzt und 5 g Ammoniumsulfat zugegeben.

TAP-markierte Hefestämme (Invitrogen)

Zwei Forschergruppen haben Bibliotheken von TAP-markierten Hefestämmen, die die meisten Gene des Hefegenoms enthalten, hergestellt (Ghaemmaghami et al. 2003; Gavin et al. 2006). Die vollständige Bibliothek der TAP-markierten Stämme wie auch einzelne TAP-markierte Stämme sind im Handel erhältlich (Invitrogen). In der Lehre verwenden wir TAP-markierte Hefeproteine, deren Gene stark exprimiert werden und die bekannte Bestandteile von stabilen Komplexen sind. Die Produkte der TAP-markierten Gene *Rpg1* (eIF3), *Gcd11* (eIF2), *Gcd6* (eIF2B) und *Nup84* (Kernporenkomplex) sind Komponenten von verschiedenen Komplexen für die Translationsinitiation bzw. den RNA-Transport und wurden von Teilnehmern des Proteomikkurses am CSHL bereits erfolgreich aufgereinigt.

YPD-Agarplatten

Für die Herstellung von YPD-Agarplatten werden 20 g Bacto-Agar (2 %) in 1 l YPD-Flüssigmedium suspendiert und in einem 2-l-Erlenmeyerkolben autoklaviert. Nach dem Autoklavieren 30–40 ml Medium in sterile Petrischalen gießen.

YPD-Flüssigmedium

Für die Herstellung von 1 l Flüssigmedium in einem 2-l-Erlenmeyerkolben:

Komponente	Menge	Endkonzentration
Bacto Yeast Extract	10 g	1 %
Bacto-Pepton	20 g	2 %
Dextrose	20 g	2 %

Lösen der Komponenten in 1 l entionisiertem H_2O. Autoklavieren für 15 min bei 121 °C und 1 bar.

Geräte

Zentrifuge, geringe Geschwindigkeit
Zentrifugengefäße, 250 ml und 1 l
Erlenmeyerkolben, 2 l
Inkubator, 30 °C
Schüttelinkubator, 30 °C

Durchführung

1. Ausstreichen von gefrorenen TAP-markierten Hefezellen und Zellen der Kontrollstämme auf SC-His- bzw. YPD-Agar-Platten und Kultivierung bei 30 °C in einem Inkubator, bis Kolonien zu sehen sind.
   Die TAP-markierten Hefestämme von O'Shea und Weissman, die von Invitrogen vertrieben werden, sind mit einem His3-Selektionsmarker markiert. Andere TAP-markierte Stämme sind in der Regel mit einem Kan-Marker versehen (G418-Resistenz).
2. Animpfen von 10 ml YPD-Medium mit TAP-markierten und Kontrollstämmen und Kultivierung über Nacht bei 30 °C in einem Schüttelinkubator.
3. 2 ml der Übernachtkultur in YPD-Flüssigmedium geben.
   Von den Stämmen, die TAP-markierte Genprodukte enthalten, welche mit einem Translationsinitiationskomplex assoziiert sind, werden jeweils 2 l kultiviert.
4. Kultivierung für 12–18 h bei 30 °C in einem Schüttelinkubator bis zur OD_{600} von 2–4.
   Die Kulturen dürfen die stationäre Phase nicht erreichen. Hefen, die diese Phase erreicht haben, sind nur schwer zu lysieren.
5. Zentrifugieren der Zellen für 10 min bei 4 °C mit 2300×g.
6. Waschen der Zellen mit 300 ml eiskaltem, entionisiertem H_2O; Suspensionen auf zwei große Zentrifugengefäße aufteilen.
7. Zentrifugieren für 10 min bei 4 °C mit 2300×g.
8. Resuspendieren der Pellets in 200 ml eiskaltem, entionisiertem H_2O und Überführen in ein abgewogenes 250-ml-Zentrifugengefäß.
9. Zentrifugieren für 10 min bei 4 °C mit 2300×g.
10. Dekantieren der Überstände und Wiegen der Zellpellets.
    Die Zellen können für mehrere Monate bei −80 °C eingefroren werden. In unserem Kurs werden die Zellen für die nächste Gruppe hergestellt und die der vorherigen Gruppe für das Experiment verwendet.

Protokoll 2
Herstellung von Hefezellextrakten für die Aufreinigung von TAP-markierten Komplexen

Materialien

Achtung: Für den korrekten Umgang mit Substanzen, die mit einem <!> gekennzeichnet sind, siehe Anhang 11.

Reagenzien

NP-40-Puffer

Für die Herstellung von 3 l Puffer:

Komponente	Menge	Endkonzentration
Na_2HPO_4 (MW 142)	2,56 g	6 mM
$NaH_2PO_4 \cdot H_2O$ (MW 138)	1,66 g	4 mM
100 % NP-40	30 ml	1 %
NaCl	26,3 g	150 mM
0,5 M EDTA	12 ml	2 mM
NaF <!>	6,3 g	50 mM
Leupeptin <!>	12 mg	4 $\mu g\ \mu l^{-1}$
100 mM Na_3VO_4 <!>	3 ml	0,1 mM

Lösen der Komponenten in entionisiertem H_2O und Auffüllen auf 3 l. In 500-ml-Aliquots aufteilen. Unmittelbar vor dem Gebrauch Zugabe von 10 COMPLETE EDTA-free protease inhibitor tablets (Roche), 1,3 ml 0,5 M Benzamidin und 5,0 ml 0,1 M PMSF <!> zu jedem 500-ml-Aliquot des NP-40-Puffers.

Hefezellpellets, TAP-markiert, und Kontrolle

Geräte

BeadBeater mit einer Lysekammer aus Edelstahl und einer Eis-H_2O-Kammer (Biospec Products)
Zentrifuge
Zentrifugenröhrchen, konisch, 250 ml
Glaskügelchen, 0,4–0,6 mm, säuregewaschen (Biospec Products)

Durchführung

1. Befüllen der BeadBeater-Kammer halbvoll mit eisgekühlten Glaskügelchen. Zugabe der frischen Hefezellpellets oder der teilweise aufgetauten Zellen; Auffüllen der Kammer mit weiteren Glaskügelchen bis zum Rand (Abb. 2.3a); Zugabe von ca. 100 ml eiskaltem NP-40-Puffer, bis die Kügelchen vollständig bedeckt sind (Abb. 2.3b); Aufsetzen des Rotors mit der grauen Dichtung und Aufschrauben der Eis-H_2O-Kammer (die Apparatur umdrehen; Abb. 2.3c–e).
   Vor dem Experiment sollten alle Puffer, die Metallkammer und die Glaskügelchen auf Eis gekühlt werden. Bevor man den Rotor fixiert, sollten Luftblasen in der Kammer durch die Zugabe von weiterem NP-40-Puffer beseitigt werden. Glaskügelchen auf der Dichtung und dem Gewinde führen zu Undichtigkeiten der BeadBeater-Metallkammer und müssen entfernt werden.
2. Einfüllen von Brucheis in den Behälter, der die BeadBeater-Kammer umgibt (Abb. 2.3f).
3. Lyse der Zellen mit 10 Zyklen aus 30 s Betrieb und 30 s Pause.
   Der BeadBeater zerstört über 90 % der Zellen. Die Homogenisierung erfolgt durch Quetschen oder „Aufbrechen“ der Zellen und weniger durch hohe Scherkräfte.
4. Vorsichtig das Rohlysat in ein konisches 250-ml-Zentrifugenröhrchen überführen (Abb. 2.4).
   Möglichst keine Glaskügelchen mit einfüllen.

5. Waschen der Glaskügelchen mit 100 ml NP-40-Puffer und Zugabe der Waschlösung zu dem Lysat.
6. Zentrifugieren des Lysats für 5 min bei 4 °C mit 2 300×g.
7. Transfer des klaren Lysats in ein neues konisches 250-ml-Zentrifugenröhrchen auf Eis.
   Schließen Sie direkt den nächsten Schritt an, in dem mithilfe von IgG-Sepharosekügelchen die erste Affinitätsreinigung erfolgt.

Abb. 2.3 **a** Füllhöhe der Glaskügelchen in der BeadBeater-Kammer nach dem ersten Befüllen. **b** Füllhöhe der Glaskügelchen nach dem zweiten Befüllen. **c** Einsetzen des Rotors in die Mahlkammer. **d** Fixieren der Mahlkammer in der umgebenden Eiskammer. **e** Mahlkammer und Eiskammer nach dem Zusammenschrauben. **f** Nach dem Befüllen mit Eis-H_2O-Gemisch ist der BeadBeater bereit, um die Hefezellen zu einem Rohextrakt zu zermahlen.

Abb. 2.4 Überführen des Rohextrakts aus der BeadBeater-Kammer in ein 250-ml-Zentrifugenröhrchen.

Protokoll 3
Erster Schritt der Affinitätsreinigung: IgG-Affinitätsanreicherung von TAP-markierten Komplexen aus den Zellextrakten

Materialien

Achtung: Für den korrekten Umgang mit Substanzen, die mit einem <!> gekennzeichnet sind, siehe Anhang 11.

Reagenzien

IgG-Sepharosesäule (IgG Sepharose 6 Fast Flow Säule; GE Healthcare)

Für die Herstellung der IgG-Sepharose werden IgG-Sepharosekügelchen mit NP-40-Puffer ohne Proteaseinhibitor gewaschen und in NP-40-Puffer im Verhältnis 1:1 resuspendiert.

IPP150-Puffer

Für die Herstellung von 100 ml Puffer:

Komponente	Menge	Endkonzentration
1 M Tris-Cl (pH 8,0)	1 ml	10 mM
5 M NaCl	3 ml	150 mM
10 % NP-40	1 ml	0,1 %

Auffüllen auf 100 ml mit destilliertem H_2O.

NP-40-Puffer

Für die Herstellung von 3 l Puffer:

Komponente	Menge	Endkonzentration
Na_2HPO_4 (MW 142)	2,56 g	6 mM
$NaH_2PO_4 \cdot H_2O$ (MW 138)	1,66 g	4 mM
100 % NP-40	30 ml	1 %
NaCl	26,3 g	150 mM
0,5 M EDTA	12 ml	2 mM
NaF <!>	6,3 g	50 mM
Leupeptin <!>	12 mg	4 $\mu g\ \mu l^{-1}$
100 mM Na_3VO_4 <!>	3 ml	0,1 mM

Lösen der Komponenten in entionisiertem H_2O und Auffüllen auf 3 l. In 500-ml-Aliquots aufteilen. Unmittelbar vor dem Gebrauch Zugabe von 10 COMPLETE EDTA-free protease inhibitor tablets (Roche), 1,3 ml 0,5 M Benzamidin und 5,0 ml 0,1 M PMSF <!> zu jedem 500-ml-Aliquot des NP-40-Puffers.

TEVCB-Puffer

Für die Herstellung von 50 ml Puffer:

Komponente	Menge	Endkonzentration
1 M Tris-Cl (pH 8,0)	0,5 ml	10 mM
5 M NaCl	1,5 ml	150 mM
10 % NP-40	0,5 ml	0,1 %
0,5 M EDTA	50 µl	0,5 mM
1 M DTT <!>	25 µl	1,0 mM

Auffüllen auf 50 ml mit destilliertem H_2O. Unmittelbar vor dem Gebrauch DTT zugeben.

TEV-Protease (Tobacco etch virus protease, AcTEV; Invitrogen)
Hefezelllysat (hergestellt nach Protokoll 2, Schritt 7)

Geräte

Chromatographiesäule, 0,8×4 cm, Einweg (Poly-Prep, Bio-Rad)
Zentrifuge
Rotator
Reservoir für die Chromatographiesäule

Durchführung

1. Zugabe von 1 000 µl IgG-Sepharosekügelchen in NP-40-Puffer (Verhältnis 1:1) zum Hefezelllysat (hergestellt nach Protokoll 2, Schritt 7); Inkubation für 1 h auf einem Rotator bei 4 °C (Abb. 2.5).
   Alternativ kann ein Nutator für die Inkubation und das leichte Schütteln der IgG-Kügelchen mit dem Zelllysat genutzt werden.
2. Zentrifugieren des Gemisches aus Lysat und IgG-Kügelchen für 2 min bei 4 °C mit 200×g; das Lysat vorsichtig ohne Aufwirbeln der Kügelchen dekantieren.
3. Zugabe von 30 ml eiskaltem IPP150-Puffer zu den Kügelchen.
4. Einfüllen des Gemisches aus IPP150 und IgG-Kügelchen in eine Einwegchromatographiesäule mithilfe eines Reservoirs (Abb. 2.6); Nachspülen des 250-ml-Zentrifugenröhrchens mit 10 ml IPP150-Puffer; Spüllösung mit dem Volumen in dem Reservoir vereinigen; Kügelchen bei 4 °C absetzen lassen.
   Beobachten der Säule, um sicherzustellen, dass die Matrix aus IgG-Kügelchen nicht trockenläuft, was zu einer erheblich geringeren Ausbeute an Proteinkomplexen führen würde.
5. Waschen der Kügelchen durch vorsichtiges Überschichten der Säule mit 10 ml eiskaltem TEVCB-Puffer.
6. Verschließen des unteren Säulenendes und Zugabe von 1 ml TEVCB-Puffer mit 300 Units TEV-Protease; Verschließen des oberen Säulenendes; Inkubation für 1 h auf einem Rotator bei Raumtemperatur (Abb. 2.7).
   Das TEV-Enzym besitzt seine maximale katalytische Aktivität etwa bei Raumtemperatur. Alternativ kann ein Nutator für die Inkubation und das leichte Schütteln der IgG-Kügelchen mit der TEV-Protease genutzt werden.

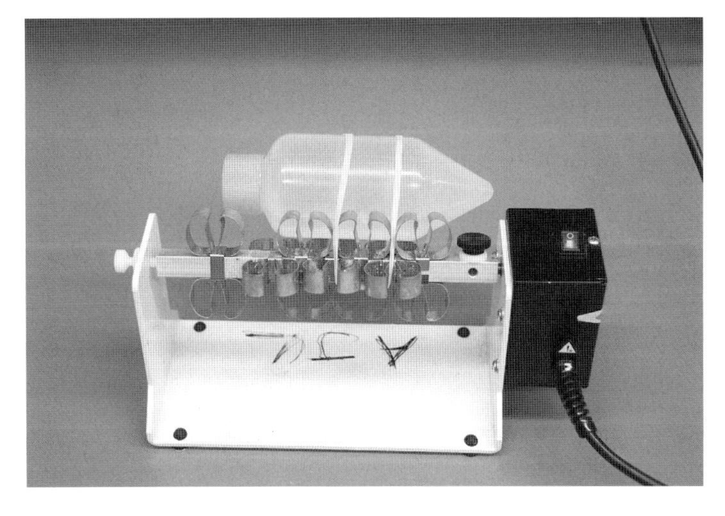

Abb. 2.5 Inkubation des Zellextrakts mit IgG-Sepharosekügelchen auf einem Rotator, um die Proteinkomplexe im ersten Schritt der Affinitätsreinigung anzureichern.

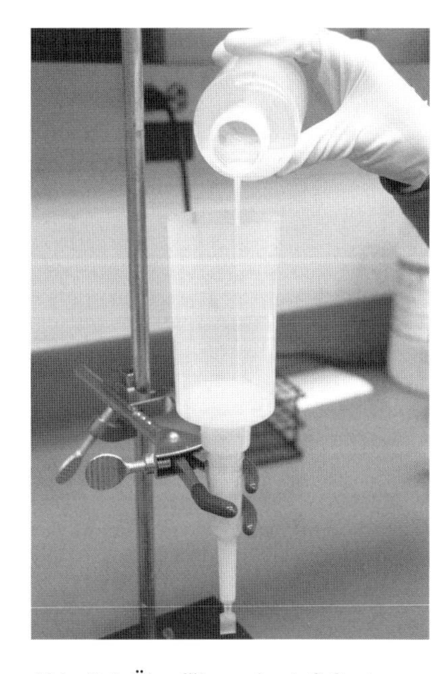

Abb. 2.6 Überführen des IgG-Sepharosegemisches aus dem 250-ml-Zentrifugenröhrchen in eine Einwegchromatographiesäule.

Abb. 2.7 Inkubation des IgG-Sepharosegemisches mit TEV-Protease in einer verschlossenen Chromatographiesäule auf einem Rotator.

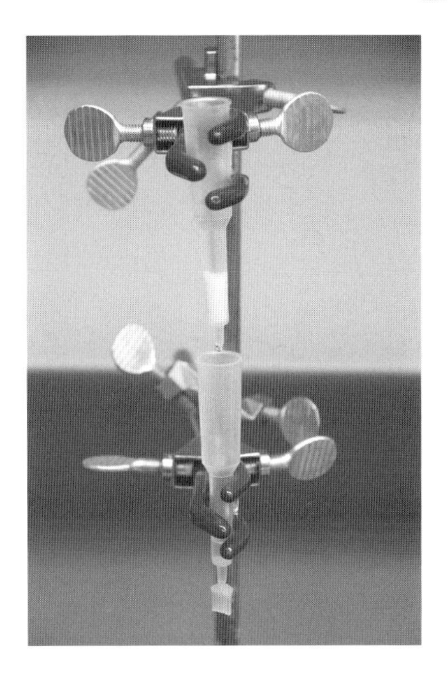

Abb. 2.8 Überführen der TEV-gespaltenen Komplexe aus dem ersten Schritt der Affinitätsreinigung in eine neue Chromatographiesäule.

7. Überführen des Eluats in eine neue Einwegchromatographiesäule, die am unteren Ende verschlossen ist (Abb. 2.8); Waschen der IgG-Sepharosesäule mit 1 ml TEVCB; Waschlösung mit dem Volumen in der neuen Säule vereinigen.
   Schließen Sie direkt den zweiten Schritt der affinitätsvermittelten Anreicherung an, bei dem eine Calmodulinaffinitätsmatrix verwendet wird, um die Dissoziation von nativen Komplexen und unspezifische Wechselwirkungen zu minimieren.

Protokoll 4
Zweiter Schritt der Affinitätsreinigung: Calmodulinaffinitätsanreicherung von TAP-markierten Komplexen

Materialien

Achtung: Für den korrekten Umgang mit Substanzen, die mit einem <!> gekennzeichnet sind, siehe Anhang 11.

Reagenzien

Anti-TAP-Antikörper (Open Biosystems; s. Schritt 5)

1 M $CaCl_2$

Calmodulinaffinitätsmatrix (Stratagene)

Für die Herstellung der Calmodulinaffinitätskügelchen werden die Kügelchen mit 0,1 % CBB-Puffer gewaschen und in 0,1 % CBB-Puffer ohne β-Mercaptoethanol im Verhältnis 1:1 resuspendiert.

CBB-Puffer (0,1 % und 0,02 %)

Für die Herstellung von 100 ml Puffer:

Komponente	Menge	Endkonzentration
10 % NP-40	1 ml	0,1 %
1 M Tris-Cl (pH 8,0)	1 ml	10 mM
5 M NaCl	3 ml	150 mM
1 M Magnesiumacetat	100 µl	1 mM
1 M Imidazol <!>	100 µl	1 mM
1 M $CaCl_2$ <!>	200 µl	2 mM
14,3 M β-Mercaptoethanol	70 µl	10 mM

Auffüllen mit destilliertem H_2O auf 100 ml. β-Mercaptoethanol unmittelbar vor dem Gebrauch zugeben. Der 0,02-%-CBB-Puffer ist identisch mit dem 0,1-%-CBB-Puffer, nur dass 200 µl statt 1 ml NP-40 zugegeben werden.

CEB-Puffer

Für die Herstellung von 10 ml Puffer:

Komponente	Menge	Endkonzentration
1 M Tris-Cl (pH 8,0)	0,1 ml	10 mM
5 M NaCl	0,3 ml	150 mM
1 M Magnesiumacetat	10 µl	1 mM
1 M Imidazol <!>	10 µl	1 mM
0,5 M EGTA	400 µl	20 mM
14,3 M β-Mercaptoethanol	7 µl	10 mM

Auffüllen mit destilliertem H_2O auf 10 ml. β-Mercaptoethanol unmittelbar vor dem Gebrauch zugeben.

50 mM DTT <!>
IgG-Eluat (gesammelt in der Poly-Prep-Säule in Protokoll 3, Schritt 7)
100 mM Iodacetamid <!>
1 M Tris-Cl (pH 8,0)
Trypsin <!>, Sequenziergrad (Promega)

Geräte

Inkubatoren, 30 °C, 37 °C und 65 °C
Mikrozentrifugengefäße, 1,5 ml
Rotator
Vakuumevaporator (z.B. SpeedVac)

Durchführung

1. Zugabe von 6 ml 0,1 % CBB zum IgG-Eluat, das in der Poly-Prep-Säule gesammelt wurde (Protokoll 3, Schritt 7).

   Ca^{2+}-Ionen sind für die Bindung von CBP an Calmodulin wichtig.

2. Zugabe von 300 µl Calmodulinaffinitätskügelchen in 0,1 % CBB-Puffer (Verhältnis 1:1); Inkubation für 1 h bei 4 °C auf dem Rotator.

   Alternativ kann ein Nutator für die Inkubation und das leichte Schütteln der CBB-Kügelchen mit dem IgG-Eluat genutzt werden.

3. Öffnen der Säule und auslaufen lassen; Waschen der Säule zweimal mit je 20 ml 0,02 % CBB-Puffer.
   Das Waschen mit 0,02 % CBB reduziert die Menge von NP-40-Detergens in der Lösung. Das Detergens NP-40 stört die massenspektrometrische Analyse. β-Mercaptoethanol wird dem CBB-Puffer unmittelbar vor dem Gebrauch zugegeben.
4. Elution der Proteinkomplexe mit 1 ml CEB; Auffangen des Eluats in einem 1,5-ml-Mikrozentrifugengefäß (Abb. 2.9).
   Das EGTA im CEB-Puffer chelatiert die Ca^{2+}-Ionen und löst die Proteine von den Calmodulinaffinitätskügelchen.
5. Entnahme von 5–100 µl des Eluats für eine SDS-PAGE-Analyse, um die Komplexität der Probe und die relativen Mengen der erhaltenen Proteine zu bestimmen.
   Ein Aliquot des Eluats wird mit Laemmli-Ladungspuffer gemischt und mittels SDS-PAGE analysiert. Die verschiedenen Proteinfraktionen aus dem TAP-Protokoll lassen sich mittels SDS-PAGE und Western-Blot-Analyse und einem Anti-TAP-Antikörper darstellen.
6. Zugabe von 100 µl 1 M Tris-Cl (pH 8,0) zum verbleibenden Eluat.
   Um den pH-Wert der Lösung so einzustellen, dass das Trypsin maximal aktiv ist, wird 1 M Tris-Cl (pH 8,0) zugegeben. Das Präzipitieren von Proteinkomplexen sollte vermieden werden, da sich solche Proteinkomplexe häufig nur schwer wieder lösen lassen.
7. Zugabe von 50 µl 1 M $CaCl_2$.
   Ein Überschuss an $CaCl_2$ wird zugegeben, um das EGTA in der Probe zu neutralisieren, da EGTA zweiwertige Metallionen chelatiert. Das ist besonders wichtig, da für die Aktivität des Trypsins zweiwertige Metallionen vorhanden sein müssen.
8. Zugabe von 0,1 Volumen 50 mM DTT und Inkubation für 10 min bei 65 °C.
   DTT reduziert die Disulfidbrücken zwischen den Cysteinresten.
9. Zugabe von 0,1 Volumen 100 mM Iodacetamid (IAA) und Inkubation für 30 min im Dunkeln.
   IAA alkyliert die Cysteinreste und verhindert so die Bildung von Disulfidbrücken.
10. Zugabe von modifiziertem Trypsin (1 $\mu g\ \mu l^{-1}$) in einem Verhältnis von 50:1 Substrat zu Trypsin; Inkubation über Nacht bei 37 °C.
    Die Menge an vorhandenem Substrat wird aus der Absorption des Eluats (aus Schritt 4) bei 280 nm abgeleitet. Gemessen wird gegen CEB-Puffer.
11. Analyse der trypsingespaltenen Proteine wie in Experiment 4 oder 6 beschrieben.
    Verwenden Sie eine Umkehrphasensäule, um die Peptide zu binden, die Probe zu entsalzen und die Peptide vor der Massenspektrometrie anzureichern (s. Anhang 8).

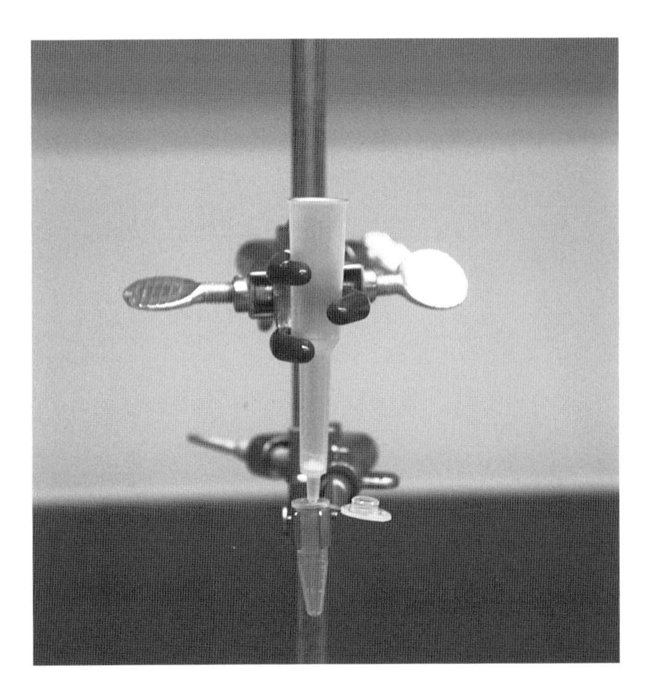

Abb. 2.9 Elution der Proteinkomplexe von den Calmodulinaffinitätskügelchen in ein 1,5-ml-Mikrozentrifugengefäß.

Immunoaffinitätsreinigung von Proteinkomplexen

Beitrag von Ileana M. Christea (*Department of Molecular Biology, Princeton University, Princeton, New Jersey 08544*) und Brian T. Chait (*Laboratory of Mass Spectrometry and Gaseous Ion Chemistry, Rockefeller University, New York, New York 10065*).

Sind die Komponenten von Proteinkomplexen bekannt, erhält man einen umfassenden Einblick in ihre Funktion. Eine Vielzahl von Methoden wurde entwickelt, um die Wechselwirkungen zwischen Proteinen zu untersuchen (Dziembowsky und Seraphin 2005). Von diesen ist die Immunoaffinitätsreinigung ein sehr effizientes Verfahren, um Proteinkomplexe zu isolieren und ihre Zusammensetzung zu analysieren (Kellog und Maozed 2002). Die Isolierung wird mit Antikörpern erreicht, die entweder spezifisch an die Proteine von Interesse oder an Markersequenzen (Tags) binden, die an das entsprechende Protein bzw. das Gen gekoppelt wurden. Eine zweite Strategie, die markierte Proteine nutzt, ist attraktiv durch die Anwendung eines einzelnen, stark optimierten und daher sehr spezifischen Antikörpers, der als Reagenz für die Affinitätsanreicherung dient. Die am häufigsten verwendeten Tags sind FLAG- und MYC-Peptide sowie Protein A (Einhauer und Jungbauer 2001).

Das hier besprochene Verfahren nutzt für die Immunoaffinitätsreinigung magnetische Kügelchen, die mit Antikörpern beschichtet sind, um rasch und effektiv Proteinkomplexe aus Zellen oder Geweben zu isolieren. Die Methode wurde ursprünglich mit dem grün fluoreszierenden Protein (GFP) als Markierung und für die anschließende Sichtbarmachung und Isolierung von Proteinkomplexen in lebenden Systemen entwickelt (Cristea et al. 2005). Mit ihrer Hilfe erhielt man Einblick in die Wechselwirkungen sowohl in Hefe als auch bei Säugern, wie die Studien der dynamischen Interaktionen zwischen Virus- und Wirtsproteinen im Verlauf einer Virusinfektion belegen (Cristea et al. 2006). In dem für diesen Kurs ausgewählten Protokoll wird ein Stamm von *Saccharomyces cerevisiae* verwendet, der das Gen *Nup84* für ein Kernporenprotein trägt, welches mit dem Gen für den Protein-A-Tag fusioniert wurde.

Protokoll 5
Konjugation der Magnetkügelchen

Materialien

Achtung: Für den korrekten Umgang mit Substanzen, die mit einem <!> gekennzeichnet sind, siehe Anhang 11.

Reagenzien

3 M Ammoniumsulfat
Anti-GFP-Antikörper
100 mM Glycin-Cl (pH 2,5)
IgG oder hochaffinitätsgereinigte Antikörper
PBS
PBS, 0,02 % NaN_3 <!>
PBS, 0,5 % Triton X-100 <!>
0,1 M Natriumphosphatpuffer (pH 7,4)
100 mM Triethylamin <!>
Stellen Sie die Triethylaminlösung unmittelbar vor dem Gebrauch in Schritt 6 her.
10 mM Tris-Cl (pH 8,8)

Geräte

Magnetkügelchen (Dynabeads, M-270 Epoxy; Dynal/Invitrogen)
Magnetständer für 1,5-ml-Gefäße (Magnetic Particle Concentrator; Dynal/Invitrogen)

Mikrozentrifugengefäße mit abgerundetem Boden
Magnete aus Neodymium (Dynal/Invitrogen oder National Imports MAGCRAFT)

Magnete aus dem seltenen Erdmetall Neodymium werden eingesetzt, um die Magnetkügelchen zu fixieren. Dynal/ Invitrogen bietet Magnetständer in unterschiedlichen Größen an, und auch National Imports hat eine große Vielfalt an MAGCRAFT-Neodymiummagneten unterschiedlicher Formen und Größen im Programm, die sich für die Fixierung der Kügelchen einsetzen lassen. Die Magnete lassen sich vorübergehend mithilfe eines Gummibandes an der Außenwand des Gefäßes fixieren.

Rotor, 30 °C
Schüttler für Mikrozentrifugengefäße (z.B. MT-360 Microtube Mixer; Tomy)

Durchführung

Am besten werden die Schritte 1–5 nachmittags etwa um 16 Uhr durchgeführt und die konjugierten Kügelchen am nächsten Morgen gewaschen.

1. Einwiegen der erforderlichen Menge an Magnetkügelchen in einem Mikrozentrifugengefäß mit abgerundetem Boden.

   Die Menge von 1 mg Kügelchen eignet sich für Vorversuche mit geringen Volumina. Für eine Isolierung reichen in der Regel 4 mg Kügelchen, doch hängt die Menge von der Häufigkeit des Gens, welches das Protein von Interesse codiert, ab. 10–20 mg Kügelchen sind notwendig, wenn sehr häufig vorkommende Proteine isoliert werden sollen.
2. Waschen der Kügelchen mit 1 ml 0,1 M Natriumphosphatpuffer (pH 7,4); Vortexen für 30 s und Schütteln auf einem Schüttler für Mikrozentrifugengefäße für 15 min bei Raumtemperatur.
3. Gefäß an den Magnet halten; Entfernen des Puffers und Waschen der Kügelchen mit 1 ml 0,1 M Natriumphosphatpuffer (pH 7,4); Vortexen für 30 s; Gefäß an den Magnet halten; Abziehen des Puffers.
4. Resuspendieren der Kügelchen mit IgG, Anti-GFP-Antikörpern oder anderen Antikörpern, die für die Affinitätsreinigung verwendet werden sollen; pro mg Kügelchen wird ein Volumen von ca. 20 µl Flüssigkeit eingesetzt.

   Die erforderliche Menge Antikörper und das Lösungsvolumen muss genau berechnet werden. Von IgG und kommerziell erhältlichen Antikörpern werden pro mg Kügelchen 10 µg eingesetzt, von gereinigten und speziell hergestellten Antikörpern sind pro mg Kügelchen 5 µg notwendig. Die Sättigung von 1 mg der M-270-Kügelchen ist mit ca. 7–8 µg Antikörper oder IgG erreicht (Abb. 2.10). Der Einsatz von größeren als den hier beschriebenen Mengen führt zu einer zu hohen und nicht akzeptablen Menge an nichtgebundenen Antikörpern.

   Im Folgenden beschreiben wir ein Beispiel, bei dem die Antikörper mit 10 mg Kügelchen konjugiert werden. Stellen Sie den Reaktionsansatz gemäß der Tabelle her, und geben Sie die Komponenten unbedingt in der Reihenfolge zusammen, die in der ersten Spalte vorgegebenen ist. Fügen Sie zuletzt 3 M Ammoniumsulfat hinzu, sodass die Endkonzentration 1 M beträgt.

Reagenz	Volumen	Beispiel: Für die Konjugation von IgG mit 10 mg Kügelchen beträgt das Reaktionsvolumen ca. 200 µl
Magnetkügelchen		10 mg
Antikörperlösung	V_{Ak} = Volumen, das für die gewünschte Antikörperkonzentration notwendig ist (s. Anmerkung oben)	z.B. das Volumen, um 100 µg IgG zu erhalten
0,1 M Natriumphosphatpuffer (pH 7,4)	$V_E - V_{Ak} - V_{Sulf}$	200 µl − V_{Ak} − 66,67 µl
3 M Ammoniumsulfat	V_{Sulf} = 33 % von V_T für eine Endkonzentration von 1 M	66,67 µl

V_E = Endvolumen; V_{Ak} = Volumen der Antikörperlösung; V_{Sulf} = Volumen von 3 M Ammoniumsulfat.

5. Konjugation der Antikörper mit den Kügelchen über Nacht bei 30 °C auf einem Rotator.
6. Gefäß an den Magnet halten; Abziehen des Überstandes; Waschen der Kügelchen nacheinander mit folgenden Lösungen:
   1 ml 0,1 M Natriumphosphatpuffer (pH 7,4)
   1 ml 100 mM Glycin-Cl (zügig arbeiten)
   1 ml 10 mM Tris-Cl (pH 8,8)
   1 ml 100 mM Triethylamin (frisch hergestellt; zügig arbeiten)
   vier Waschschritte mit je 1 ml PBS
   1 ml PBS, 0,5 % Triton X-100 für 15 min
   1 ml PBS

   Bei den Waschschritten sollten keine Kügelchen verloren gehen; die Waschlösung sollte nach jedem Waschschritt klar und ohne Spuren von Kügelchen sein (Abb. 2.11).
7. Lagern der Kügelchen in PBS, 0,02 % NaN_3 bei 4 °C.
   Die Kügelchen sollten innerhalb von 2–3 Wochen nach der Konjugation verwendet werden. Nach 1 Monat Lagerung hat ihre Effizienz um etwa 40 % abgenommen.

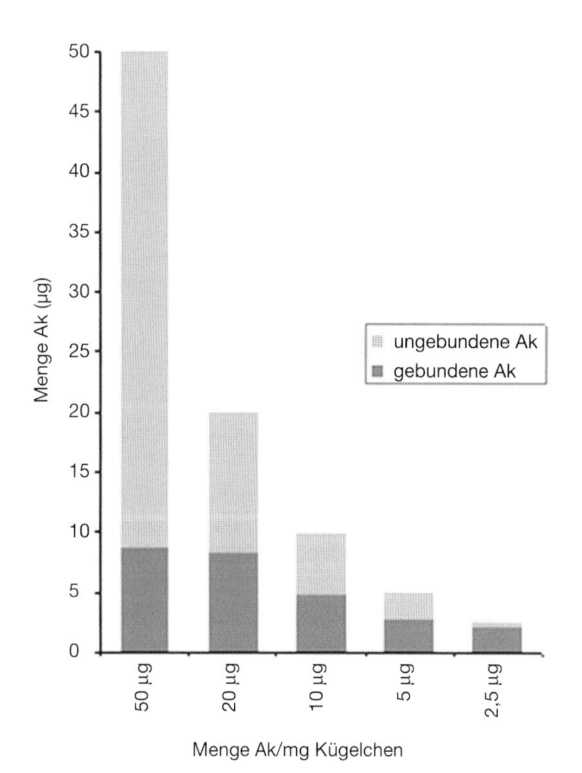

Abb. 2.10 Bindungskapazität der bei der Affinitätsanreicherung eingesetzten Magnetkügelchen für Antikörper. Die Grafik zeigt, dass die maximale Bindung mit 7–8 µg Antikörper (Ak) pro mg Magnetkügelchen erreicht wird. (Nachdruck mit freundlicher Genehmigung der American Society für Biochemistry and Molecular Biology, Inc.)

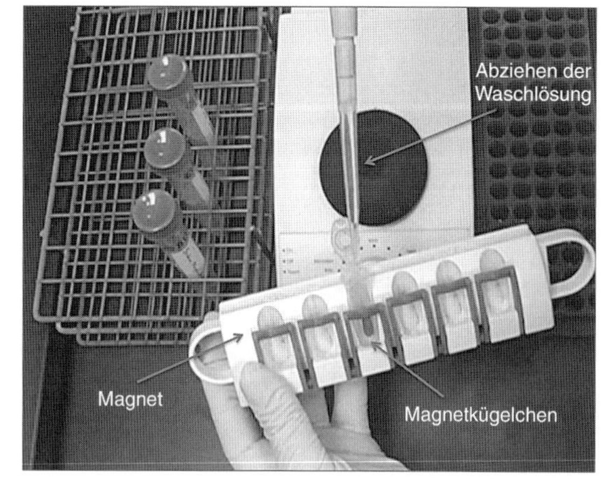

Abb. 2.11 Waschen der Magnetkügelchen mithilfe eines Magnetständers. Die Kügelchen werden durch einen Magnet an der Wand des Gefäßes fixiert, sodass die Flüssigkeit vorsichtig abgezogen werden kann.

Protokoll 6
Affinitätsreinigung der Proteinkomplexe

Materialien

Achtung: Für den korrekten Umgang mit Substanzen, die mit einem <!> gekennzeichnet sind, siehe Anhang 11.

Reagenzien

Zellpulver, gefroren (Abb. 2.12)
Lysepuffer, optimiert (s. Schritt 1)
Magnetkügelchen, die in Protokoll 5 mit den gewünschten Antikörpern, welche für die Affinitätsreinigung eingesetzt werden sollen, konjugiert wurden
0,5 N NH_4OH <!>, 0,5 mM EDTA
SDS-PAGE-Probenpuffer
Farbstoff, kompatibel mit der Massenspektrometrie (für die Färbung der Proteine in SDS-PAGE-Gelen; s. Schritt 15)

Geräte

Zentrifuge (3000 rpm), 4 °C
flüssiger Stickstoff <!>
Polytron
Rotor, 4 °C
Gefäße mit abgerundetem Boden für die Affinitätsreinigung (z.B. Kulturröhrchen für geringe Volumina oder 50-ml-Falcon-Röhrchen für größere Volumina)
Magnetständer für 1,5-ml-Gefäße (Magnetic Particle Concentrator; Dynal/Invitrogen)
Mikrozentrifugengefäße
Neodymium magnets (Dynal/Invitrogen oder National Imports MAGCRAFT)

Magnete aus dem seltenen Erdmetall Neodymium werden eingesetzt, um Dynabeads zu fixieren. Dynal/Invitrogen bietet Magnetständer in unterschiedlichen Größen an, wie auch National Imports eine große Vielfalt an MAGCRAFT-Neodymiummagneten unterschiedlicher Formen und Größen im Programm hat, die sich für die Fixierung der Dynabeads einsetzen lassen. Die Magnete lassen sich vorübergehend mithilfe eines Gummibandes an der Außenwand des Gefäßes fixieren.

Ausrüstung für die Durchführung einer eindimensionalen SDS-Gelelektrophorese
Schüttelinkubator, 70 °C
Schüttler für Mikrozentrifugengefäße (z.B. MT-360 Microtube Mixer; Tomy)
Vakuumevaporator (z.B. SpeedVac)

Durchführung

1. Herstellung des Lysepuffers. Der Puffer sollte optimiert werden, um eine effiziente Extraktion der markierten Proteine zu ermöglichen, gleichzeitig sollte er aber auch die Protein-Protein-Wechselwirkungen stabilisieren.

   Bei der Affinitätsreinigung hängt die Ausbeute an markiertem Protein (und den mit ihm assoziierten Makromolekülen) sehr stark von den Bedingungen ab, die für die Extraktion und Aufreinigung gewählt werden. Die Extraktions- und Aufreinigungsbedingungen sollten für jeden Proteinkomplex, der von Interesse ist, optimiert werden. Beispiele für Detergenzien, die getestet werden können, sind Triton, Tween, Desoxycholat, Octylglucosid und Digitonin. Auch sollten verschiedene Salzkonzentrationen getestet werden. Beispiele für Puffer sind bei Cristea et al. (2005) beschrieben. Zunächst sollten einige Puffer verschiedener Stringenz getestet werden. Dieses Vorgehen gibt einen guten Hinweis auf die Bedingungen, die nötig sind, um das markierte Protein zu isolieren ohne Interaktionspartner zu verlieren und zu viele unspezifische Wechselwirkungen hinnehmen zu müssen. Zwar sollte man bei dem Test nicht nur einen einzigen Puffer ausprobieren, doch könnte sich ein möglicher Lysepuffer für den Beginn der Tests wie folgt zusammensetzen: 20 mM HEPES-KOH (pH 7,4), 110 mM Kaliumphosphat, 2 mM $MgCl_2$, 0,1 % Tween-20, 0,1 % Triton, 150 mM NaCl, 1/100 (v/v) Proteaseinhibitorcocktail. Es ist jedoch nicht gesagt, dass dieser Puffer für einen bestimmten Proteinkomplex auch tatsächlich geeignet ist.

2. Resuspendieren des gefrorenen Zellpulvers in dem optimierten Lysepuffer (Abb. 2.12); Zugabe von 5 ml Puffer pro Gramm Zellen; leichtes Mischen zur vollständigen Resuspendierung; das Zellpellet nicht ohne den Puffer auftauen lassen, da der Puffer Proteaseinhibitor enthält.
   Besteht die Probe aus Zellen, die in einem Mikrozentrifugengefäß unter Zugabe von flüssigem Stickstoff zermahlen wurden, dann sollten die Gefäße unter einem Abzug geöffnet und Puffer in kleinen Aliquots (z.B. 200 µl) hinzugegeben werden; anschließend Gefäße schütteln. Auf diese Weise wird die Edelstahlkugel für das mehrfach durchgeführte Waschen genutzt.
3. Homogenisieren der Zellen für 10–15 s in einem Polytron, um die Extraktion zu verbessern.
   Das Zelllysat sollte im Eis stehen. Bei diesem Schritt entsteht Schaum. Es ist ratsam, einen Behälter zu verwenden, der von dem Zelllysat nur bis zu 1/3 gefüllt wird. Dadurch wird sichergestellt, dass kein Probenmaterial während des Schrittes verloren geht.
4. Leichtes Zentrifugieren des Zelllysats für 5–10 min bei 4 °C, um, falls notwendig, die Menge an Schaum zu reduzieren.
5. Zentrifugieren des Zelllysats für 10 min bei 4 °C mit 3 000 rpm.
   Während der Zentrifugation verschwindet der restliche Schaum.
6. Während der Zentrifugation des Lysats wird die Menge an konjugierten Magnetkügelchen abgemessen, die für die Immunopräzipitation erforderlich ist; Gefäß an den Magnet halten und Abziehen des NaN_3-haltigen PBS-Puffers; Waschen der Kügelchen dreimal mit je 1 ml Lysepuffer; nach dem dritten Waschschritt die Kügelchen in einem geringen Volumen Lysepuffer (z.B. 50–100 µl) resuspendieren.
7. Überführen des klaren Zelllysats in ein neues Gefäß (bevorzugt ein Röhrchen mit abgerundetem Boden; z.B. Kulturröhrchen für geringe Volumina oder 50-ml-Falcon-Röhrchen für größere Volumina).
8. Überprüfen des Lysats auf Partikel, die möglicherweise nicht pelletiert wurden.
   Der Überstand sollte klar sein. Sind Partikel zu sehen, sollten diese entfernt werden, da sie Kügelchen binden und blockieren und so die Aufreinigungseffizienz beeinflussen oder weil sie zu einem starken unerwünschten Hintergrund führen. Ein zusätzlicher Zentrifugationsschritt beseitigt die Partikel (z.B. Lipide), abhängig von den Zellen oder dem Gewebe, jedoch möglicherweise nicht. In diesen Fällen können die Partikel mit einer Pipette entfernt werden.
9. Zugabe der gewaschenen Kügelchen (aus Schritt 6) zum Zelllysat; Inkubation für 5 min bis zu 1 h unter leichtem Schütteln bei 4 °C.
   Es sollte sichergestellt sein, dass die Kügelchen mit dem Zelllysat Kontakt haben und nicht an der Wand oder im Deckel des Gefäßes kleben. Die Inkubationszeit sollte nicht überschritten werden, da sonst verstärkt unspezifische Bindungen auftreten und Interaktionspartner, die nur schwache Wechselwirkungen ausbilden, verloren gehen (Abb. 2.13). Die optimale Inkubationszeit muss empirisch bestimmt werden.
10. Nach der Inkubation das Gefäß an den Magnet halten; Überführen eines Aliquots in ein Gefäß zur Durchführung einer Western-Blot-Analyse, um die Effizienz der Proteinaufreinigung zu ermitteln.
11. Waschen der Kügelchen sechsmal mit je 1 ml Lysepuffer; beim ersten Waschschritt die Kügelchen in ein neues Mikrozentrifugengefäß überführen; nach dem vierten Waschschritt die Kügelchen nochmals in ein neues Mikrozentrifugengefäß überführen; dadurch wird eine Kontamination durch Bestandteile des Zelllysats vermieden, die an die Wände des Gefäßes gebunden haben.
12. Nach dem sechsten Waschschritt werden die isolierten Proteine von den Kügelchen eluiert.
    a. Zugabe von 500 µl frisch hergestellter wässriger Lösung aus 0,5 N NH_4OH, 0,5 mM EDTA zu den Kügelchen.
    b. Schütteln der Gefäße für 20 min bei Raumtemperatur.

    Gefäß an den Magnet halten und Überführen des Eluats in ein neues Mikrozentrifugengefäß; Aufbewahren der Kügelchen, um die Effizienz der Elution zu überprüfen.
    Es ist ein größeres Volumen notwendig, wenn die Menge der eingesetzten Kügelchen 10 mg übersteigt. Die Elution ist auch mit anderen Lösungen möglich. Saure Lösungen lassen sich zum Beispiel mit 0,1 M Citrat (pH 3,1; wie von Dynal empfohlen) oder 0,1 % TFA (pH 1,5) herstellen. Bei uns ist die Elution mit Citrat nicht sehr effizient.
13. Schockgefrieren des Eluats in flüssigem Stickstoff und Trocknen in einem Vakuumevaporator über Nacht (mindestens für 4 h); überprüfen Sie, ob die Proben vollständig getrocknet sind, bevor Sie fortfahren.
14. Zugabe von SDS-Probenpuffer (z.B. 20 µl) zu der getrockneten Probe; Schütteln in einem Schüttler für Mikrozentrifugengefäße für 10 min; Inkubation der Probe für 10 min bei 70 °C (wenn möglich unter

Schütteln); 10 % (z.B. 2 µl) der Probe für eine Western-Blot-Analyse verwahren, um die Effizienz der Immunopräzipitation zu prüfen.

15. Auftrennung der Probe auf einem eindimensionalen SDS-PAGE-Gel; Färben des Gels mit einem Farbstoff, der mit der Massenspektrometrie kompatibel ist (z.B. kolloidalem Coomassie-Blau oder Zink).

    Für die Identifizierung der gereinigten Proteine können einzelne Banden ausgeschnitten, die enthaltenen Proteine im Gel mit Trypsin gespalten (Anhang 3) und die gewonnenen Peptide mit einer Tandemmassenspektrometrie analysiert werden (Experiment 3 oder 4). Alternativ kann man die Gelspur auch in gleiche Stücke zerteilen, die Proteine jedes Gelstücks mit Trypsin spalten und die gewonnenen Peptide ebenfalls mit einer Tandemmassenspektrometrie untersuchen. Aufgrund der hohen Sensitivität der Massenspektrometrie, sind in der Regel auch in nichtgefärbten Gelbereichen Proteine nachweisbar.

Im Protokoll werden Zellen verwendet, die in flüssigem Stickstoff gekühlt in einer Kugelmühle (z.B. Retsch MM301) oder einem Mörser aufgeschlossen wurden (Abb. 2.12). Für das gleiche Protokoll lassen sich jedoch auch Zellen einsetzen, die durch Inkubation in Lysepuffer, mithilfe von Glaskügelchen oder durch ein Hindurchziehen der Suspension durch Nadeln unterschiedlichen Durchmessers zerstört wurden. Wir bevorzugen für den Zellaufschluss das kryogene Verfahren mit flüssigem Stickstoff, da es die Extraktionseffizienz erheblich verbessert, was sich in den meisten unserer Untersuchungen als kritisch erwies (Cristea 2005, 2006; Wang 2006). Bei Experimenten, die einen schonenden Umgang mit den Zellen erfordern, um große intakte Organellen zu isolieren, führen möglicherweise die anderen hier erwähnten Methoden des Aufschlusses zu besseren Ergebnissen.

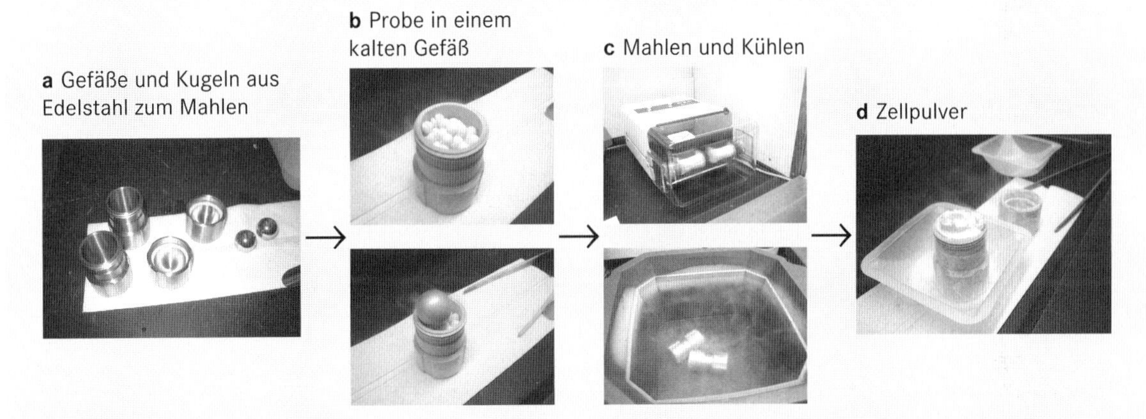

Abb. 2.12 Herstellung von Zellextrakten durch Mahlen von Zellen oder Geweben in flüssigem Stickstoff. **a** Gefäße, Deckel und Kugeln aus Edelstahl zum Mahlen von Zellen in flüssigem Stickstoff. Die Gefäße und Kugeln werden verwendet, um in Stickstoff tiefgefrorene Zellen zu einem Pulver zu zermahlen und anschließend Gesamtzellproteinextrakte herzustellen. Vor der Verwendung werden Gefäße und Kugeln mit flüssigem Stickstoff vorgekühlt. **b** Gefrorene Zellpellets in einem gefrorenen Stahlgefäß. Die Pellets werden hergestellt, indem man einen dickflüssigen Zellbrei in flüssigen Stickstoff tropfen lässt und die gefrorenen Pellets absammelt. Die vorgekühlte Stahlkugel wird mit den Pellets in das Gefäß gegeben und anschließend der Stahldeckel aufgeschraubt. **c** Stahlgefäße in der Mühle (Retsch MM 301 Mixer Mill). Hefezellen lassen sich durch Zyklen von 10×3 min bei 25 Hz zu Pulver mahlen. Zwischen jedem Mahlvorgang werden die Gefäße aus dem Halter genommen und in flüssigen Stickstoff getaucht, um sicherzustellen, dass die Zellen nicht auftauen. **d** In Stickstoff gemahlene Zellen. Aus den gefrorenen Zellpellets ist ein feines Pulver entstanden. Das Pulver bleibt gefroren und wird zügig mit einem kalten Spatel in ein 50-ml-Röhrchen überführt, das in flüssigem Stickstoff hängt. Die gemahlenen Zellen werden bei −80 °C gelagert.

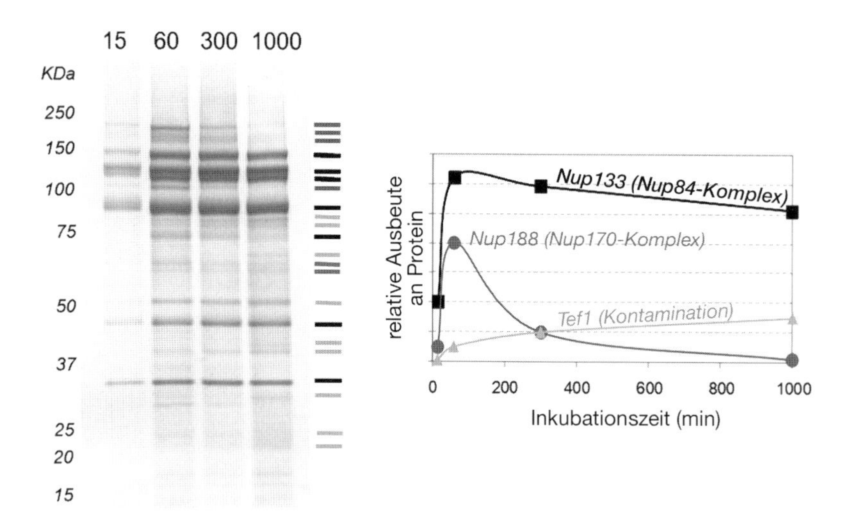

Abb. 2.13 Auswirkung der Inkubationszeit auf die Proteinausbeute und auf unspezifische Wechselwirkungen. Das Coomassie-gefärbte SDS-PAGE-Gel zeigt die Isolierung des GFP-markierten Nup84-Proteins und die mit dem Molekül assoziierten Proteine bei unterschiedlichen Inkubationszeiten (links). Die Ausbeute der jeweiligen Proteine als Funktion der Inkubationsdauer. Die Proteine wurden mithilfe der Massenspektrometrie identifiziert (rechts). (Nachdruck mit freundlicher Genehmigung der American Society for Biochemistry and Molecular Biology, Inc.)

Literatur

Cristea IM, Williams R, Chait BT, Rout MP (2005) Fluorescent proteins as proteomic probes. *Mol Cell Proteomics* 4: 1933-1941

Cristea IM, Carroll JW, Rout MP, Rice CM, Chait BT, MacDonald MR (2006) Tracking and elucidating alphavirus-host protein interactions. *J Biol Chem* 281: 30269-30278

Dziembowski A, Séraphin B (2004) Recent developments in the analysis of protein complexes. *FEBS Lett* 556: 1-6

Einhauer A, Jungbauer A (2001) The PLAG peptide, a versatile fusion tag for the purification of recombinant proteins. *J Biochem Biophys Methods* 49: 455-465

Gavin AC, Aloy P, Grandi P, Krause R, Boesche M, Marzioch M, Rau C, Jensen LJ, Bastuck S, Dümpelfeld B et al (2006) Proteome survey reveals modularity of the yeast cell machinery. *Nature* 440: 631-636. Epub 2006 Jan 22

Ghaemmaghami S, Huh WK, Bower K, Howson RW, Belle A, Dephoure N, O'Shea EK, Weissman JS (2003) Global analysis of protein expression in yeast. *Nature* 425: 737-741

Kellogg DR, Moazed D (2002) Protein- and immunoaffinity purification of multiprotein complexes. *Methods Enzymol* 351: 172-183

Rigaut G, Shevchenko A, Rutz B, Wilm M, Mann M, Séraphin B (1999) A generic protein purification method for protein complex characterization and proteome exploration. *Nat Biotechnol* 17: 1030-1032

Wang QJ, Ding Y, Kohtz DS, Mizushima N, Cristea IM, Rout MP, Chait BT, Zhong Y, Heintz N, Yue Z (2006) Induction of autophagy in axonal dystrophy and degeneration. *J Neurosci* 26: 8057-8068

3

Experiment 3

Qualitative und quantitative Analyse von Peptiden durch MALDI-TOF/TOF-Massenspektrometrie

Eric S. Simon

Department of Biological Chemistry, University of Michigan, Ann Arbor, Michigan 48109

Überblick über die MALDI-TOF/TOF-Massenspektrometrie

Für die Analyse von Proben mithilfe der Massenspektrometrie muss sich der Analyt in der Gasphase befinden und eine Nettoladung tragen. Die matrixgestützte Laserdesorptionsionisierung (*matrix-assisted laser desorption ionization*, MALDI) wurde in den 1980er-Jahren als schonendes Ionisierungsverfahren entwickelt, mit dem sich große Moleküle analysieren lassen, die nur wenig stabil sind und bei der Ionisierung durch andere Methoden zum Zerfallen neigen (Karas und Hillenkamp 1988). Als Vorbereitung einer massenspektrometrischen Analyse hat sich MALDI als effizientes Verfahren zur Herstellung von Peptid- und Proteinionen und ihren Transfer in die Gasphase erwiesen. Dazu wird eine Lösung, die den Analyt enthält, zusammen mit einer hochkonzentrierten Lösung aus UV-absorbierenden Matrixmolekülen auf einen MALDI-Probenträger aufgetragen (Karas und Hillenkamp 1988). Analyt und Matrix kristallisieren zusammen aus. Für die Analyse von Peptiden werden am häufigsten α-Cyano-4-hydroxyzimtsäure (CHCA) und 2,5-Dihydroxybenzoesäure (DHB) als Matrix verwendet. Der Probenträger mit den kristallisierten Tröpfchen wird in der Ionisierungskammer des Massenspektrometers befestigt, an die ein Vakuum von ca. 10^{-7} mbar angelegt wird. In einem noch nicht genau aufgeklärten Vorgang werden Analyt- und Matrixmoleküle mithilfe einer Reihe von Laserblitzen durch Protonierung ionisiert und in die Gasphase freigesetzt (Karas et al. 2000). Die kristallisierten Matrixmoleküle absorbieren einen Großteil der Strahlungsenergie, von der ein Teil auf Analytmoleküle übertragen wird und die Desorption von der Oberfläche und die Ionisierung bewirkt. MALDI führt zu intakten molekularen Ionen, deren Nettoladung nahezu ausschließlich +1 beträgt.

Die freigesetzten und ionisierten Analytmoleküle werden mithilfe eines elektrischen Feldes in einer Vakuumkammer beschleunigt und passieren ein feldfreies Vakuumflugrohr (Flugzeitanalysator; *time of flight-*, TOF-Analysator), an dessen Ende sich ein Detektor befindet, der die Flugzeiten misst. Die Flugzeit der Ionen über eine bestimmte Flugstrecke (t) werden mit dem Masse-zu-Ladungs-Verhältnis (*m*/*z*) des Ions in Beziehung setzt (Wolff und Stephens 1953). Im Allgemeinen gilt, dass Ionen mit größerer Masse langsamer durch das Rohr fliegen als Ionen mit geringerer Masse. Ein TOF-Massenanalysator besitzt typischerweise zwei Modi, in denen er operieren kann. Im linearen Modus werden die Ionen an der Quelle beschleunigt und fliegen von dort bis zum Detektor am gegenüberliegenden Ende des Flugrohrs (Wolff und Stephens 1953). Im Reflektormodus passieren Ionen das Flugrohr und werden, noch bevor sie den linearen Detektor erreichen, in entgegengesetzte Richtung zu einem weiteren Detektor umgelenkt (Mamyrin et al. 1973). Der Reflektormodus bietet daher im Vergleich zum linearen Modus eine erheblich bessere Massenauflösung.

Ein MALDI-TOF/TOF-Massenspektrometer ist ein MALDI-TOF-Gerät, das sehr effizient MS/MS-Spektren erzeugen kann, indem es bestimmte, durch MALDI vom Probenträger desorbierte Ionen fragmentiert und die Fragmente mithilfe eines TOF-Analysators misst. Die Bezeichnung TOF/TOF ist ein wenig irreführend, da sie impliziert, das Gerät bestünde aus zwei hintereinandergeschalteten Flugrohren. Es existiert jedoch nur ein Rohr, das von einer Zelle geteilt wird. Wird das Gerät im MS-Modus betrieben, dann wird diese Zelle unter Vakuum gesetzt und die Ionen passieren sie in Richtung Detektor. Im MS/MS-Modus wird jedoch kein Vakuum in der Zelle erzeugt. Die in die sogenannte Kollisionszelle eintretenden Ionen interagieren mit dem darin vorhandenen Gas, wodurch die Ionen fragmentiert werden. Bei der TOF/TOF-Messung stellt der erste TOF-Term, der Einfachheit halber als TOF1 bezeichnet, die Zeit dar, die ein bestimmtes Ion mit einem spezifischen m/z-Wert braucht, um die gasgefüllte Kollisionszelle zu erreichen. TOF1 ist ein entscheidender Parameter für die Durchführung einer MS/MS in einem MALDI-TOF/TOF-Massenspektrometer. Ionen, die die MALDI-Quelle verlassen und in Richtung der Kollisionskammer beschleunigt werden, besitzen ein breites Spektrum verschiedener Massen. Ideal wäre jedoch, wenn nur das Ion von Interesse auch tatsächlich in die gasgefüllte Zelle gelangte. Eine solche Auswahl trifft der Ionenselektor (*timed ion selector*, TIS), der zu fragmentierende Ionen nach ihrer Flugzeit auswählt. Der Selektor lenkt alle Ionen an der Eintrittsöffnung in die Kollisionszelle ab, bis eine Flugzeit (TOF1) erreicht ist, bei der das Ion von Interesse die Kammer erreicht. Die Deflektoren werden abgeschaltet, sodass das gewünschte Ion in die Kollisionszelle eintreten und fragmentiert werden kann. Anschließend werden die Deflektoren wieder aktiviert, um zu verhindern, dass Ionen mit größerer Masse in die Kammer gelangen. Die in der Kollisionszelle fragmentierten Ionen werden dann nochmals in Richtung des Detektors beschleunigt (entweder im linearen oder im Reflektormodus), und ihre Flugzeit (TOF2) wird gemessen und ausgewertet. Die Bezeichnung TOF/TOF bezieht sich daher auf die Zeit, die ein Vorläuferion von Interesse braucht, bis es die Kollisionszelle erreicht (TOF1), und auf die Zeit, die die Fragmente benötigen, um zum Detektor zu gelangen (TOF2).

Protokoll 1
Beschreibung der Versuchsanordnung

Die folgenden Verfahren zeigen allgemein die Schritte auf, die zur Inbetriebnahme eines 4700 MALDI-TOF/TOF-Massenspektrometers und für die Datengenerierung aus den Proben notwendig sind, welche in den Experimenten 1 (2D-Gele) und 7 (iTRAQ) hergestellt werden. Zu den erforderlichen Schritten gehören das Auftragen eines Kalibrierungsgemisches auf den MALDI-Probenträger, die Einrichtung von „Spot Sets" für jeden Träger, das Einsetzen des Trägers in das Massenspektrometer, die Kalibrierung des Trägers und schließlich das Sammeln der Daten. Schlüsselbegriffe sind unten erläutert und sollen während der Durchführung des Experiments als Anhaltspunkte dienen.

Schlüsselbegriffe

- **4000 Series Explorer**: Software für das 4700 MALDI-TOF/TOF-Massenspektrometer. Abb. 3.1 zeigt das Hauptfenster mit den Grundelementen, die für den Proteomikkurs von Bedeutung sind, einschließlich der Menüleiste, des „Spot Set"-Fensters und des „Spectrum Viewers".
- **„Acquisition Method"**: Spezifiziert die Geräteeinstellungen, die für das Sammeln von Daten („Acquisition") mit dem MALDI-TOF/TOF-Massenspektrometer notwendig sind. Festgelegt werden das Massespektrum, die Fokusmasse (die maximal aufgelöste Masse), die Zahl der Laserblitze pro Spektrum, die Intensität des Lasers, das Muster, in dem der Laser auf jede einzelne Probe schießt, und der Arbeitsmodus. Der Arbeitsmodus legt den Modus für die Datengewinnung fest (positive oder negative Ionen), ob es sich um eine MS-Methode handelt (Messung der Vorläuferionen) oder um eine MS/MS-Methode (kollisionsinduzierte Fragmentierung eines ausgewählten Vorläuferions) und ob die Ionen im linearen oder im Reflektormodus detektiert werden.

- **„Batch Mode Acquisition"**: Automatisches Sammeln von Daten von einer Reihe von Spots, die zuvor im „Spot Set" ausgewählt wurden.
- **„Interactive Mode Acquisition"**: Manuelles Sammeln von Daten von einem bestimmten Probenspot.
- **„Interpretation Method"**: Spezifiziert die Einstellungen für die Auswahl der Vorläuferionen bei der Durchführung einer MS/MS, auf der Basis zuvor gesammelter MS-Spektren. Festgelegt wird der unterste Schwellenwert für das Signal-zu-Rausch-(SN-)Verhältnis, um ein Vorläuferion für die MS/MS auszuwählen, die Reihenfolge der Datensammlung (z.B. die Erstellung von Spektren der acht Vorläuferionen mit der größten Intensität aus jedem Spot) und die Methoden, die für das Sammeln der MS/MS-Daten und die Prozessierung eingesetzt werden.
- **„Job"**: Eine Liste der für die Analyse bereitstehenden Spots, die „Acquisition Method", „Processing Method" und „Interpretation Method" (falls notwendig) enthält.
- **„Job-wide Interpretation Method"**: Wird bei Anwendungen der LC-MS eingesetzt, um redundante MS/MS-Analysen von Vorläuferionen zu vermeiden. Wird z.B. ein Vorläuferion in drei aufeinanderfolgenden Spots nachgewiesen, dann wird es nur aus dem Spot analysiert, in dem es am häufigsten vorkommt.
- **Oracle**: Alle Methoden und Daten werden in einer Oracle-Datenbank gespeichert.
- **„Processing Method"**: Enthält Parameter für die Weiterverarbeitung der gewonnenen Daten. Dazu gehören Optionen für das Glätten der Daten, Einstellungen für die Ermittlung von Peaks wie das Signal-zu-Rausch-(SN-)Verhältnis, Schwellenwerte und die Kalibrierung (Bestimmung der Massen).
- **„Project"**: Entspricht im Wesentlichen einem Datenverzeichnis. Für den Proteomikkurs wurde „proteomicscourse" als Projektname vergeben. Das Verzeichnis enthält alle relevanten „Spot Sets" und Methoden, die während des Kurses erstellt werden.
- **„Sample Plate"**: Auch als Probenträger oder Trägerplatte bezeichnet. Der Träger bietet eine Oberfläche, in der Regel aus Edelstahl, mit definierten Markierungen (oder auch Vertiefungen), wo die Proben

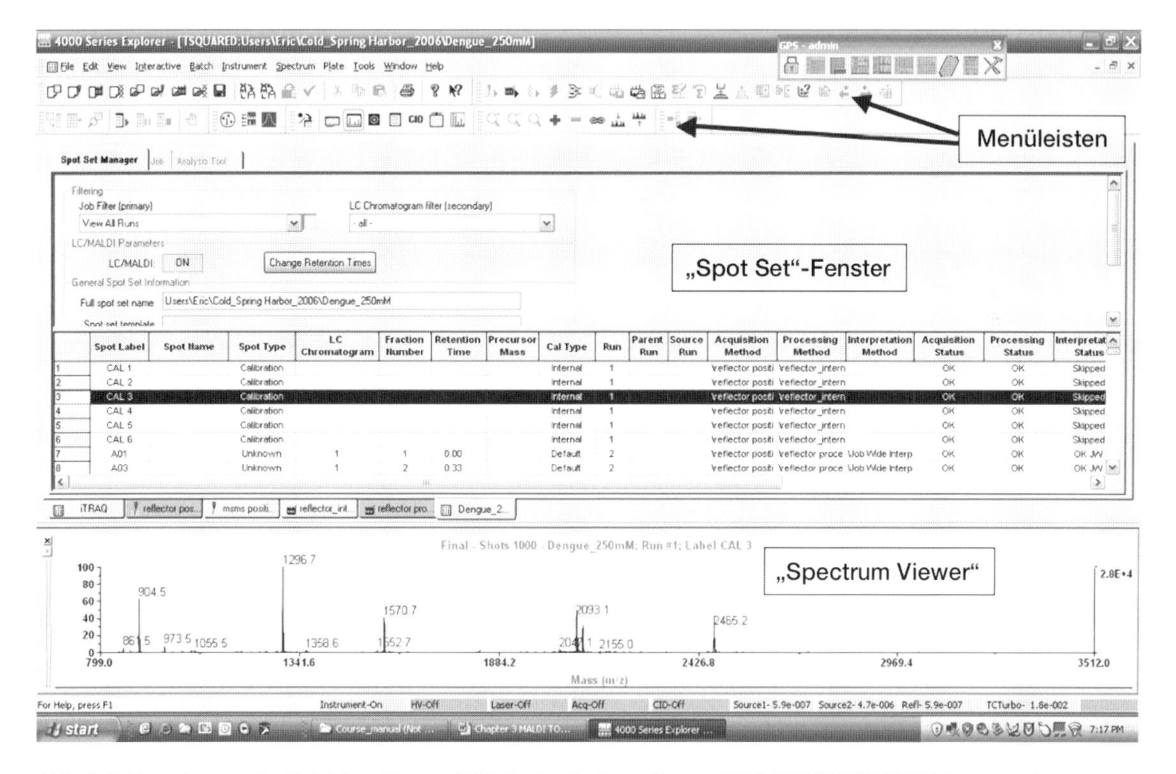

Abb. 3.1 Hauptfenster der Betriebssoftware 4000 Series Explorer für das 4700 MALDI-TOF/TOF-Massenspektrometer.

zusammen mit der Matrix aufgetragen werden und zusammen kristallisieren. Jeder Träger hat einen Namen, der nur einmal vergeben und in der Datenbank hinterlegt wird. Die Datenbank enthält von jedem Träger auch den Barcode, die Kalibrierungsdaten, das „Spot Set Template" und ein Alignment. Im Kurs werden Probenträger mit 192 Markierungen für Proben und sechs Markierungen für die Kalibrierung verwendet.

- **„Spot Set"**: Enthält die in Oracle gespeicherten Informationen über eine spezifische Reihe von Proben, die auf den Probenträger aufgetragen wurde. Der Name des „Spot Sets" erinnert häufig an die Probe und die Art der Präparation.
- **„Spot Set Template"**: Gibt die Nummer und die Anordnung der Spots auf dem Träger an.

Materialien

Achtung: Für den korrekten Umgang mit Substanzen, die mit einem <!> gekennzeichnet sind, siehe Anhang 11.

Reagenzien

Matrixlösung (α-Cyano-4-hydroxyzimtsäure <!>; CHCA)

Herstellen von 5 mg ml^{-1} CHCA in 50 % Acetonitril <!>, 0,1 % Trifluoressigsäure <!>

Standard-Peptidkalibrierungslösung (Standard Peptide Calibration Mixture; Applied Biosystems)

Bei den Peptiden und ihren entsprechenden Massen handelt es sich um Des-Arg1-Bradykinin (904,5 Da), Angiotensin I (1296,7 Da), Glu1-Fibrinopeptid B (1570,7 Da), ACTH (1–17) (2093,1 Da) und ACTH (18–39) (2465,2 Da). Die Endkonzentration jedes Peptids beträgt 1 pmol µl^{-1}.

trypsingespaltene Proteinproben, bereits auf MALDI-Probenträger aufgetragen (s. Experimente 1 und 7)

Geräte

4000 Series Explorer für das 4700 MALDI-TOF/TOF-Massenspektrometer (Applied Biosystems)
MALDI-Probenträger, 192-Well, Edelstahl (Applied Biosystems)
MALDI-TOF/TOF-Massenspektrometer (Modell 4700; Applied Biosystems)
Pipette, Pipettenspitzen

Durchführung

Auftragen der Kalibrierungslösung auf den entsprechenden Markierungen

1. Auftragen von 0,5 µl Kalibrierungslösung auf Markierung 1 (CAL1).
2. Vor dem Trocknen der Lösung Zugabe von 0,5 µl Matrixlösung in CAL1.
3. Für jede der übrigen fünf für die Kalibrierungslösung vorgesehenen Markierungen wiederholen.

Erstellen eines neuen „Spot Sets"

Vor dem Einsetzen eines neuen Probenträgers in das MALDI-TOF/TOF-Massenspektrometer müssen ein neues „Spot Set" erstellt und ein „Spot Set Template" ausgewählt werden. Jede MALDI-Trägerplatte, die in das Massenspektrometer gesetzt wird, wird mit einem spezifischen „Spot Set" gespeichert, das mit der Platte verknüpft ist. Wird ein Träger gewaschen und mit neuen Proben beladen, dann ist ein neues „Spot Set" erforderlich.

1. Auswählen von „File" > „New" > „Spot Set"; es öffnet sich ein Dialogfenster mit dem Namen „Create New Spot Set".
2. In der „Project"-Drop-Down-Liste den Projektnamen auswählen (im Kurs ist es „proteomicscourse").
3. Benennen des „Spot Sets"; in das Feld „Item Name" (am unteren Ende des Dialogfensters), die Bezeichnung des Probenträgers eingeben; es kann jeder Name verwendet werden, doch es hat sich als praktisch erwiesen, den Barcode des Probenträgers zu wählen.
4. Eintragen des Barcodes des Probenträgers in die Datenbank.

   Im Proteomikkurs wurden alle Barcodes der verwendeten Platten im Vorfeld bereits gespeichert, sodass dieser Schritt hier entfällt.
5. Anklicken von „Create".

6. Benennen des Probenträgers; im „Select/Create Plate for New Spot Set"-Fenster den Namen des Probenträgers in das Feld „Plate Name" eingeben.
   Im Kurs besteht der Name der Platte aus dem Gruppennamen und dem Experiment (z.B. „Group A 2D gels" oder „Group C iTRAQ IEF3").
7. Anklicken von „Ok".
8. Auswählen des „Spot Set Templates"; im „Select Spot Set Template for New Spot Set"-Fenster erscheint eine Drop-Down-Liste.
   Für 192-Well-Trägerplatten mit 2D-Gel-Proben:
   a. Auswählen von „Factory Spot Set Template"; es erscheint Reihe von bereits vordefinierten Standardmatrizen („Default Templates") mit beschreibenden Angaben in den Spalten.
   b. Auswählen von „ABI-192+6AB"; dieses „Template" ist nach dem Trägertyp benannt und zeigt eine 192-Well-Trägerplatte mit sechs Markierungen für die Kalibrierung in zwei Spalten (A und B).
   c. Kategorisierung des „Templates" unter „Type" als „N/A"; das bedeutet, dass es sich zwar nicht um einen LC-MS-Träger handelt, der Träger kann jedoch für die 2D-Gel-Analyse verwendet werden.
   Für 192-Well-Trägerplatten mit LC-separierten Fraktionen (z.B. aus iTRAQ-Experimenten):
   a. Auswählen von „User Defined Spot Set Template"; für diese Anwendung mit einer 192-Well-Trägerplatte gibt es kein „Default Template"; im Kurs wählen wir daher „MPC Projects/LCMS 192 alphanumeric" aus, eine zuvor erstellte Matrize.
   b. Auswählen von „ABI-192+6AB".
   c. Kategorisierung des „Templates" unter „Type" als „LCMS".
9. Anklicken von „Select".

Einsetzen des Probenträgers

Bevor der Probenträger eingesetzt wird, muss sichergestellt sein, dass alle Probenspots trocken sind; der Träger sollte mit Druckluft abgepustet werden, um Fasern zu entfernen, die in das Gerät gelangen könnten.

1. Auswählen von „Plate" > „Eject Plate"; es öffnet sich das „4000 Series Explorer Plate Manager"-Dialogfenster mit der Frage „Are you sure you want to eject plate?"; Anklicken von „Ok"; Warten, bis der Plattenhalter erscheint.
2. Einsetzen des Probenträgers in den Plattenhalter; den Träger vertikal halten, mit dem oberen Trägerrand nach oben und der Probenfläche nach rechts; die Platte in den Halter gleiten lassen, bis die Kugellager auf dem Halter in dem Träger einrasten; Abb. 3.2 zeigt die korrekte Orientierung des Probenträgers im Plattenhalter.
3. Auswählen von „Plate" > „Load Plate"; es öffnet sich das „Select Spot Set"-Dialogfenster.
4. Auswählen des „Projects" und des „Spot Sets"; im Proteomikkurs aus der „Projects"-Drop-Down-Liste Auswählen von „proteomicscourse"; Auswählen des „Spot Sets", das zu der eingesetzten Trägerplatte passt (z.B. „Group A 2D gels" oder „Group C iTRAQ IEF3").
5. Es öffnet sich das „Load Sample Plate"-Dialogfenster und zeigt Detailinformationen über den Träger und das ausgewählte „Spot Set"; Anklicken von „Load".
   Wichtig: Berühren Sie den Plattenhalter während des Ladens nicht. Der Probenträger wird in das Gerät geladen, und an die Ionenquelle wird ein Vakuum angelegt. Ein Fenster erscheint, das den Status des „Load/Eject"-Vorgangs anzeigt. Ist das Fenster geschlossen, ist das Gerät bereit für die Messung.
6. Ist der Träger geladen, erscheint ein „Spot Set"-Fenster mit drei Reitern für Registerkarten, die ausgewählt werden können; standardmäßig ist die „Spot Set Manager"-Registerkarte ausgewählt; im Hauptfenster befindet sich ein Arbeitsblatt (mit einem „Spot Set") und darunter befinden sich Reiter für die Auswahl des „Spot Sets" (Abb. 3.3).

Kalibrierung des Probenträgers im Reflektormodus

Für die Aufnahme der Daten werden „Acquisition Method" und „Processing Method" aktiviert. Bei allen Anwendungen im Proteomikkurs findet die Datensammlung im „Batch Mode" statt. Dazu müssen Methoden weder geöffnet noch verändert werden. Das Gerät benötigt jedoch eine Vorlaufzeit (Schritt 3, unten), in der „Acquisition Method" und „Processing Method" geöffnet sein müssen (Schritte 1 und 2).

1. Auswählen von „File" > „Open" > „Acquisition Method" oder Anklicken des „Acquisition"-Icons. Auswählen von „MS Reflector Positive" aus der „Project"-Drop-Down-Liste. Es handelt sich um eine

Methode zur Datensammlung bei positiv geladenen Ionen im MS-Modus mit Reflektorflugbahn. Unter dem Hauptfenster erscheint ein „Acquisition Method Selection“-Reiter, der das „Acquisition Method“-Icon trägt und den Namen der Methode anzeigt (Abb. 3.4). Klickt man auf den „Acquisition Method Selection“-Reiter, dann erscheinen die „Acquisition“-Parameter im Hauptfenster (Abb. 3.4).

2. Auswählen von „File“ > „Open“ > „Processing Method“ oder Anklicken des „Processing“-Icons. Auswählen von „Reflector Internal“ aus der „Project“-Drop-Down-Liste. Unter dem Hauptfenster erscheint „Processing Method Selection“-Reiter, der das „Processing“-Icon trägt und den Namen der „Processing Method“ anzeigt (Abb. 3.5). Es handelt sich um ein internes Prozessierungsverfahren, das im Spektrum nach Peaks sucht, die aus einer Kalibrierungsprobe stammen. (Die Kalibrierungsprobe besteht aus einem Gemisch aus fünf Standardpeptiden, die unter „Reagenzien“ aufgeführt sind.) Die „Processing Method“ weist das Gerät an, in einem für diese Methode festgelegten Fenster nach den peptidspezifischen m/z-Werten zu suchen. Sind die einem Peptid entsprechenden Peaks gefunden, werden ihnen die jeweiligen

Abb. 3.2 Die korrekte Orientierung der MALDI-Trägerplatte im Plattenhalter.

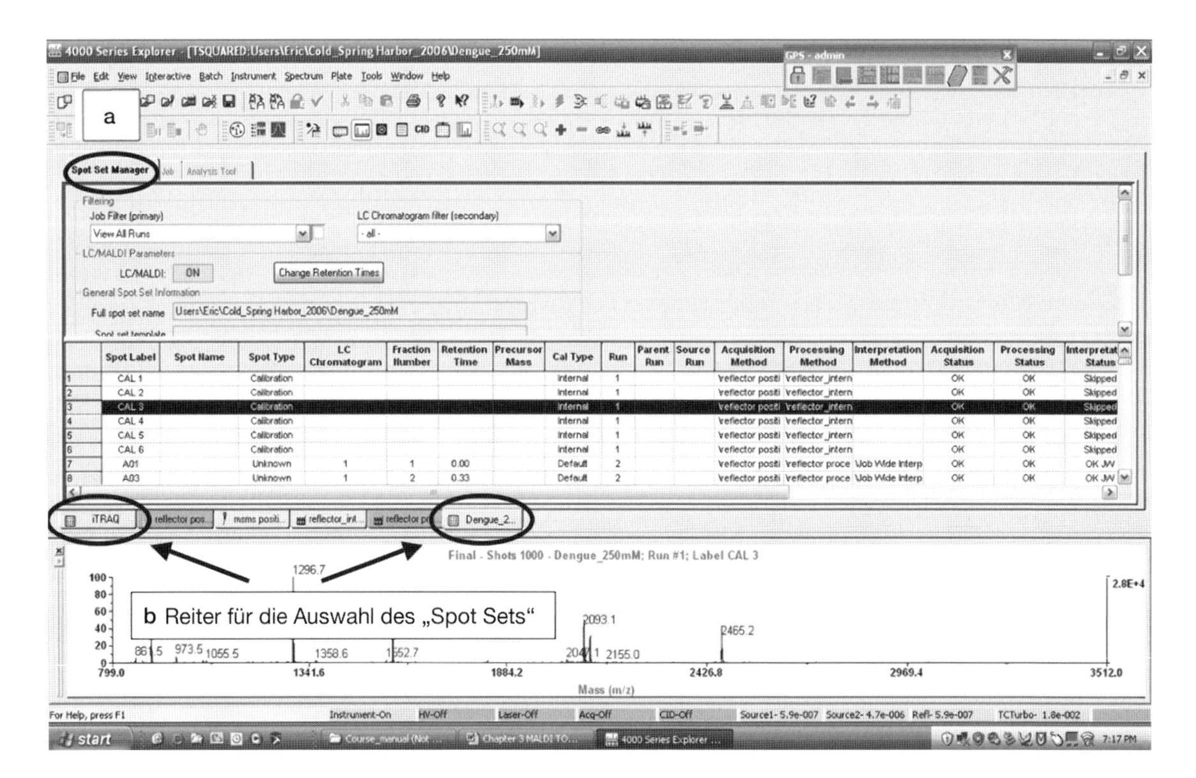

Abb. 3.3 Die Registerkarte „Spot Set Manager“ (**a**) öffnet sich standardmäßig, wenn ein Reiter für die Auswahl des „Spot Sets“ (**b**) angeklickt wird.

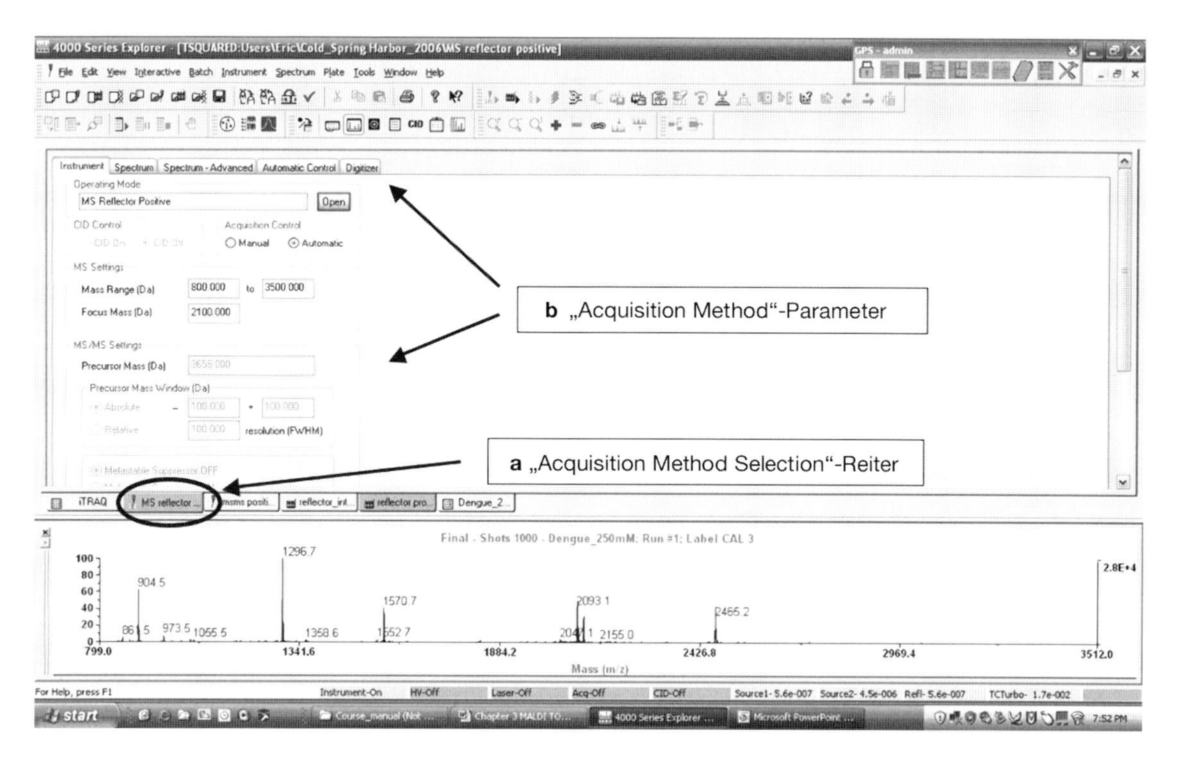

Abb. 3.4 Nach dem Anklicken des „Acquisition Method“-Reiters (**a**) erscheinen die Methodenparameter im Hauptfenster (**b**).

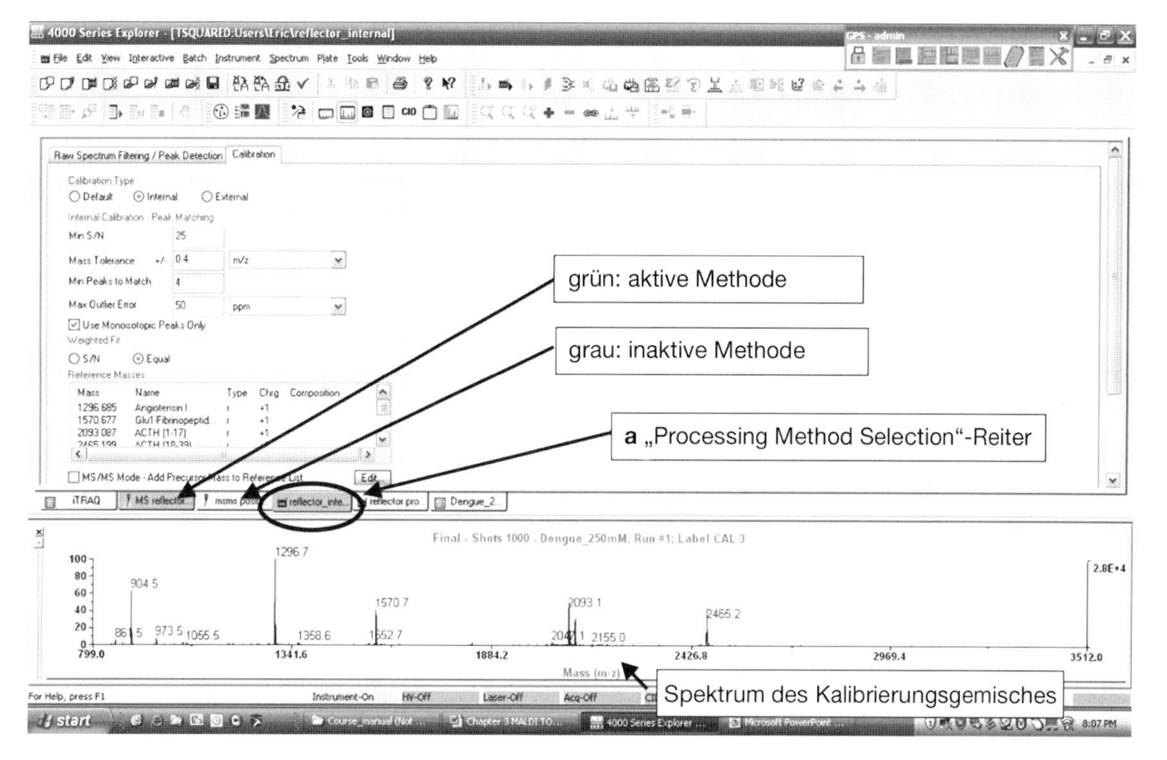

Abb. 3.5 Nach dem Anklicken des „Processing Method“-Reiters (**a**) erscheinen die Methodenparameter im Hauptfenster.

Massen zugewiesen. Werden die Daten im „Interactive Mode“ gewonnen (Standardeinstellung) und sind viele „Acquisition Methods“ und/oder „Processing Methods“ geöffnet, werden die Reiter der aktiven Methoden grün, die der inaktiven grau dargestellt (Abb. 3.5). Um eine andere Methode zu aktivieren, wird auf den „Method Selection“-Reiter geklickt und anschließend auf [icon].

3. Auswählen von „Instrument“ > „High Voltage“ oder Anklicken von [icon]. Die Hochspannungselektronik des Geräts sollte vor dem Probenlauf für 30 min aufwärmen. Wurde das Gerät kurz zuvor bereits betrieben, kann das Aufwärmen entfallen.
4. Auswählen des „Spot Set“-Reiters im Hauptfenster (Abb. 3.6).
5. Im „Spot Set“-Fenster alle sechs Zeilen markieren, die die Proben zur Kalibrierung enthalten. Dazu auf die Zahlen links neben der „Spot Label“-Spalte klicken (Abb. 3.6).
6. Klicken mit der rechten Maustaste auf das markierte Feld (Abb. 3.7) und Anklicken von „Copy Spots to Job“ > „Using Latest Methods“ (Abb. 3.7). Im „Spot Set“-Fenster wird nun der „Job“-Reiter ausgewählt; die entsprechende Registerkarte zeigt nur die Zeilen, die als „Job“ ausgewählt wurden (Abb. 3.8); Auswählen von „Plate Model & Default Calibration“ unter „Cal Types Updated“ (Abb. 3.8).
7. Auf die oberste Zelle der „Acq Method“-Spalte gehen; Auswählen der „Reflector Positive“-Methode über den Abwärtspfeil. Die Software füllt den Rest der Spalte mit der ausgewählten „Aquisition Method“ (Abb. 3.9).
8. Auf die oberste Zelle der „Proc Method“-Spalte gehen; Auswählen der „Reflector Internal“-Methode über den Abwärtspfeil. Die Software füllt den Rest der Spalte mit der ausgewählten „Processing Method“ (Abb. 3.9).
9. Auswählen von „Batch“ > „Submit Spot Set Job“ oder Anklicken von [icon]. Der ausgewählte „Job“ wird nun an die Reihe der durchzuführenden „Jobs“ angefügt.
10. Anklicken von [icon] in der Menüleiste. Das Gerät schaltet automatisch in den „Batch Mode“ und beginnt mit der Datengewinnung und der Prozessierung. Nach Beendigung des Vorgangs ist die Standardkalibrierung für den Probenträger aktualisiert.

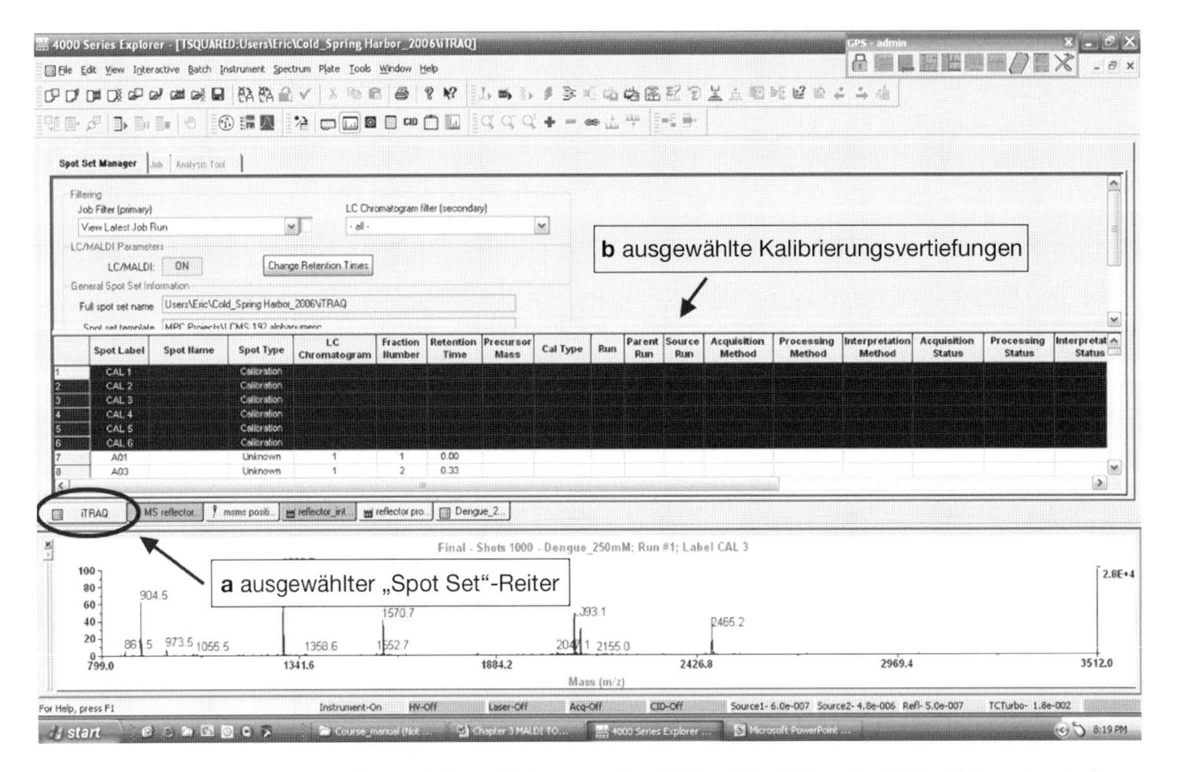

Abb. 3.6 Auswahl des „Spot Sets“ (**a**) und der Kalibrierungszeilen (**b**) durch Anklicken der Zahlen links neben jedem „Spot Label“.

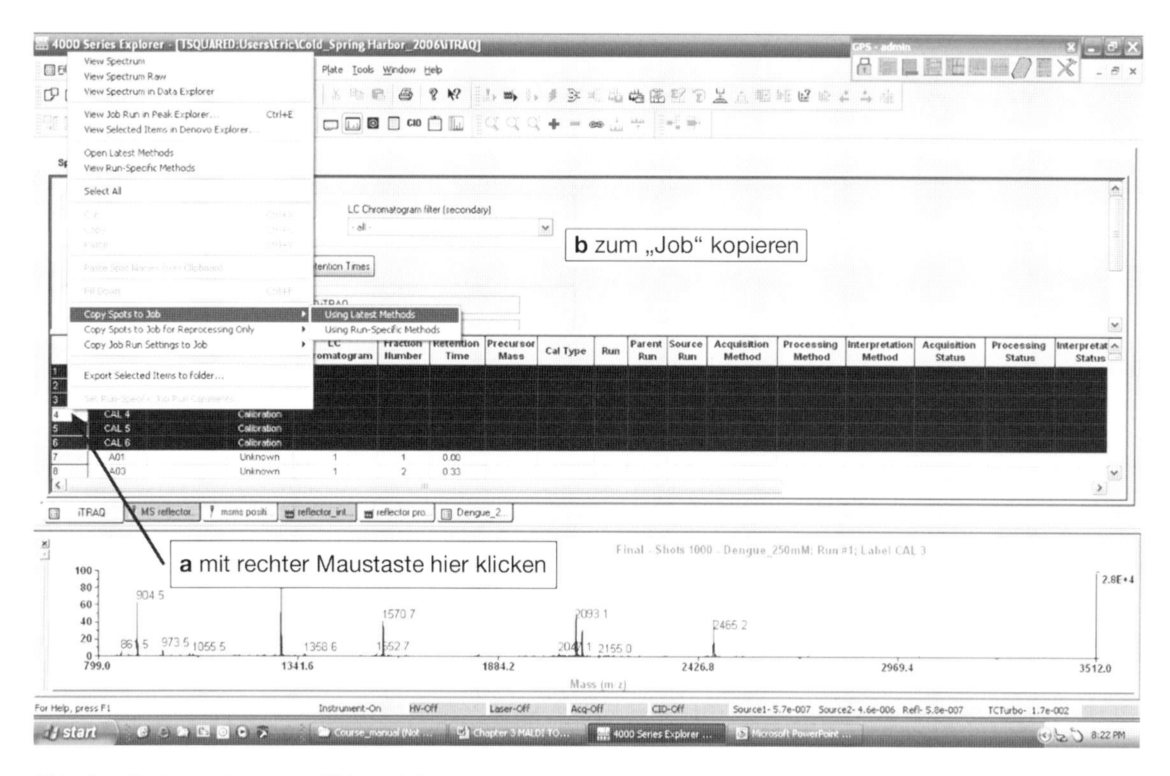

Abb. 3.7 Kopieren der ausgewählten Zeilen (bzw. Markierungen) in einen „Job“.

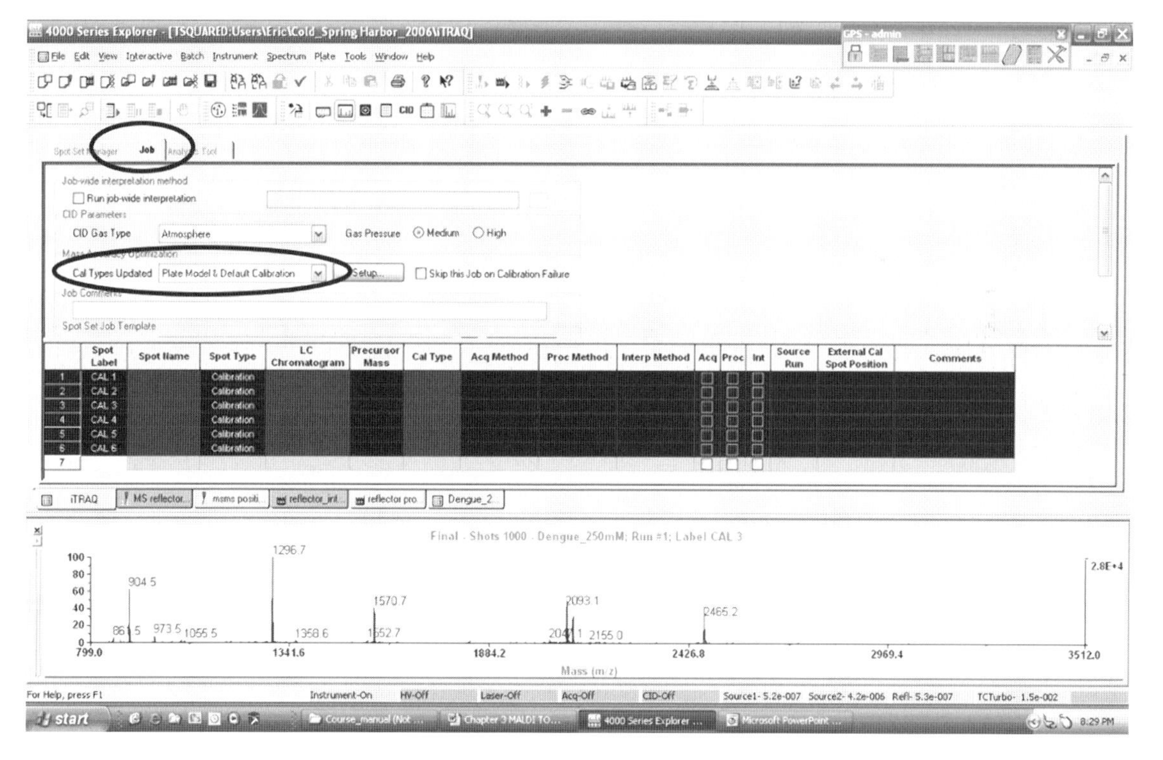

Abb. 3.8 Das „Job“-Fenster.

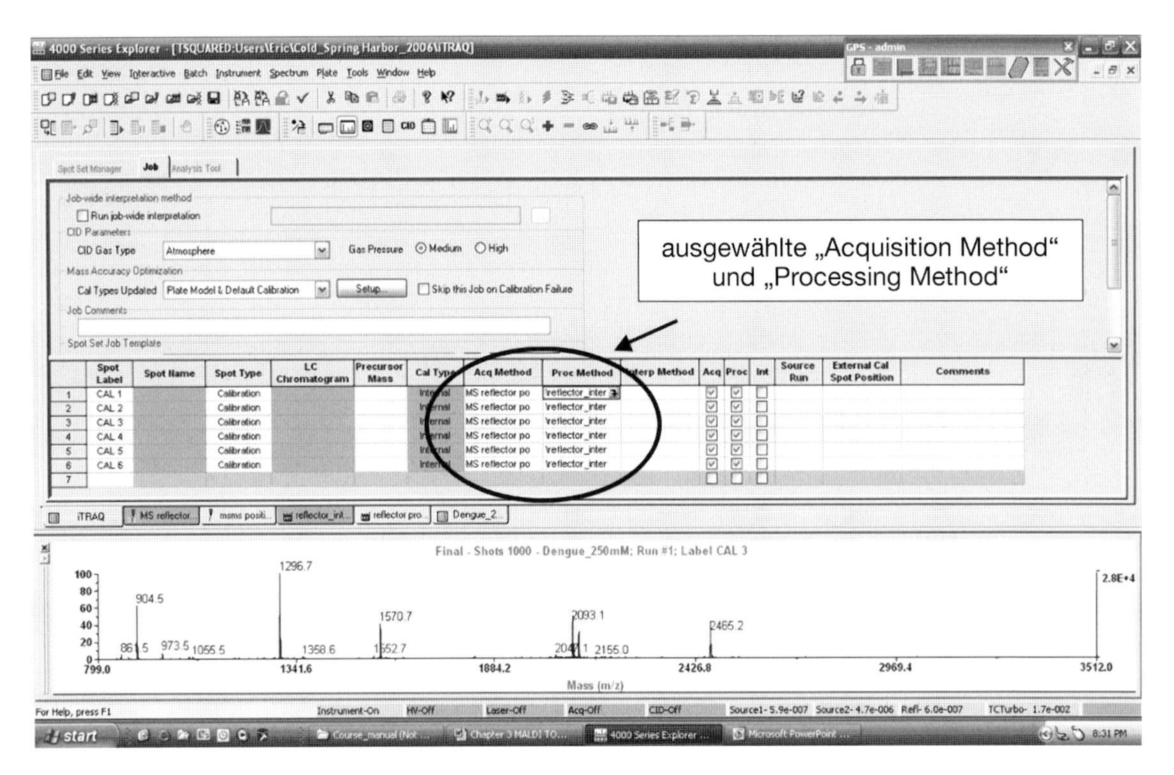

Abb. 3.9 Hinzufügen von „Acquisition Method“ und „Processing Method“ zur „Spot Set“-Liste des ausgewählten Kalibrierungsvorgangs.

Datengewinnung aus den in den 2D-Gelen aufgetrennten Proteinen (Experiment 1)

1. Kalibrierung des Probenträgers wie im vorherigen Abschnitt beschrieben; Kalibrierung des Probenträgers im „Reflector Mode“.
2. Markieren aller Zeilen, die den zu analysierenden Proben entsprechen, im „Spot Set“-Fenster. Dazu werden die entsprechenden Zahlen in der Spalte links neben der „Spot Label“-Spalte angeklickt.
3. Anklicken des markierten Bereichs mit der rechten Maustaste und Anklicken von „Copy Spots to Job“ > „Using Latest Methods“. Im „Spot Set“-Fenster wird nun der „Job“-Reiter gewählt; die Registerkarte zeigt nur die Zeilen, die als „Job“ markiert wurden. Unter „Cal Types Updated“ muss „None“ ausgewählt sein, da bei diesem Durchlauf keine Kalibrierung durchgeführt werden soll (Abb. 3.10).
4. Auf die oberste Zelle der „Acq Method“-Spalte gehen; Auswählen der „Reflector Positive“-Methode über den Abwärtspfeil. Die Software füllt den Rest der Spalte mit der ausgewählten „Acquisition Method“ (Abb. 3.10).
5. Auf die oberste Zelle der „Proc Method“-Spalte gehen; Auswählen der „Reflector Processing Default“-Methode über den Abwärtspfeil. Die Software füllt den Rest der Spalte mit der ausgewählten „Processing Method“ (Abb. 3.10). Da die Proben aus einer tryptischen Spaltung der Proteine im Gel stammen, nutzt diese Prozessierungsmethode die Produkte aus dem Selbstverdau von Trypsin als internen Standard für die Massenkalibrierung, wenn sie detektierbar sind. Andernfalls wird die Standardkalibrierung (s. vorheriger Abschnitt) verwendet, um den Peaks *m*/*z*-Werte zuzuweisen.
6. Auf die oberste Zelle der „Interp Method“-Spalte gehen; Auswählen der „Interpretation Method“ über den Abwärtspfeil. Mithilfe dieser Einstellung werden von jeder aufgetragenen Probe die Vorläuferionen für die MS/MS ausgewählt, die im MS-Spektrum die acht stärksten Peaks liefern. Nicht ausgewählt werden Peaks, die auf Produkte der Trypsinautolyse zurückgehen. Die Software füllt den Rest der Spalte mit der ausgewählten „Interpretation Method“ (Abb. 3.10).

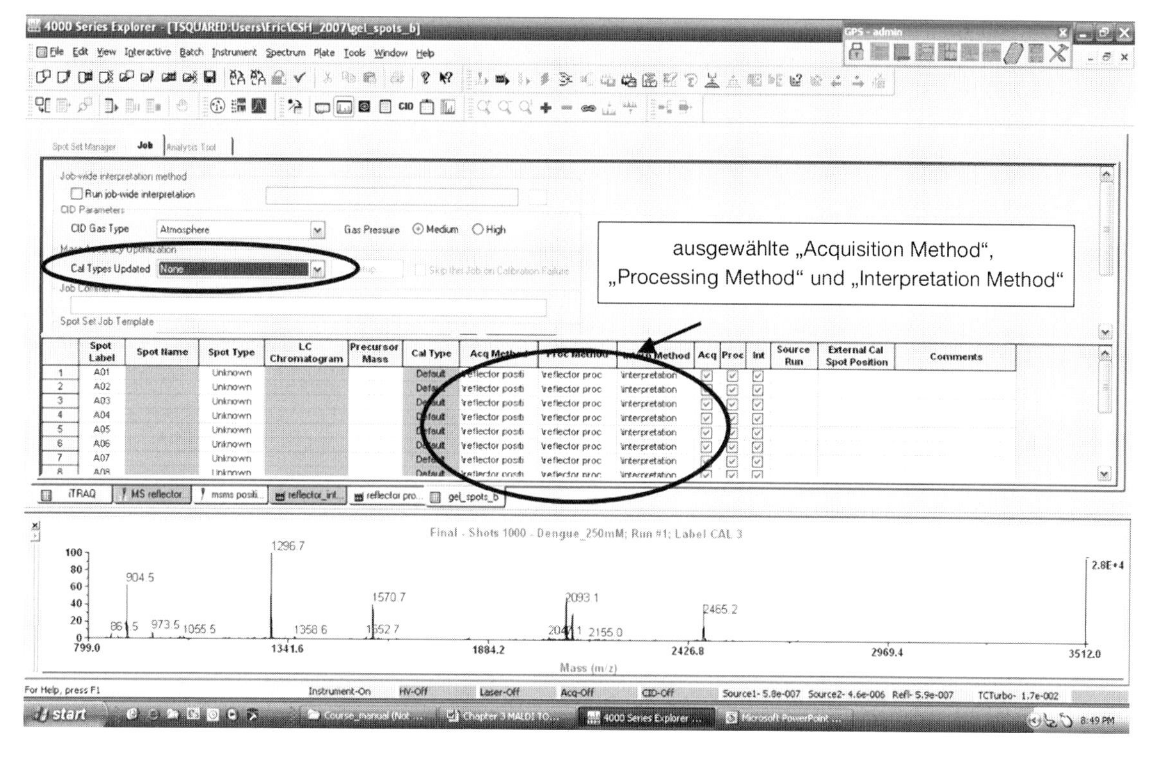

Abb. 3.10 „Job“-Eingabe und Einstellungen für die Analyse der in den 2D-Gelen aufgetrennten und mit Trypsin gespaltenen Proteine.

7. Auswählen von „Batch“ > „Submit Spot Set Job“ oder Anklicken von [Symbol]. Der ausgewählte „Job“ wird nun an die Reihe der durchzuführenden „Jobs“ angefügt.
8. Anklicken von [Symbol] in der Menüleiste. Das Gerät schaltet automatisch in den „Batch Mode“ und beginnt mit der Datengewinnung und der Prozessierung.
9. Nach Beendigung der Messung werden die erhaltenen MS/MS-Daten mithilfe der Suchalgorithmen für Proteindatenbanken, ProteinPilot oder Mascot, ausgewertet, um Peptide oder Proteine zu identifizieren (s. Experiment 8).

Datengewinnung aus den iTRAQ-IEF-Fraktionen (Experiment 7)

1. Kalibrierung des Probenträgers wie im vorherigen Abschnitt beschrieben; Kalibrierung des Probenträgers im „Reflector Mode“.
2. Markieren aller Zeilen, die den zu analysierenden Proben entsprechen, im „Spot Set“-Fenster. Dazu werden die entsprechenden Zahlen in der Spalte links neben der „Spot Label“-Spalte angeklickt.
3. Anklicken des markierten Bereichs mit der rechten Maustaste und Anklicken von „Copy Spots to Job“ > „Using Latest Methods“. Im „Spot Set“-Fenster wird nun der „Job“-Reiter gewählt; die Registerkarte zeigt nur die Zeilen, die als „Job“ markiert wurden. Unter „Cal Types Updated“ muss „None“ ausgewählt sein, da bei diesem Durchlauf keine Kalibrierung durchgeführt werden soll (Abb. 3.11).
4. Auf die oberste Zelle der „Acq Method“-Spalte gehen; Auswählen der „Reflector Positive“-Methode über den Abwärtspfeil. Die Software füllt den Rest der Spalte mit der ausgewählten „Aquisition Method“.
5. Auf die oberste Zelle der „Proc Method“-Spalte gehen; Auswählen der „Reflector Processing Default“-Methode über den Abwärtspfeil. Die Software füllt den Rest der Spalte mit der ausgewählten „Processing Method“ (Abb. 3.10). Diese Prozessierungsmethode nutzt die Standardkalibrierung (wie im Abschnitt „Kalibrierung der Trägerplatte im Reflektormodus“ beschrieben), um den Peaks *m*/*z*-Werte zuzuweisen.

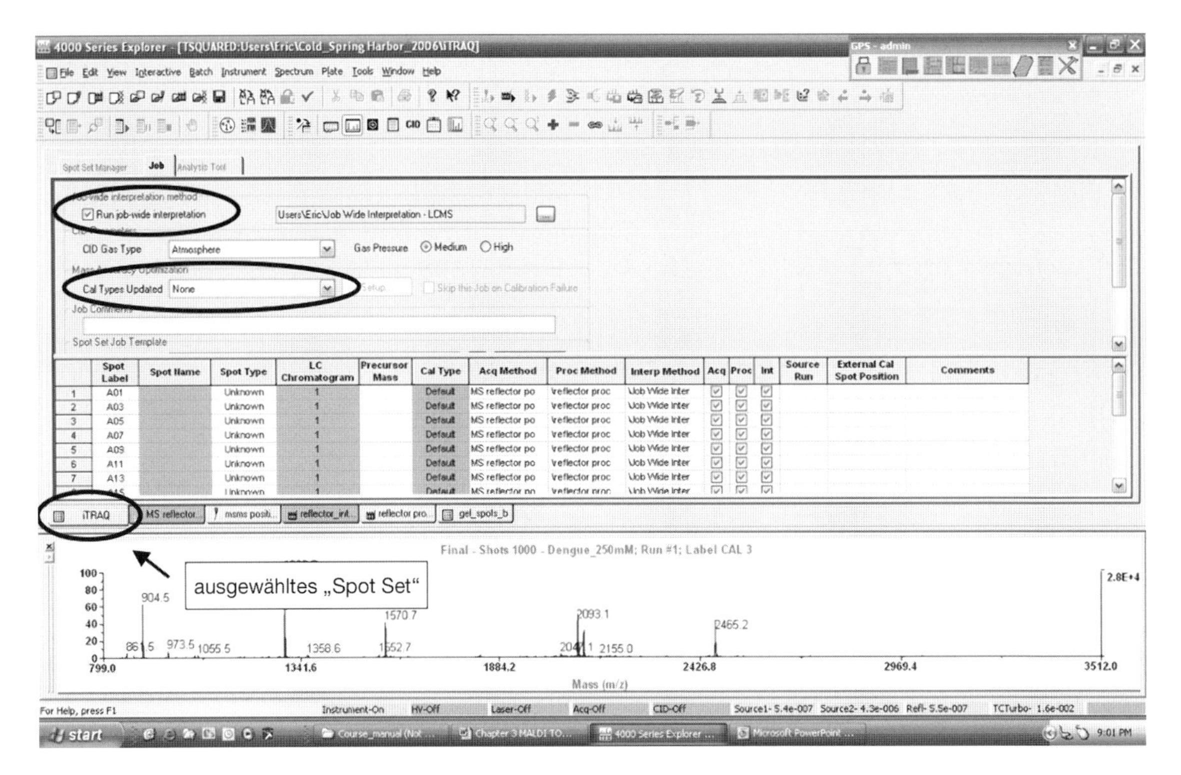

Abb. 3.11 „Job“-Eingabe und Einstellungen für die Analyse der iTRAQ-markierten Peptide aus den IEF-Fraktionen.

6. Auf die oberste Zelle der „Interp Method“-Spalte gehen; Auswählen der „Job Wide Interpretation-LCMS“-Methode über den Abwärtspfeil. Die Software füllt den Rest der Spalte mit der ausgewählten „Interpretation Method“. Wird eine „Job Wide Interpretation Method“ gewählt, dann befindet sich im Kästchen „Run Job-Wide Interpretation“ ein Häkchen (Abb. 3.11).
7. Auswählen von „Batch“ > „Submit Spot Set Job“ oder Anklicken von . Der ausgewählte „Job“ wird nun an die Reihe der durchzuführenden „Jobs“ angefügt.
8. Anklicken von in der Menüleiste. Das Gerät schaltet automatisch in den „Batch Mode“ und beginnt mit der Datengewinnung und der Prozessierung.
9. Nach Beendigung der Messung werden die erhaltenen MS/MS-Daten mithilfe der Suchalgorithmen für Proteindatenbanken, ProteinPilot oder Mascot, ausgewertet, um Peptide oder Proteine zu identifizieren (s. Experiment 8).

Literatur

Karas M, Hillenkamp F (1988) Laser desorption ionization of proteins with molecular masses exceeding 10000 daltons. *Anal Chem* 60: 2299-2301

Karas M, Glückmann M, Schäfer J (2000) Ionization in matrix-assisted laser desorption/ionization: Singly charged molecular ions are the lucky survivors. *J Mass Spectrom* 35: 1-12

Mamyrin BA, Karataev VI, Shmikk DV, Zagulin VA (1973) The mass-reflectron, a new nonmagnetic time-of-flight mass spectrometer with high resolution. *Sov Phys JETP* 37: 45-48

Wolff MM, Stephens WE (1953) A pulsed mass spectrometer with time dispersion. *Rev Sci Instrum* 24: 616-617

Experiment 4

4

Analyse von Proteinkomplexen

Hochsensitive Flüssigkeitschromatographie gekoppelt mit Tandemmassenspektrometrie

Grundlage für die Entwicklung der Proteomik bzw. der Hochdurchsatzanalyse von Proteinen sind die Ergebnisse der Genomsequenzierprojekte. Zu einer dramatischen Steigerung der Sensitivität und der Geschwindigkeit, mit der sich Proteine identifizieren lassen, trug auch die Entwicklung von Methoden und Geräten zur Durchführung einer automatisierten Tandemmassenspektrometrie (MS/MS) in Kombination mit einer Mikrokapillarflüssigkeitschromatographie bei. Galten früher silbergefärbte Gele hinsichtlich der Sensitivität als Maß aller Dinge, ist mittlerweile ein weitaus sensitiverer Nachweis von Proteinen möglich. Außerdem bietet eine automatisierte, auf Algorithmen basierende Software die Möglichkeit, MS/MS-Spektren manuell auszuwerten. Mithilfe einer komplexen Software lassen sich die mit der Tandemmassenspektrometrie gewonnenen Peptidspektren computergestützt mit genomischen Sequenzen vergleichen und Proteine auf diese Weise schnell und eindeutig identifizieren. Auch unterliegen die Ergebnisse nicht einer Erwartungshaltung, da jedes Massenspektrum mit allen in der Datenbank gespeicherten Sequenzen abgeglichen wird. Mithilfe dieses Ansatzes lassen sich neue und unerwartete Proteine aus einer immer länger werdenden Liste an Proteinkomplexen, subzellulären Lokalisationen und zellulären Proteome identifizieren.

MS/MS ist ein sehr leistungsfähiges Verfahren zur Sequenzanalyse von Peptiden in komplexen Gemischen. Bei der tandemmassenspektrometrischen Sequenzierung eines Peptids liefert das Produktion- oder Tandemmassenspektrum die Information über die Aminosäuresequenz des Peptids. MS/MS-Experimente lassen sich mit einer Vielzahl von unterschiedlichen Massenspektrometern durchführen. In der Regel werden für die Sequenzierung von Peptiden Massenspektrometer mit räumlich getrennten und in Reihe geschalteten Analysatoren (wie bei Triple-Quadrupol-, Quadrupol-TOF-[QTOF-] oder TOF/TOF-Massenspektrometern) und Geräte, bei denen die Ionen direkt im ionenspeichernden Analysator untersucht werden (wie bei Ionenfallen- und FT-ICR-[Fouriertransformation-Ionencyclotronresonanz-]Massenspektrometern), eingesetzt. Bei der Peptidsequenzierung wählt man ein bestimmtes positiv geladenes Vorläuferion aus dem Vorläufermassenspektrum aus, isoliert es, indem man alle anderen Ionen ablenkt, und fragmentiert das Vorläuferion schließlich durch eine kollisionsinduzierte Dissoziation (*collision induced dissociation*, CID), um Produktionen zu gewinnen. Eine Fragmentierung von tryptischen Peptiden mit geringer Energie findet hauptsächlich an den Amidbindungen entlang des Peptidrückgrats statt, wodurch ausgehend von einem Peptid eine Serie von Fragmentionen entsteht, die sich in der Masse jeweils um eine Aminosäure unterscheiden. Man hat einige Modelle vorgeschlagen, die die Vorgänge bei der Fragmentierung beschreiben, wie das Modell des mobilen Protons und das „Competition"-Modell (Dongré et al 1996; Wysocki et al 2000; Paizs und Suhai 2005). Anhand der Differenzen zwischen den Massen der Produktionen und den bekannten Massen der Aminosäuren wird die Peptidsequenz bestimmt (s. Experiment 8). Die Fragmentierungsmuster sind außerdem charakteristische Signaturen für die in der Probe vorhandenen Proteine und werden von den Suchalgorithmen der Datenbanken für die Identifizierung der Proteine genutzt.

Durch die Anwendung einer Elektrosprayionisierung (*electrospray ionization*, ESI) lässt sich die Flüssigkeitschromatographie direkt mit der MS/MS koppeln (Abb. 4.1), wodurch eine massenspektrometrische Analyse komplexer Peptidgemische möglich wird. Peptide, die in der Chromatographie anhand ihrer chemischen Eigenschaften aufgetrennt wurden, werden anschließend im Massenspektrometer nach ihren m/z-Verhältnis-

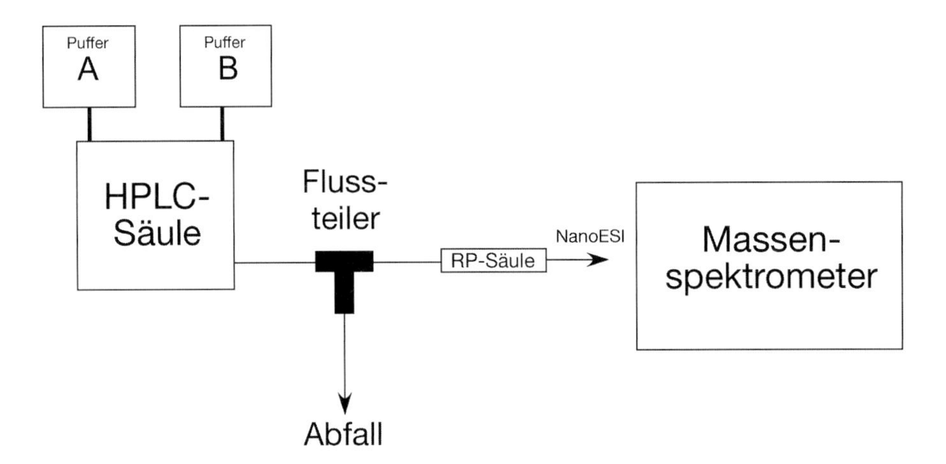

Abb. 4.1 Schematische Darstellung der grundlegenden Komponenten eines NanoLC-MS/MS-Massenspektrometers für die Proteomik.

sen separiert und einer MS/MS-Sequenzanalyse unterzogen. Computergestützte Methoden ermöglichen die datenabhängige Generierung von Massenspektren in Echtzeit und die automatisierte Generierung von MS/MS-Spektren. Das Gerät ist dabei so programmiert, dass es interessante Vorläuferionen für die MS/MS-Analyse auswählt. In der Regel werden die am häufigsten vorkommenden Ionen für die Fragmentierung selektiert, da sie meist MS/MS-Spektren mit starken Signalen liefern. In einer mit einer Flüssigkeitschromatographie gekoppelten Tandemmassenspektrometrie lässt sich eine Vielzahl von MS/MS-Spektren generieren; bei Ionenfallenmassenspektrometern sind es mehr als vier MS/MS-Spektren pro Sekunde.

Die Genomsequenzierprojekte haben eine überwältigende Menge an Information geliefert, einschließlich der theoretischen Aminosäuresequenzen aller Proteine in einer großen Zahl von Organismen. Eine Vielzahl von Computerprogrammen wurde entwickelt, mit deren Hilfe nichtinterpretierte Tandemmassenspektren mit Sequenzen in Protein- oder Nucleinsäuredatenbanken abgeglichen werden. Die Software vergleicht die experimentell gewonnenen Spektren mit theoretischen Spektren, die anhand der Informationen aus Proteindatenbanken erstellt wurden, und erstellt eine Liste von Peptiden und Proteinen in der Probe. Experiment 8 behandelt den Einsatz spezifischer Suchmaschinen für die Prozessierung und die Analyse der MS/MS-Daten zur Identifizierung von Proteinen und ihrer posttranslationalen Modifikationen. Am wichtigsten ist jedoch, dass das Experiment vermittelt, wie verlässlich die von den Programmen gelieferten Daten zur Peptid- und Proteinidentifizierung sind.

In diesem Experiment wird eine Mikrokapillarflüssigkeitschromatographie mit einer MS/MS gekoppelt (LC-MS/MS), um komplexe Proteingemische zu analysieren. Das Ziel ist, die Proteine in der Probe möglichst umfassend zu identifizieren. In vorherigen Experimenten wurden Proteinkomplexe oder Gemische reduziert und alkyliert, um die Proteine zu denaturieren und die Cysteinreste zu derivatisieren und so die Bildung von Disulfidbrücken zu verhindern. Die Proteinkomplexe wurden mit Trypsin gespalten und die Proteine auf diese Weise in Peptide gespalten. In dieses Experiment analysieren wir diese Peptidgemische mithilfe einer datenabhängigen Mikrokapillar-LC-MS/MS.

Für die Auftrennung von komplexen Peptidgemischen werden Umkehrphasen-Mikrokapillar-HPLC-Säulen hergestellt. Die Mikrokapillarsäule wird an eine HPLC-Pumpe angeschlossen und mit einem Tandemmassenspektrometer verbunden, das eine ESI-Quelle verwendet. HPLC-Pumpe und Ionenfallenmassenspektrometer werden so programmiert, dass die Probe mit einer datenabhängigen LC-MS/MS analysiert wird. Zuerst wird das Massenspektrometer für einen Vorläuferscan programmiert, um die *m/z*-Verhältnisse und Mengen der Ionen zu bestimmen, die von der RP-(*reversed phase*-)Säule eluiert werden. Danach wird das Gerät so programmiert, dass die Ionen, die laut den im Vorläuferscan gewonnenen Informationen am häufigsten vorkommen, einzeln fragmentiert werden (MS/MS). Der Zyklus aus Vorläuferscan, gefolgt von einer Reihe von Fragmentierungen oder MS/MS-Scans, wird so programmiert, dass er sich während der gesamten Elutionsphase von der LC-Säule fortlaufend wiederholt.

Nach dem Einstellen der Flussrate der mobile Phase durch die Säule wird die Qualität von Flüssigkeitschromatographie und Massenspektrometer beurteilt, indem man das Kontrollpeptid Angiotensin I auf die Säule lädt und einen LC-MS/MS-Lauf durchführt. Nach der Verifizierung der Leistungsfähigkeit und der Sensitivität des Systems erfolgt die Analyse der in den anderen Experimenten gewonnenen Proteinproben durch LC-MS/MS. In all diesen Experimenten werden die Proben manuell auf die Mikrokapillarsäule geladen und analysiert. Ist die LC-MS/MS beendet, speichert man die Daten auf einen Computer, auf dem Programme für die Datenbankrecherche installiert sind, und prozessiert und analysiert die Daten, um eine Liste von Peptiden und Proteinen in der Probe zu erstellen (Experiment 8).

Protokoll 1
Herstellung von Mikrokapillar-HPLC-Säulen

Bei der ESI von Peptiden strömt eine saure wässrige Peptidlösung durch eine feine Nadelspitze mit geringem Durchmesser. An die Nadel wird eine hohe positive Spannung angelegt, wodurch die Flüssigkeit bei ihrem Austritt aus der Öffnung einen sogenannten Taylor-Kegel bildet. Es entsteht zunächst ein Flüssigkeitsfaden, und weiter von der Nadelspitze entfernt bilden sich kleine Tröpfchen, die den Peptidanalyten enthalten. Protonen aus der sauren Lösung verleihen den Tröpfchen eine positive Ladung, wodurch sie sich weiter von der Nadel entfernen und sich dem negativ geladenen Eingang zum Massenspektrometer nähern. Während der Bewegung verringert sich die Tröpfchengröße durch Verdunstung des Lösungsmittels, die Tröpfchen teilen sich und werden immer kleiner, sodass sich schließlich einzelne protonierte Peptide in der Gasphase befinden. Die ionisierten Peptide lassen sich mithilfe von elektrischen oder magnetischen Feldern im Massenspektrometer lenken und manipulieren.

Eine Umkehrphasen-(RP-)chromatographie (*reversed-phase chromatography*) trennt Peptide und Proteine anhand der Wechselwirkungen zwischen den hydrophoben Bereichen auf der Oberfläche der Biomoleküle und den nichtpolaren Alkylketten, die kovalent an die stationäre Phase gebunden sind. Die RP-Chromatographie wird in Kombination mit einer ESI eingesetzt, da die saure wässrige Lösung der polaren mobilen Phase mit der ESI kompatibel ist. Außerdem ist eine direkt vorgeschaltete RP-HPLC nützlich, um Peptide vor der ESI zu entsalzen – ein zusätzlicher Offline-Entsalzungsschritt entfällt daher. Eine RP-HPLC fokussiert die Peptide aus verdünnten Lösungen zu engen chromatographischen Banden, wodurch die Sensitivität der Methode steigt.

Durch die Verwendung einer sauren Lösung werden alle verfügbaren basischen Seitenketten in einem Peptid protoniert. Dazu gehören die aminoterminalen Amine wie auch die basische Seitenketten von Lysin (K), Arginin (R) und Histidin (H). Enthält ein Peptid K-, R- oder H-Seitenketten, dann wird es mehrfach protoniert und ist mehrfach geladen. Da Trypsin Peptide auf der carboxyterminalen Seite von R und K spaltet, neigen diese sogenannten tryptischen Peptide zu einer zweifachen Ladung (am aminoterminalen Amin und an der K- oder R-Seitenkette). Tryptische Peptide mit internen basischen Seitenketten (d.h. internem H, R-P, K-P oder Schnittstellen, die von dem Trypsin nicht gespalten wurden), tragen in der Regel eine noch höhere Ladung (z.B. +3, +4 usw.).

Die Sensitivität von ESI-LC-MS/MS ist umgekehrt proportional zur Flussrate. Die geringen Flussraten ($<0,5\ \mu l\ min^{-1}$) einer Mikrokapillar-HPLC bedeuten eine um Zehnerpotenzen höhere Sensitivität als bei einer Standard-RP-HPLC-Säule mit Flussraten von $50\ \mu l\ min^{-1}$ oder mehr. Für eine erfolgreiche Analyse von nur geringen Peptidmengen im Femtomol-(Nanogramm-)bereich ist daher die Durchführung einer Mikrokapillar-HPLC erforderlich.

Dieses Protokoll beschreibt die Herstellung einer gezogenen Mikrokapillarsäule mit einer Öffnung von 3 µm am Ende einer Fused-Silica-(Quarzglas-)Kapillare (FSC) (Abb. 4.2). Ein lasergetriebener Mikropipettenzieher wird eingesetzt, um die Kapillare auszuziehen und sie so am Ende zu verjüngen. Die Verjüngung verhindert, dass das Füllmaterial aus der Kapillare austritt, sie lässt Flüssigkeit jedoch passieren. Die ausgezogene Spitze dient auch als Auslassspitze für die ESI. Für die ESI-LC-MS/MS werden integrierte Säule und Auslassspitze mit einer Elektrosprayeinheit verbunden. In Protokoll 2 wird die FSC mit RP-Säulenmaterial gepackt. Diese Proto-

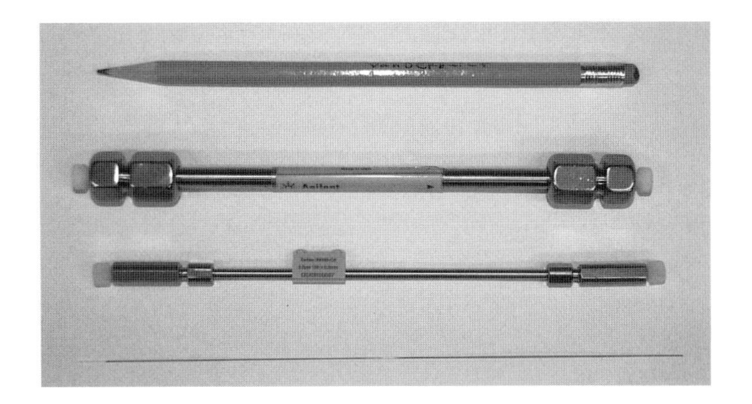

Abb. 4.2 Verschiedene Größen von RP-HPLC-Säulen, die in den LC-MS/MS-Experimenten eingesetzt werden. Für eine RP-HPLC kann eine Säule mit einem Innendurchmesser von 4,6, 1 oder 0,1 mm genutzt werden. Für die hochsensitiven LC-MS/MS-Analysen im Rahmen der Proteomikexperimente wird in der Regel eine Fused-Silica-Kapillare mit einem Durchmesser von 0,1 mm (100 µm) verwendet, die ganz unten abgebildet ist.

kolle dienen später (in Experiment 6) auch der Herstellung von Mikrokapillarsäulen für die multidimensionale Auftrennung von Peptiden im Rahmen von 2D-LC-MS/MS-Experimenten oder einer MudPIT.

Gepackte 1D- oder 2D-Fused-Silica-Mikrokapillarsäulen sind auch im Handel erhältlich.

Materialien

Achtung: Für den korrekten Umgang mit Substanzen, die mit einem <!> gekennzeichnet sind, siehe Anhang 11.

Reagenzien

Methanol <!>

Geräte

Alkohollampe
Schneidwerkzeug für Fused-Silica-Kapillaren (Chromatography Research)
Fused-Silica-Kapillare (FSC) mit 100 µm ID × 365 µm OD (PolyMicro Technologies)
lasergetriebener Mikropipettenzieher (z.B. P-2000 Sutter Instruments)

Durchführung

1. Abschneiden von ca. 46 cm FSC mit einem speziellen Schneidwerkzeug (Abb. 4.3a,b).
2. In die Mitte der Kapillare mithilfe einer Alkohollampe ein 2,5–5 cm großes Fenster brennen; die FSC dabei langsam über der Flamme drehen (Abb. 4.4).
   Die FSC nur soweit erhitzen, bis die Polyimidschicht verkohlt ist. Zu starke Hitze beschädigt die Kapillare.
3. Abwischen der verkohlten Polyimidschicht mit einem mit Methanol angefeuchteten, fusselfreien Tuch, sodass das Quarzglas zum Vorschein kommt (Abb. 4.5a,b).
   Vorsicht, das Quarz bricht sehr leicht. Es sollten alle verkohlten Reste entfernt werden.
4. Einsetzen der Kapillare in den Mikropipettenzieher und Ausrichten an den Kerben (Abb. 4.6a,b); Fixieren der FSC mit den Klammern, bevor der Deckel geschlossen wird; mit folgendem Programm zwei Säulen ziehen:

Heat	Velocity	Delay
320	40	200
310	30	200
300	25	200
290	20	200

Blitzt das rote Laserlicht und entfernen sich die beiden Klemmvorrichtungen des Geräts voneinander, war das Ziehen erfolgreich. Blitzt das Licht nicht auf, auf Stopp drücken und die FSC neu ausrichten. Man erhält zwei Fused-Silica-Kapillarsäulen, jede mit einer Verjüngung an einem Ende (Abb. 4.6c,d). Die Einstellungen des Pipettenziehers variieren je nach Gerätetyp.

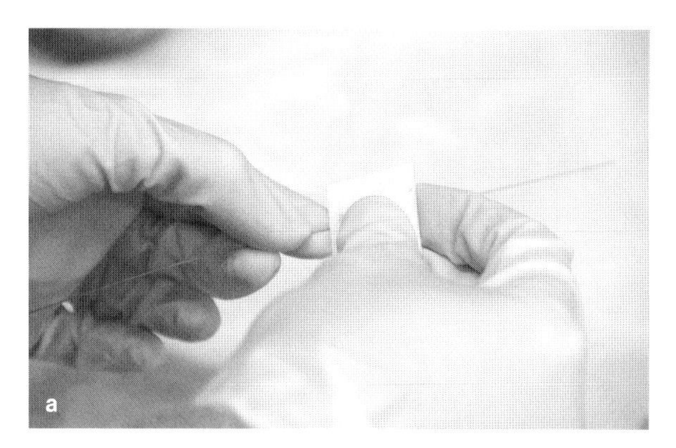

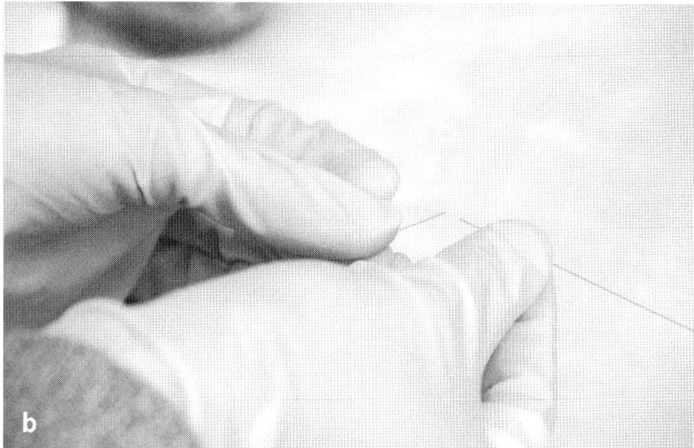

Abb. 4.3 Schneiden einer Fused-Silica-Kapillare (FSC). **a** Die FSC wird mit einem speziellen Schneidwerkzeug leicht angeritzt. **b** Sind Plastikmantel und Quarzglas angeritzt, bricht die FSC bei leichter Krümmung in zwei Stücke.

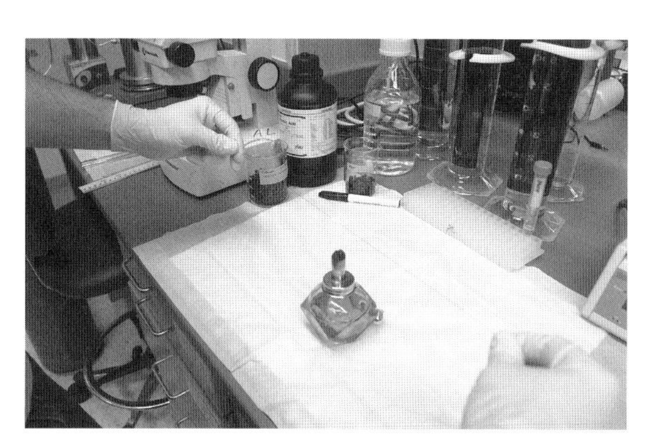

Abb. 4.4 Mit einer Alkohollampe wird die Polyimidummantelung der FSC abgebrannt. Die FSC wird nur so lange über die Flamme gehalten, bis die Schicht verkohlt ist.

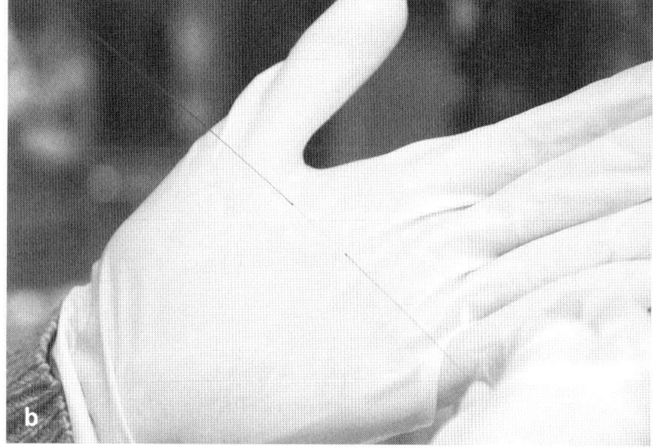

Abb. 4.5 **a** Mit einem methanolgetränkten, fusselfreien Tuch wird die verkohlte Plastikhülle vorsichtig von der FSC gewischt, sodass das Quarzglas freiliegt. **b** Das freiliegende Quarzglas kann nun mithilfe eines Pipettenziehers zu zwei Mikrokapillar-HPLC-Säulen gezogen werden.

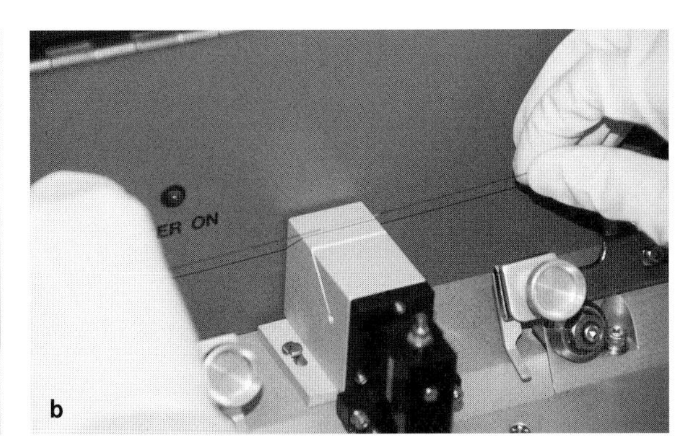

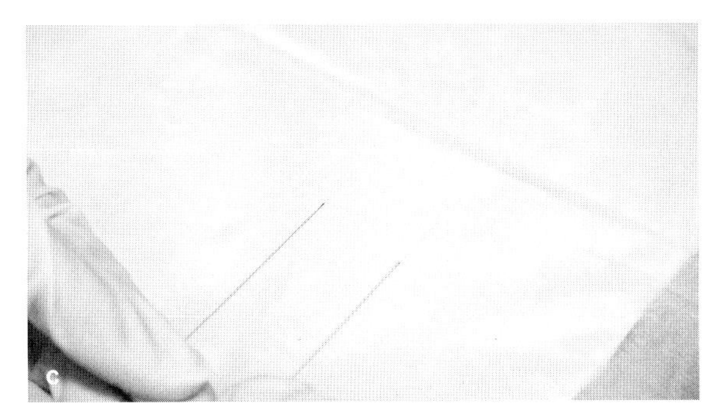

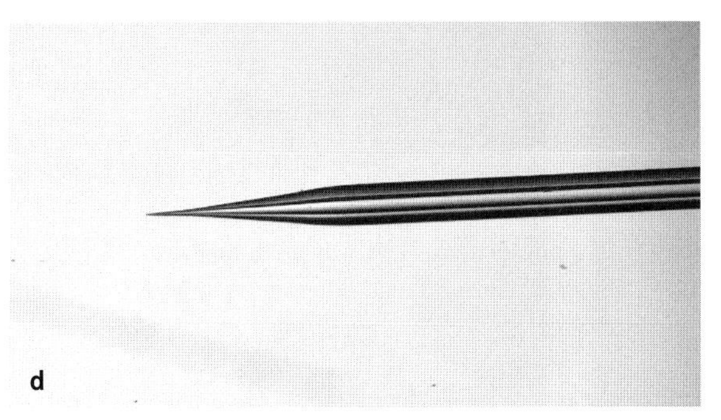

Abb. 4.6 **a** Lasergestützter Mikropipettenzieher von Sutter für die Herstellung von Mikrokapillar-HPLC-Säulen für NanoLC-MS/MS-Experimente. **b** Einsetzen der freigelegten FSC in den Pipettenzieher. Das freigelegte, gereinigte Quarzglas wird in der Mitte des Lasers zentriert. **c** Zwei gezogene, leere Fused-Silica-Mikrokapillarsäulen sind für das Packen bereit. **d** Verjüngung der Spitze an einem Ende der FSC. Um ein stabiles Nanoelektrospray zu erzeugen, muss die Spitze symmetrisch sein.

Protokoll 2
Packen von FSC-Mikrokapillarsäulen

Materialien

Achtung: Für den korrekten Umgang mit Substanzen, die mit einem <!> gekennzeichnet sind, siehe Anhang 11.

Reagenzien

5 % Acetonitril <!>, 0,1 % Ameisensäure <!>
Methanol <!>
Säulenfüllmaterial für eine Umkehrphasensäule (Phenomenex Synergi 4u Hydro-RP 80A)

Geräte

Glasgefäße mit Schraubverschluss, 1,8 ml (Chromatography Research)
Mikrorührfische (VWR)
Mikrokapillarsäule (aus Protokoll 1)
pneumatischer Hochdrucksäulenfüllstand (Eigenbau, von New Objectives oder von Next Advance, Inc.)
Lineal
Ultraschallgerät <!>
Stereomikroskop
Rührerplatte
Vortex

Durchführung

1. Plazieren eines Mikrorührfischs in ein 1,8-ml-Glasgefäß; Zugabe von 0,6 ml Methanol und 8 mg RP-Säulenfüllmaterial.

   Die Viskosität der Suspension bestimmt, wie schnell sich die Säule packen lässt.
2. Vortexen, um das Säulenmaterial zu resuspendieren, und Ultraschallbehandlung für 5 min, um das Aggregieren der Partikel zu verhindern.
3. Überführen der Suspension in die Druckkammer des Säulenfüllstands; Plazieren der Kammer auf einem Rührer (Abb. 4.7a,b,c); Einschalten des Rührers, um das Säulenmaterial in suspendierten Zustand zu halten; Aufsetzen des Kammerdeckels durch Festziehen der Bolzen, die den Deckel mit der Kammer verbinden.

   Achtung: Tragen Sie beim Packen von FSC-Säulen stets eine Schutzbrille. Die Säulen werden unter sehr hohem Druck gepackt. Nicht korrekt plazierte Säulen können mit hoher Geschwindigkeit aus der Kammer geschleudert werden.

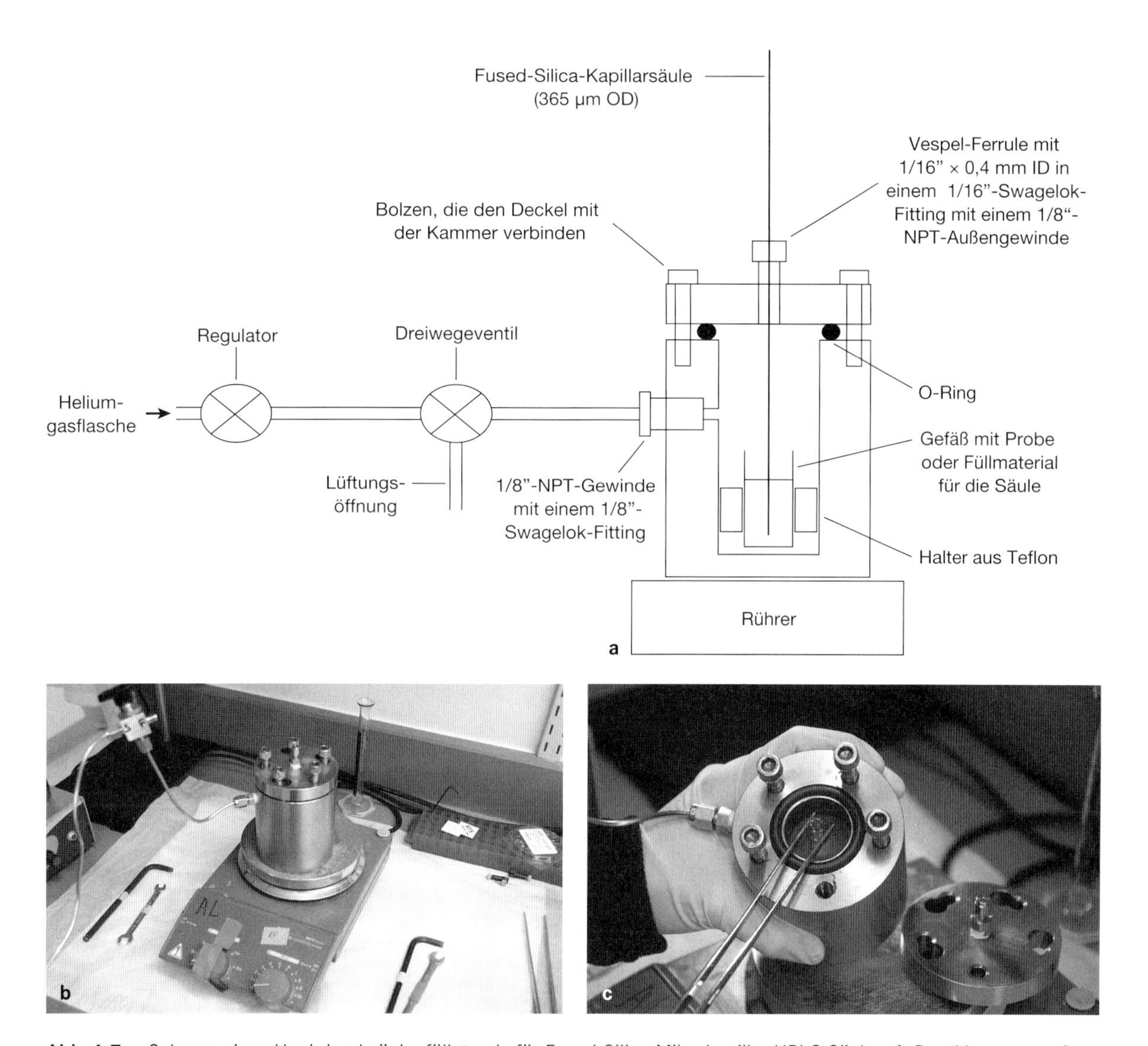

Abb. 4.7 a Schema eines Hochdrucksäulenfüllstands für Fused-Silica-Mikrokapillar-HPLC-Säulen. **b** Druckkammer auf einer Rührplatte. **c** Mithilfe von Pinzetten wird ein Glasgefäß mit der Suspension aus Methanol und Umkehrphasensäulenmaterial für das Packen der FSC-Säule in die Kammer eingesetzt. Das Gefäß enthält auch einen Mikrorührfisch, um Aggregationen während des Packens zu verhindern.

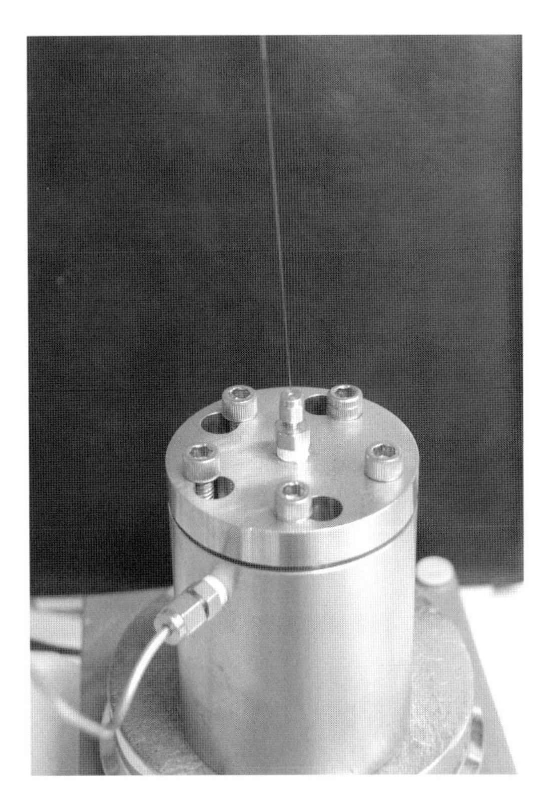

Abb. 4.8 Leere FSC-Säule, die für das Packen in die Druckkammer eingeführt wurde.

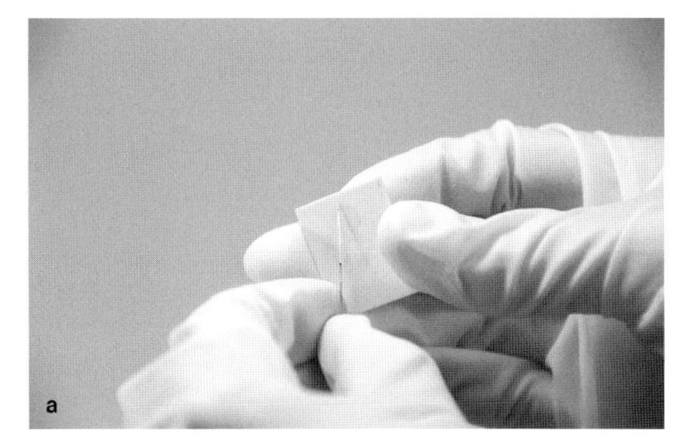

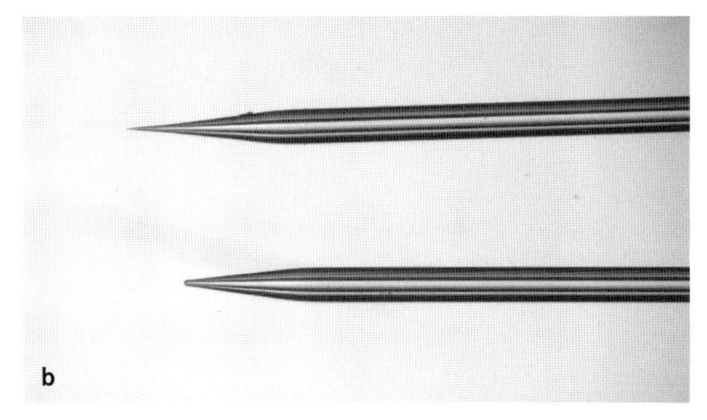

Abb. 4.9 **a** Verwendung eines Schneidwerkzeugs, um die gezogene FSC-Säule zu „öffnen". Damit das Säulenmaterial gleichmäßig einströmen kann, ist es in der Regel notwendig, die Spitze leicht schräg anzuschneiden. **b** Beispiel für eine nicht und eine korrekt angeschnittene FSC-Spitze.

4. Abmessen der gewünschten Füllhöhe vom gefritteten Ende aus; Markieren der Füllhöhe auf der Säule.
   Eine Mikrokapillarsäule (100 µm ID × 365 µm OD) wird bis zu einer Höhe von 9 cm mit RP-Material gepackt.
5. Einführen der leeren Mikrokapillarsäule durch eine Vespel-Ferrule (Dichtkonus) in einem Swagelok-Fitting auf dem Deckel der Druckkammer, bis das Ende den Boden des Glasgefäßes erreicht; Säule wieder leicht nach oben ziehen, sodass die Kapillare etwas über dem Boden des Glasgefäßes und dem Mikrorührfisch endet; Festdrehen der Ferrule, um die Säule zu fixieren (Abb. 4.8).
6. Anlegen eines Druckes an die Druckkammer, indem man zunächst den Regler an der Heliumgasflasche auf 500–1 000 psi einstellt und anschließend das Dreiwegeventil öffnet.
7. Ist die Säule ausreichend lang, kann das gefrittete Ende der Säule unter einem Stereomikroskop beobachtet werden, um das Packen zu verfolgen; Vorsicht, die Säulenspitze ist sehr zerbrechlich.
   Es sollte ein gleichmäßiger Strom von Säulenmaterial in die Kapillare zu sehen sein. Bei gezogenen Säulen kann es notwendig sein, die Spitze für das Packen der Säule ein wenig zu öffnen. Dazu die Öffnung der Säule ein wenig anschneiden (Abb. 4.9a,b). Das Schneidwerkzeug in einer leichten Aufwärtsbewegung schräg an der FSC vorbeiführen. Nicht die Spitze direkt oben abschneiden, da sie für die Herstellung des Elektrosprays notwendig ist (Abb. 4.10).
8. Ist die Säule bis zur Markierung gepackt, wird der Druck in der Kammer über das Dreiwegeventil langsam abgelassen.
   Das langsame Verringern des Druckes verhindert, dass sich das Säulenmaterial auflockert.
9. Ersetzen des Glasgefäßes mit der Suspension durch ein 1,5-ml-Mikrozentrifugengefäß, gefüllt mit 5 % Acetonitril, 0,1 % Ameisensäure; Spülen der Säule für 10 min mithilfe des Säulenfüllstands.

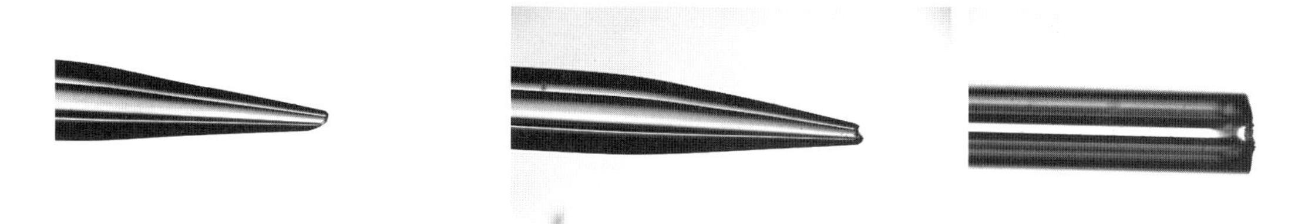

Abb. 4.10 Beispiele für FSC-Säulenspitzen, die zu stark angeschnitten wurden, um das Einströmen des Säulenmaterials zu ermöglichen.

10. Lagern der Säule in 5 % Acetonitril, 0,1 % Ameisensäure bis zur Verwendung; die Säulen lassen sich in dieser Lösung unbegrenzt bei Raumtemperatur aufbewahren.
Die Säule muss vollständig mit 5 % Acetonitril, 0,1 % Ameisensäure bedeckt sein, um das Austrocknen des Säulenmaterials zu verhindern.

11. Vor der Verwendung der Säule für biologische Proben muss ein Leerlauf mit einem HPLC-Gradienten erfolgen, um die Säule zu konditionieren.
Das Konditionieren der Säule ist wichtig, um das Säulenmaterial zu verdichten. Eine Vielzahl von Leerläufen mit HPLC-Gradienten kann notwendig sein, bevor man eine reproduzierbare Basislinie erhält. Ist für die geplanten Anwendungen eine sehr hohe Sensitivität erforderlich, werden 0,1 pmol Angiotensinpeptid auf die neue Säule geladen und ein Lauf mit einem HPLC-Gradienten durchgeführt (s. Protokoll 3). Angiotensin bindet unspezifisch an das Säulenmaterial und minimiert so die unspezifische, irreversible Bindung von Peptiden aus der Probe.

Protokoll 3
RP-Mikrokapillar-HPLC gekoppelt mit ESI-Massenspektrometrie

Materialien

Achtung: Für den korrekten Umgang mit Substanzen, die mit einem <!> gekennzeichnet sind, siehe Anhang 11.

Reagenzien

Acetonitril <!> (für HPLC-Gradienten; s. Schritt 13)
Angiotensinlösung (0,02 pmol μl^{-1}) (Angiotensin I; Sigma-Aldrich) oder trypsinierte Proteinprobe (s. Schritt 4)
Lösungsmittel A (5 % Acetonitril, 0,1 % Ameisensäure <!>)

Geräte

kalibrierte Einweg-Glaspipetten, 5 µl (Drummond Scientific)
FSC mit 50 µm ID × 365 µm OD (PolyMicro Technologies)
FSC mit 75 µm ID × 365 µm OD (PolyMicro Technologies)
nichtgefrittete RP-Mikrokapillarsäule (aus Protokoll 2)
Schneidwerkzeug für Fused-Silica-Kapillaren (Chromatography Research)
HPLC-Pumpe (Modell 1200; Agilent)
lineares Ionenfallenmassenspektrometer (Modell LTQ; Thermo Scientific)
Nanospray-ESI-Quelle (James Hill Instruments)
PEEK-MicroTee (Upchurch)
PEEK-MicroTight-Kapillarhülse (380 µm ID)
pneumatischer Hochdrucksäulenfüllstand

Durchführung

1. Vorbereiten des RP-Gerätes wie folgt (Abb. 4.11a,b):
   a. Verbinden der von der HPLC-Pumpe kommenden Leitung mit einem Ausgang des PEEK-Restriktor-MicroTee über eine PEEK-MicroTight-Kapillarhülse (380 μm ID).
   b. Verbinden des mittleren Ausgangs des PEEK-Restriktor-MicroTee mit dem PEEK-ESI-MicroTee über eine FSC (75 μm ID × 365 μm OD) und PEEK-Kapillarhülsen.
   c. Verbinden eines 30 cm langen Stückes FSC-Restriktorleitung (50 μm ID × 365 μm OD) mit dem dritten Ausgang des PEEK-Restriktor-MicroTee über eine PEEK-Kapillarhülse.
   d. Verbinden eines Golddrahtes (OD 0,025") mit dem mittleren Ausgang des PEEK-ESI-MicroTee und mit einer ESI-Spannungsquelle.
   e. Verbinden der gezogenen RP-Mikrokapillarsäule mit dem dritten Ausgang des PEEK-ESI-MicroTee.

      Die gezogene RP-Mikrokapillar-HPLC-Säule wird in einen xyz-Manipulator am Massenspektrometer eingesetzt (Abb. 4.11 und Abb. 4.14). Der Manipulator ermöglicht die Feinjustierung der Säulenspitze und die Ausrichtung der Kapillare an der Eintrittsöffnung des Massenspektrometers (s. Schritt 12). Die gezogene Säule ist sehr zerbrechlich. Vermeiden Sie, dass die Spitze anstößt. Während der ESI wird an den Golddraht eine Spannung von 2,2 kV angelegt.
2. Einstellen der HPLC-Pumpe auf 100 % Lösungsmittel A und eine Flussrate von 200 μl min^{-1}.
3. Ermitteln der Flussrate durch die Säule über 1 min mithilfe einer kalibrierten 5-μl-Glaspipette (Abb. 4.12); Bearbeiten der Restriktorleitung (50 μm ID × 365 μm OD) mit einem Schneidwerkzeug für Kapillaren bis eine Flussrate von 0,2–0,5 μl min^{-1} durch die RP-Säule erreicht ist (Abb. 4.11a).

   Die Messung der Flussrate und die Einstellung der Flussteilung sind möglicherweise mehrfach zu wiederholen, bis die gewünschte Flussrate erreicht ist. Einige Händler bieten mittlerweile spezielle HPLC-Pumpen mit einer geringen Flussrate (<1 μl min^{-1}) der mobilen Phase an, die reproduzierbare Gradienten herstellen können. Diese Nanoflow-Pumpen machen einen externen PEEK-Restriktor-MicroTee und die Durchflussteilung überflüssig.
4. Einsetzen eines Gefäßes mit der trypsinierten Proteinprobe oder der Angiotensinlösung in die Druckkammer des Säulenfüllstands; den Deckel fest verschließen.

   Um die Mikrokapillarsäure zu konditionieren und die Trennleistung des HPLC-Systems und des Massenspektrometers vor der Analyse einer unbekannten Probe zu kontrollieren, wird in der Regel zunächst eine Kontrollprobe analysiert. Wenn Zeitmangel kein Kontrollexperiment zulässt, kann die RP-Säule auch offline konditioniert und die unbekannte Probe auf die Säule geladen werden. Angiotensin I (DRVYIHPFHL) besitzt eine monoisotopische Masse von 1 295,68 g mol^{-1} und eine mittlere Masse von 1 296,49 g mol^{-1}. Bei der ESI entstehen hauptsächlich +3-Ionen mit *m/z* ca. 433. Mithilfe der Retentionszeit (*retention time*, RT), der Signalintensität und der Auftrennung des Angiotensinpeptids (und des Hintergrundsignals) lässt sich die Trennleistung von Chromatographie und Massenspektrometrie vor der Analyse der unbekannten Probe überprüfen. Alternative Kontrollpeptide oder trypsinierte Kontrollproteine (z.B. BSA) können zur Evaluierung des Systems ebenfalls verwendet werden.
5. Trennen der Verbindung zwischen Säule und PEEK-ESI-MicroTee; Einführen des offenen Säulenendes durch den Deckel der Beladungskammer bis das Ende den Boden des Glasgefäßes erreicht; Säule wieder leicht nach oben ziehen, sodass die Kapillare etwas über dem Boden des Glasgefäßes steht.

   Es sollte eine kleine Lücke zwischen der Kapillare und dem Boden des Gefäßes verbleiben, sodass die Wahrscheinlichkeit abnimmt, das feste Partikel auf dem Gefäßboden in die Kapillare gelangen und sie verstopfen.
6. Festziehen der Quetschverschraubung des Swagelok-Fittings auf dem Deckel der Druckkammer, um die Säule zu fixieren.

   Durch das Festziehen wird die Vespel-Ferrule um die FSC komprimiert.
7. Anlegen eines Druckes an die Druckkammer, indem man zunächst den Regler an der Heliumgasflasche auf 500–1 000 psi einstellt und anschließend das Dreiwegeventil öffnet.
8. Messen des geladenen Volumens mit einer kalibrierten 5-μl-Glaspipette, mit der am Ende der Säule das verdrängte Volumen gesammelt wird (Abb. 4.13).

   Für den Lauf mit der Angiotensin-I-Kontrollprobe sollten 5 μl (0,1 pmol) der Angiotensinlösung aufgetragen werden. Bei der unbekannten Probe kann die Ermittlung der zu ladenden Menge ein Problem darstellen. Ist nur eine geringe Menge der unbekannten Probe verfügbar (wie z.B. bei Peptiden aus silbergefärbten Gelen), wird empfohlen, die gesamte Probe zu laden. Steht mehr Material zur Verfügung (wie bei Peptiden aus Coomassie-gefärbten Gelen), laden wir in der Regel nur einen Teil der Probe auf die Säule.
9. Ist die Säule mit der Probe beladen, wird der Druck in der Kammer über das Dreiwegeventil langsam abgelassen.

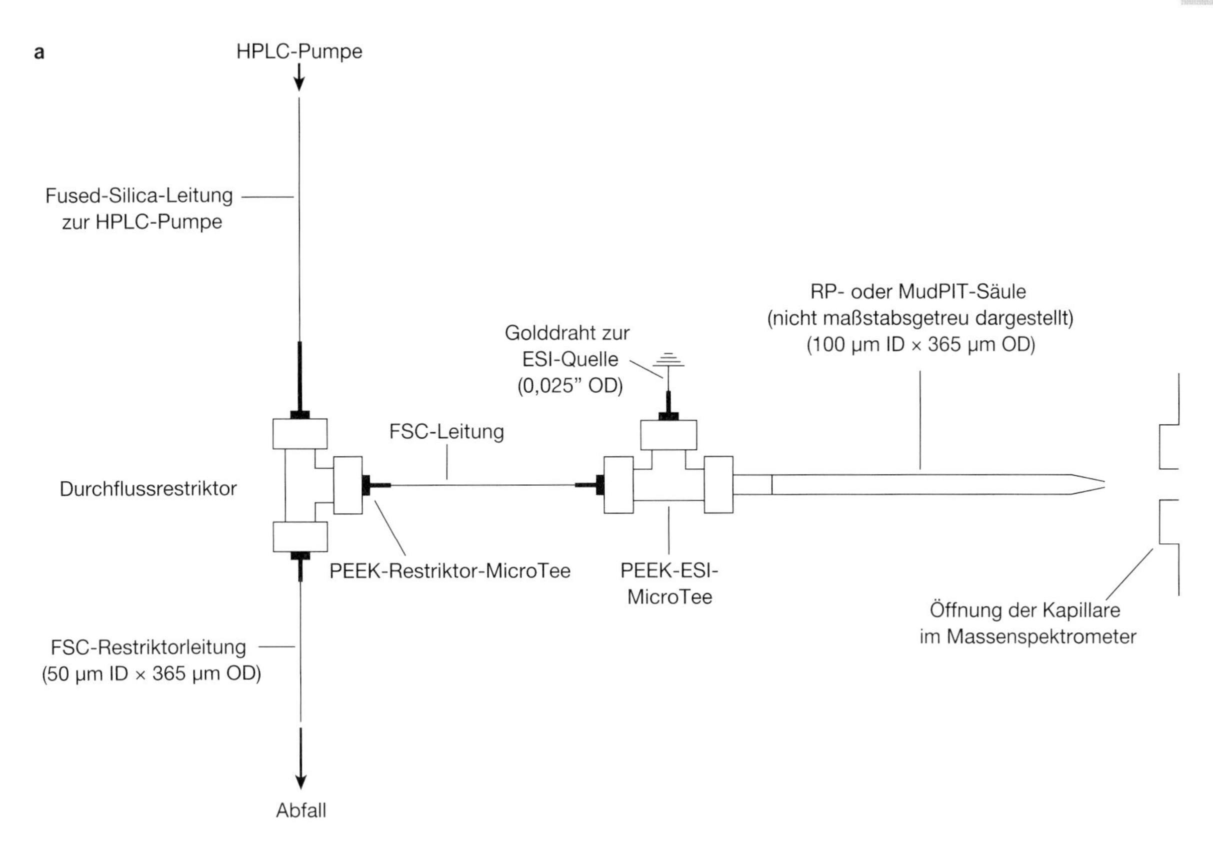

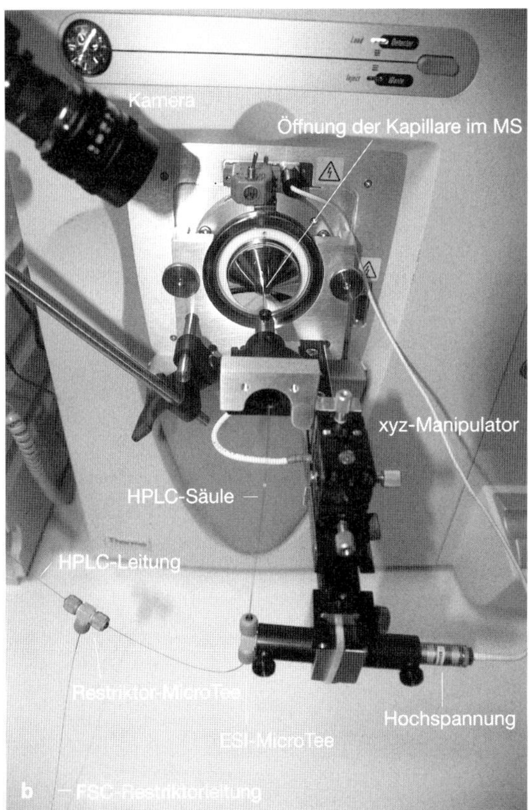

Abb. 4.11 **a** Schema der FSC-Verbindungen, die für die Herstellung der NanoESI-Quelle notwendig sind. **b** NanoESI-Quelle, die mit einem Ionenfallenmassenspektrometer gekoppelt ist. Die Videokamera unterstützt die Ausrichtung der FSC-HPLC-Säulenspitze auf die Öffnung des beheizten Kapillarrohrs im Massenspektrometer.

10. Säule wieder in der Kupplung montieren.
11. Beginn des HPLC-Laufs bei 200 µl min^{-1} mit Lösungsmittel A; erneutes Prüfen der Flussrate mit einer 5-µl-Glaspipette.
12. Vorsichtig die Spitze der gezogenen Mikrokapillar-HPLC-Säule am Eingang des Massenspektrometers positionieren (Abb. 4.14); eine Kamera mit angeschlossenem Monitor unterstützt die optimale Ausrichtung der Spitze.
    Die ausgezogene Spitze der Mikrokapillarsäule wird mithilfe eines xyz-Manipulators und der auf einem Monitor dargestellten Bilder der aktuellen Position 1–5 mm vor der Öffnung der in das Massenspektrometer führenden Kapillare zentriert (Abb. 4.14). Die ausgezogene Spitze der Säule ist extrem zerbrechlich. Vermeiden Sie, dass sie anstößt.
13. Programmieren der HPLC zum Beispiel wie folgt: Gradient mit 0–40 % Acetonitril über 60 min, gefolgt von einem Gradienten mit 40–60 % Acetonitril über 10 min (s. Anhang 7).
    Es gibt viele verschiedene Gradienten und RP-Puffer, die man verwenden kann.
14. Größere Tropfen an der Säulenspitze mit einem fusselfreien Tuch vorsichtig abnehmen; Start des Massenspektrometers und des HPLC-Gradienten; Sammeln der MS/MS-Daten, sobald die Peptide von der RP-Säule eluiert werden.

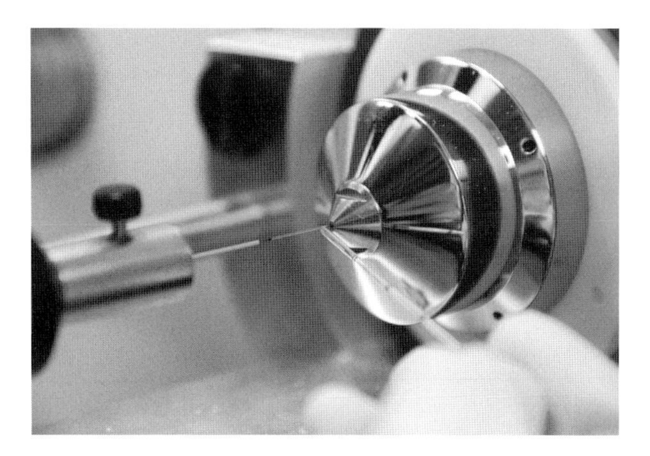

Abb. 4.12 Messung der Flussrate durch die FSC-Mikrokapillar-HPLC-Säule mit einer kalibrierten Glaspipette.

Abb. 4.14 Position der Spitze der Mikrokapillar-HPLC-Säule vor der Öffnung der Kapillare für den Ionentransfer in das Massenspektrometer.

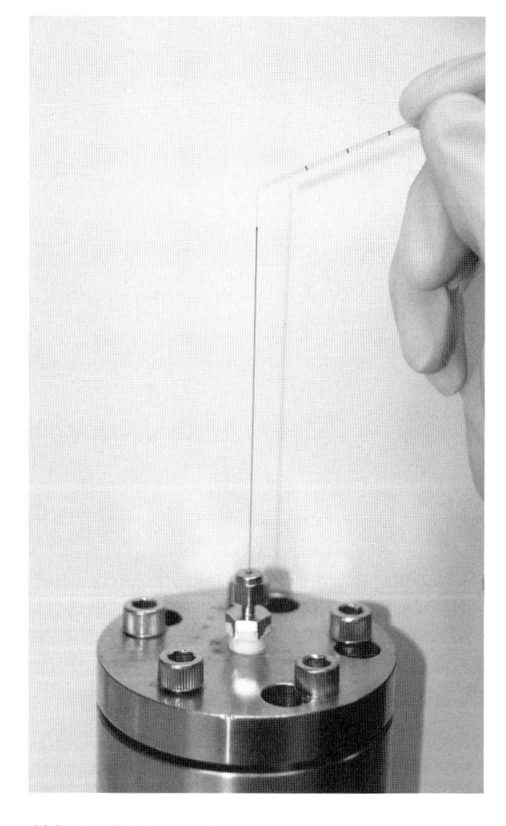

Abb. 4.13 Verwendung eines Hochdrucksäulenfüllstands für die Beladung der FSC-Mikrokapillar-HPLC-Säule mit der Probe. Ein Mikrozentrifugengefäß mit der Probe wird in die Druckkammer eingesetzt und die Säule eingeführt. Nachdem ein Druck an die Kammer angelegt wurde, misst man mithilfe einer kalibrierten Glaspipette das verdrängte Flüssigkeitsvolumen, das dem auf die Säule geladenen Probenvolumen entspricht.

Während der ESI wird an dem Golddraht eine Spannung von ca. 2,2 kV angelegt. Das LTQ-Massenspektrometer von ThermoFisher wird über die gerätespezifische Software Xcalibur programmiert. Die typischen Einstellungen für die Datengewinnung bestehen aus einem sich ständig wiederholenden Zyklus aus einem MS-Scan mit einem *m/z*-Scan-Bereich von 300–2000, der die *m/z*-Werte aller zu dem entsprechenden Zeitpunkt im Gradienten befindlichen Ionen ermittelt, gefolgt von fünf datenabhängigen MS/MS-Scans. In den MS/MS-Scans werden die fünf im ersten MS-Scan häufigsten Ionen fragmentiert. Über den dynamischen Ausschluss (*dynamic exclusion*) wird die Kapazität der Proteinidentifizierung verbessert, da die wiederholte Fragmentierung von häufigen Ionen verhindert wird. Jeder Gerätehersteller bietet für die Konfiguration der Datensammlung und Durchführung der Tandemmassenspektrometrie andere Optionen an.

15. Abschalten der ESI-Spannung, wenn der ESI-LC-MS/MS-Lauf abgeschlossen ist.

    Vor der Analyse der unbekannten Proben sollten die gewonnenen Daten nach dem Angiotensinpeptid durchsucht werden, um zu prüfen, ob das Gerät korrekt funktioniert hat. Die Retentionszeit des Angiotensins beträgt in der Regel 33–36 min. Bei dem LTQ-Gerät sollte für ein 433-Ion eine Signalintensität von >10E7 feststellbar sein. Diese Werte sind typisch für eine korrekt funktionierende HPLC und lineare Ionenfallen-LTQ-Massenspektrometrie. Wie in Experiment 8 beschrieben, wird mit den gewonnenen Daten eine Recherche in einer Proteindatenbank, die auch die Angiotensinsequenz enthält, durchgeführt, um die Qualität der MS/MS zu prüfen. Werden die angegebenen Werte nicht erreicht oder lässt sich das Protein nicht identifizieren, kann eine Reihe von Maßnahmen ergriffen werden, zu denen auch die Reinigung der ESI-Quelle, das Überprüfen der HPLC-Flussraten, die Rekalibrierung und das wiederholte Einstellen des Massenspektrometers gehören. Andere HPLC- und Massenspektrometriesysteme ergeben abweichende RT und Signalintensitäten. In der Praxis lassen sich Handhabung der Geräte und das Lösen auftretender Probleme am besten üben; praktische Erfahrung ist durch nichts ersetzbar.

16. Äquilibrieren der RP-Säule für 10 min mit 100 % Lösungsmittel A, bevor die unbekannten Proben aus den anderen Experimenten dieses Handbuchs geladen werden.

17. Laden der unbekannten Probe auf die konditionierte und getestete RP-Mikrokapillarsäule mit nachgeschalteter Massenspektrometrie und Analyse gemäß Schritt 4–15.

    Zur LC-MS/MS-Analyse eines aufgereinigten Proteinkomplexes werden die Schritte 4–15 wiederholt, außer dass nun die unbekannte trypsinierte biologische Probe auf die RP-Säule geladen und durch LC-MS/MS analysiert wird. Da die Säule möglicherweise überladen wird, ist es üblich, zwischen den unbekannten Proben einen Leerlauf durchzuführen, um zu prüfen, ob die trypsingespaltenen Proben vollständig eluiert wurden.

18. Prozessierung und Analyse der gewonnenen Massenspektrometriedaten wie in Experiment 8 beschrieben ist, um die Peptide und Proteine zu identifizieren.

Literatur

Dongré AR, Jones JL, Somogyi A, Wysocki VH (1996) Influence of peptide composition, gas-phase basicity, and chemical modification on fragmentation efficiency: Evidence for the mobile proton model. *J Am Chem Soc* 118: 8365-8374

Link AJ, Jennings JL, Washburn MP (2003) Analysis of protein composition using multidimensional chromatography and mass spectrometry. In Coligan JE et al. (Hrsg) Current protocols in protein science Kap. 23, S. 1-25. John Wiley and Sons, New York

Paizs B, Suhai S (2005) Fragmentation pathways of protonated peptides. *Mass Spectrom Rev* 24: 508-548

Wysocki VH, Tsaprailis G, Smith LL, Breci LA (2000) Mobile and localized protons: A framework for understanding peptide dissociation. *J Mass Spectrom* 35: 1399-1406

5

Experiment 5

Analyse von Phosphopeptiden mit IMAC und Massenspektrometrie*

Die Identifizierung von Proteinen durch Massenspektrometrie ist mittlerweile zur Routine geworden, die Untersuchung der Proteinphosphorylierung bedeutet dagegen immer noch eine große Herausforderung. Die geringe Stöchiometrie, die heterogenen Phosphorylierungsstellen und die geringe Proteinmenge tragen zu den Komplikationen bei der Analyse der Proteinphosphorylierung bei. Zusätzlich lassen sich Phosphopeptide grundsätzlich nur schwer mithilfe der Massenspektrometrie untersuchen (Mann et al. 2002). Verschärft werden die Probleme bei der Analyse von Phosphopeptiden mittels Massenspektrometrie durch die geringere Ionisierungseffizienz und die Suppression durch nichtphosphorylierte Peptide. Um die Effizienz der Analyse solcher Peptide durch LC-MS/MS zu verbessern, verfolgte man unterschiedliche Strategien zur Anreicherung der Phosphopeptide, wie die Chromatographie mit einem starken Kationenaustauscher (*strong cation exchange chromatography*, SCX), die Immunoaffinitätsanreicherung mit Antiphosphotryrosin-Antikörpern und die immobilisierte Metallaffinitätschromatographie (IMAC; auch als immobilisierte Metallchelataffinitätschromatographie bezeichnet) (Andersson und Porath 1986; Posewitz und Tempst 1999; Beausoleil et al. 2004; Pinkse et al. 2004; Larsen et al. 2005; Rush et al. 2005).

Die IMAC nutzt die Affinität der negativ geladenen, phosphorylierten Aminosäuren Phosphoserin, -threonin und -tyrosin für positiv geladene Metallionen. Die Metallionen (z.B. Fe^{3+}, Ga^{3+}, TiO_2) bilden mit der stationären Phase der Säule Chelate und die Phosphopeptide werden anschließend über Flüssigkeitschromatographie angereichert. Zu Beginn der Entwicklung wurde die IMAC noch durch eine unspezifische Retention von Peptiden beeinträchtigt, die reich an sauren Aminosäuren sind. Das Verfahren wurde jedoch weiterentwickelt und hinsichtlich Spezifität wie auch Sensitivität erheblich verbessert (Ficarro et al. 2002, 2005; Moser und White 2006). Um die Bindung von nichtphosphorylierten Peptiden an die IMAC-Säule so stark wie möglich zu reduzieren, werden tryptische Peptide aus aufgeschlossenen Zellextrakten in ihre Methylester umgewandelt. Die Veresterung (+14 Da) der Carboxylgruppen am Carboxylende und der Aminosäuren Glutamin- und Asparaginsäure neutralisiert die negative Ladung. Das Verfahren wurde erfolgreich für die Anreicherung und Identifizierung einer großen Zahl an Phosphopeptiden aus Karzinomzelllinien aus Mensch und Hefe eingesetzt (Ficarro et al. 2002; Kim et al. 2005). Die IMAC diente außerdem der Anreicherung von Phosphotryrosinpeptiden nach einer Immunopräzipitation von Proteinen aus humanen Zelllinien (Brill et al. 2004). Die direkte Kopplung der IMAC mit einer hochsensitiven Umkehrphasen-Flüssigkeitschromatographie und einer Tandemmassenspektrometrie ermöglichte den Wissenschaftlern die Identifizierung von Phosphopeptiden aus geringen Materialmengen. In diesem Experiment wird die Veresterung von Peptiden und eine IMAC eingesetzt, um Phosphopeptide aus Gesamtzellextrakten anzureichern (Abb. 5.1). Diese Phosphopeptide werden mithilfe einer LC-MS/MS identifiziert (s. Experimente 4 und 8).

* Die Protokolle stammen von Forest M. White (*Department of Biological Engineering, Massachusetts Institute of Technology, Cambridge, Massachusetts 02139*), Paul H. Huang (*Department of Biological Engineering, Massachusetts Institute of Technology, Cambridge, Massachusetts 02139*) und Adam R. Farley (*Department of Microbiology and Immunology, Vanderbilt University School of Medicine, Nashville, Tennessee 37232*)

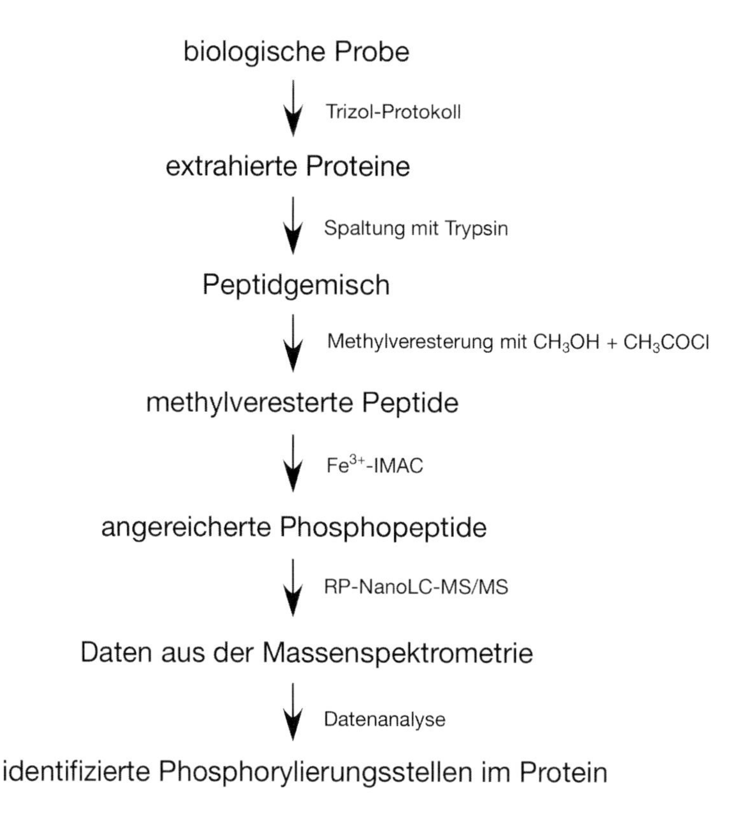

Abb. 5.1 Fließdiagramm des Experiments zur Phosphoproteomik.

Protokoll 1
Vorbereitung der Probe für die IMAC-Säule

Materialien

Achtung: Für den korrekten Umgang mit Substanzen, die mit einem <!> gekennzeichnet sind, siehe Anhang 11.

Reagenzien

100 mM Ammoniumacetat (pH 8,9)
Chloroform <!>
100 % Ethanol <!>
100 % Isopropanol <!>
Methanol, wasserfrei <!> (Sigma-Aldrich)
Spüllösung (0,3 M Guanidin-HCL <!> in 95 % Ethanol)
1 % SDS <!>
Thionylchlorid <!> (Sigma-Aldrich)
Gewebe- oder Zellproben
Trizol-Reagenz <!> (Invitrogen)
Trypsin, modifiziert, Sequenziergrad <!> (Promega)

Geräte

Werkzeug zum Mahlen oder Hacken (s. Schritt 13)
Homogenisator, Glas-Teflon- oder Power-Typ
Ultraschallbad
Metallspatel
Vakuumevaporator (z.B. SpeedVac, Savant)
Probengefäß aus Glas
Wasserbad oder Heizblock, 37 °C

Durchführung

Die zu analysierenden Proteine können entweder aus Zelllinien oder Gewebeproben stammen. Im CSHL-Kurs wird ein Trizol-Protokoll von Invitrogen verwendet, um die Proteinproben für die Analyse zu extrahieren. Es gibt eine Reihe von anderen Verfahren zur Proteinisolierung, die sich zur Gewinnung von Proteinen aus Zellen und Geweben einsetzen lassen.

Durchführung der Proteinspaltung mit Trypsin

1. Homogenisieren von 50–100 mg Gewebe pro ml Trizol-Reagenz mithilfe eines Glas-Teflon- oder Power-Homogenisators; adhärent wachsende Zellen werden direkt in der Kulturschale durch Zugabe von 1 ml Trizol-Reagenz pro 10 cm^2 Kulturfläche lysiert (z.B. 1 ml Trizol für eine Schale mit einem Durchmesser von 3,5 cm); das Zelllysat mehrmals mit einer 1-ml-Pipette aufziehen; Zellen, die in einer Suspensionskultur gewachsen sind, werden durch Zentrifugation pelletiert; Lysieren der Zellen durch mehrfache Zugabe von 1 ml Trizol-Reagenz pro $0{,}5\text{–}1\times10^7$ Zellen.
   Beim Arbeiten mit Trizol durchsichtige Polypropylenröhrchen verwenden.
2. Inkubieren der homogenisierten Proben für 5 min bei Raumtemperatur, damit die Proteinkomplexe vollständig dissoziieren.
3. Zugabe von 0,2 ml Chloroform pro ml Trizol; Verschließen der Röhrchen, für 15 s stark schütteln; Inkubieren für 2 min bei Raumtemperatur.
4. Zentrifugieren der Proben für 15 min bei 4 °C mit 10 000×g.
5. Vollständiges Abziehen der wässrigen Phase, die sich über der Interphase und der organischen Phase befindet.
   Die wässrige Phase enthält die RNA. RNA kann aus dieser Phase durch Mischen mit Isopropanol gefällt werden. Interphase und organische Phase enthalten DNA und Proteine.
6. Zugabe von 0,3 ml 100 % Ethanol pro ml Trizol, das für die anfängliche Homogenisierung eingesetzt wurde, zu Interphase und organischer Phase; Mischen der Proben durch Überkopfschwenken; Inkubation der Proben für 3 min bei Raumtemperatur.
   Durch das Ethanol fällt die DNA in der organischen Phase aus.
7. Zentrifugieren der Proben für 5 min bei 4 °C mit 2 000×g.
8. Überführen des Trizol-Chloroform-Ethanol-Überstands in ein neues Gefäß.
9. Fällen der Proteine aus dem Trizol-Chloroform-Ethanol-Überstand mit 1,5 ml Isopropanol pro ml Trizol, das für die anfängliche Homogenisierung eingesetzt wurde.
10. Inkubation der Proben für 10 min bei Raumtemperatur; Pelletieren der Proteine für 10 min bei 4 °C mit 12 000×g.
11. Abziehen des Überstands und Waschen des Proteinpellets mit der Spüllösung; Zugabe von 2 ml Spüllösung pro ml Trizol, das für die anfängliche Homogenisierung eingesetzt wurde; Pellet mit einem Metallspatel mechanisch zerreiben; Ultraschallbehandlung des resuspendierten Pellets für 5 min.
12. Zentrifugieren des Proteinpräzipitats für 10 min bei 4 °C mit 12 000×g; Dekantieren des Überstands.
13. Pellet erneut mechanisch zerreiben und die Schritte 11 und 12 wiederholen.
14. Wiederholen der Schritte 11–13, bis die pinke Farbe vollständig aus dem Pellet verschwunden ist.
    Das Pellet sollte ein feines, weißes Präzipitat sein.
15. Pellet mit 100 % Ethanol waschen, zentrifugieren, das Ethanol abziehen; Lösen des Pellets in 100 µl 1 % SDS.
    Lässt sich das Pellet nicht lösen, Zugabe von weiteren 100 µl 1 % SDS.

16. Verdünnen der Proteinlösung 6× mit 100 mM Ammoniumacetat (pH 8,9); Zugabe von 20–40 µg modifiziertes Trypsin; Spaltung über Nacht bei 37 °C.
17. Trocknen der trypsinierten Proteine in einem Vakuumevaporator.

Wichtig: Die Peptidlösung darf bei der Veresterung kein H_2O enthalten. Die Proben können in diesem Stadium vor der Umwandlung in einen Methylester eingefroren werden.

Veresterung der Peptide

18. Mischen von 1 ml wasserfreiem Methanol mit 50 µl Thionylchlorid in einem Glasgefäß unter dem Abzug.
    Thionylchlorid ist sehr reaktiv und sollte langsam tröpfchenweise zugegeben werden. Thionylchlorid bildet Chlorgas und es entsteht Wärme. Tragen Sie Schutzhandschuhe und eine Schutzbrille. Wasserfreies Methanol und Thionylchlorid sollten in einem Vakuumexsikkator aufbewahrt werden, um eine Kontamination mit H_2O zu verhindern (eventuell müssen vor der Reaktion Molekularsiebe zum wasserfreien Methanol gegeben werden).
19. Zugabe der gesamten Methanol/Thionylchlorid-Lösung zu den trypsinierten Proteinen aus Schritt 17; Ultraschallbehandlung für 15 min bei Raumtemperatur in einem Ultraschallbad; Inkubation für 2 h bei Raumtemperatur.
20. Lyophilisierung der Peptide bis zur Trockne in einem Vakuumevaporator.
    Die getrockneten Peptide können bei –80 °C gelagert werden. Die lyophilisierten Peptide werden vor dem Laden auf die IMAC-Säule in Protokoll 4 dieses Experiments resuspendiert.

Protokoll 2
Herstellung einer IMAC-Säule und einer Umkehrphasenanreicherungssäule (Vorsäule)

Materialien

Achtung: Für den korrekten Umgang mit Substanzen, die mit einem <!> gekennzeichnet sind, siehe Anhang 11.

Reagenzien

Acetonitril (HPLC-Grad) <!>
Formamid <!>
Kasil#1-Kaliumsilikatlösung (PQ Corporation)
  Eine Menge von etwa 1 l Kasil#1 von der Firma PQ Corporation ist kostenlos erhältlich unter http://www.pqcorp.com/corporate/samplerequest.asp
Säulenfüllmaterial für die IMAC-Chromatographie (POROS MC 20; Applied Biosystems)
Säulenfüllmaterial für die Umkehrphasensäule (YMC-Gel ODS-A 12 nm S-10 µm; Kanematsu Corp)
  Herstellen einer Suspension in 80 % Acetonitril (HPLC-Grad), 20 % Isopropanol <!> (s. Schritt 9).

Geräte

Heißluftpistole (Weller) oder ein Ofen, 200 °C (s. Schritt 4)
FSC mit 100 µm ID × 365 µm OD
FSC mit 200 µm ID × 365 µm OD
Hochdrucksäulenfüllstand (s. Experiment 4)

Durchführung

Herstellung der IMAC-Säule

1. Abschneiden eines 20 cm langen Stückes FSC (200 µm ID × 365 µm OD).
2. Zugabe von 17 µl Formamid zu 88 µl Kasil#1 zur Herstellung der Suspension; Suspension nach der Zugabe von Formamid vortexen und zentrifugieren.
   Es ist wichtig, das Formamid zu dem Kasil zu geben und nicht umgekehrt, um eine gute Polymerisierung des Gemisches sicherzustellen. Kasil#1 ist eine Kaliumsilikatlösung. Durch die Zugabe von Formamid polymerisiert das Kasil. Es bildet ein poröses Sieb (Fritte) am Ende der FSC, das die stationäre Phase in der Säule zurückhält, während die mobile Phase und die gelösten Peptide passieren können.
3. Die FSC-Säule mit einem Ende etwas in die Kasillösung tauchen (Abb. 5.2).
   Die Kasillösung wird durch Kapillarwirkung in die Säule gezogen. Der Vorgang wird gestoppt, wenn sich eine ca. 0,5 cm lange Kasilfritte gebildet hat.
4. Säule mit einer Heißluftpistole für mehrere Sekunden erhitzen (Abb. 5.3); die Kasilfritte verfärbt sich weiß; alternativ kann die Säule auch für 3 min bei 200 °C in einem Ofen erhitzt werden.
5. Montage der gefritteten Säule in einem Hochdrucksäulenfüllstand; Spülen der Säule mit Acetonitril, um die Flussrate zu prüfen und überschüssiges Kasil zu entfernen (Abb. 5.4).
   Bei einem Druck von 13,8 bar sollte die Flussrate konstant bei >10 µl min^{-1} liegen.
6. Packen der gefritteten Säule mit einer Suspension des IMAC-Säulenfüllmaterials in H_2O bis zu einer Höhe von 10 cm.
   Optional: Nach dem Packen der Säule kann das offene Ende ebenfalls mit einer Fritte versehen werden. Dazu müssen die Schritte 3 und 4 wiederholt werden. Mit einer solchen Fritte lässt sich der Fluss der mobilen Phase durch die Säule umkehren, wodurch das Waschen der Säule effizienter wird (Protokoll 4).

Herstellung der Umkehrphasenanreicherungssäule (Vorsäule)

7. Abschneiden eines 20 cm langen Stückes FSC (100 µm ID × 365 µm OD).
   Die Vorsäule wird eingesetzt, um die Phosphopeptide, die von der IMAC-Säule in Protokoll 4 eluiert werden, anzureichern. Die Peptide werden dann auf eine analytische RP-Mikrokapillarsäule für die LC-MS/MS-Analyse übertragen.

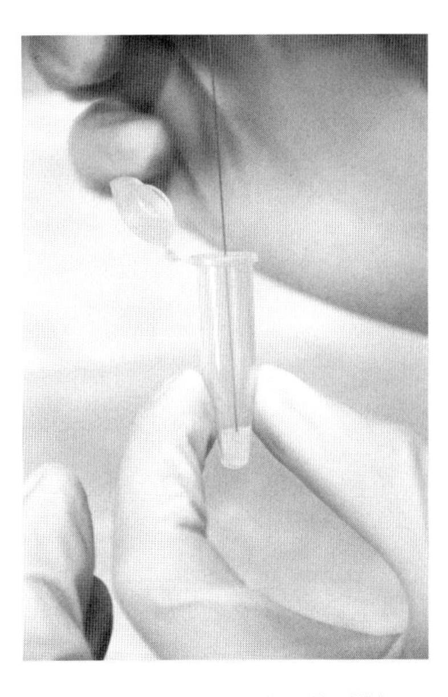

Abb. 5.2 Herstellung einer Kasilfritte durch Eintauchen eines Endes der FSC in eine Kasillösung.

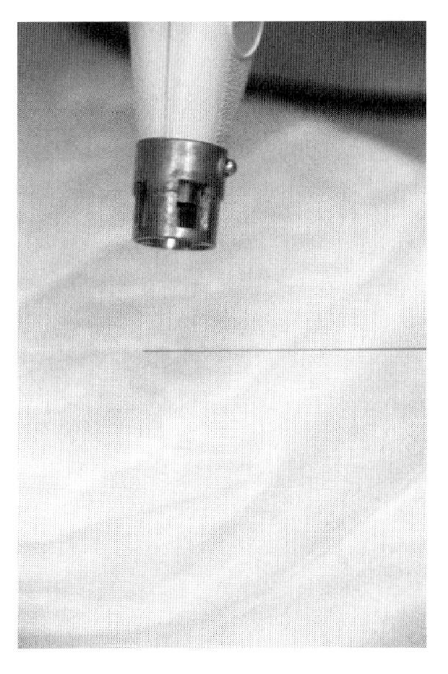

Abb. 5.3 Für die Herstellung einer FSC-Mikrokapillar-HPLC-Säule wird das Kasil mit einer Heißluftpistole gebacken, sodass eine poröse Fritte entsteht.

Abb. 5.4 Verwendung der Druckkammer, um die FSC-Mikrokapillar-HPLC-Säule mit den mobilen Phasen zu waschen und mit dem IMAC-Säulenfüllmaterial zu packen.

8. Für die Herstellung einer Kasilfritte an einem Ende der Vorsäulen-FSC die Schritte 2–5 wiederholen.
9. Packen der Vorsäule mit einer Suspension aus dem Säulenmaterial für die Umkehrphasensäule in 80 % Acetonitril, 20 % Isopropanol.
   In der Regel wird die Säule bis zu einer Höhe von 10 cm gepackt. Am anderen Ende ist keine Fritte notwendig.

Optional: Herstellung einer Säule ohne Kasilfritte
Die Herstellung von Kasilfritten kann recht kompliziert und zeitraubend sein und Abweichungen im Frittenaufbau können zu nichtreproduzierbaren Chromatographien führen. Alternativ lassen sich gefrittete Säulen mit dem Inline-Mikrofilter (M-120×; Upchurch) in einem Verfahren herstellen, wie es in dem Abschnitt über die Herstellung einer MudPIT-Säule (Experiment 6) beschrieben ist. Auch entfällt dann die Verbindung von IMAC- und Umkehrphasenanreicherungssäule über Teflonschläuche - ein Vorgang, bei dem häufig eine wenn nicht sogar beide Säulen beschädigt werden.

Protokoll 3
Vorbereitung der IMAC-Säule

Materialien
Achtung: Für den korrekten Umgang mit Substanzen, die mit einem <!> gekennzeichnet sind, siehe Anhang 11.

Reagenzien
0,1 % Essigsäure (99,9 %+) <!>
100 mM EDTA (pH 8,5)
100 mM Fe(III)chlorid <!> (Sigma-Aldrich)

Geräte
IMAC-Säule (aus Protokoll 2)
Hochdrucksäulenfüllstand

Durchführung

Vorverarbeitung der IMAC-Säule
1. Montage der IMAC-Säule in dem Hochdrucksäulenfüllstand (s. Experiment 4, Protokoll 2).
2. Spülen der IMAC-Säule mit 100 mM EDTA (pH 8,5) für mindestens 10 min mit 10–12 µl min^{-1}.
3. Spülen der IMAC-Säule mit H_2O für mindestens 10 min mit 10–12 µl min^{-1}.

Konditionieren der IMAC-Säule
1. Spülen der IMAC-Säule mit 100 mM Fe(III)chlorid für 10–15 min mit 10–12 µl min^{-1}.
2. Spülen der IMAC-Säule mit 100 mM Fe(III)chlorid für 10–15 min mit 2–5 µl min^{-1} in umgekehrter Richtung.
   Der Schritt kann nur durchgeführt werden, wenn die IMAC-Säule an beiden Enden gefrittet ist (s. Schritt 6, Protokoll 2).
3. Umdrehen der IMAC-Säule und Spülen mit 0,1 % Essigsäure für 10 min mit 10–12 µl min^{-1}.

Protokoll 4
Prozessierung der Probe

Materialien

Achtung: Für den korrekten Umgang mit Substanzen, die mit einem <!> gekennzeichnet sind, siehe Anhang 11.

Reagenzien

0,1 % Essigsäure <!>
Elutionspuffer (250 mM Natriumphosphat; Sigma)
lyophilisierte, veresterte Peptidproben in Glasgefäßen (Protokoll 1, Schritt 20)
organische Spüllösung (25 % Acetonitril <!>, 100 mM NaCl, 1 % Essigsäure)
Rehydratisierungslösung (30 µl Methanol <!>, 30 µl Acetonitril, 30 µl 0,1 % Essigsäure)
Spüllösung (0,3 M Guanidin-HCl <!> in 95 % Ethanol <!>)
Lösung A (0,2 M Essigsäure in H_2O)
Lösung B (0,2 M Essigsäure, 70 % Acetonitril)

Geräte

IMAC-Säule, konditioniert (aus Protokoll 3)
Tandemmassenspektrometer mit NanoESI-Quelle (s. Experiment 4)
Hochdrucksäulenfüllstand
Umkehrphasenvorsäule (aus Protokoll 2)
Teflonschlauch mit 0,012“ ID × 0,060“ OD
Glasgefäß

Durchführung

Laden der Probe

1. Resuspendieren der lyophilisierten Peptide in 90 µl Rehydratisierungslösung.
2. Montage der IMAC-Säule in der Druckkammer des Füllstands zusammen mit einem Glasgefäß mit 0,1 % Essigsäurelösung; Ermittlung des Druckes, der für eine Flussrate von 1 µl min^{-1} notwendig ist.
3. Äquilibrieren der IMAC-Säule mit 0,1 % Essigsäure für 10 min mit 1 µl min^{-1}.
4. Ersetzen des mit Essigsäure gefüllten Glasgefäßes durch das Probengefäß.
5. Laden der Probe auf die IMAC-Säule bei einer Flussrate von nicht mehr als 1 µl min^{-1}; Sammeln der Durchflussfraktion, die die nichtphosphorylierten Peptide enthalten sollte.

Waschen der IMAC-Säule

6. Spülen der IMAC-Säule mit 0,1 % Essigsäure für 10 min mit 1–2 µl min^{-1}.
   Dieser Schritt dient dazu, die Proben in die Säule zu pressen.
7. Spülen der IMAC-Säule mit der organischen Spüllösung für 5 min mit 10 µl min^{-1}.
8. Besitzt die IMAC-Säule zwei Fritten, wird die Säule auf den Kopf gedreht und für 5 min mit 10 µl min^{-1} gespült.
9. Spülen der IMAC-Säule mit 0,1 % Essigsäure für 10 min mit 10 µl min^{-1}.

Elution und Analyse der Phosphopeptide

10. Verbinden der RP-Vorsäule mit der IMAC-Säule über einen Teflonschlauch (0,012“ ID × 0,060“ OD) (Abb. 5.5a–d); Prüfen der Verbindung mit 0,1 % Essigsäure bei 600 psi (41 bar).
11. Essigsäure durch Elutionspuffer ersetzen.
12. Elution der Phosphopeptide von der IMAC-Säule auf die Vorsäule mit 40 µl Elutionspuffer.
13. Montage der Vorsäule mit den angereicherten Phosphopeptiden vor einem Massenspektrometer (Abb. 5.6a); Spülen der Vorsäule mit 0,2 M Essigsäure in H_2O für 10 min.

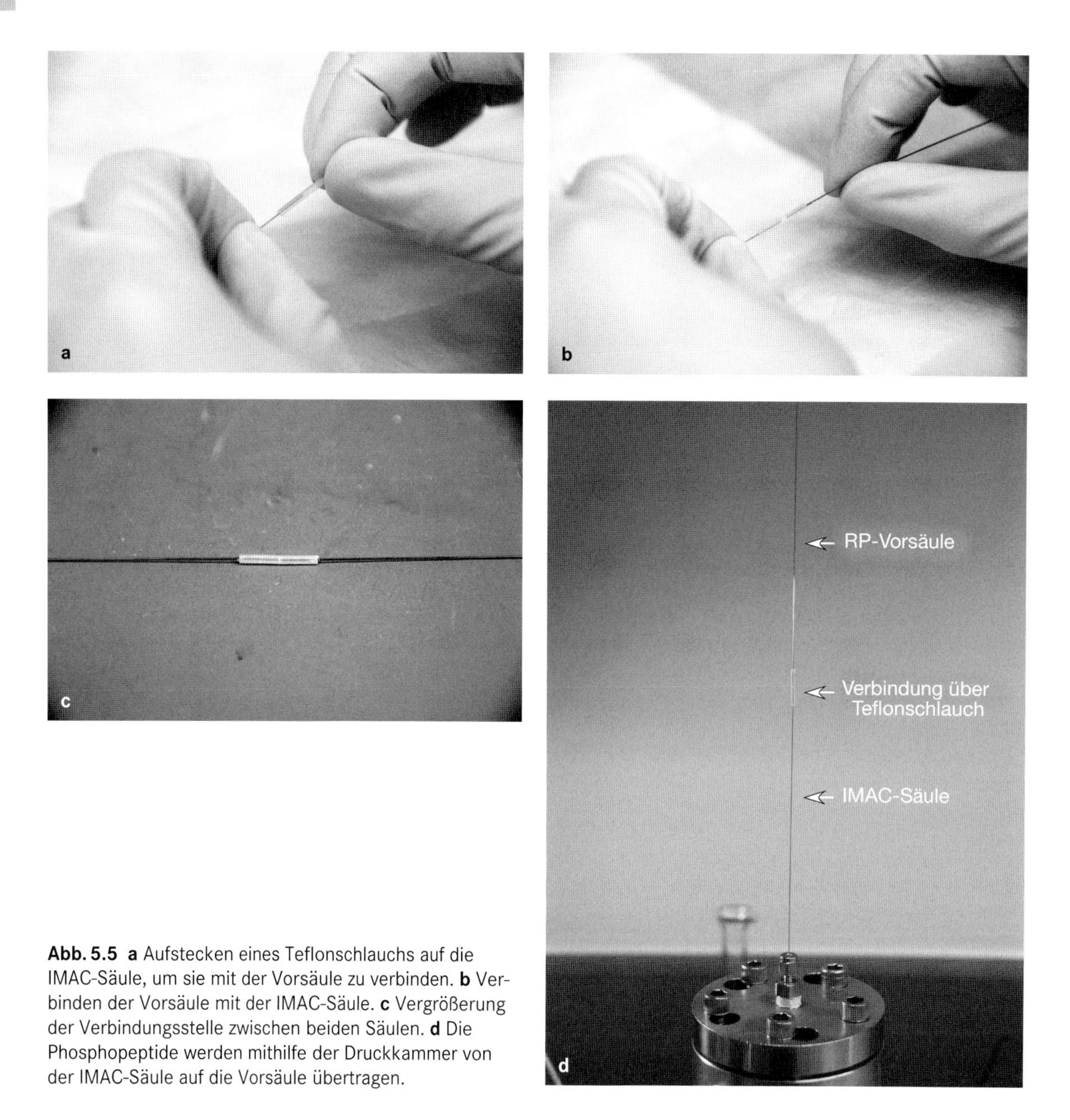

Abb. 5.5 **a** Aufstecken eines Teflonschlauchs auf die IMAC-Säule, um sie mit der Vorsäule zu verbinden. **b** Verbinden der Vorsäule mit der IMAC-Säule. **c** Vergrößerung der Verbindungsstelle zwischen beiden Säulen. **d** Die Phosphopeptide werden mithilfe der Druckkammer von der IMAC-Säule auf die Vorsäule übertragen.

Das Waschen der Vorsäule mit 0,2 M Essigsäure entfernt das Natriumphosphat im Elutionspuffer, das die Elektrosprayionisierung supprimieren würde.

14. Verbinden der RP-Vorsäule mit einer gezogenen RP-Mikrokapillar-HPLC-Säule mithilfe eines Teflonschlauchs (0,012“ ID × 0,060“ OD) (Abb. 5.6b und Experiment 4, Protokoll 2); Durchführung einer LC-MS/MS-Analyse der Probe, wie in Experiment 4 beschrieben.
    Im Labor von FM White wird als Lösung A 0,2 M Essigsäure in H_2O und als Lösung B 0,2 M Essigsäure, 70 % Acetonitril für RP-HPLC-Gradienten verwendet.
15. Analyse der gewonnenen MS/MS-Daten und Proteindatenbankrecherche mithilfe der in Experiment 8 beschriebenen Methoden.
    Die Suchparameter sollten eine variable Modifikation von +80 Da (An- oder Abwesenheit von Phosphatresten) bei Serin, Threonin und Tyrosin berücksichtigen wie auch eine feststehende Modifikation von +14 Da (Methylgruppen) bei Asparaginsäure, Glutaminsäure und am Carboxylende.

a

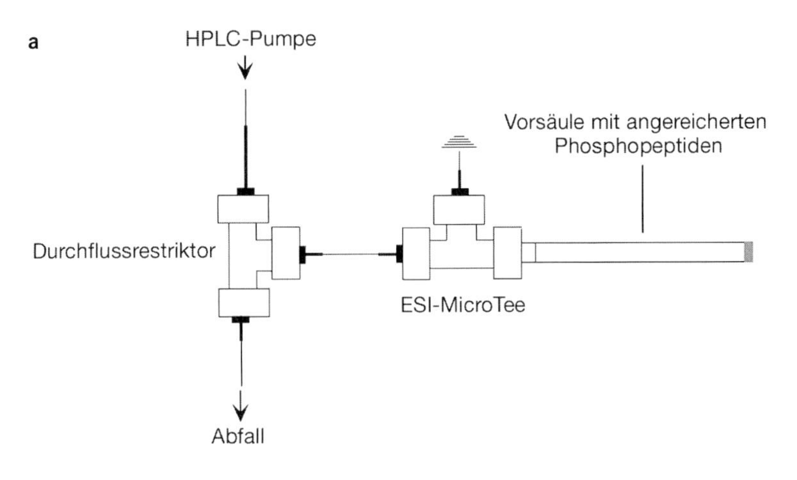

b

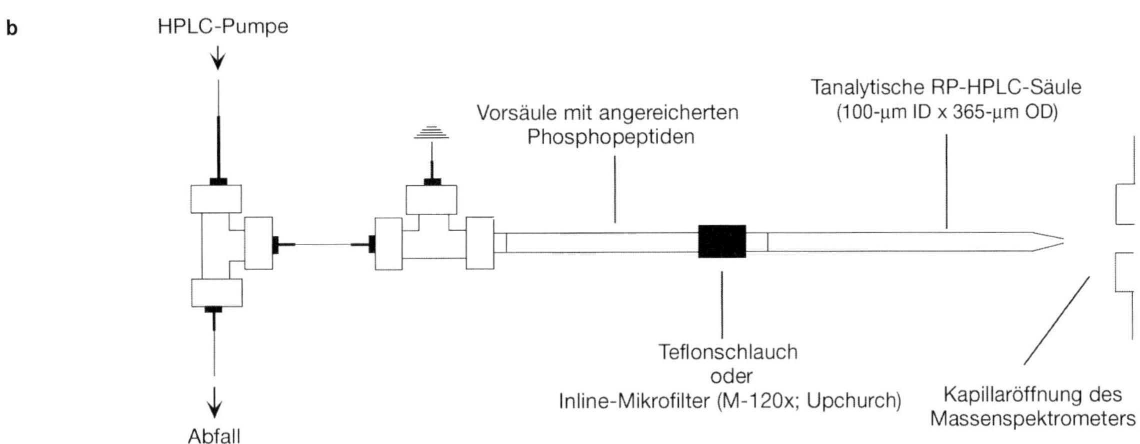

Abb. 5.6 Schema der FSC-Verbindungen, die für das Waschen und die Analyse der angereicherten Phosphopeptide verwendet werden. **a** Die Vorsäule mit den angereicherten Phosphopeptiden wird mit dem LC-System des Massenspektrometers verbunden, um die Säule mit Lösung A der mobilen Phase zu waschen. **b** Für die LC-MS/MS der angereicherten Phosphopeptide wird eine analytische RP-Mikrokapillar-HPLC-Säule mit der Vorsäule gekoppelt (Experiment 4). Die RP-Vorsäule wird entweder über einen Teflonschlauch oder über eine Upchurch-Kupplung angeschlossen.

Literatur

Andersson L, Porath J (1986) Isolation of phosphoproteins by immobilized metal (Fe^{3+}) affinity chromatography. *Anal Biochem* 154: 250-254

Beausoleil SA, Jedrychowski M, Schwartz D, Elias JE, Villén J, Li J, Cohn MA, Cantley LC, Gygi SP (2004) Large-scale characterization of HeLa cell nuclear phosphoproteins. *Proc Natl Acad Sci.* 101: 12130-12135

Brill LM, Salomon AR, Ficarro SB, Mukherji M, Stettler-Gill M, Peters EC (2004) Robust phosphoproteomic profiling of tyrosine phosphorylation sites from human T cells using immobilized metal affinity chromatography and tandem mass spectrometry. *Anal Chem* 76: 2763-2772

Ficarro SB, McCleland ML, Stukenberg PT, Burke DJ, Ross MM, Shabanowitz J, Hunt DF, White FM (2002) Phosphoproteome analysis by mass spectrometry and its application to *Saccharomyces cerevisiae. Nat Biotechnol* 20: 301-305

Ficarro SB, Salomon AR, Brill LM, Mason DE, Stettler-Gill M, Brock A, Peters EC (2005) Automated immobilized metal affinity chromatography/nano-liquid chromatography/electrospray ionization mass spectrometry platform for profiling protein phosphorylation sites. *Rapid Commun Mass Spectrom* 19: 57-71

Kim JE, Tannenbaum SR, White FM (2005) Global phosphoproteome of HT-29 human colon adenocarcinoma cells. *J Proteome Res* 4: 1339-1346

Larsen MR, Thingholm TE, Jensen ON, Roepstorff P, Jørgensen TJ (2005) Highly selective enrichment of phosphorylated peptides from peptide mixtures using titanium dioxide microcolumns. *Mol Cell Proteomics* 4: 873-886

Mann M, Ong SE, Grønborg M, Steen H, Jensen ON, Pandey A (2002) Analysis of protein phosphorylation using mass spectrometry: Deciphering the phosphoproteome. *Trends Biotechnol* 20: 261-268

Moser K, White FM (2006) Phosphoproteomic analysis of rat liver by high capacity IMAC and LC-MS/MS. *J Proteome Res* 5: 98-104

Pinkse MW, Uitto PM, Hilhorst MJ, Ooms B, Heck AJ (2004) Selective isolation at the femtomole level of phosphopeptides from proteolytic digests using 2D-NanoLC-ESI-MS/MS and titanium oxide precolumns. *Anal Chem* 76: 3935-3943

Posewitz MC, Tempst P (1999) Immobilized gallium(III) affinity chromatography of phosphopeptides. *Anal Chem* 71: 2883-2892

Rush J, Moritz A, Lee KA, Guo A, Goss VL, Spek EJ, Zhang H, Zha XM, Polakiewicz RD, Comb MJ (2005) Immunoaffinity profiling of tyrosine phosphorylation in cancer cells. *Nat Biotechnol* 23: 94-101

Experiment 6

6

Multidimensionale Proteinidentifizierungstechnologie (MudPIT) für Gesamtzelllysate

Überblick über die multidimensionale Auftrennung und Identifizierung von Proteinen

Die schnelle und korrekte Identifizierung und Quantifizierung von Proteinen und ihrer posttranslationalen Modifikationen, entweder allgemein oder in Verbindung mit bestimmten Proteinkomplexen, ist eine der Herausforderungen in der Proteomik. Die Entwicklung von Technologien, mit deren Hilfe sich ein Profil gereinigter Proteinkomplexe oder des gesamten Proteoms erstellen lässt, wird mittlerweile mit immer größerem Nachdruck verfolgt, nachdem durch die Sequenzierprojekte für viele Organismen vollständige Aminosäuresequenzen aller möglichen Proteine zur Verfügung stehen. Eine große Bedeutung haben in diesem Zusammenhang die Trennmethoden, mit deren Hilfe einzelne Komponenten von komplexen Protein- und Peptidgemischen vor der Analyse separiert werden. Multidimensionale Auftrennungen sind die Methode der Wahl, wenn ein nur auf einem Parameter beruhendes Trennverfahren nicht die erforderliche Trennleistung oder Kapazität besitzt. In der Vergangenheit wurden multidimensionale Trennverfahren bereits eingesetzt, um ein Profil der Bestandteile komplexer Gemische zu erstellen oder bestimmte Zielproteine oder -peptide aufzureinigen.

Multidimensionale Auftrennungen beruhen in der Regel auf zwei oder mehr unabhängigen physikalischen Eigenschaften der Peptide, anhand derer das Gemisch in einzelne Komponenten fraktioniert wird (Abb. 6.1); solche Trennverfahren bezeichnet man auch als „orthogonal". Zu den üblicherweise zur Trennung genutzten physikalischen Eigenschaften gehören Molekülgröße, Ladung, Hydrophobizität und biologische Wechselwirkungen oder Affinität. In der Regel werden die Bestandteile des Gemisches, die im ersten Trennungsschritt nicht separiert wurden, im zweiten Schritt getrennt. Die Peakkapazität gibt Auskunft über die Zahl der einzelnen Komponenten, die sich durch ein Trennverfahren separieren lassen. Giddings (1987) entwickelte dazu ein mathematisches Modell, welches zeigt, dass die gesamte Peakkapazität bei orthogonalen multidimensionalen Auftrennungen das Produkt der Peakkapazitäten der einzelnen Trennungen ist. Die Beladungskapazität ist definiert als die maximale Menge an Material, die sich in einem Lauf auftrennen lässt, wobei jedoch die chromatographische Trennleistung erhalten bleiben muss. Multidimensionale Auftrennungen können eingesetzt werden, um die Beladungskapazität zu erhöhen, wie es bei der Analyse von Peptiden erforderlich ist, die in einem Peptidgemisch nur in geringer Konzentration vorkommen. Ein multidimensionales Trennverfahren wird als „umfassend" bezeichnet, wenn der gesamte Eluent aus der ersten Dimension in der zweiten Dimension fraktioniert wird.

Für multidimensionale Auftrennungen von Peptiden mittels Ionenaustauschchromatographie hat sich für die erste Dimension eine Kationenaustauschchromatographie als Methode der Wahl erwiesen. Bei einem pH-Wert von 3 werden die negativen Ladungen an den Carboxylgruppen und am Carboxylende durch vollständige Protonierung neutralisiert. Daher tragen lediglich Arg-, Lys- und His-Seitenketten und das Aminoende zu einer positiven Nettoladung des Peptids bei. Die vollständig protonierten Peptide lassen sich durch Chroma-

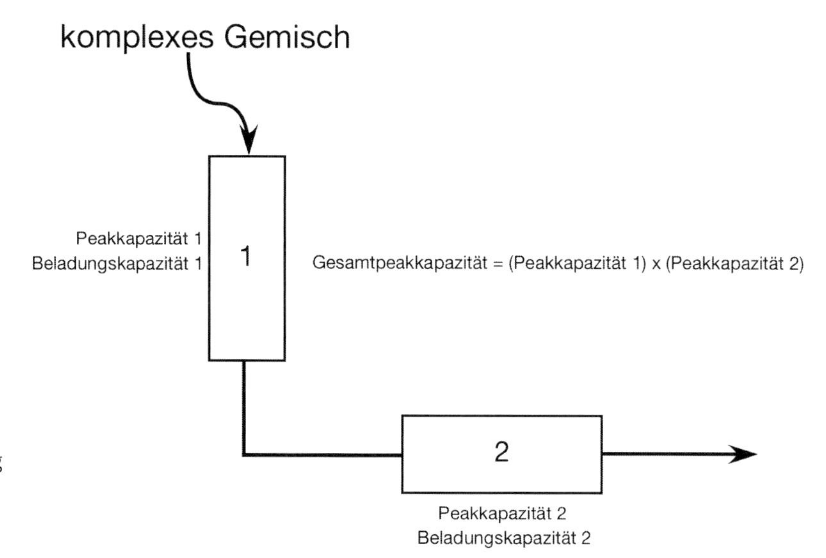

Abb. 6.1 Schematische Darstellung der erhöhten Beladungs- und Peakkapazität bei orthogonalen multidimensionalen Auftrennungen.

tographie mit einem starken Kationenaustauscher (*strong cation exchange*, SCX) fraktionieren. Obwohl die Peptidretention während des Ionenaustausches (*ion exchange*, IEX) hauptsächlich von ionischen Wechselwirkungen bestimmt wird, beeinflussen die meisten Ionenaustauscher die Trennung bis zu einem gewissen Ausmaß auch über hydrophobe Wechselwirkungen – eine Eigenschaft, die im Allgemeinen als *mixed mode effect* bezeichnet wird. Dieser Effekt erklärt zumindest zum Teil, warum sich Peptide mit der gleichen Anzahl an positiv geladenen Seitenketten durch IEX auftrennen lassen.

Methoden, bei denen eine Flüssigkeitschromatographie mit einer Tandemmassenspektrometrie gekoppelt wird, erlauben eine direkte Identifizierung von Proteinen in Gemischen. Wir haben eine schnelle, automatisierte und sensitive Methode entwickelt, mit der sich eine große Zahl an Proteinen in komplexen Gemischen auftrennen und identifizieren lässt. Dieses Verfahren wurde ursprünglich unter der Bezeichnung „Direct Analysis of Large Proteins Complexes (DALPC)“ (Link et al. 1999) veröffentlicht, ist aber heutzutage als „multidimensionale Proteinidentifizierungstechnologie (MudPIT)“ bekannt (Washburn et al. 2001). Dieses leistungsstarke Verfahren nutzt multidimensionale Flüssigkeitschromatographie und Tandemmassenspektrometrie für die Auftrennung und Fragmentierung von Peptiden (Abb. 6.2). Der computergestützte Abgleich der Tandemmassenspektren mit genomischen Datenbanken und die Datenverarbeitung liefern eine Liste der in der Probe vorhandenen Proteine. Zweidimensionale Trennungen lassen sich in einer einzelnen zweiphasigen Säule durchführen, deren Trennleistung und Beladungskapazität im Vergleich zu einer eindimensionalen Säule wesentlich höher sind (Link et al. 1999).

MudPIT umgeht viele der Nachteile, die eine Kopplung von 1D- oder 2D-Gelelektrophorese mit der Massenspektrometrie zur Auftrennung und Identifizierung von Proteinen in komplexen Gemischen mit sich bringt. Zu ihnen gehören der begrenzte Fraktionierungsbereich, die eingeschränkte Löslichkeit der Proteine und die limitierte Wiederfindung des eingesetzten Materials. Eine ausführliche Recherche in veröffentlichten Untersuchungen zeigt, dass in der Regel nur die in den Gelen am stärksten gefärbten Banden oder Spots für die Identifizierung durch Massenspektrometrie ausgewählt werden, schwach gefärbte werden dagegen verworfen. Eine multidimensionale Chromatographie, die mit einer ausgeklügelten, datenabhängigen Massenspektrometrie zur Datengewinnung (d.h. mit dynamischem Ausschluss usw.) kombiniert wird, hat den dynamischen Bereich zum Nachweis selten vorkommender Proteine in komplexen Gemischen stark erweitert. Die Massenspektrometrie ist ausreichend sensitiv, um Proteine zu identifizieren, die in so geringen Mengen vorkommen, dass sie auch durch eine Silberfärbung nicht nachweisbar sind. Sie eröffnet daher die Möglichkeit der direkten Analyse von Proteinkomplexen, bei der auch seltene Proteine nachgewiesen werden können.

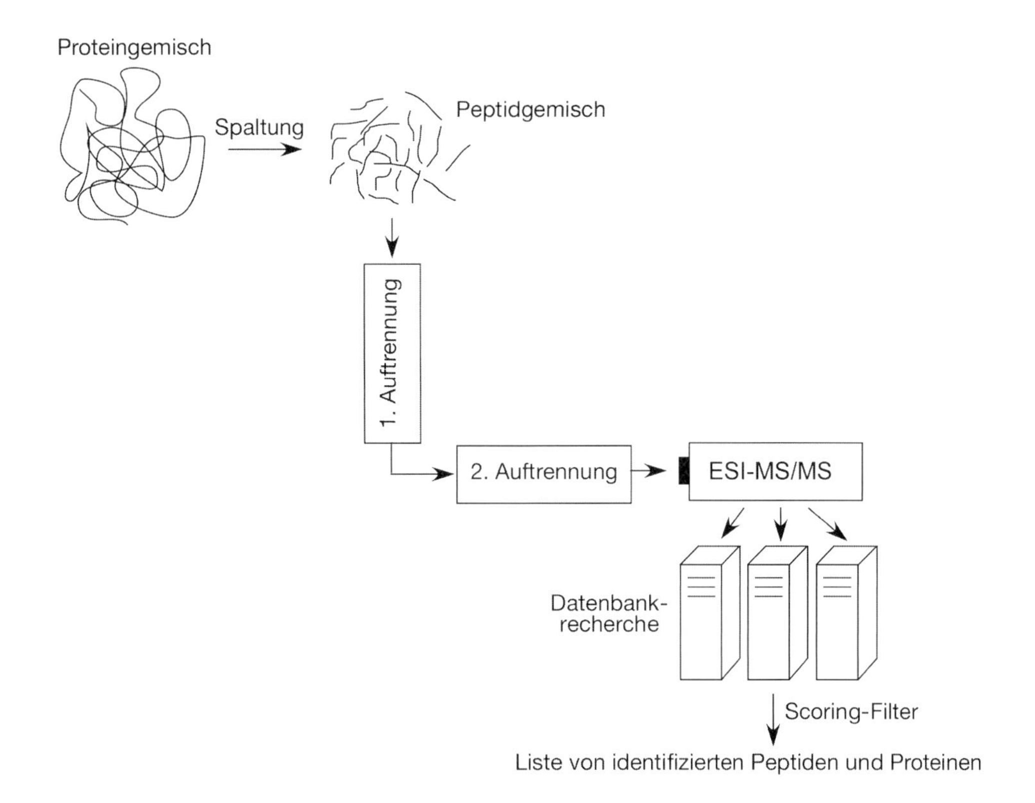

Abb. 6.2 Übersicht über die MudPIT-Analyse zur Identifizierung von Proteinen in komplexen Proteingemischen.

Multidimensionale Proteinidentifizierungstechnologie (MudPIT)

Bei der MudPIT wird ein gespaltener Proteinkomplex auf eine zweiphasige SCX-RP- oder eine dreiphasige RP-SCX-RP-Mikrokapillarsäule geladen, von der die Proteine unmittelbar in ein ESI-Massenspektrometer eluiert werden (Abb. 6.3). Bei Verwendung einer zweiphasigen Säule wird die Peptidprobe offline entsalzt, bevor sie auf die MudPIT-Säule geladen wird. Bei einer dreiphasigen Säule wird die Probe online über die Säule entsalzt, wodurch der Materialverlust geringer ist. Die Peptide werden nacheinander von der Kapillarsäule eluiert und im Massenspektrometer fragmentiert. Dieses Protokoll beschreibt die Durchführung der MudPIT mit einem LTQ-Ionenfallenmassenspektrometer von ThermoFisher und einer quaternären HPLC-Pumpe von Agilent. Die zwei- oder dreiphasige MudPIT-Säule wird über eine Fused-Silica-Kapillar-NanoESI-Einheit direkt an Massenspektrometer und HPLC-Pumpe angeschlossen (Abb. 6.5). Die HPLC-Pumpe wird von der LTQ-Xcalibur-Software gesteuert. Im Geräte-Setup von Xcalibur lässt sich der Gradient jedes einzelnen Schrittes programmieren (Anhang 7). Eine typische Analyse eines hochkomplexen Gemisches besteht aus einem vollautomatischen sechsstufigen Chromatographielauf, doch es können auch weitere Schritte hinzugefügt werden.

Herstellung von MudPIT-Mikrokapillar-HPLC-Säulen

Es gibt zwei Verfahren zum Aufbau der MudPIT-Einheit. Beim ersten Ansatz wird eine zwei- oder dreiphasige MudPIT-Säule in einer einzelnen gezogenen Mikrokapillarsäule mit dem Maßen 100×365 µm gepackt (Abb. 6.3a). Beim zweiten Ansatz wird die MudPIT-Einheit in zwei Teilen hergestellt, die über eine totvolumenfreie (*zero dead volume*, ZDV) Kupplung miteinander verbunden werden (Abb. 6.3b). Die erste Kompo-

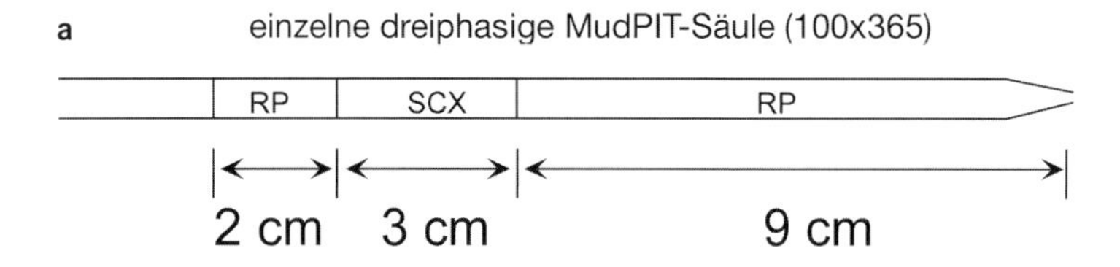

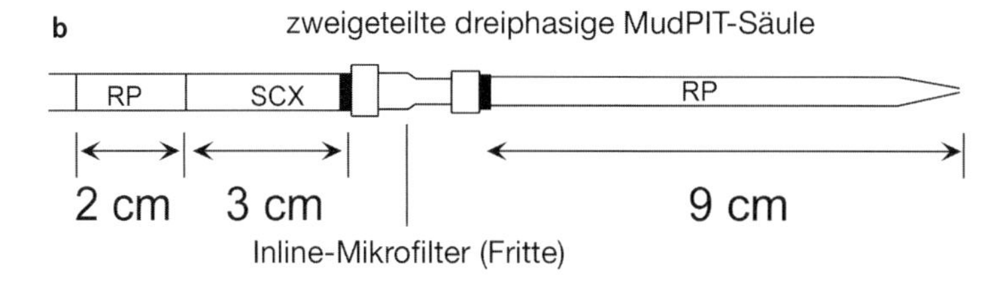

Abb. 6.3 Schema von zwei Typen dreiphasiger MudPIT-Säulen. **a** Alle drei Phasen befinden sich in einer einzelnen, gefritteten FSC-Mikrokapillar-HPLC-Säule. **b** Eine mechanische Fitte wird eingesetzt, um zwei Säulen herzustellen, die über eine totvolumenfreie Kupplung verbunden sind.

nente ist eine SCX- oder RP-SCX-Säule mit einem Mikrofilter als mechanische Fritte. Eine gezogene RP-Säule wird über eine totvolumenfreie Kupplung mit der SCX- oder der RP-SCX-Säule verbunden, um die zwei- bzw. dreiphasige Säule zu konstruieren. Da die nach dem zweiten Verfahren hergestellten MudPIT-Säulen leichter zu packen und zu beladen sind, verfolgen hier wir diesen Ansatz (Link et al. 2003).

Protokoll 1
Analyse von Gesamtzelllysaten mit MudPIT

Materialien

Achtung: Für den korrekten Umgang mit Substanzen, die mit einem <!> gekennzeichnet sind, siehe Anhang 11.

Reagenzien

5 % Acetonitril (HPLC-Grad) <!>, 0,1 % Ameisensäure <!>
Entsalzungspuffer A (2 % Acetonitril, 0,1 % TFA <!>)
Entsalzungspuffer B (95 % Acetonitril, 0,1 % TFA)
Entsalzungspuffer C (70 % Ameisensäure, 30 % Isopropanol <!>)
MudPIT-Puffer A (5 % Acetonitril, 0,1 % Ameisensäure)
MudPIT-Puffer B (80 % Acetonitril, 0,1 % Ameisensäure)
MudPIT-Puffer C (500 mM Ammoniumacetat, 5 % Acetonitril, 0,1 % Ameisensäure)
Peptidprobe
Säulenfüllmaterial für eine Umkehrphasensäule (Phenomenex Synergi 4u Hydro-RP 80A)
Säulenfüllmaterial für die Chromatographie mit einem starken Kationenaustauscher (SCX) (Whatman 5 µm PartiSphere SCX)

Geräte

kalibrierte Einweg-Glaspipetten, 5 µl (Drummond Scientific)
Schneidwerkzeug für Fused-Silica-Kapillaren (New Objective)
Fused-Silica-Kapillare (FSC) mit 100 µm ID × 365 µm OD (PolyMicro Technologies)

FSC mit 75 µm ID × 365 µm OD (PolyMicro Technologies)
FSC mit 50 µm ID × 365 µm OD (PolyMicro Technologies)
quaternäre HPLC-Pumpe (Agilent)
Inline-Mikrofilter (M-120×; Upchurch)
Massenspektrometer, LCQ- oder LTQ-Ionenfalle (ThermoFisher)
MicroFingertight-Fitting (F-125; Upchurch)
NanoESI-Einheit (s. Experiment 4 und Anhang 1)
PEEK-MicroTight-ZDV-Adapter
PEEK-MicroTight-Kapillarhülse (380 µm ID)
PEEK-MicroTight-ZDV-Kupplung (P704; Upchurch)
Hochdrucksäulenfüllstand
Probenschleife, 10 µl oder größer
Injektionsspritze, 100 µl
Injektionsport

Durchführung

Packen einer multidimensionalen Säule

1. Abschneiden eines ca. 18 cm langen Stückes FSC (100 µm ID × 365 µm OD) mit einem geeigneten Schneidwerkzeug.
   Werden große Materialmengen analysiert, sollte man eine FSC mit den Maßen 200 µm ID × 365 µm OD verwenden. Diese Kapillare ist sehr zerbrechlich und sollte mit größter Vorsicht behandelt werden.
2. Einführen der FSC in die grüne Kapillarhülse eines MicroFingertight-Fittings (F-125; Upchurch); Aufschrauben eines Inline-Mikrofilter-End-Fittings (M-120×; Upchurch) auf die Kapillareinheit; dieses wirkt als mechanische Fritte.
3. Einführen der FSC in einen Hochdrucksäulenfüllstand, der mit SCX-Säulenfüllmaterial beladen ist; Packen der Kapillare bis zu einer Höhe von 3 cm.
4. Langsam den Druck ablassen und die SCX-Suspension durch 5 % Acetonitril, 0,1 % Ameisensäure ersetzen; Waschen der Säule für einige Minuten.
5. Bei dreiphasigen Säulen 5 % Acetonitril, 0,1 % Ameisensäure ersetzen durch RP-Säulenfüllmaterial; Packen mit 2 cm RP-Säulenfüllmaterial; Äquilibrieren der Säule für einige Minuten mit 5 % Acetonitril, 0,1 % Ameisensäure.

Laden der Proben auf eine multidimensionale Säule

6. Verbinden eines Injektionsports mit einer Probenschleife, die ein Volumen von 10 µl oder mehr besitzt, über eine PEEK-MicroTight-ZDV-Kupplung (Abb. 6.4a); Verbinden des anderen Endes der Probenschleife mit einem Stück FSC (75 µm ID × 365 µm OD) über einen PEEK-MicroTight-ZDV-Adapter und eine PEEK-Kapillarhülse.
   Die 10-µl-Probenschleife kann, abhängig vom Probenvolumen, durch eine 50- oder 100-µl-Schleife ersetzt werden. Durch den Einsatz einer Probenschleife und der HPLC-Pumpe kann ein höherer Druck angelegt werden, wodurch die Peptidproben schnell und zuverlässig auf die MudPIT-Säulen geladen werden.
7. Spülen und Äquilibrieren der Probenschleife mithilfe einer 100-µl-Injektionsspritze; zweimal Waschen mit Entsalzungspuffer B, zweimal Waschen mit Entsalzungspuffer C, zweimal Waschen mit Entsalzungspuffer A.
   Die Entsalzungspuffer werden eingesetzt, um alle Spuren von Peptidmaterial von früheren Läufen zu beseitigen und die Schleife mit dem wässrigen Puffer A der mobilen Phase zu füllen.
8. Injektion von 10–100 µl Peptidprobe über den Injektionsport in die Probenschleife; Entfernen des Ports und Ersetzen durch einen MicroTight-Adapter; Verbinden der Probenschleife mit der zweiphasigen Säule, wie in Abb. 6.4b dargestellt.
9. Das Zusammensetzen der Einheit zur Beladung der MudPIT-Säule erfolgt wie in Abb. 6.4b gezeigt.
   a. Verbinden einer gängigen 1/16"-Transferleitung, die von der HPLC-Pumpe kommt (Zuläufe sind verbunden mit MudPIT-Puffer A, B und C), mit einer 10 cm langen FSC (75 µm ID × 365 µm OD) über einen PEEK-MicroTight-ZDV-Adapter und eine PEEK-MicroTight-Kapillarhülse (380 µm ID).

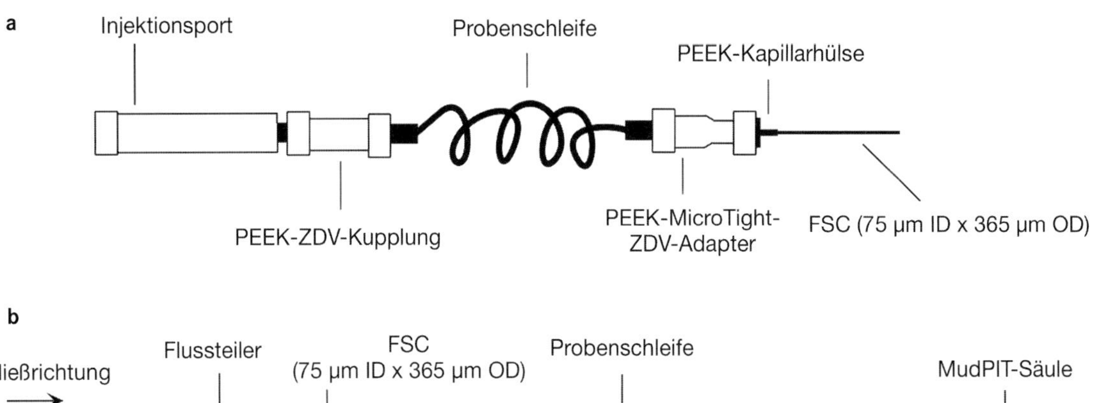

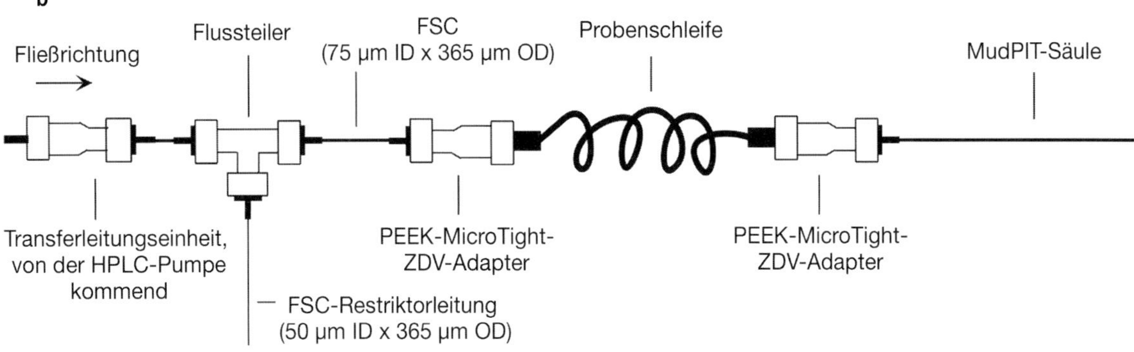

Abb. 6.4 Schematische Darstellung der Verbindungen für die Offline-Beladung der MudPIT-Säule mit Proben mithilfe einer Probenschleife. **a** Einheit für das Laden der Proben auf die Schleife. **b** Einheit für das Übertragen der Probe von der Probenschleife auf die MudPIT-Säule.

b. Verbinden der FSC-Transferleitung (75 µm ID × 365 µm OD), die von dem PEEK-MicroTight-ZDV-Adapter kommt, über eine PEEK-MicroTight-Kapillarhülse (380 µm ID) mit einem PEEK-MicroTee.
c. Verbinden eines PEEK-MicroTight-ZDV-Adapters am gegenüberliegenden Ausgang mit einer 5 cm langen FSC (75 µm ID × 365 µm OD) über einen PEEK-MicroTight-ZDV-Adapter und PEEK-MicroTight-Kapillarhülsen.
d. Verbinden der Probenschleife mit einem PEEK-MicroTight-ZDV-Adaptor.
e. Verbinden der MudPIT-Säule mit der Probenschleife über einen PEEK-MicroTight-ZDV-Adapter und eine PEEK-MicroTight-Kapillarhülse (380 µm ID).
f. Herstellung einer Restriktorleitung, indem man eine 30 cm lange FSC (50 µm ID × 365 µm OD) mit dem dritten Ausgang des PEEK-MicroTee über eine PEEK-MicroTight-Kapillarhülse (380 µm ID) verbindet.

   Der PEEK-MicroTee teilt den Fluss zwischen der MudPIT-Säule und der Restriktorleitung. Die HPLC-Pumpe wird auf eine konstante Flussrate eingestellt und die Länge der Restriktorleitung wird angepasst, um die gewünschte Flussrate in der HPLC-Säule einzustellen. Durch diese Flussteilungseinheit lassen sich sehr geringe Flussraten erzeugen, die genau eingehalten werden. In der Regel wird die Pumpe auf 300 µl min^{-1} eingestellt und die Restriktorleitung eingekürzt, sodass sich eine Flussteilung von 300:1 und in der HPLC-Säule eine effektive Flussrate von 1 µl min^{-1} ergibt.

10. Einstellen der HPLC-Pumpe auf 100 % MudPIT-Puffer A mit einer Flussrate von 300 µl min^{-1}. Die Flussrate der Pumpe wird während des Ladungsprozesses konstant gehalten.

11. Ist die Säule äquilibriert, wird die Restriktorleitung (50 µm ID × 365 µm OD) mit einem Schneidwerkzeug für Kapillaren bearbeitet, bis eine Flussrate von 0,5 µl min^{-1} durch die MudPIT-Säule erreicht ist; Überprüfen der Flussrate mit einer kalibrierten 5-µl-Glaspipette.

   Die Messung der Flussrate und die Einstellung der Flussteilung sind möglicherweise mehrfach zu wiederholen, bis die gewünschte Flussrate erreicht ist.

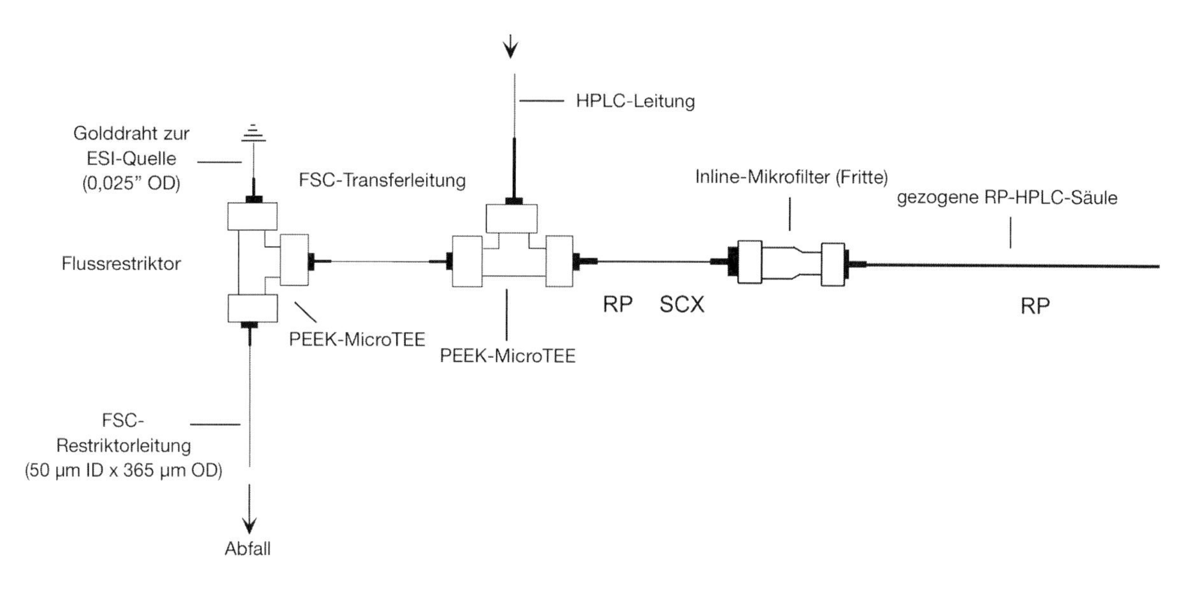

Abb. 6.5 Schematische Darstellung der FSC-Verbindungen für die Durchführung einer MudPIT mit einer NanoESI-Quelle.

12. Leiten von 100 % MudPIT-Puffer A über die Säule, bis die Probe aus der Probenschleife auf die MudPIT-Säule übergegangen ist.
13. Trennen der Verbindung zwischen Probenschleife und Säule und verbinden der zwei- bzw. dreiphasigen Säule wieder mit der Pumpe.
14. Verbinden einer gezogenen RP-Säule mit der zweiphasigen Säule über einen Inline-Mikrofilter.
15. Äquilibrieren der Säule für 10 min mit 100 % MudPIT-Puffer A.

Vorbereitung einer multidimensionalen Säule für eine ESI-Massenspektrometrie

16. Nach dem Äquilibrieren der Säule ist es unter Umständen notwendig, die Säule abzuschneiden.
    a. Trennen der Verbindung der gezogenen RP-Säule zum Inline-Mikrofilter.
    b. Vorsichtiges Abschneiden der FSC 2 cm hinter dem Ende des gepackten Füllmaterials mit einem Schneidwerkzeug.
    c. Erneutes Verbinden der RP-Säule mit der Inline-Mikrofiltereinheit und Abschneiden der FSC 2 cm hinter dem Ende des zweiphasigen, gepackten Füllmaterials.
       Abhängig von der Quelle ist es unter Umständen notwendig, eine MicroTight-Kupplung über das hintere Ende der RP-Säule zu führen; die Säule wird dadurch auf die Öffnung des Massenspektrometers ausgerichtet.
17. Installieren der MudPIT-Säule (Abb. 6.5); Einstellen der HPLC-Pumpe auf 100 % MudPIT-Puffer A mit einer Flussrate von 200 µl min^{-1}; ist die Säule äquilibriert, wird die Restriktorleitung (50 µm ID × 365 µm OD) mit einem Schneidwerkzeug für Kapillaren bearbeitet, bis eine Flussrate von 0,5 µl min^{-1} durch die MudPIT-Säule erreicht ist; Überprüfen der Flussrate mit einer kalibrierten 5-µl-Glaspipette; vorsichtiges und sorgfältiges Ausrichten der Spitze der gezogenen Mikrokapillar-HPLC-Säule vor der Eingangsöffnung des Massenspektrometers (s. Experiment 4).
    Die Messung der Flussrate und die Einstellung der Flussteilung sind möglicherweise mehrfach zu wiederholen, bis die gewünschte Flussrate erreicht ist.
18. Programmieren des HPLC-Gradienten und der Geräteeinstellungen des Massenspektrometers für die Durchführung einer MudPIT mithilfe der Xcalibur-Software (Anhang 7).
19. Start!
    Nach Beendigung des Laufs werden die Daten aus der Tandemmassenspektrometrie wie in Experiment 8 beschrieben prozessiert und analysiert.
    Dieser sechsstufige MudPIT-Lauf dauert ca. 9 h.

Literatur

Giddings JC (1987) Concepts and comparisons in multidimensional separation. *J High Resolut Chrom Chrom Comm* 10: 319-323

Link AJ, Jennings JL, Washburn MP (2003) Analysis of protein composition using multidimensional chromatography and mass spectrometry. In: Coligan JE et al. (Hrsg) Current protocols in protein science. Kap. 23, S. 1-25. John Wiley and Sons, New York

Link AJ, Eng J, Schieltz DM, Carmack E, Mize GJ, Morris DR, Garvik BM, Yates JR III (1999) Direct analysis of protein complexes using mass spectrometry. *Nat Biotechnol* 17: 676-682

Washburn MP, Wolters D, Yates JR III (2001) Large-scale analysis of the yeast proteome by multidimensional protein identification technology. *Nat Biotechnol* 19: 242-247

Experiment 7

7

Quantitative Massenspektrometrie von Gesamtzellextrakten (iTRAQ)

Eric S. Simon

Department of Biological Chemistry, University of Michigan, Ann Arbor, Michigan 48109

Die Proteomik hat sich in ihrer noch jungen Geschichte rasant entwickelt. Zu der Identifizierung von Proteinen in komplexen Gemischen gesellte sich die Bestimmung der relativen Häufigkeit von Proteinen in zwei oder mehr Proben. Diese Weiterentwicklung hin zu quantitativen Messungen beruht einerseits auf den Fortschritten in der Massenspektrometrie. Andererseits hat man sich Verfahren zur Verwendung von stabilen Isotopen zunutze gemacht, um die relativen Häufigkeiten von gleichen Peptiden in verschiedenen Proben bestimmen zu können (Gygi et al. 1999; Ong und Mann 2005). In der Regel bestehen die jeweils verwendeten Reagenzien aus einem sogenannten Tag mit einer natürlichen Isotopenverteilung und einem komplementären Tag mit gleicher chemischer Struktur und exakt den gleichen Elementen, jedoch mit einer abweichenden Anzahl von stabilen Isotopen wie ^{13}C, ^{2}H oder ^{15}N. Der isotopangereicherte Tag, das schwere Reagenz, entspricht dem leichten Reagenz chemisch, besitzt jedoch eine höhere Masse. Die typische Abfolge von Arbeitsschritten beginnt mit der Markierung der Peptide in der Kontrollprobe mit dem leichten Reagenz und der Peptide in der Testprobe mit dem schweren Reagenz. Die beiden markierten Peptidproben werden gemischt, fraktioniert und durch Massenspektrometrie analysiert. Ein Peptid, das in beiden Proben vorhanden ist, weist trotz der verschiedenen Tags, die sich nur geringfügig in ihrer Masse unterscheiden, die gleichen physikochemischen Eigenschaften wie Ladungszustand, isoelektrischer Punkt und Hydrophobizität auf. Nach der Elution werden die Peptide mithilfe einer MS quantifiziert, indem die Peaks der leichten und schweren Peptide jeweils in sogenannten „extrahierten Ionenchromatogrammen" (XIC) über ihre gesamten chromatographischen Peaks zusammengefasst werden (Ong und Mann 2005). Ein Beispiel für diese Vorgehensweise ist in Abb. 7.1 dargestellt. Strategien für die Markierung mit stabilen Isotopen, die sich für eine quantitative Auswertung durch MS eignen, sind SILAC (*stable isotope labeling by amino acids in cell culture*) (Ong et al. 2002) und ICAT (*isotope-coded affinity tag*) (Gygi et al. 1999).

Trotz der Effizienz dieser Strategien lassen sich in einem Experiment nicht mehr als zwei oder drei Proben miteinander vergleichen. Ursache hierfür ist die zunehmende Komplexität der Spektren im MS-Modus, wenn viele isotopangereicherte Tags eingesetzt werden. Wird zum Beispiel die Kontrollprobe mit einem leichten Reagenz markiert und die Testprobe mit dem korrespondierenden, isotopangereicherten, schweren Reagenz, dann registriert das Massenspektrometer für das Peptid zwei Peaks statt nur einen. Nimmt die Anzahl der Proben zu, steigt auch die Zahl der Reagenzien mit höheren Massen und somit auch die Zahl der Peaks im Massenspektrum. Diese Gruppe aus Peaks, die ein Peptid repräsentieren, kann sich im Spektrum mit den Peakgruppen anderer Peptide überlappen; es ist daher außerordentlich schwer, die jeweils zusammengehörigen Peaks herauszufiltern.

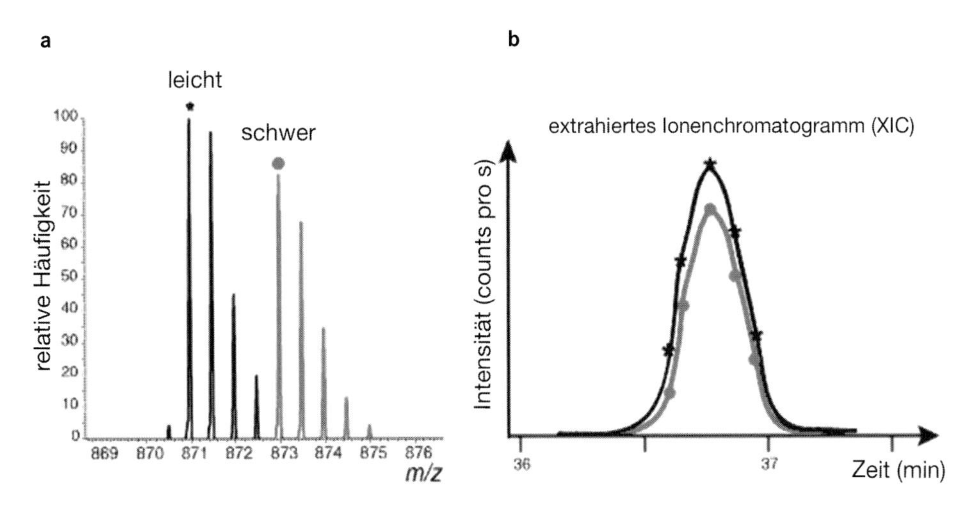

Abb. 7.1 **a** Isotopcluster eines Peptids, das für eine relative Quantifizierung mit leichten und schweren stabilen Isotopen markiert wurde. Die Intensität des monoisotopischen Peaks des leichten (*) und des schweren (•) Analogons über das gesamte Peptidelutionsprofil wird als „extrahiertes Ionenchromatogramm" (XIC) bezeichnet (**b**). Die Fläche unter jedem XIC korreliert mit der relativen Häufigkeit des Peptids in den beiden Proben. (Verändert nach Ong und Mann 2005.)

Einführung in die iTRAQ

Mithilfe eines seit kurzem im Handel erhältlichen Reagenzes lassen sich viele Proben gleichzeitig analysieren. Das ursprüngliche, auch im CSHL-Kurs verwendete Reagenz ist als iTRAQ (*isobaric tags für relative and absolute quantification*) bekannt und bietet die Möglichkeit, bis zu vier Proben miteinander vergleichen (Ross et al. 2004); mittlerweile sind jedoch auch Reagenzien erhältlich, die die gleichzeitige Analyse von acht Proben erlauben (Choe et al. 2007). Im Vergleich zu anderen Strategien der quantitativen Proteomik wie SILAC (*stable isotope labeling of amino acids in cell culture*) und ICAT (*isotope-coded affinity tags*), die ebenfalls stabile Isotope nutzen, lassen sich mit der iTRAQ die relativen Häufigkeiten in maximal acht Proben bestimmen, was einen erheblichen Vorteil darstellt.

Abb. 7.2 zeigt schematisch das Prinzip einer iTRAQ. Das Reagenz besteht aus drei Komponenten. Die Reportergruppe, ein M-Methylpiperazinrest, dient als quantitative Komponente bzw. Reporterion, das in der niedermolekularen Region der MS/MS-Spektren nachgewiesen wird. Abhängig vom verwendeten Tag hat es eine Masse von 114, 115, 116 oder 117 Da. Die nächste Komponente des iTRAQ-Reagenzes ist die Massenausgleichsgruppe, eine Carbonylgruppe, die ebenfalls Isotope enthält und eine Masse von 31, 30, 29 bzw. 28 Da besitzt, abhängig von der Masse der Reportergruppe, an die sie gekoppelt ist. Reporter- und Ausgleichsgruppe ergeben zusammen bei allen vier isobaren Tags eine Masse von 145 Da [(114 + 31), (115 + 30), (116 + 29), (117 + 28)]. Die dritte Komponente des iTRAQ-Reagenzes ist eine peptidreaktive Gruppe, N-Hydroxysuccinimid, die Peptide an primären Aminen wie dem Aminoterminus und an Lys-Seitenketten derivatisiert. Nach der Derivatisierung der Amine werden die verschiedenen Ansätze zu einer Probe vereint. Ein Peptid, das in allen vier Proben vorliegt, wird in einem MS-Scan einen einzelnen Peak ergeben. Erst bei der Fragmentierung der Peptide in der MS/MS werden die Reportergruppen abgespalten und das MS/MS-Spektrum des Peptids wird eine Signatur von Reporterpeaks zwischen 114 und 117 Da aufweisen, die der Quantifizierung dient. Ebenso zeigt das MS/MS-Spektrum eine Peakserie aus Fragmenten des Amidrückgrats wie b- und y-Ionen, die der Identifizierung des Peptids dient. Abb. 7.3b zeigt ein MS/MS-Spektrum des Vorläuferions mit *m/z* 1 626,0. Jeder der iTRAQ-Tags besitzt eine Isotopenverteilung, die in einfachen MS-Spektren keine Unterschiede zwischen den derivatisierten Peptiden erkennen lässt, bei MS/MS-Spektren jedoch führen Fragmentierung und Abspaltung von Signaturionen im niedermolekularen Bereich zu unterscheidbaren Peaks. Der Ausschnitt (Abb. 7.3b) zeigt die Region des MS/MS-Spektrums, die die Peaks der iTRAQ-Reporterionen enthält. Die Intensitäten der Reporterionenpeaks spiegeln die relativen Häufigkeiten der Peptide in den untersuchten Proben wider.

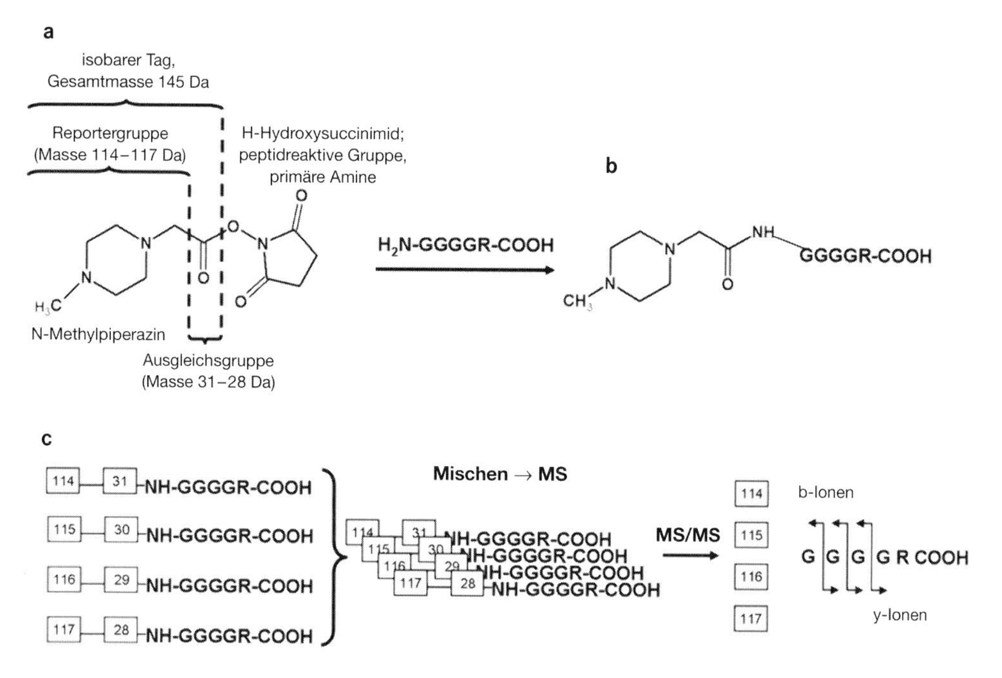

Abb. 7.2 **a** Funktionelle Bestandteile eines iTRAQ-Reagenzes. **b** Die N-Hydroxysuccinimid-Gruppe reagiert mit primären Aminen, wodurch die Peptide am Aminoterminus und an den Lys-Seitenketten modifiziert werden. **c** Die Peptidgemische mit unterschiedlichen Tags sind nach der Vereinigung im MS-Modus nicht zu unterscheiden. In der anschließend durchgeführten MS/MS ergeben die abgespaltenen Reporterionen mit m/z 114–117 zusammen mit den Fragmenten des Amidrückgrats unterscheidbare und quantifizierbare Peaks.

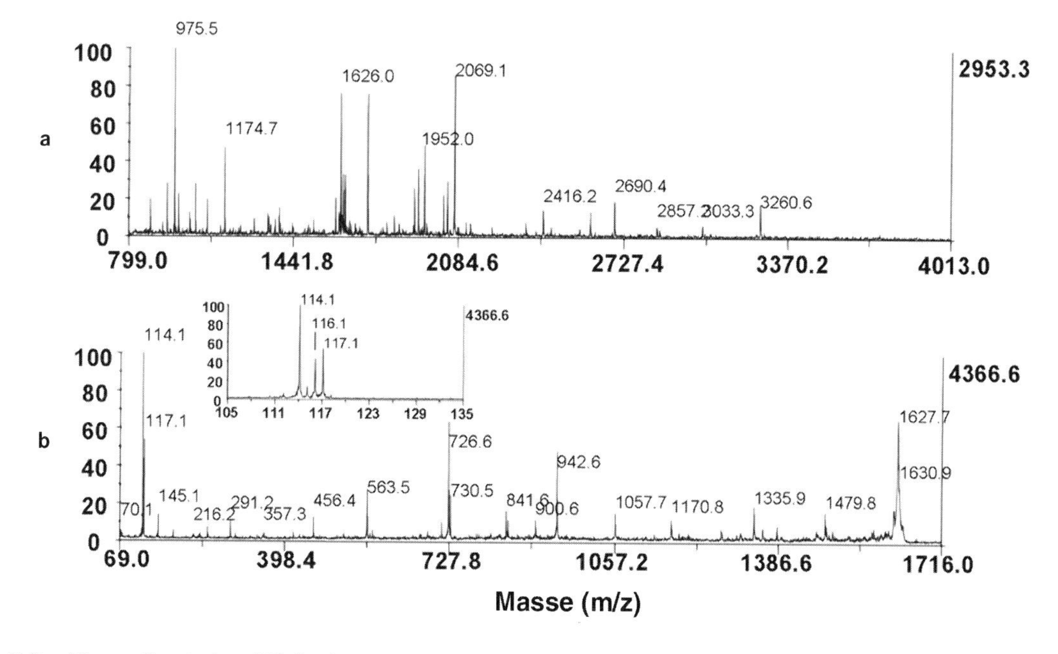

Abb. 7.3 **a** Ein repräsentatives MS-Spektrum von iTRAQ-markierten Peptiden, erstellt mit einem MALDI-TOF/TOF-Massenspektrometer. **b** Eine anschließend durchgeführte MS/MS des Vorläuferions mit m/z 1 626,0 ergibt das Reporterion (kleine Abbildung) und die Rückgratfragmente.

Beschreibung der Versuchsdurchführung

In diesem Experiment wird die iTRAQ für einen Vergleich zwischen den Proteomen von *Saccharomyces cerevisiae* bei zwei verschiedenen metabolischen Zuständen der Zellen eingesetzt: Atmung und Gärung. Ziel ist, die Proteine zu identifizieren, die an den entsprechenden Reaktionen und Stoffwechselwegen beteiligt sind, indem man mithilfe der iTRAQ ihre relativen Häufigkeiten ermittelt. Im CSHL-Proteomikkurs werden dazu Hefezellen kultiviert, geerntet und die solubilisierten Proteine mit Trypsin gespalten. Eine Zusammenfassung dieser Schritte ist in Protokoll 1 aufgeführt, Abb. 7.4 zeigt ein Fließdiagramm der einzelnen Schritte, die sich auch wie folgt kurz zusammenfassen lassen:

1. Die Peptide werden mit verschiedenen iTRAQ-Tags markiert. Mit vier Tags (114, 115, 116 und 117) und nur zwei Proben lässt sich ein Doppelduplexexperiment durchführen. Zwei Aliquots der Peptide, die aus den unter „Gärungsbedingungen" kultivierten Zellen extrahiert wurden, werden mit den Tags 114 und 115 markiert; die Peptide, die aus den unter „Atmungsbedingungen" kultivierten Zellen gewonnen wurden, werden mit den Tags 116 und 117 markiert.
2. Sind die Markierungsreaktionen beendet, werden die Peptide in einem Gefäß vereinigt und über eine C_{18}-Umkehrphasensäule aufgereinigt, um Salze und Nebenprodukte der iTRAQ-Reaktion zu entfernen.
3. Die Peptide werden durch eine isoelektrische Fokussierung (IEF) fraktioniert.
4. Die Auftrennung der Peptide erfolgt durch eine Umkehrphasenchromatographie, die Fraktionen werden nacheinander mit Matrix gemischt und mithilfe eines automatisierten MALDI-Platten-Spotting-Roboters auf einen MALDi-Probenträger aufgetragen.
5. Die MALDI-Probenträger werden mit einem MALDI-TOF/TOF-Massenspektrometer (Modell 4700) analysiert.
6. Die Daten werden mit der Software ProteinPilot analysiert.

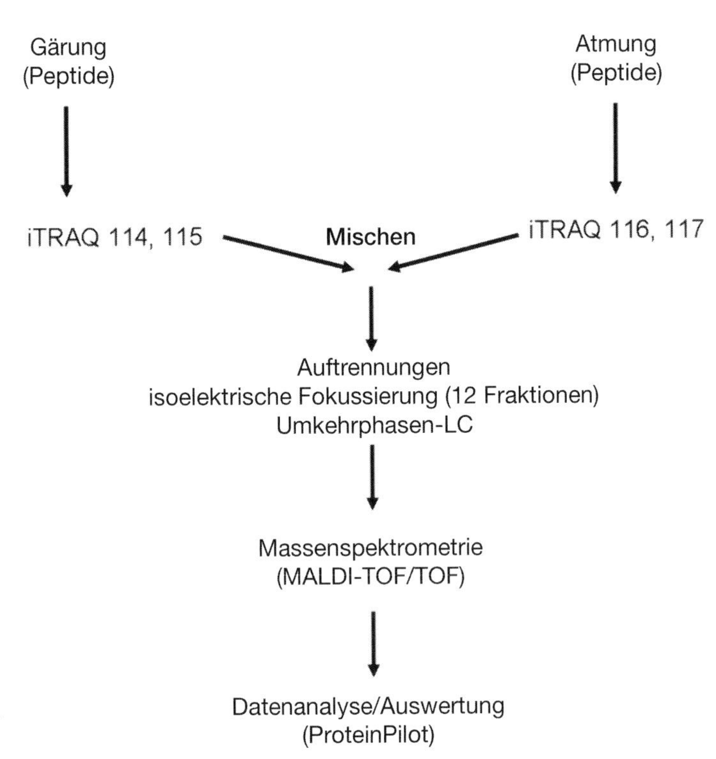

Abb. 7.4 Fließdiagramm der Arbeitsschritte, die bei der Analyse des Hefeproteoms mithilfe einer iTRAQ durchgeführt werden.

Protokoll 1 Extraktion von Peptiden aus Hefezellen

Materialien

Achtung: Für den korrekten Umgang mit Substanzen, die mit einem <!> gekennzeichnet sind, siehe Anhang 11.

Reagenzien

Aceton (gekühlt auf –20 °C) <!>
Bradford-Reagenz für die Bestimmung der Proteinkonzentration
200 mM Dithiothreitol (DTT) <!>
DNase/RNase-Lösung (für den Lysepuffer)
 1 mg ml^{-1} DNase I
 0,25 mg ml^{-1} RNase
 500 mM Tris-Cl (pH 7,0)
 50 mM $MgCl_2$ <!>
200 mM Iodacetamid <!>
Lysepuffer
 12 ml CelLytic (Sigma-Aldrich)
 150 µl DNase I/RNase-Lösung
 3 Proteasetabletten (Non-EDTA) (Roche)
 5 mM Tris-(carboxyethyl)phosphin (TCEP) <!>
500 mM Triethylammoniumhydrogencarbonat (TEAB)
Trypsin, modifiziert, Sequenziergrad <!> (Promega)
7 M Harnstoff, 500 mM TEAB
Hefezellen (*S. cerevisiae*, Wildtypstamm BJ1991)
YPD-Medium
 1 % (w/v) Hefeextrakt
 2 % (w/v) Pepton
 2 % (w/v) D-Glucose
YPG-Medium
 1 % (w/v) Hefeextrakt
 2 % (w/v) Pepton
 3 % (v/v) Glycerin

Geräte

Zentrifuge
Wasserbad oder Heizblock, 37 °C
Schüttler
Vakuumevaporator (z.B. SpeedVac, Savant)

Durchführung

Kultivierung der Hefezellen

1. Für das fermentative Wachstum wird der *S. cerevisiae*-Wildtypstamm BJ1991 in YPD-Vollmedium kultiviert; Überimpfen einer Kolonie in 50 ml YPD-Flüssigmedium und Inkubation bis zu einer optischen Dichte von 600 nm (OD_{600}) von 1 (ca. 10^7 Zellen); Zugabe von 0,1–5 ml der Vorkultur in 1 l YPD-Flüssigmedium (das Volumen hängt von der Verdopplungszeit und der Zahl der gewünschten Zellen ab) und Inkubation bis zu einer OD_{600} von 1; Aufteilen der Kultur in 50-ml-Aliquots und Pelletieren der Zellen durch Zentrifugation (5 000 rpm); man erhält etwa 0,8–1 g Zellen pro 50 ml Kultur.
2. Für das Wachstum unter Respirationsbedingungen wird in YPD-Vollmedium, wie in Schritt 1 beschrieben, eine Vorkultur angesetzt und bis zu einer OD_{600} von 1–2 kultiviert; Zugabe von 0,1–5 ml

der Vorkultur in 1 l YPD-Flüssigmedium und Inkubation bis zu einer OD_{600} von 1; Aufteilen der Kultur in 50-ml-Aliquots und Pelletieren der Zellen durch Zentrifugation (5 000 rpm); Resuspendieren der Zellen in YPG (enthält statt der Glucose 3 % (v/v) Glycerin); Inkubation für 16 h und Ernte der Zellen durch Zentrifugation von 50-ml-Aliquots; man erhält etwa 0,8–1 g Zellen pro 50 ml Kultur.

Lyse der Hefezellpellets

3. Auftauen der Zellpellets; Zugabe von 4 ml Lysepuffer zu 0,9 g Hefezellpellet; Inkubation für 30 min bei Raumtemperatur unter *leichtem* Schütteln.
4. Zentrifugieren der lysierten Zellen für 10 min bei 4 °C mit 12 000×g, um den Zelldebris zu pelletieren.
5. Abziehen des Überstandes mit den löslichen Proteinen; Bestimmung der Proteinkonzentration mit dem Bradford-Reagenz; Lagern der Proben bis zur Verwendung bei –80 °C.

Präzipitieren der Proteine

6. Zugabe von kaltem Aceton zur Proteinprobe in einem Verhältnis von 5:1 (Aceton/Probe, v/v); Inkubation für 3 h bei –20 °C.
7. Zentrifugieren der Probe für 5 min bei 4 °C mit 12 500×g.
8. Verwerfen des Überstandes; Waschen des Pellets mit kaltem Aceton; erneutes Zentrifugieren.
9. Trocknen des Proteinpellets in einem Vakuumevaporator für 10 min, um das restliche Aceton zu entfernen.
10. Lösen des Pellets in 60 µl 7 M Harnstoff, 500 mM Triethylammoniumhydrogencarbonat (TEAB).
    Statt Ammoniumhydrogencarbonat wird TEAB verwendet, weil es keine primären Amine besitzt, die die iTRAQ-Markierung stören würden.

Reduktion, Alkylierung und Spaltung der Proteine

11. Zugabe von 5 µl 200 mM DTT und Inkubation für 1 h bei Raumtemperatur zur Reduktion der Disulfidbrücken.
12. Zugabe von 20 µl 200 mM Iodacetamid (Carbamidomethylierung) und Inkubation für 1 h bei Raumtemperatur im Dunkeln.
13. Abstoppen der Alkylierungsreaktion durch Zugabe von 20 µl 200 mM DTT und Inkubation für 1 h bei Raumtemperatur.
14. Verdünnen der Proteinproben mit 500 mM TEAB, sodass die Harnstoffkonzentration weniger als 2 M beträgt.
15. Zugabe von Trypsin in einem Verhältnis von 1:25 (Trypsin/Probe); Inkubation des Gemisches über Nacht bei 37 °C.
16. Aliquotieren und Lagern der Peptide bei –20 °C.

Anmerkung: Das iTRAQ-Reagenz ist relativ instabil und hat reaktive Eigenschaften, die vor der Durchführung eines iTRAQ-Markierungsexperiments bekannt sein sollten. Erstens ist es wichtig, störende Amine zu entfernen, die eine unerwünschte Wechselwirkung eingehen können, da das Reagenz Peptide an allen primären Aminen modifiziert. Zweitens liegt der für die Reaktion optimale pH-Wert zwischen 8 und 9. Um die ersten beiden Voraussetzungen zu erfüllen, wird Triethylammoniumhydrogencarbonat (TEAB) verwendet, das die Lösung auf einen pH-Wert von 8,5 puffert. Dieser Puffer ersetzt das herkömmlich eingesetzte Ammoniumhydrogencarbonat, das die iTRAQ-Markierungsreaktion stören würde. Drittens hydrolysiert das Reagenz leicht. Um dieses zu verhindern, findet die Reaktion in 70 % Ethanol statt, wodurch die Geschwindigkeit der Hydrolyse so stark verringert wird, dass die Reaktion der primären Amine vollständig ablaufen kann. Man sollte sich dieser Eigenschaften bewusst sein, insbesondere während der Herstellung der Peptidproben. Vermeiden Sie primäre Amine in den Puffern zur Probenpräparation, und halten Sie die Proteinkonzentration in den Proben so hoch wie möglich, sodass die vorhandene Menge an H_2O während der iTRAQ-Derivatisierung gering ist.

Protokoll 2
Markierung der Peptide mit dem iTRAQ-Reagenz

Die Peptide werden in einem Doppelduplexexperiment markiert. Das bedeutet, dass zwei Tags für die Markierung der Peptide verwendet werden, die aus den gärenden Hefezellen extrahiert wurden, und zwei Tags für die Markierung der Peptide aus den atmenden Zellen (Tab. 7.1; s. auch Abb. 7.4). Dieser Ansatz ergibt zwei Messungen für jede Probe.

Materialien

Achtung: Für den korrekten Umgang mit Substanzen, die mit einem <!> gekennzeichnet sind, siehe Anhang 11.

Reagenzien

iTRAQ-Reagenz-Kit (Applied Biosystems)
(optional) 0,1 % Trifluoressigsäure (TFA) <!>
tryptische Peptide (aus Protokoll 1, Schritte 15 und 16)

Durchführung

1. Von jedem Ansatz zwei Aliquots der tryptischen Peptide aus dem Tiefkühlschrank nehmen; im Proteomikkurs enthält jedes Gefäß 30 µl Lösung mit ca. 40 µg Gesamtpeptid.
2. Von jedem der vier iTRAQ-Tags ein Gefäß entnehmen und für 5 min bei Raumtemperatur inkubieren; kurzes Zentrifugieren, um sicherzustellen, dass sich das Reagenz am Gefäßboden befindet.
3. Zugabe von 70 µl Ethanol (Bestandteil des Kits) zu jedem der vier Gefäße mit iTRAQ-Reagenz; jedes Gefäß kurz vortexen und erneut kurz zentrifugieren.
4. Zugabe des Gefäßinhalts (nun verdünnt mit Ethanol) in das entsprechende Probengefäß; Vortexen, Zentrifugieren, Inkubieren für 1 h bei Raumtemperatur.
   Nach Anleitung des Herstellers beträgt die empfohlene Reaktionszeit 1 h. Die Zeit kann auf 30 min verkürzt werden, da die Reaktion bereits zu diesem Zeitpunkt nahezu vollständig abgelaufen ist.
5. (optional) Nach 1 h ist der größte Teil der Reagenzien hydrolysiert; um die Reaktion dennoch zu beenden, wird das restliche Reagenz durch Zugabe von 100–200 µl 0,1 % TFA inaktiviert.

Tab. 7.1 iTRAQ-Markierungsstrategie für die Proteinquantifizierung

iTRAQ-Tag	Wachstumsbedingungen für die Hefe
114	Gärung
115	Gärung
116	Atmung
117	Atmung

Protokoll 3
Aufreinigung der Peptide mit einer Umkehrphasensäule

Vor der isoelektrischen Fokussierung (IEF) für die Fraktionierung der iTRAQ-markierten Peptide muss die Probe aufgereinigt werden, da der Puffer hochkonzentriert ist (500 mM Triethylammoniumhydrogencarbonat) und die Probe überschüssige Reagenzien aus der Reduktion und der Alkylierung der Proteine wie auch Abbauprodukte der iTRAQ-Reagenzien enthält. All diese Komponenten sind mit der IEF inkompatibel. Um sie zu entfernen, wird die Probe auf eine C_{18}-Umkehrphasensäule gegeben.

Materialien

Achtung: Für den korrekten Umgang mit Substanzen, die mit einem <!> gekennzeichnet sind, siehe Anhang 11.

Reagenzien

Acetonitril <!>
70 % Acetonitril, 0,1 % Trifluoressigsäure (TFA) <!>
iTRAQ-markierte Peptidgemische (aus Protokoll 2)
C_{18}-Umkehrphasensäule (Phenomenex)
0,1 % TFA

Geräte

Vakuumevaporator (z.B. SpeedVac, Savant)

Durchführung

1. Trocknen der Proben in einem Vakuumevaporator für ca. 20 min, um das Ethanol aus den iTRAQ-markierten Peptidproben zu entfernen.
2. In der Zwischenzeit 1 ml Acetonitril auf die C_{18}-Umkehrphasensäule geben; das Lösungsmittel sollte durch die Schwerkraft einziehen.
3. Konditionieren der Säule mit 1 ml 0,1 % TFA.
   Die Schritte 2 und 3 dauern ca. 20 min.
4. Zugabe von 300 µl 0,1 % TFA zu jeder getrockneten Probe (aus Schritt 1); Vereinigen aller vier Proben in einem Gefäß.
5. Laden der Probe auf die C_{18}-Umkehrphasensäule; die Probe sollte die Matrix mithilfe der Schwerkraft passieren.
6. Waschen der Säule mit 1 ml 0,1 % TFA.
7. Elution der Peptide von der Säule mit 600 µl 70 % Acetonitril, 0,1 % TFA.
8. Einengen der Probe in einem Vakuumevaporator auf ein Endvolumen von 100–200 µl.

Protokoll 4
Isoelektrische Fokussierung der Peptide

Die Proben wurden mit iTRAQ-Tags markiert und Kontaminationen durch Umkehrphasenchromatographie entfernt. Nun beginnt die Fraktionierungsphase des Experiments über eine IEF als erste Dimension zur Auftrennung der Peptide. In diesem Protokoll wird die IEF mithilfe einer Fokussiereinheit (OFFGEL-Fractionator, Modell 3100, Agilent Technologies) und einem immobilisierten Gelstreifen (IPG-Streifen) mit dem pH-Gradient 4–7 durchgeführt.

Materialien

Achtung: Für den korrekten Umgang mit Substanzen, die mit einem <!> gekennzeichnet sind, siehe Anhang 11.

Reagenzien

Acetonitril <!>
iTRAQ-markierte Peptidgemische (aus Protokoll 3)
Mineralöl (BioRad)
Rehydratisierungslösung
Herstellen der Rehydratisierungslösung durch Verdünnen von 25 µl Stammlösung mit Ampholyten pH 4–7 (GE Healthcare) in 10 ml H_2O.

Geräte

Filterpapierstreifen für die Elektroden (BioRad)
IEF-Gerät (OFFGEL Fractionator, Modell 3100, Agilent Technologies)
IPG-Streifen (pH 4–7, 13 cm) (GE Healthcare)
Pinzetten

Durchführung

1. Verdünnen des iTRAQ-markierten Peptidgemisches mit 1,9 ml Rehydratisierungslösung.
   Jede Vertiefung des Rahmens, der über dem IPG-Streifen angebracht wird (s. 5.), fasst 0,15 ml × 12 Vertiefungen = 1,8 ml.
2. Den Gelträger so auf die Arbeitsfläche legen, dass sich der Griff (abgerundetes Ende) auf der rechten Seite befindet (Abb. 7.5).
3. Aufnehmen eines IPG-Streifens mit Handschuhen und vorsichtiges Abziehen der Schutzschicht; danach darf das Gel nicht mehr berührt werden (Abb. 7.6).
4. Absenken des IPG-Streifens in eine Rinne des Trägers mit der **Gelseite nach oben** und dem Anodenende des Streifens (mit einem + markiert) nach links; verwendet man Gele von GE Healthcare, erscheint die Schrift auf dem Gelrücken auf dem Kopf und rückwärts (Abb. 7.7); stellen Sie sicher, dass das Gel an den linken Rand des Trägers anstößt.
5. Den Rahmen (langes Plastikstück mit 12 Vertiefungen) zunächst auf der linken Seite absenken und gegen den Steg drücken (Abb. 7.8a); Rahmen auch rechts absenken und runterdrücken, bis er einrastet (Abb. 7.8b); der Gelstreifen darf dabei nicht eingedrückt oder verschoben werden.

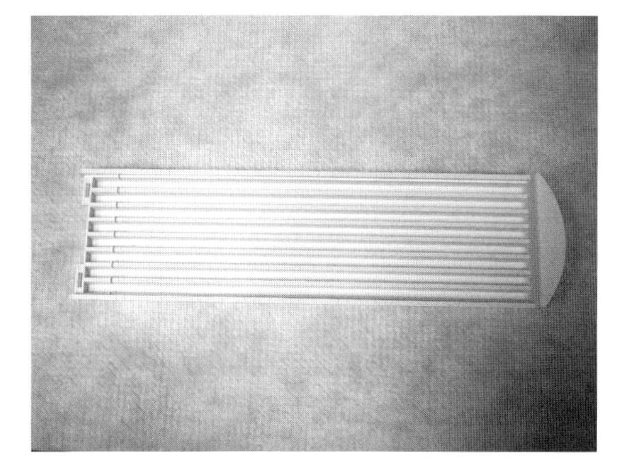

Abb. 7.5 Korrekte Ausrichtung des Trägers.

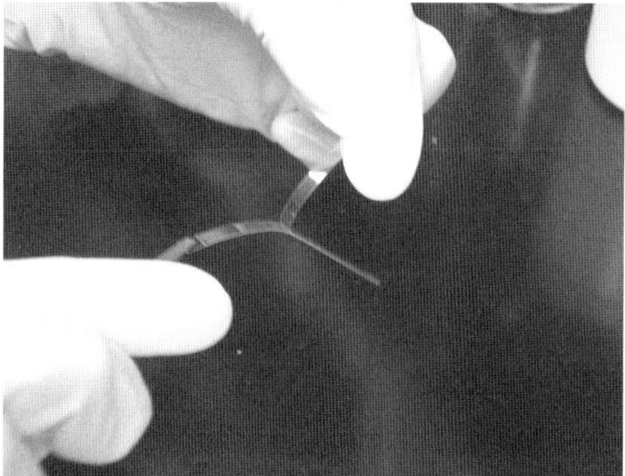

Abb. 7.6 Mit einer Pinzette wird das Ende des Gelrückens gehalten und die Schutzschicht abgezogen.

6. Pipettieren von 20 µl Rehydratisierungslösung in jede Vertiefung; das Gel dabei nicht berühren; den Träger leicht anheben und auf die Arbeitsfläche klopfen, sodass die Rehydratisierungslösung Kontakt zum Gel erhält; es ist nicht notwendig, dass die gesamte Geloberfläche bedeckt ist.
7. Befeuchten eines Filterpapierstreifens mit Rehydratisierungslösung.
8. Plazieren des feuchten Filterstreifens auf einem vorstehenden Gelende, wobei der Streifen direkt an den Rahmen stoßen muss (Abb. 7.9); es kann notwendig sein, den Filterpapierstreifen vorher entlang seiner Längsseite zu beschneiden, damit er in die Rinne passt.
9. Das gegenüberliegende Ende ebenfalls mit einem Filterpapierstreifen versehen.
10. Auflegen eines zweiten Filterstreifens auf die Filterstreifen an den Enden, sodass sich an jedem Ende nun ein doppellagiger Filterpapierstreifen befindet.
11. Quellen des Gels für ca. 15 min.
12. Pipettieren von 150 µl Probe (hergestellt in Schritt 1) in jede der 12 Vertiefungen.
13. Dichtungsstreifen auf den Rahmen legen und leicht andrücken, um jede Vertiefung zu verschließen (Abb. 7.10); den Rahmen dabei nicht aus dem Träger lösen.
14. Zugabe von weiteren 10 µl Rehydratisierungslösung auf die Filterstreifen an jedem Ende des IPG-Streifens; die Streifen dabei nicht verschieben.
15. Plazieren des Trägers auf der Geräteplattform mit dem Anodenende (+) auf der linken Seite; das gebogene Ende des Trägers sollte sich auf der rechten Seite befinden.
16. Pipettieren von 200 µl Mineralöl auf das Anodenende (+) des IPG-Streifens; Pipettieren von 1 ml Mineralöl in die Rinne auf der Kathodenseite (abgerundetes Ende des Trägers) (Abb. 7.11).
17. Erneute Zugabe von 200 µl Mineralöl an beide Enden des IPG-Streifens nach 1 min (das Öl sollte nicht mehr als halbhoch in den Rinnen des Trägers stehen).
18. Installieren der Festelektrode durch Ansetzen der beiden an der Festelektrode befindlichen Spangen an den Aussparungen auf der linken Seite des Trägers (Anode, +) (Abb. 7.12a); Kippen der Elektrode nach unten Richtung Filterstreifen (Abb. 7.12b); Elektrode bis zum Einrasten nach unten drücken; Träger in die Verbindung zur Anode schieben, ohne ihn anzuheben (Abb. 7.12c).
19. Aufsetzen der beweglichen Elektrode auf das Kathodenende des Trägers, sodass die Elektrode Kontakt zu den Filterstreifen hat und der Rand der Kathode an den Rahmen stößt (Abb. 7.13).
20. Schließen des Deckels der Fokussiereinheit.
21. Programmieren der Auftrennung; die OFFGEL-Einheit wird mit bereits programmierten Methoden für verschiedene Anwendungen geliefert; eine von diesen Methoden eignet sich zum Beispiel optimal zur Auftrennung von Peptiden über 13-cm-IPG-Streifen und wird über die Steuerungstasten vorne am Gerät aufgerufen.
    a. Auswählen der Trägerposition: Tray I oder II.
    b. Aus den Menüoptionen auf dem Display Auswählen von „Method", „Load" und schließlich der Methode „OG12PE00"; es erscheint eine Tabelle mit Parametern wie Voltstunden, maximale Spannung, Stromstärke und Zeiteinstellungen; auch werden Spannung und maximale Stromstärke für das Ende der Fokussierung aufgelistet, durch die die fokussierten Peptide refokussiert werden, wenn die gewünschte Voltstundenzahl erreicht ist.
    c. Auswählen von „Done".
    d. Auswählen von „Start".
       Die Festelektrode beginnt nach dem Start der Methode zu leuchten und blinkt, wenn die Methode beendet ist; ein Lauf dauert in der Regel 4–12 h.
22. Abziehen der in den 12 Vertiefungen über dem Gel stehenden Lösung mit einer Pipette und Überführen in beschriftete Mikrozentrifugengefäße.
23. Injizieren der 12 IEF-Fraktionen in eine Umkehrphasen-HPLC-Säule, um die Peptide weiter aufzutrennen; die Peptide werden mithilfe eines Pipettierroboters auf einen Probenträger aufgetragen und mit Matrix gemischt, sobald sie von der HPLC-Säule eluieren; die Datengewinnung erfolgt mit dem 4700 MALDI-TOT/TOF-Massenspektrometer und wird in Experiment 3 beschrieben, die Analyse der Daten erfolgt mit ProteinPilot und wird in Experiment 8 behandelt.

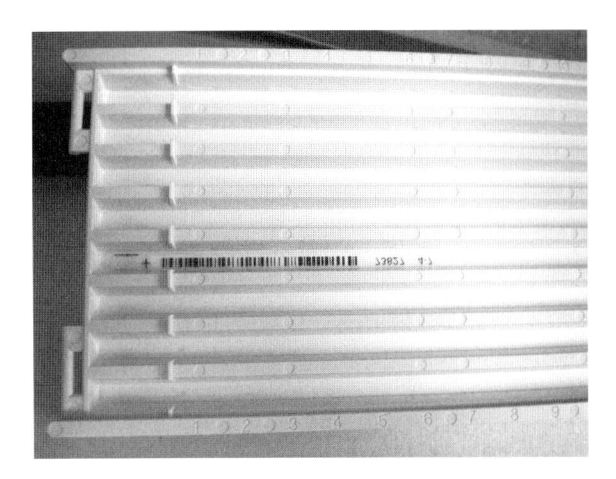

Abb. 7.7 Das Gel wird mit der Gelseite nach oben in die Rinne gelegt.

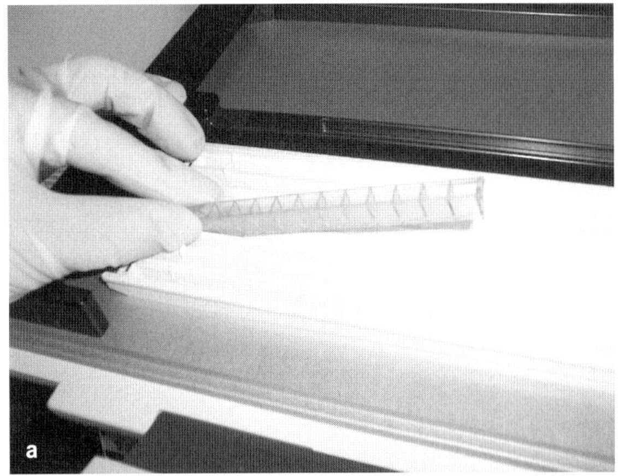

Abb. 7.8 **a** Die linke Seite des Rahmens wird abgesenkt und gegen eine mechanische Sperre gedrückt. **b** Der Rahmen schnappt über dem Gel in die Halterung ein, wobei die linke Seite an dem Steg einrastet.

Abb. 7.9 Plazierung der Filterstreifen auf dem Rand des IPG-Streifens mit Kontakt zum Rahmen.

Abb. 7.10 Plazierung des Dichtungsstreifens auf dem Rahmen.

Abb. 7.11 Verteilung von Mineralöl in der Rinne auf beiden Seiten des Rahmens.

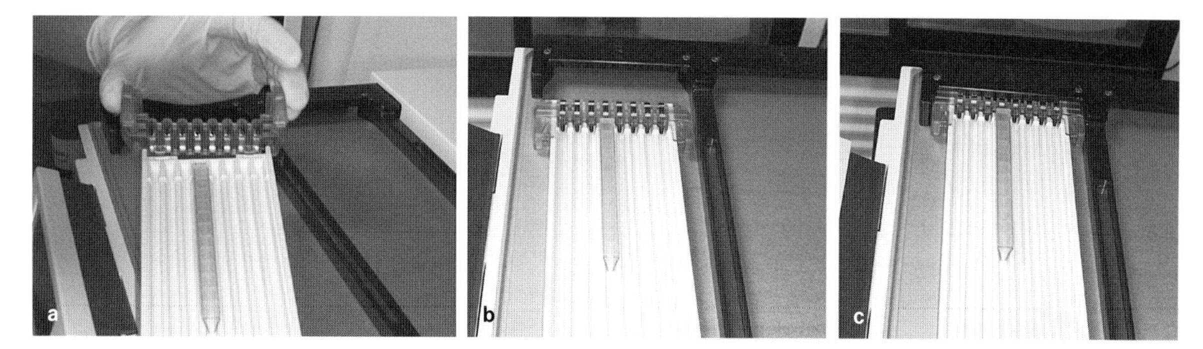

Abb. 7.12 Die Spangen an der Festelektrode werden in den Aussparungen auf der linken Seite des Trägers fixiert (**a**), und die Elektrode wird nach unten gekippt (**b**). **c** Der Träger wird anschließend in die Verbindung zur Anode geschoben.

Abb. 7.13 Die bewegliche Elektrode wird so ausgerichtet, dass sie an die rechte Seite des Rahmens stößt.

Literatur

Choe L, D'Ascenzo M, Relkin NR, Pappin D, Ross P, Williamson B, Guertin S, Pribil R, Lee KH (2007) 8-Plex quantitation of changes in cerebrospinal fluid protein expression in subjects undergoing intravenous immunoglobulin treatment for Alzheimer's disease. *Proteomics* 7: 3651-3660

Gygi SP, Rist B, Gerber SA, Turecek F, Gelb MH, Aebersold R (1999) Quantitative analysis of complex protein mixtures using isotope-coded affinity tags. *Nat Biotechnol* 17: 994-999

Ong SE, Mann M (2005) Mass spectrometry-based proteomics turns quantitative. *Nat Chem Biol* 1: 252-262

Ong SE, Blagey B, Kratchmarova I, Kristensen DB, Steen H, Pandey A, Mann M (2002) Stable isotope labeling by amino acids in cell culture, SILAC, as a simple and accurate approach to expression proteomics. *Mol Cell Proteomics* 1: 376-386

Ross PL, Huang YN, Marchese JN, Williamson B, Parker K, Hattan S, Khainovski N, Pillai S, Dey S, Daniels S et al (2004) Multiplexed protein quantitation in *Saccharomyces cerevisiae* using amine-reactive isobaric tagging reagents. *Mol Cell Proteomics* 3: 1154-1169

Experiment 8

8

Analyse und Validierung von Tandemmassenspektren*

Die Kombination von Massenspektrometrie und genomgestützter Datenanalyse hat die Proteomik revolutioniert. Mittlerweile lässt sich eine große Zahl an Proteinen und modifizierten Aminosäuren in nur geringen Mengen Ausgangsmaterial rasch identifizieren. Die computergestützte Analyse und Interpretation der gewonnenen Daten aus der Massenspektrometrie spielt bei den in diesem Buch beschriebenen Experimenten zur Proteomik eine grundlegende Rolle. In den Experimenten 1–7 dieses Buches wurden Spektren von Vorläuferionen (MS) genutzt, um die Massen (m/z) von Peptiden zu bestimmen, die aus trypsinierten Proteinproben stammen. Ausgewählte Peptide wurden durch kollisionsinduzierte Dissoziation (CID) fragmentiert, um Fragmentierungsspektren zu erstellen (MS/MS). Intensität und m/z-Werte von Vorläufer- und Fragmentionen wurden in einer Datei gespeichert. In diesem Experiment werden nun die gewonnenen Daten so aufbereitet und formatiert, dass sie von Programmen für die Datenbankrecherche verwendet werden können. Die Programme gleichen die experimentellen Daten der Massenspektrometrie mit den theoretischen Massen von Peptiden und Fragmentionen von Proteinen in der Datenbank ab. Mithilfe einer Vielzahl von mathematischen und statistischen Methoden zum Scoring, identifizieren die Rechercheprogramme die am besten zu den experimentellen Daten passenden Peptidsequenzen in der Datenbank. Schließlich erstellen die Programme eine Liste von potenziell in der Probe vorhandenen Proteinen. Die Bewertung der Rechercheergebnisse und die Validierung der identifizierten Proteine und Peptide stellt die größte Herausforderung dar. Die Datenanalyse erfordert Kenntnisse der Stärken und Schwächen der einzelnen Programme wie auch ein grundlegendes Wissen darüber, wie die Spektren der Peptidfragmentierung zu interpretieren und zu validieren sind.

Bei der Sequenzierung eines Peptids mittels Tandemmassenspektrometrie ist die Information über die Peptidsequenz in dem Produktion- oder MS/MS-Spektrum enthalten. Die Niedrigenergiefragmentierung von ionisierten tryptischen Peptiden findet hauptsächlich an den Amidbindungen entlang des Peptidrückgrats statt, wodurch zahlreiche Fragment- oder Produktionen entstehen (Abb. 8.1). Man hat einige Modelle vorgeschlagen, die die Chemie der Fragmentierung beschreiben, wie das Modell des mobilen Protons und das „Competition“-Modell (Dongré et al 1996; Wysocki et al 2000; Paizs und Suhai 2005). Die Differenzen der Massen der Produktionen ergeben die Massen der jeweiligen Aminosäurereste (Masse der Aminosäure – Masse H_2O) und schließlich die Peptidsequenz (s. Anhänge 5 und 6).

Um die unterschiedlichen Produktionen zu beschreiben, die in den Fragmentierungsspektren zu beobachten sind, hat sich eine standardisierte Nomenklatur entwickelt (Abb. 8.2). Die a-, b- und c-Ionen enthalten alle den Aminoterminus des Peptids, während die x-, y- und z-Ionen über den Carboxyterminus verfügen. Bei einer Niedrigenergie-CID gehören die hauptsächlich entstehenden Ionen mit Aminoterminus zur b-Ionen-Serie und die hauptsächlich entstehenden Ionen mit Carboxyterminus zur y-Ionen-Serie. Die a-, c-, x- und z-Ionen-Produkte werden unter diesen Bedingungen in der Regel nicht gebildet; sie entstehen nur bei einer Hochenergie-CID und anderen Fragmentierungsmethoden, wie einer Elektronentransferdissoziation (ETD). Sowohl bei b- als auch bei y-Ionen-Serien entspricht die m/z-Differenz zwischen benachbarten Ionen der Masse des Aminosäurerestes an dieser Position (Abb. 8.1). Für zweifach geladene Peptide sind b- und y-Ionen-Serien komplementär, da

* Einige Abschnitte stammen von Rebecca A. Bish (*Department of Cancer Biology and Genetics, Memorial Sloan-Kettering Cancer Center, New York, New York 10021*) und Eric S. Simon (*Department of Biological Chemistry, University of Michigan, Ann Arbor, Michigan 48109*)

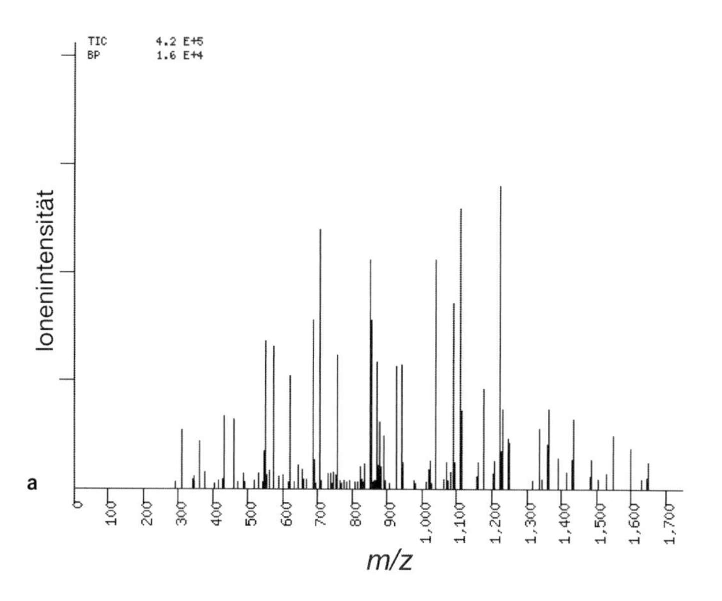

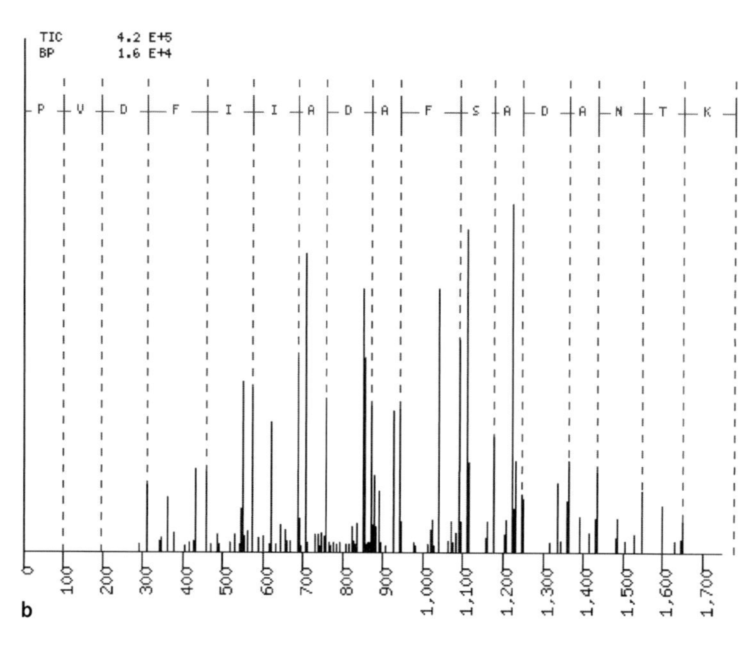

Abb. 8.1 (siehe auch Farbteil)
a Nichtannotiertes MS/MS- oder Produktspektrum. Ein Fragmentierungsspektrum, das von einem zweifach geladenen Vorläuferion (*m/z* 898,9) aus einem trypsinierten Hefezelllysat stammt. Auf der x-Achse sind die Massen der Ionen als Masse-zu-Ladungs-Verhältnis (*m/z*) aufgetragen, auf der y-Achse die Häufigkeit des Ions gemessen als Ionenintensität. Das Spektrum enthält Peaks, die von den Fragmentionen des Peptids stammen, wie auch Hintergrundsignale. Wie es für qualitativ hochwertige Daten typisch ist, zeigt das Spektrum ein breites Spektrum von Ionen, deren Peaks eine signifikant höhere Intensität haben als die Hintergrundpeaks. Außerdem scheinen die Ionen mit hoher Intensität ein symmetrisches Muster zu bilden. **b** Theoretische b-Ionen eines Peptids aus der Datenbank, das eine große Übereinstimmung aufweist. Die Daten von Vorläufer- und Fragmentionen wurden für eine SEQUEST-Datenbankrecherche mit den dort hinterlegten Daten des Hefeproteoms eingesetzt. Das Peptid, das die größte Ähnlichkeit zwischen gemessenem und theoretischem Spektrum (*top score*) aufwies, war PVDFIIADAFSADANTK aus dem Pgk1-Protein (Cn = 6,9). Laut Programm war das Vorläuferion zweifach geladen (z = +2). Die theoretischen b-Ionen des Peptids aus der Datenbank werden mit dem experimentell gewonnenen MS/MS-Spektrum überlagert, sodass sich erkennen lässt, welche Fragmentionen b-Ionen sein könnten. Die Massendifferenz zwischen benachbarten b-Ionen entspricht der Masse eines Aminosäurerestes (s. Anhänge 5 und 6). **c** Theoretische y-Ionen eines Peptids aus der Datenbank, das eine große Übereinstimmung aufweist. Die theoretischen y-Ionen des Peptids PVDFIIADAFSADANTK werden mit dem MS/MS-Spektrum überlagert, sodass sich erkennen lässt, welche Fragmentionen y-Ionen sein könnten. Der Massenunterschied zwischen benachbarten y-Ionen entspricht der Masse eines Aminosäurerestes (s. Anhänge 5 und 6). **d** Theoretische b-y-Ionen eines Peptids aus der Datenbank, das eine große Übereinstimmung aufweist. Die Fragmentionen des MS/MS-Spektrums werden von den theoretischen b-y-Ionen des Peptids PVDFIIADAFSADANTK überlagert und so markiert. Ist die Übereinstimmung eines mehrfach geladenen Vorläuferions mit der Datenbank hoch, sollten die Ionen mit der stärksten Intensität mit den vorhergesagten Fragmentionen übereinstimmen. **e** Zusammenfassung der Peptidübereinstimmungen im MS/MS-Spektrum. Diese Art der Interpretation wird in der Regel eingesetzt, um darzustellen, welche b-y-Ionen eines Peptids im MS/MS-Spektrum detektiert wurden. Über der Aminosäuresequenz sind die berechneten *m/z*-Werte der b-Ionen aufgeführt, unter der Sequenz die berechneten *m/z*-Werte der y-Ionen. Alle Werte beziehen sich auf einfache Ladungen und sind monoisotopische Massen. Die Abbildung zeigt auch die Komplementarität der b- und y-Ionen-Serien. Ist ein b- oder ein y-Ion identifiziert, lässt sich das komplementäre Ion anhand der Masse des Vorläuferions berechnen. Der Nachweis komplementärer Ionenpaare ist ein Hinweis darauf, dass es sich bei dem Peptidfund in der Datenbank um das entsprechende, zum MS/MS-Spektrum passende Peptid handelt.

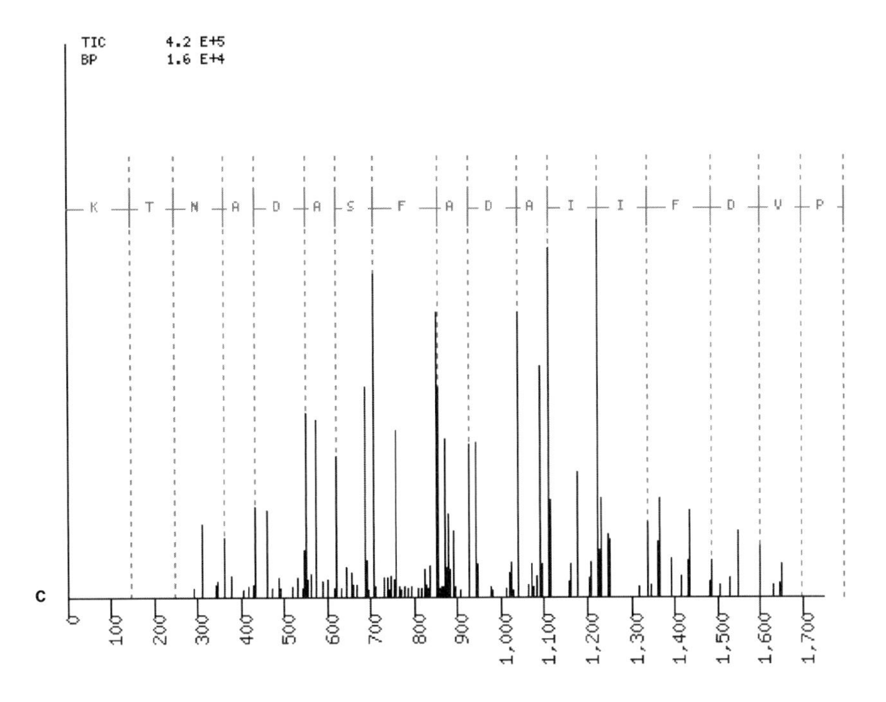

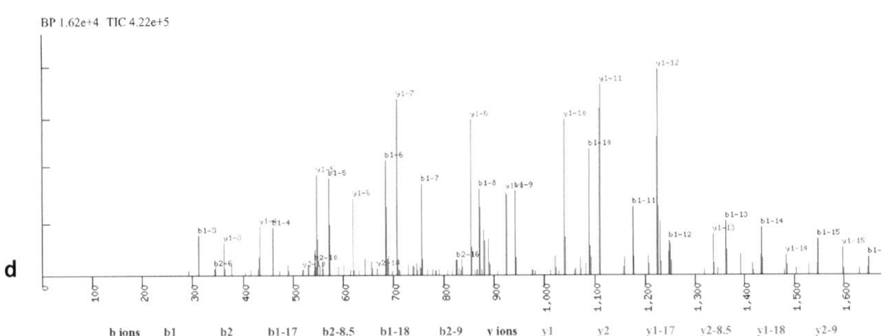

b ions	b1	b2	b1-17	b2-8.5	b1-18	b2-9	y ions	y1	y2	y1-17	y2-8.5	y1-18	y2-9
b1 P	98.1167	49.55835	81.1167	41.05835	80.1167	40.55835	y1 K	147.1742	74.0871	130.1742	65.5871	129.1742	65.0871
b2 V	197.2493	99.12465	180.2493	90.62465	179.2493	90.12465	y2 T	248.2793	124.63965	231.2793	116.13965	230.2793	115.63965
b3 D	**312.3379**	156.66895	295.3379	148.16895	294.3379	147.66895	y3 N	362.3832	181.6916	345.3832	173.1916	344.3832	172.6916
b4 F	**459.5145**	230.25725	442.5145	221.75725	441.5145	221.25725	y4 A	433.462	217.231	416.462	208.731	415.462	208.231
b5 I	**572.674**	286.837	555.674	278.337	554.674	277.837	y5 D	548.5506	274.7753	531.5506	266.2753	530.5506	265.7753
b6 I	**685.8335**	**343.41675**	668.8335	334.91675	667.8335	334.41675	y6 A	619.6294	310.3147	602.6294	301.8147	601.6294	301.3147
b7 A	**756.9123**	378.95615	739.9123	370.45615	738.9123	369.95615	y7 S	706.7076	353.8538	689.7076	345.3538	688.7076	344.8538
b8 D	**872.0009**	436.50045	855.0009	428.00045	**854.0009**	427.50045	y8 F	853.8842	427.4421	836.8842	418.9421	835.8842	418.4421
b9 A	**943.0797**	472.03985	926.0797	463.53985	925.0797	463.03985	y9 A	924.963	462.9815	907.963	454.4815	906.963	453.9815
b10 F	**1090.2563**	**545.62815**	1073.2563	537.12815	1072.2563	536.62815	y10 D	1040.0516	520.5258	1023.0516	512.0258	1022.0516	511.5258
b11 S	**1177.3345**	589.16725	1160.3345	580.66725	1159.3345	580.16725	y11 A	1111.1304	556.0652	1094.1304	547.5652	1093.1304	547.0652
b12 A	**1248.4133**	624.70665	1231.4133	616.20665	1230.4133	615.70665	y12 I	1224.2899	612.64495	1207.2899	604.14495	1206.2899	603.64495
b13 D	**1363.5019**	682.25095	1346.5019	673.75095	**1345.5019**	673.25095	y13 I	1337.4494	669.2247	1320.4494	660.7247	1319.4494	660.2247
b14 A	**1434.5807**	717.79035	1417.5807	709.29035	1416.5807	708.79035	y14 F	1484.626	742.813	1467.626	734.313	1466.626	733.813
b15 N	**1548.6846**	774.8423	1531.6846	766.3423	1530.6846	765.8423	y15 D	1599.7146	800.3573	1582.7146	791.8573	1581.7146	791.3573
b16 T	**1649.7897**	**825.39485**	1632.7897	816.89485	1631.7897	816.39485	y16 V	1698.8472	849.9236	1681.8472	841.4236	1680.8472	840.9236

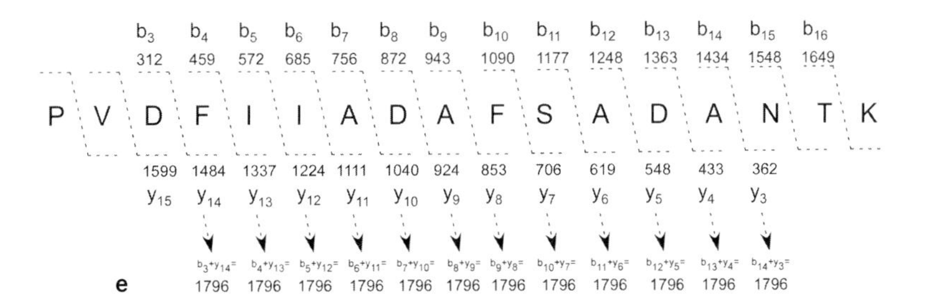

Abb. 8.1 *Fortsetzung*

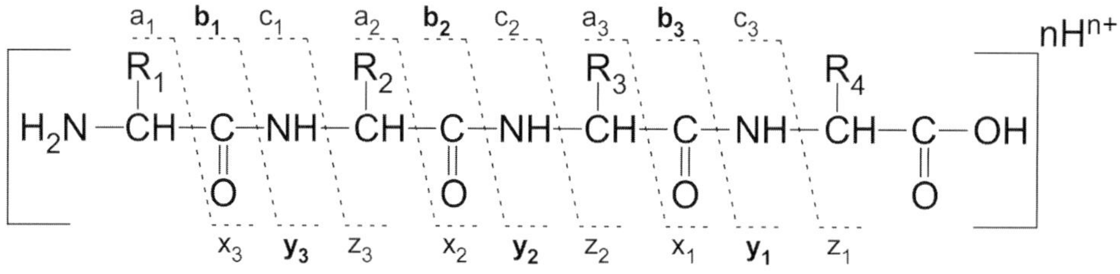

Abb. 8.2 Nomenklatur der aus einem Peptid generierten Fragmentionen. Das Diagramm zeigt zwei Klassen von Fragment- oder Produktionen, die aus einem protonierten Peptid entstehen. Eine Klasse enthält den Aminoterminus (a_i, b_i, c_i) während die andere Klasse den Carboxyterminus trägt (x_i, y_i, z_i). Bei beiden Klassen kann die Fragmentierung an drei unterschiedlichen Stellen entlang des Peptidrückgrats stattfinden. Die b- und y-Ionen (fett) sind die bei einer Niedrigenergie-CID dominierenden Ionen. Bei b-y-Ionen tritt die Fragmentierung in der Amidbindung des Peptids auf. Das Diagramm zeigt auch die Komplementarität der Fragmentionen. So entspricht zum Beispiel die Summe der Ionenmassen von b_1 und y_3 der Masse des Vorläuferions.

die Spaltung der protonierten Amidbindungen sowohl zu einem b- und einem y-Ion führen kann (Abb. 8.1 und Abb. 8.2). Die b- und y-Ionen stammen aus einzelnen Fragmentierungsreaktionen, die in einer Population von Vorläuferionen stattfinden, welche an unterschiedlichen Amidbindungen protoniert werden. Die Identifizierung der Mitglieder der b- und y-Ionen-Serien in einem Produktspektrum und die Berechnung der Massen der Aminosäurereste sind grundlegende Schritte bei der *de novo*-Bestimmung einer Aminosäuresequenz.

Die *de novo*-Interpretation von Tandemmassenspektren ist nicht einfach. Die Intensität der b- und y-Ionen-Peaks sticht bei oberflächlicher Betrachtung nicht unbedingt hervor (Abb. 8.1a). Die relativen Häufigkeiten der Produktionen variieren in der Regel stark, wobei einige Produktionen das Spektrum dominieren können, während andere nicht nachweisbar sind (Abb. 8.1b,c). Diese Variabilität spiegelt die Unterschiede in den Amidbindungen wider, die auf die unterschiedlichen Eigenschaften der benachbarten Seitenketten und der Position der Bindungen im Peptid zurückzuführen sind (s. Protokoll 3). Die Abspaltung von neutralen Molekülen von dem Vorläufer und von b- und y-Ionen verringert die Intensität der Fragmentionen. Bei tryptischen Peptiden beobachtet man häufig die Freisetzung von Wasser (–18 Da) aus Ser-, Thr-, Glu- und Asp-Seitenketten und von Ammoniak (–17 Da) aus Asn-, Gln-, Arg- und Lys-Seitenketten. Durch diese Neutralverluste entstehen zusätzliche Produktionen mit einer im Vergleich zu den b- und y-Ionen um –17 bzw. –18 Da geringeren Masse (Abb. 8.1d). Wie bei den meisten analytischen Methoden zeigt sich auch bei der Massenspektrometrie ein Hintergrundrauschen, das auf die Probe und auch auf das Massenspektrometriesystem zurückgeht und zur allgemeinen Komplexität und Unsicherheit in der Vorhersage beiträgt. So entspricht bei einer begrenzten Anzahl von Kombinationen die Summe der Massen der Aminosäurereste von zwei Aminosäuren der Masse eines einzelnen anderen Aminosäurerestes. Beispielweise ist die Restmasse von Asp-Ala, Val-Ser bzw. Gly-Glu gleich der Restmasse von Trp (186 Da). Und die Massen von Ile und Leu sind mit 113 Da identisch und lassen sich mit einer Niedrigenergie-CID nicht unterscheiden. Durch diese Komplikationen kann die *de novo*-Interpretation von Tandemmassenspektren aufwendig und zeitraubend sein. Dieser Mangel an Informationen in Tandemmassenspektren führt häufig zu unvollständigen Aminosäuresequenzen.

Bei Experimenten auf dem Gebiet der Proteomik vermeidet man in der Regel die *de novo*-Interpretation von Tandemmassenspektren, und die initiale Interpretation der Spektren wird mithilfe von Programmen zur Datenbankrecherche durchgeführt (Abb. 8.3). Diese Programme vergleichen die experimentellen Daten der Massenspektrometrie mit theoretischen Daten, die aus der Proteinsequenz in der Datenbank hervorgehen. Suchalgorithmen verarbeiten in kurzer Zeit eine große Zahl an MS/MS-Spektren und erstellen eine Liste von Aminosäuresequenzen, die zu den MS/MS-Spektren passen. Auf der Basis der Sequenzen entsteht wiederum eine Liste an potenziellen Proteinen in der Probe. Die Bewertung der Zuverlässigkeit einer solchen Liste ist eine der größten Herausforderungen in der Proteomik.

Die Datenbankrechercheprogramme identifizieren zunächst Ketten (*strings*) von Aminosäuren aus in der Datenbank gespeicherten Proteinen, deren Masse der Masse des Vorläuferions entspricht. Anschließend werden die theoretischen Massen der potenziellen Produktionen jedes dieser Peptide mit den tatsächlich im MS/

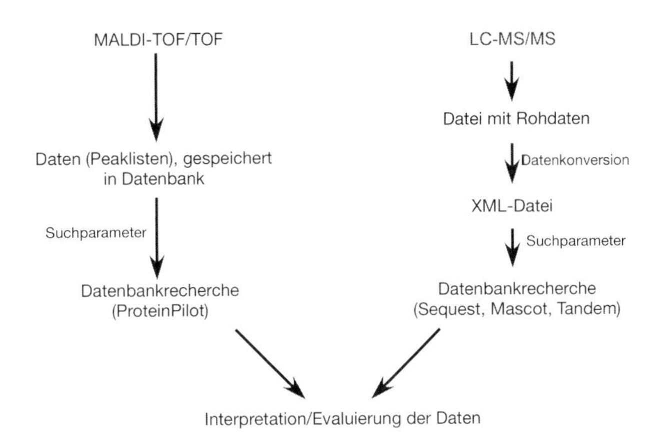

Abb. 8.3 Fließdiagramm, das den Ablauf der Analyse von MALDI-TOF/TOF- und LC-MS/MS-Daten zeigt.

MS-Spektrum vorkommenden Ionenmassen und -intensitäten abgeglichen. Die verfügbaren Datenbankrechercheprogramme unterscheiden sich in erster Linie in den mathematischen und statistischen Methoden, die für einen Abgleich zwischen theoretischen und experimentellen Daten herangezogen werden (Sadygov et al. 2004). Wurde ein Kandidatenpeptid identifiziert, lassen sich auch die b- und y-Ionen-Serien in den experimentellen Spektren analysieren (Abb. 8.1b–e). Die Suchalgorithmen wurden so entwickelt, dass sie einen Score oder einen statistischen Wert liefern, mit dessen Hilfe sich die Signifikanz der Ähnlichkeit zwischen der Peptidsequenz aus der Datenbank und der aus den experimentellen Daten bewerten lässt. Die Programme erstellen eine Rangliste der Peptidähnlichkeiten und zeigen so an, welches Peptid am besten passt. Im Idealfall wird jedes Protein von vielen unabhängigen Peptidübereinstimmungen identifiziert. In der Realität geht jedoch ein Großteil (>50 %) der identifizierten Proteine auf ein einziges Peptid zurück, das zu dem MS/MS-Spektrum passt. Bei diesen *one hit wonders* ist die Qualität der aus den Spektren generierten Daten oder auch die Übereinstimmung der Peptidsequenz mit einem MS/MS-Spektrum möglicherweise eher unerheblich. Die Übereinstimmung muss bestätigt werden. Dazu wird das MS/MS-Spektrum eingehend manuell überprüft, und es wird untersucht, inwiefern die vorhergesagten Produktionen die durch die Fragmentierung erhaltenen Daten tatsächlich unterstützen.

Protokoll 1
Analyse von LC-MS/MS-Daten mithilfe der Global Proteome Machine (GPM)

Materialien

binäre Datensätze, generiert in einem LC-MS/MS-Experiment
Computer mit Windows XP oder Linux

Durchführung

Konvertierung von nativen Datensätzen aus der Massenspektrometrie in das XML-Format

Die meisten Hersteller von Massenspektrometern codieren die Daten in einem patentrechtlich geschützten binären Format. Daher müssen die *m/z*- und Intensitätswerte der Vorläufer-(MS-) und Produkt-(MS/MS-)spektren in diesen nativen Dateien in ein Textformat überführt werden, das von den Programmen zur Datenbankrecherche gelesen werden kann. XML ist ein einfaches, flexibles Textformat, das auf SGML (*standardized general markup language*, normierte verallgemeinerte Auszeichungssprache) basiert, die ursprünglich für das *electronic publishing* entwickelt wurde. Zwei Arbeitsgruppen haben unabhängig voneinander ein allgemeines Dateiformat entwickelt, das auf XML beruht (mzXML und mzData) und mit dem sich native Massenspektrometriedaten verarbeiten lassen. Mithilfe dieses allgemeinen Dateiformats ist es möglich, Daten, die mit Geräten unterschiedlicher Hersteller gewonnen wurden, durch Suchalgorithmen in den Datenbanken analysieren zu lassen. Erst kürzlich wurden beide XML-Formate zu einem neuem Format, mtML, zusammengefügt mit dem Ziel, die Formate mzXML und mzData zu ersetzen (Deutsch 2008). Die meisten nativen Dateien lassen sich mithilfe einer von den Herstellern bereitgestellten Software in ein XML-Format umwandeln.

Im Kurs wird für die LC-MS/MS-Experimente ein LTQ-Massenspektrometer von ThermoFisher eingesetzt. Die gewonnenen Daten werden in einer nativen, binären Datei gespeichert, die die Dateierweiterung „RAW" trägt. Um die Daten mit Datenbankrechercheprogrammen analysieren zu können, muss die RAW-Datei entweder in ein XML- oder ein anderes Textformat umgewandelt werden. Für diese Konvertierung der RAW-Dateien in das XML-Dateiformat mzXML nutzen wir das allgemein verfügbare Programm ReadW.exe. Frei verfügbar ist auch die Software zur Umwandlung von XML- in ASCII-Formate (http://www.proteomecommons.org/).

1. Installation des ReadW.exe-Programms auf einem PC, auf dem auch die Xcalibur-Software von ThermoFisher installiert ist, im Ordner „C:/WINDOWS/system32".

   Das ReadW.exe-Programm kann entweder von der Webseite SourceForge (http://sourceforge.net), die Open-Source-Software zur Verfügung stellt, oder von der Seite des Institute for System Biology (http://tools.proteome-center.org/ReAdW.php) heruntergeladen werden. Da das Programm auf Bibliotheken des Herstellers ThermoFisher zugreift, die ausschließlich für Windows erstellt wurden, funktioniert es nur, wenn es auf Windows-Rechnern installiert wird, auf denen auch die Xcalibur-Software von ThermoFisher installiert ist. Sollen native Dateien von anderen Herstellern von Massenspektrometern umgewandelt werden, werden andere Konvertierungsprogramme eingesetzt. Die mxSTAR.exe-Programme wandeln die Dateien des Analyst von SCIEX/ABI um. Das mzBruker.exe-Programm konvertiert native Bruker-Formate in das mzXML-Format und MassWolf.exe-Programme wandeln die Daten des MassLynx von MicroMass ebenfalls in dieses Format um.
2. Öffnen der Eingabeaufforderung auf dem PC, indem man auf „Start" > „Run" klickt und „cmd" eingibt.
3. Dateiverzeichnisse in den Ordner verschieben, der die RAW-Datei enthält, indem man nach der Eingabeaufforderung „<cd c:\xcalibur\data>" eingibt.
4. Eingabe des Befehls „<readw.exe filename.raw>", um das Konvertierungsprogramm zu starten.
5. Ist die Konvertierung beendet, erscheint im Verzeichnis „C:\Xcalibur" eine mzXML-Datei, die den gleichen Namen trägt wie die ursprüngliche Datei.

Datenbankrecherche mit Daten aus der Tandemmassenspektrometrie

Zahlreiche Datenbankrechercheprogramme wurden entwickelt, um die gemessenen Werte des Vorläuferions und seiner Fragmentionen mit den theoretischen Massen von Peptiden und ihrer Fragmentierungsprodukte, welche von Proteinen in einer Datenbank stammen, zu vergleichen. Die meisten Hersteller von Massenspektrometern bieten ein lizenziertes Datenbankrechercheprogramm für die Weiterverarbeitung der Daten mit den von ihnen vertriebenen Massenspektrometern an. Drei der am häufigsten eingesetzten Suchalgorithmen sind SEQUEST, Mascot und X!Tandem (Eng et al. 1994; Perkins et al. 1999; Craig und Beavis 2004). Alle drei Programme lassen sich für die Analyse von nativen Daten aus jedem beliebigen Massenspektrometer verwenden, Voraussetzung ist jedoch, dass die Dateien zuvor in ein XML- oder ein ASCII-Format konvertiert wurden. SEQUEST, das erste Programm, mit dem sich nichteditierte Daten aus Tandemmassenspektren mit Sequenzen einer Proteindatenbank abgleichen ließen (Eng et al. 1994), wird in der Regel von Nutzern eines Massenspektrometers von ThermoFisher eingesetzt. Der SEQUEST-Algorithmus nutzt eine Kreuzkorrelationsfunktion, um Ähnlichkeiten zwischen experimentellen und vorhergesagten Spektren festzustellen. Zu dem Spektrum passende Peptidsequenzen werden durch einen Kreuzrelations-Score (Cn) in einer Rangliste sortiert. Mascot und X!Tandem nutzen einen wahrscheinlichkeitsbasierten Scoring-Algorithmus, um aus einer Proteindatenbank die wahrscheinlichste Peptidsequenz abzuleiten, die zu dem experimentellen Spektrum passt (Pappin et al. 1993; Perkins et al. 1999; Craig und Beavis 2003; Fenyo und Beavis 2003). Nutzer von SCIEX/ABI-Geräten setzen in der Regel Mascot ein. X!Tandem oder Tandem (http://www.thegpm.org/) war der erste frei erhältliche Open-Source-Suchalgorithmus für eine Datenbank und wurde von einer wachsenden Zahl an Wissenschaftlern verwendet.

Während die Suchalgorithmen die gewonnenen Tandemmassenspektren mit den in den Datenbanken enthaltenen Peptidsequenzen abgleichen, müssen diese Peptidsequenzen dann zu Proteinen zusammengesetzt werden, die den ursprünglichen Inhalt der Probe repräsentieren. Erste Versionen solcher zusammensetzenden Softwareanwendungen wie SEQUEST Summary und Autoquest nutzten für die Zusammensetzung von Peptiden zu Proteinen einen einfachen Scoring-Schwellenwert (McCormack et al. 1997; Link et al. 1999). Die zweite Generation dieser Programme wie DTASelect und INTERACT nutzen Filterebenen auf Peptid- und Proteinniveau, um Peptidsequenzen in einer Liste von Proteinen zusammenzuführen (Han et al. 2001; Tabb et al. 2002). Dieses Verfahren ist jedoch kompliziert, wenn Peptidsequenzen vorliegen, die zu vielen Proteinen in der Datenbank passen. In einem solchen Fall würde das breite Spektrum der Peptidübereinstimmungen mit einem hohen Score zu einer nicht eindeutigen Liste an Proteinkandidaten führen. Vor kurzem wurden daher das wahrscheinlichkeitsbasierte Verfahren ProteinProphet und peptidzentrierte Ansätze wie Isoform Resolver und Parsimony Analysis entwickelt, um aus Peptidlisten, welche von Suchalgorithmen erstellt wurden, Proteinprofile zu erstellen (Nesvizhskii et al. 2003; Resing et al. 2004; Yang et al. 2004; Zhang et al. 2007).

Installation von GPM auf einem Windows-PC

Die Global Proteome Machine (GPM) ist eine Open-Source-Schnittstelle, die die Suchalgorithmen der X!Tandem-Datenbank nutzt, um mit den in Massenspektrometrieexperimenten gespeicherten Dateien Datenbankrecherchen durchzuführen. Bei GPM handelt es sich um das erste Open-Source-Programm für eine Datenbankrecherche. Die Datenanalyse durch GPM kann über das Internet erfolgen, doch ist diese Vorgehensweise für die in einer LC-MS/MS generierten großen Dateien in der Regel zu langsam. Seit X!Tandem zur Verfügung steht, sind auch andere Open-Source-Programme für Datenbankrecherchen auf den Markt gebracht worden wie der *open mass spectrometry search algorithm* (OMSSA), gesponsort vom NCBI (Geer et al. 2004), und MyriMatch aus dem Labor von David Tabb, Vanderbilt University (Tabb et al. 2007).

Im CSHL-Proteomikkurs nutzen wir SEQUEST, Mascot und X!Tandem für die Analyse von LC-MS/MS-Daten. Da GPM und X!Tandem kostenlose Open-Source-Programme sind, installieren wir sie auf den Computern der Kursteilnehmer. Ihre Aufgabe ist, die Ergebnisse aller drei Programme für die Verarbeitung derselben Datensätze miteinander zu vergleichen. Die meisten Teilnehmer in unserem Kurs erachten die lokale Installation von GPM auf ihrem PC als sinnvoll. Für einen Macintosh-Computer steht leider keine GPM-Version zur Verfügung.

1. Auf http://www.thegpm.org gehen.
2. Auf der linken Seite unter „Download“ den Link „ftp site“ anklicken.
3. Anklicken des Verzeichnisses „Projects“.
4. Anklicken des Verzeichnisses „GPM“.
5. Anklicken des Verzeichnisses „Current_release“ oder „GPM-xe-installer“; Herunterladen der aktuellsten Version der Software auf den Computer.

   Die GPM-Software wird regelmäßig aktualisiert. Man sollte überprüfen, ob für das auf dem Computer installierte Betriebssystem eine aktuellere Version vorhanden ist und diese gegebenenfalls herunterladen. Der Download umfasst in der Regel einige häufig verwendete Proteindatenbanken von prokaryotischen und eukaryotischen Modellorganismen. Wird mit einem Organismus gearbeitet, dessen Datenbank nicht enthalten ist, kann auch jede beliebige andere Datenbank heruntergeladen werden.
6. Die Dateien mit WinZip dekomprimieren und in einen Ordner im „Program Files“-Verzeichnis speichern.
7. Um GPM zu starten in den „Program Files/GPM“-Ordner gehen und auf die GPM-Manager.exe-Datei klicken.

Setup einer einfachen GPM-Datenbankrecherche mit den Daten eines LC-MS/MS-Experiments

Dieser Abschnitt beschreibt typische Einstellungen für eine X!Tandem-Datenbankrecherche mit den Daten eines LC-MS/MS-Experiments, die mit einem LTQ-Massenspektrometer von ThermoFisher gewonnen wurden (Abb. 8.4). In den meisten Fällen sind die „Default“-Werte (Standardeinstellungen) ein guter Ausgangspunkt. Wie wir empirisch ermittelt haben, liefern diese empfohlenen Einstellungen für das LTQ-Gerät gute Ergebnisse, doch variieren die Einstellungen mit dem verwendeten Massenspektrometer erheblich. Wird GPM für die Analyse der eigenen Daten eingesetzt, sollten die Einstellungen auf das eingesetzte Gerät abgestimmt werden. Wenn eine Proteomik- oder Massenspektrometrie-Serviceeinheit des Instituts vor Ort genutzt wird, sollten die Fachleute vor Ort bei der korrekten Einstellung unterstützen. Es kann auch hilfreich sein, mit demselben Datensatz viele Suchläufe mit unterschiedlichen Parametern zu starten, um die Recherche zu optimieren.

Dieser Abschnitt beschreibt die Parameter für den Start einer Datenbankrecherche mit GPM und dem X!Tandem-Algorithmus (Abb. 8.4), die Eingabe der Parameter ist bei nahezu allen anderen Suchalgorithmen (wie SEQUEST und Mascot) identisch. Der Nutzer wird aufgefordert, die Daten aus der Massenspektrometrie im XML- oder ASCII-Format einzugeben und eine Proteindatenbank für die Recherche und die für die Spaltung der Proteinprobe verwendete Protease wie auch die Parameter für den Vorfilter auszuwählen, um redun-

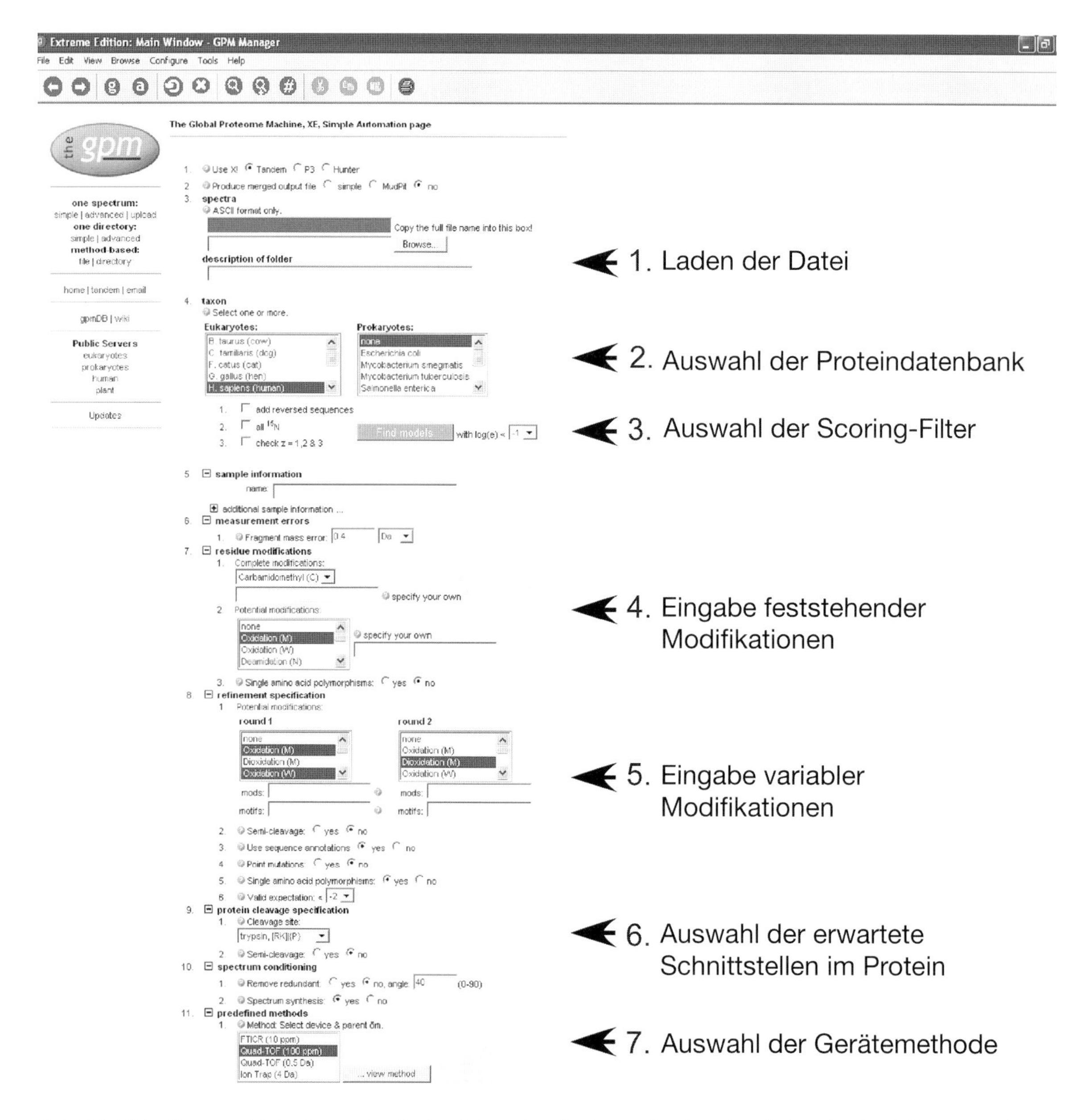

Abb. 8.4 Bildschirmansicht der Parameter für das Setup einer Recherche in einer Proteindatenbank mit Daten aus einer MS/MS. Rechts ist die typische Reihenfolge für die Eingabe der erforderlichen Information aufgeführt. Alle Suchmaschinen (z.B. SEQUEST, Mascot, X!Tandem usw.) fragen vor der Recherche ähnliche Parameter ab. Suchmaschinen verwenden hinsichtlich ihrer Scoring-Filter unterschiedliche Parameter, die entweder auf einem Wahrscheinlichkeitswert, der Häufigkeit von falsch-positiven Treffern, *unique scoring values* als Maß für die Einzigartigkeit eines Peptids, oder Schnittstellen des Peptids bei der Proteolyse beruhen.

dante Spektren oder Spektren schlechter Qualität auszusortieren; der Nutzer muss die erwartete Massengenauigkeit der gewonnenen Daten eingeben wie auch alle feststehenden oder variablen Aminosäuremodifikationen und die Scoring-Kriterien für eine positive Peptididentifizierung.

Es ist mittlerweile üblich, die in der Massenspektrometrie gewonnenen Daten mit einer echten Datenbank abzugleichen wie auch mit einer sogenannten *decoy*-Datenbank („Köderdatenbank"). Diese Datenbank basiert in der Regel auf einer echten Proteindatenbank und wird erstellt, indem man die Aminosäuren jedes Proteins nach dem Zufallsprinzip neu anordnet. Echte und *decoy*-Datenbank werden miteinander gekoppelt, die Daten aus der Massenspektrometrie werden mit dieser gekoppelten Datenbank abgeglichen, und aus der Anzahl der Übereinstimmungen mit der *decoy*-Datenbank ermittelt man den FDR-(*false discovery rate*-)Wert. Dieser Wert schätzt den Prozentsatz der identifizierten Proteine, bei denen es sich um falsch-positive Treffer handelt. Für die Beschreibung des Setups einer Datanbankrecherche (unten) haben wir GPM und X!Tandem ausgewählt, da beide frei verfügbar sind und von vielen Arbeitsgruppen eingesetzt werden.

1. Konvertieren der ThermoFisher-RAW-Datei in eine mzXML-Datei mithilfe des ReadW.exe-Programms, wie im ersten Abschnitt dieses Protokolls beschrieben.
   Die nativen Massenspektrometriedateien werden in das XML-Format überführt.
2. Unter der Überschrift „One Spectrum" auf der linken Seite „Advanced" anklicken.
3. In dem Fenster, das mit „Spectra" bezeichnet ist, nach der mzXML-Datei suchen (Abb. 8.4).
4. Unter der Überschrift „Taxon" nach dem entsprechenden Organismus suchen; im CSHL-Kurs werden die meisten Experimente an der Hefe *S. cerevisiae* durchgeführt (Abb. 8.4).
   Sehr große Proteindatenbanken können die Kapazität einer Datenbanksuchmaschine für die Unterscheidung zwischen korrekten und unkorrekten Sequenzen überschreiten. Wird die Zahl der Proteinsequenzen erhöht, die mit den MS/MS-Daten durchsucht werden, steigt auch die Anzahl der zu prüfenden mathematischen Modelle. Durch unnötig große Proteindatenbanken erhöht sich die Zahl der zufälligen oder stochastischen Sequenzübereinstimmungen. In der Folge werden korrekte positive Treffer von zufälligen Treffern überdeckt. Es sollte daher eine Proteindatenbank ausgewählt werden, die für die Quelle der Proteine in der Probe geeignet ist. Die Datenbanken sollten auf eine bestimmte Spezies oder Gruppe von Spezies beschränkt werden. Eine kleinere Datenbank verkürzt auch die Zeit, die für die Recherche benötigt wird. Häufig kontaminierende Proteine (Trypsin und menschliche Keratine) sollten zu den Proteindatenbanken hinzugefügt werden.
5. Unter der Überschrift „Measurement Errors" die folgenden Einstellungen ändern: Der „Parent Mass Error" sollte +4 oder −2 Da sein (Abb. 8.4).
   Die Einheit muss von ppm auf Da geändert werden. Die Messfehler hängen von dem für die Massenspektrometrie eingesetzten Gerät ab. Diese Werte werden in der Regel bei Ionenfallenmassenspektrometern angegeben. X!Tandem erlaubt dem Nutzer die Angabe asymmetrischer Werte für den „Parent Ion Mass Error", um die systembedingten asymmetrischen Messfehler bei der Massenbestimmung durch verschiedene Typen von Massenspektrometern, insbesondere von Ionenfallenmassenspektrometern, zu kompensieren. TOF- und FT-ICR-Massenanalysatoren haben geringere Messfehler.
6. Unter der Überschrift „Signal Processing" die folgenden Einstellungen ändern: Der „Minimum Parent M+H" sollte 300 sein, die „Minimum Peaks" 10.
7. Eingabe der posttranslationalen Modifikationen (Abb. 8.4).
   Es werden alle bekannten oder vermuteten Modifikationen angeben. Man unterscheidet zwischen zwei Arten von Modifikationen. Feststehende Modifikationen betreffen alle Stellen, wo die spezifizierte Seitenkette oder der Terminus vorkommt. Bei den meisten Experimenten in diesem Handbuch wurden die Cys-Reste mit DTT reduziert und mit IAA alkyliert, sodass an Cys-Resten eine Carbamidomethylgruppe entstanden ist; das bedeutet, dass bei allen Berechnungen 160 Da (103 Da + 57 Da) für die Masse des Cys-Restes zugrunde gelegt wird.
   Variable Modifikationen können in einer Proteinprobe vorhanden sein, sie können aber auch fehlen. Der Suchalgorithmus fragt alle möglichen Anordnungen von variablen Modifikationen ab. Zu den häufigen variablen Modifikationen gehören oxidierte Met- (+16 Da), desamidierte Asn- oder Gln- (+1 Da) und phosphorylierte Ser-, Thr- oder Tyr-Seitenketten (+80 Da). Und es gibt zahlreiche andere mögliche Modifikationen, nach denen gesucht werden kann (Creasy und Cottrell 2004).
   Bei Proteinproben, die mit harnstoffhaltigen Lösungen hergestellt wurden, wird häufig eine Carbamoylierung (+43 Da) der Aminoenden der Proteine und auch der Lys- und Arg-Seitenketten beobachtet, insbesondere, wenn die Proben erhitzt wurden. Isocyansäure, ein Abbauprodukt des Harnstoffes, bindet kovalent an Aminogruppen. Datenbankrecherchen mit einer variablen Modifikation von +43 Da am Aminoterminus und an Lys- und Arg-Seitenketten detektieren häufig carbamoylierte Peptide.
   Nur als Hinweis: Eine einzige variable Modifikation erzeugt viele mögliche mathematische Modelle, die es zu prüfen gilt. Durch viele variable Modifikationen steigt die Zahl der mathematischen Möglichkeiten geometrisch an, sodass die Datenbankrecherche mit mehr variablen Modifikationen erheblich länger dauert. Noch wichtiger

ist, dass die Zunahme der Zahl an mathematischen Möglichkeiten auch die Zahl der Zufallstreffer erhöht. Eine Vielzahl an variablen Modifikationen könnte die Kapazität einer Suchmaschine übersteigen, zwischen korrekten und unkorrekten Sequenzen zu unterscheiden. Für die Validierung der Übereinstimmung mit einem modifizierten Peptid ist eine sorgfältige Datenanalyse notwendig (s. Protokoll 3).

8. Anklicken von „Find Models", um den Suchlauf zu starten.

Setup einer GPM-Datenbankrecherche mit den Daten eines MudPIT-Experiments

In dem MudPIT-Experiment wird ein trypsiniertes Gesamtzelllysat mithilfe einer multidimensionalen HPLC fraktioniert und jede Fraktion über eine ESI-MS/MS analysiert (Experiment 6). Da jede MudPIT-Fraktion eine eigene Datei generiert, liefert die MS/MS-Analyse einer einzigen Probe eine Vielzahl an Dateien. Um die aus diesen Dateien konvertierten mzXML-Dateien von X!Tandem analysieren und prozessieren zu lassen, werden alle mzXML-Dateien in einem eigenen Ordner gespeichert. X!Tandem gleicht die Daten nacheinander mit einer Proteindatenbank ab und führt die Ergebnisse in einer einzelnen Datei zusammen.

1. Konvertieren der RAW-Dateien in mzXML-Dateien mithilfe des ReadW.exe-Programms, wie oben beschrieben.
2. Abspeichern aller mzXML-Dateien eines MudPIT-Laufs in einem separaten Ordner; dieser Ordner sollte keine zusätzlichen mzXML-Dateien enthalten.
3. In der GPM-Manager-Software unter der Überschrift „One Directory" auf der linken Seite „Advanced" anklicken.
4. Neben der Überschrift „Produce Merged Output File" einen Haken im Kästchen für MudPIT setzen.
5. Dem GPM-Programm mitteilen, welche Dateien in einem MudPIT-Lauf zu durchsuchen sind.
6. Unter der Überschrift „Taxon" nach dem entsprechenden Organismus suchen; im CSHL-Kurs werden die meisten Experimente an der Hefe *S. cerevisiae* durchgeführt.
7. Unter der Überschrift „Measurement Errors" die folgenden Einstellungen ändern: Der „Parent Mass Error" sollte +4 oder −2 Da sein
   Die Einheit muss von ppm auf Da geändert werden.
8. Unter der Überschrift „Signal Processing" die folgenden Einstellungen ändern: Der „Minimum Parent M+H" sollte 300 sein, die „Minimum Peaks" 10.
9. Eingabe der gewünschten posttranslationalen Modifikationen.
10. Anklicken von „Find Models", um den Suchlauf zu starten.
    Das Ergebnis dieser Suche wird für jede Fraktion in einer Datei zusammengefasst. Außerdem erhält man eine Datei mit den kombinierten Daten des gesamten MudPIT-Laufs.

Vorläufige Analyse der Ergebnisse einer Datenbankrecherche

Ist die X!Tandem-Recherche abgeschlossen, zeigt GPM eine Liste mit identifizierten Protein- und Peptidsequenzen an (Abb. 8.5) und nahezu jeder Forscher stürzt sich darauf, um zu sehen, welche Proteine in der Probe vorhanden sind. Die Liste der identifizierten Proteine wird rasch gesichtet und man sucht nach Proteinen, die man für besonders interessant hält. Der Beweis dafür, dass diese Proteine auch korrekt identifiziert wurden, gerät zur Nebensache. Interpretation und Validierung der Peptide und Proteine auf der Liste sind jedoch zwei der spannendsten und auch der herausforderndsten Aufgaben in der Proteomik.

Vor der Interpretation der Ergebnisse ist es wichtig, sich einige wichtige Punkte in Erinnerung zu rufen.

- Die Datenbankrecherche ist neutral. Alle Protein- und Peptidsequenzen in der Datenbank werden mit jedem MS/MS-Spektrum verglichen. Die Suchmaschine spekuliert nicht darüber, welche Proteine in der Probe sein könnten. Dies ist möglicherweise der wichtigste Aspekt des gesamten Ansatzes. Es werden unerwartete Proteine identifiziert, die die Forscher nie in der Probe vermutet hätten.
- Das Ergebnis zeigt nur Proteine und Peptide, die auch in der Proteindatenbank enthalten sind. Ist ein Protein oder ein Peptid nicht enthalten, wird es auch nicht aufgeführt. Der Suchalgorithmus führt keine *de novo*-Sequenzierung auf der Basis der MS/MS-Spektren durch und leitet auch keine neuen Aminosäuresequenzen ab. Die Programme gleichen ausschließlich Peptidsequenzen einer Datenbank mit den MS/MS-Spektren ab, wobei die in der Setup-Datei gespeicherten Parameter zugrunde liegen.
- Größere Proteine sind leichter zu identifizieren als kleinere. Die LC-MS/MS wird nur einen Teil der gesamten in der Probe vorhandenen tryptischen Peptide fragmentieren. Je mehr tryptische Peptide aus einen Protein hervorgehen, umso größer ist die Wahrscheinlichkeit, dass ein Peptid eines großen Proteins

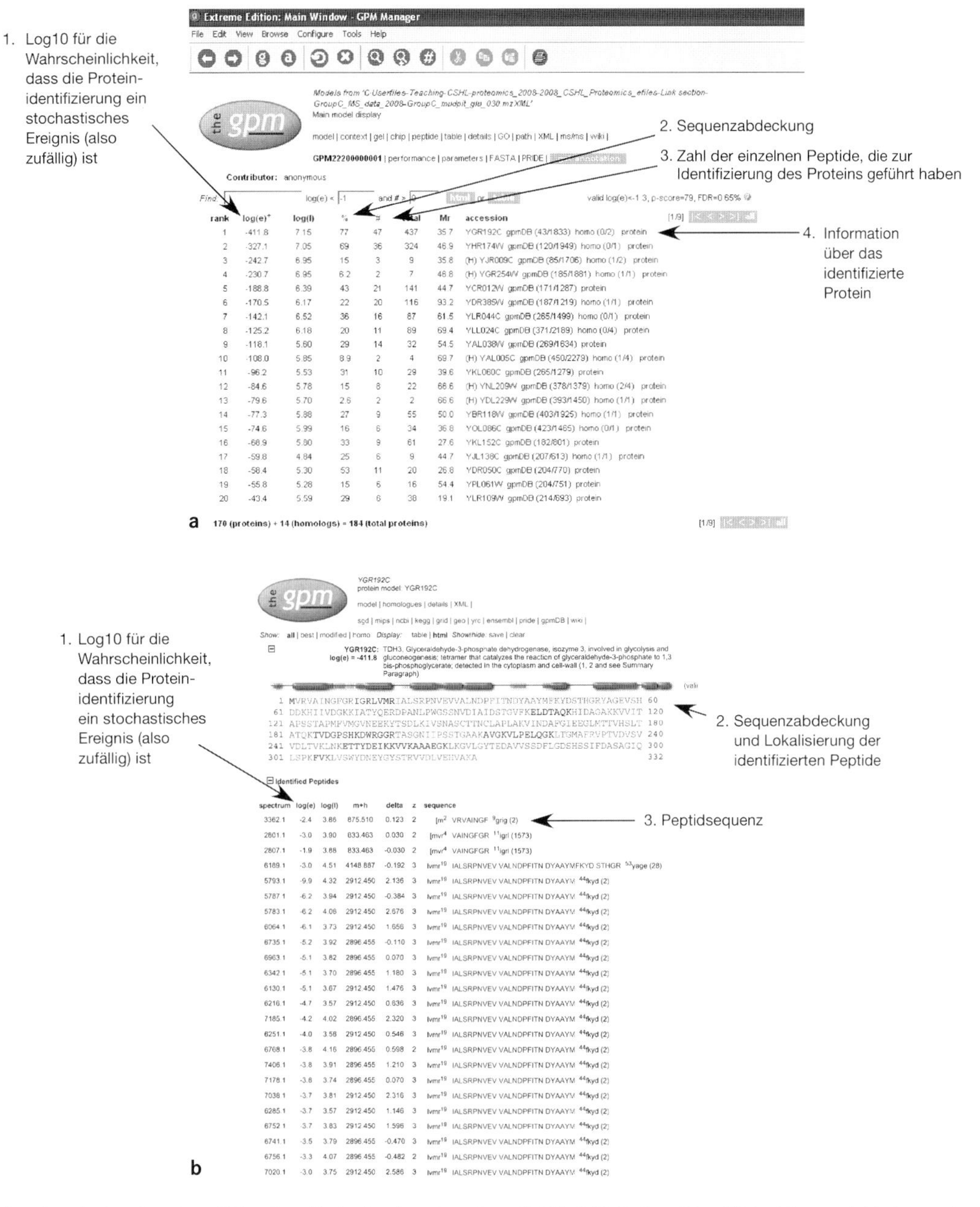

Abb. 8.5 a Ergebnisseite einer X!Tandem-Datenbankrecherche mit MS/MS-Daten. Eine Bildschirmansicht des ersten Ergebnisses bzw. der „Protein Model"-Seite von X!Tandem liefert die wichtigsten Informationen, die eine erste Bewertung der Liste an identifizierten Proteinen zulassen. 1. log(e)$^{+}$ ist der statistische Score, der die Signifikanz der Identifizierung anzeigt. Die Liste der Proteine wird angeführt von den Proteinen, die mit der höchsten Signifikanz identifiziert wurden. Für eine erste Bewertung sind Proteine mit einem log(e)$^{+}$-Wert von weniger als –1 ein guter Anhaltspunkt. 2. und 3. Der Prozentsatz der Sequenzabdeckung und die Zahl der einzelnen Peptide, die zur Identifizierung des Proteins geführt haben, sind ein gutes Maß für die erste Bewertung der Ergebnisse. Proteinidentifizierungen, die auf ≥ 2 unabhängigen Peptiden beruhen, werden in der Regel als korrekt erachtet. 4. Die Information über das identifizierte Protein umfasst seine Accession-Number und die Bezeichnung des Gens. Weitere Informationen können die vorhergesagte biologische Funktion des Proteins sein und seine zelluläre Lokalisation. **b** Information über ein Protein, das mithilfe von X!Tandem identifiziert wurde. Gezeigt ist eine Bildschirmansicht der „Protein Model"-Seite von X!Tandem, die die verfügbaren Schlüsselinformationen darstellt. Die Seite liefert Details über das einzelne Spektrum und die Peptide, die ein bestimmtes Protein identifizieren. Die Sequenzabdeckung zeigt die Lokalisation der identifizierten Peptide grafisch und als Text.

auch für die Fragmentierung ausgewählt wird. Aus kleineren Proteinen entstehen nur wenige tryptische Peptide, die daher einer Detektion entgehen können.

- LC-MS/MS und MALDI-MS/MS gewichten das Ergebnis, indem sie die Fragmentierung häufiger Proteine bevorzugen. Da die Auswahl von Vorläuferionen zur Fragmentierung in der Regel auf der Ionenintensität beruht, werden häufigere Ionen für die Fragmentierung selektiert, seltenere dagegen werden aussortiert und entgehen so der Fragmentierung. Obwohl Peptide grundsätzlich mit unterschiedlicher Effizienz ionisiert werden, gilt jedoch in der Regel, dass mit zunehmender Häufigkeit eines Peptids oder Proteins auch die Wahrscheinlichkeit steigt, dass daraus Peptide mit starken Vorläuferionensignalen entstehen. Seltene Peptide oder Proteine werden möglicherweise nicht detektiert.
- Peptide mit unerwarteten Veränderungen der Aminosäuresequenz oder Substitutionen passen zu keiner Sequenz in der Datenbank und werden auch nicht aufgelistet, da Proteinsequenzen, die nicht in der Datenbank hinterlegt sind, auch nicht aufgeführt werden. Einige Rechercheprogramme führen eine sogenannte „Homologie"-Suche durch, bei der Aminosäuresubstitutionen zugelassen sind.
- Alle Peptide mit modifizierten Aminosäuren, die nicht unter den Suchparametern spezifiziert wurden, werden nicht aufgeführt. Diese Peptide werden nicht detektiert. Die Suchprogramme suchen nach Peptiden mit modifizierten Aminosäuren und listen diese auf, wenn diese Modifikationen auch unter den Suchparametern eingegeben wurden.

Haben wir soeben die Stärken und Schwächen einer LC-MS/MS mit einer anschließenden Datenbankrecherche aufgeführt, beschreiben wir als nächstes eine Vorgehensweise, nach der die erste Auswertung der Ergebnisse erfolgen kann.

1. Auswahl der Kriterien, nach denen sich die Ergebnisse der Datenbankrecherche als korrekt einstufen lassen.

   Zahlreiche Studien haben sich mit den Scoring-Kriterien befasst, nach denen die verschiedenen Datenbanksuchalgorithmen beurteilen, ob eine Peptididentifizierung akzeptiert oder abgelehnt wird (Washburn 2001; Keller 2002; MacCoss 2002; Nesvizhskii et al. 2003; Peng 2003; Sadygov et al. 2004). Das Thema steht zwar immer noch zur Diskussion, doch sind mittlerweile zwei Methoden allgemein anerkannt. Die eine Methode berechnet einen Wahrscheinlichkeitswert für die korrekte Identifizierung eines Peptids oder Proteins, die andere schätzt die FDR (*false discovery rate*), den Anteil der falsch-positiven Treffer an allen identifizierten Proteinen. Bei beiden Methoden gilt ein Wert von 0,05 als guter Ausgangswert, um zu Beginn der Auswertung Peptididentifizierungen zu akzeptieren.

2. Ordnen der Liste an identifizierten Proteinen nach der Zahl der Peptide und Tandemmassenspektren, die ein Protein in der Probe identifizieren. Je höher die Zahl der Peptide, die ein Protein signifikant identifizieren, umso größer ist die Wahrscheinlichkeit, dass das Protein korrekt identifiziert wurde und es sich nicht um einen falsch-positiven Treffer handelt.

   Da jede Übereinstimmung zwischen einem Peptid der Datenbank mit einzigartiger Sequenz mit einem Tandemmassenspektrum ein unabhängiges Ereignis darstellt, erhöht jede signifikante Übereinstimmung des Peptids eines bestimmten Proteins mit einem einzigartigen Tandemmassenspektrum die Wahrscheinlichkeit für den korrekten Nachweis des Proteins. Identifizieren zum Beispiel zwei unabhängige Peptide das gleiche Protein mit einer Wahrscheinlichkeit von 0,05 für eine nicht korrekte Zuordnung, dann ist die gesamte Wahrscheinlichkeit für eine nicht korrekte Zuordnung des Proteins $0{,}05 \times 0{,}05 = 0{,}0025$. Mit anderen Worten, in einem von 400 Fällen ist die Zuordnung nicht korrekt. Wird das Protein mit einer Wahrscheinlichkeit für eine nicht korrekte Zuordnung von 0,05 von einem einzigen Peptid identifiziert, dann ist die Zuordnung in einem von 20 Fällen nicht richtig. Identifizieren zwei unabhängige Peptide ein Protein, gilt dies als starker Hinweis darauf, dass die Zuordnung des Proteins stimmt. Für die Veröffentlichung von Daten aus dem Bereich der Proteomik reicht die Identifizierung eines Proteins durch zwei unabhängige Peptide aus der Tandemmassenspektrometrie in der Regel aus, damit das Ergebnis akzeptiert wird.

3. Erkennen von Proteinen, die durch einzigartige Peptidsequenzen identifiziert werden. Bei höheren Eukaryoten führt eine umfassende Genduplikation und alternatives Spleißen von RNA zu einer großen Zahl an Proteinen mit ähnlichen Sequenzen. Proteindatenbanken können diese zahlreichen Sequenzen eines Proteins enthalten; sie stellen alternative Formen dar, die sich nur in einer einzigen Aminosäure unterscheiden können. Da Peptide häufig vielen Proteinen der Datenbank gemeinsam sind, kann die Zahl der aus den identifizierten Peptiden zusammengesetzten Proteine auf der Ergebnisliste die Zahl der tatsächlich in der Probe vorhandenen unterschiedlichen Proteine deutlich übersteigen. Es ist wichtig zu erkennen, welche Proteine durch einzigartige Peptidsequenzen identifiziert wurden und welche Proteine sich nicht unterscheiden lassen, weil sie von ihrem gemeinsamen Peptid identifiziert wurden. Identifizierte Proteine mit gemeinsamen Peptidsequenzen sollten zu einer Proteingruppe zusammengefasst werden.

4. Identifizieren von nicht unterscheidbaren Proteinen oder Proteingruppen. Bei komplexen Eukaryoten (wie Mensch und Maus) mit umfassendem alternativem Spleißen, unzähligen Genduplikationen und Polymorphismen enthalten Proteindatenbanken häufig eine große Zahl an Proteinen mit ähnlichen Sequenzen. So kann zum Beispiel eine Datenbank mit Proteinen des Menschen viele Serumalbumin- und Immunglobulinproteine enthalten, die sich nur in wenigen Aminosäuren unterscheiden. Diese Proteine lassen sich nicht unterscheiden, da das Spektrum keine einzigartigen, unterschiedlichen Peptidsequenzen enthalten wird, die es dem Forscher ermöglichen würden, zu bestimmen, welches der Proteine zu den Peptiden geführt hat. In diesen Fällen wird empfohlen, die in der Probe vorhandenen Peptide mit der geringst möglichen Zahl an Proteinen zu beschreiben (Parsimonie) (Carr et al. 2004; Bradshaw 2005).
5. Bei Proteinen oder modifizierten Peptiden, die durch ein einzelnes Spektrum identifiziert wurden, ist die manuelle Evaluierung der Spektren und der erhaltenen Sequenzen erforderlich (s. Protokoll 3).

Protokoll 2
Anwendung der Software ProteinPilot, um Peptide und Proteine zu identifizieren

ProteinPilot ist ein Softwarepaket, das zum einen der Identifizierung von Proteinen auf der Basis von Peptiden dient, die in 2D-Gel- und MudPIT-Experimenten generiert wurden, zum anderen aber zur Quantifizierung der Peptide aus einem iTRAQ-, SILAC und ICAT-Experiment eingesetzt wird (Shilov et al. 2007). Die Software beschreitet einen neuen Weg für die Identifizierung von Peptiden; sie nutzt den sogenannten Paragon-Algorithmus (Shilov et al. 2007). Paragon bewertet die Daten jedes MS/MS-Spektrums, um zu ermitteln, welche Spektren ausgewertet werden sollten. Die Software wirkt also als Filter, um Spektren auszusortieren, die mit einer größeren Wahrscheinlichkeit wenig verlässliche Peptididentifizierungen liefern als andere. Das Programm richtet einen Schwellenwert für auswertungswürdige Spektren ein, der auf zwei Eingaben basiert: dem *sequence temperature value* (STV) und der *feature probability*. Der STV identifiziert „heiße" und „kalte" Regionen in der Datenbank, indem eine „Größe" berechnet wird, die auf *de novo*-Sequenz-Tags zurückgeht, welche aus einem MS/MS-Spektrum extrahiert wurden. Die Größe gibt das Ausmaß wider, in dem jedes theoretische Peptid einer Datenbank mit dem MS-Spektrum übereinstimmt. Die *feature probabilities* berücksichtigen Aspekte wie posttranslationale Modifikationen (PTMs), Ereignisse während der proteolytischen Spaltung (fehlende oder unspezifische Spaltungen), Massentoleranzen und Substitutionen. Einem Peptid mit einem „heißen" STV wird mehr Zeit für die Recherche eingeräumt und es wird auf mehr Modifikationen oder andere Ereignisse hin untersucht als Peptide mit einem „kalten" STV, deren Recherche weniger Zeit in Anspruch nimmt und bei denen nur nach den üblichen PTMs und anderen Merkmalen gesucht wird. Anschließend wird, basierend auf STV und *feature probabilities* ein Schwellenwert berechnet, der Aufschluss darüber gibt, welche MS/MS-Spektren in die Auswertung einbezogen und welche verworfen werden sollen. Alternativ liefert die Software eine Plattform für die Datenrecherche mit dem Mascot-Algorithmus.

ProteinPilot ist zwar ein innovatives und effizientes Werkzeug für die Datenbankrecherche, das Programm ist zurzeit jedoch nur kompatibel mit Daten, die von Geräten wie dem MALDI-TOF/TOF-Analyzer (Modell 4700) von Applied Biosystems generiert wurden. In ProteinPilot lassen sich Daten ausschließlich über eine direkte Verbindung zur Datenbank des Geräts laden. Extern generierte Daten müssen in das mgf-Format konvertiert werden.

Dieses Protokoll beschreibt die Vorgehensweise bei der Analyse von Daten, die in einem 2D-Gel-Experiment (Experiment 1) generiert wurden oder aus einen iTRAQ-Experiment (Experiment 7) stammen. Eine Manipulation des Dateiformats ist hier nicht notwendig, da die Software die von dem Massenspektrometer erstellte RAW-Datei direkt aus einer vom Gerät generierten Tabelle lädt. Dieses Protokoll stellt Verfahren für das Laden der Daten aus der Datenbank, das Setup einer Recherche und den Export wie auch das Speichern der Ergebnisse vor. Man erhält einen Überblick über die für die Ausgabe der Daten von 2D-Gelen und iTRAQ-Experimenten relevanten Merkmale der Software, mit einem Schwerpunkt auf der Interpretation der Daten.

Materialien

Computer mit Windows XP SP2 und ProteinPilot (Version 2.0.1)
„Spot Set", das analysiert werden soll, oder iTRAQ-Daten

Durchführung

Laden der Dateien („Spot Sets") in ProteinPilot

1. Öffnen des Programms durch einen Doppelklick auf das ProteinPilot-Icon auf dem Desktop.
2. Anklicken von „Identify Proteins" in der Taskleiste „Workflow Tasks"; Abb. 8.6 zeigt die Bildschirmansicht „Identify Proteins".
3. Anklicken von „Add 4000 Series Data" (Abb. 8.6a); Auswählen des (der) zu analysierenden „Spot Sets"; die „Data Sets" erscheinen im „Data Sets to Process"-Fenster (Abb. 8.6b).
   Im CSHL-Kurs wird ein zu analysierendes „Spot Set" (oder mehrere) aus dem Projekt „proteomicscourse" ausgewählt.

Setup einer Datenbankrecherche mit ProteinPilot für Daten aus einem 2D-Gel- oder einem iTRAQ-Experiment

4. Auswählen von „Paragon" in dem „Process Using"-Dialogfenster; Anklicken von „Edit" (Abb. 8.6c); das „Paragon Method"-Fenster öffnet sich (Abb. 8.7), die als letztes angewendete Methode erscheint als Default; die Einstellungen lassen sich verändern, auf die aktuelle Anwendung anpassen und für zukünftige Recherchen speichern; über die „Paragon Method"-Drop-Down-Liste (Abb. 8.7) können sie bei zukünftigen Recherchen aufgerufen werden.
   Es steht auch die Option für eine Datenanalyse mit Mascot zur Verfügung, doch wird sie hier nicht besprochen. Um Mascot verwenden zu können, müssen die Daten im mfg-Format abgespeichert sein.

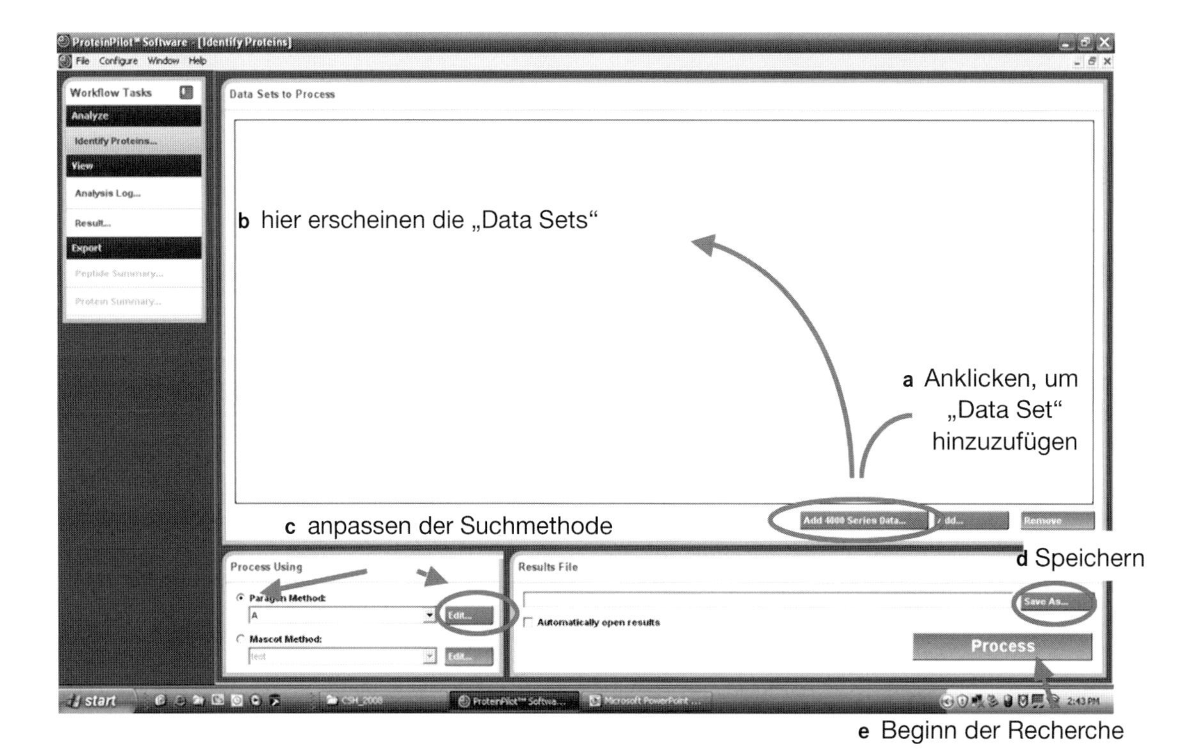

Abb. 8.6 Hauptfenster von „Identify Proteins" in ProteinPilot und Arbeitsablauf für das Laden der Daten zur Weiterverarbeitung (**a**, **b**), die Eingabe der Suchparameter (**c**), die Einrichtung eines Verzeichnisses für das Abspeichern der Ergebnisse (**d**) und die Verarbeitung der Daten (**e**).

Farbtafeln

F

Abb. 8.1 a Nichtannotiertes MS/MS- oder Produktspektrum. Ein Fragmentierungsspektrum, das von einem zweifach geladenen Vorläuferion (*m/z* 898,9) aus einem trypsinierten Hefezelllysat stammt. Auf der x-Achse sind die Massen der Ionen als Masse-zu-Ladungs-Verhältnis (*m/z*) aufgetragen, auf der y-Achse die Häufigkeit des Ions gemessen als Ionenintensität. Das Spektrum enthält Peaks, die von den Fragmentionen des Peptids stammen, wie auch Hintergrundsignale. Wie es für qualitativ hochwertige Daten typisch ist, zeigt das Spektrum ein breites Spektrum von Ionen, deren Peaks eine signifikant höhere Intensität haben als die Hintergrundpeaks. Außerdem scheinen die Ionen mit hoher Intensität ein symmetrisches Muster zu bilden.
b Theoretische b-Ionen eines Peptids aus der Datenbank, das eine große Übereinstimmung aufweist. Die Daten von Vorläufer- und Fragmentionen wurden für eine SEQUEST-Datenbankrecherche mit den dort hinterlegten Daten des Hefeproteoms eingesetzt. Das Peptid, das die größte Ähnlichkeit zwischen gemessenem und theoretischem Spektrum (*top score*) aufwies, war PVDFIIADAFSADANTK aus dem Pgk1-Protein (Cn = 6,9). Laut Programm war das Vorläuferion zweifach geladen (z = +2). Die theoretischen b-Ionen des Peptids aus der Datenbank werden mit dem experimentell gewonnenen MS/MS-Spektrum überlagert, sodass sich erkennen lässt, welche Fragmentionen b-Ionen sein könnten. Die Massendifferenz zwischen benachbarten b-Ionen entspricht der Masse eines Aminosäurerestes (s. Anhänge 5 und 6).

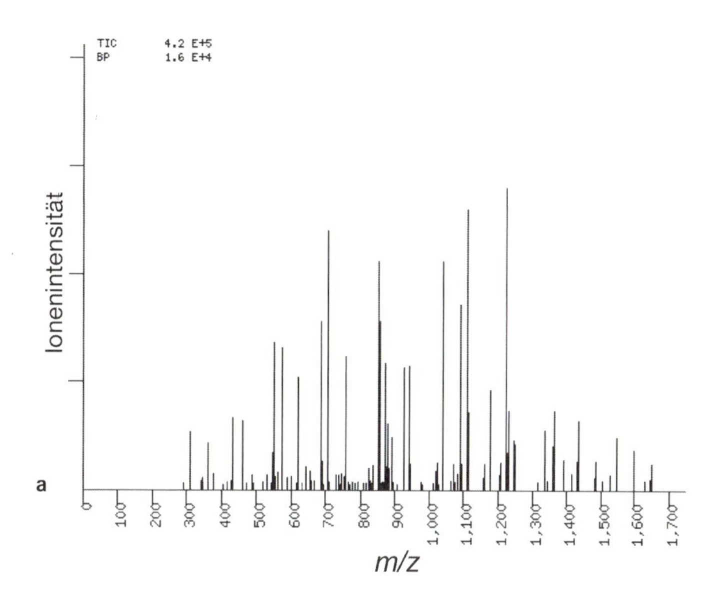

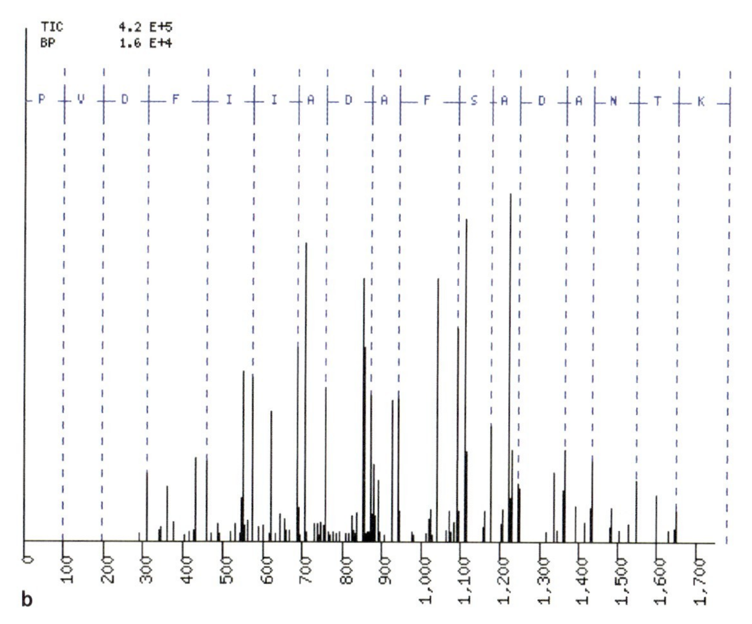

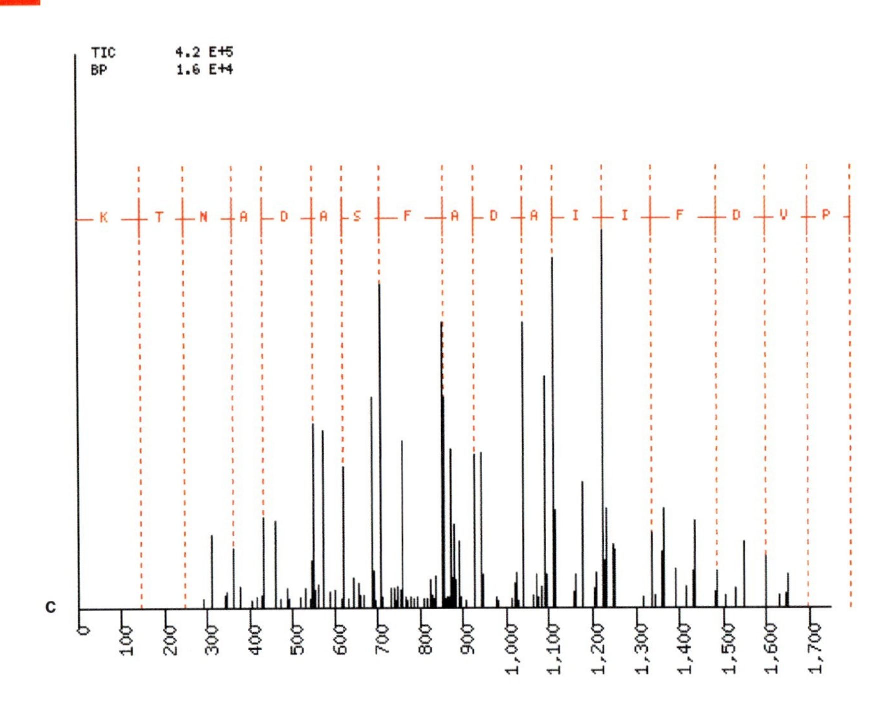

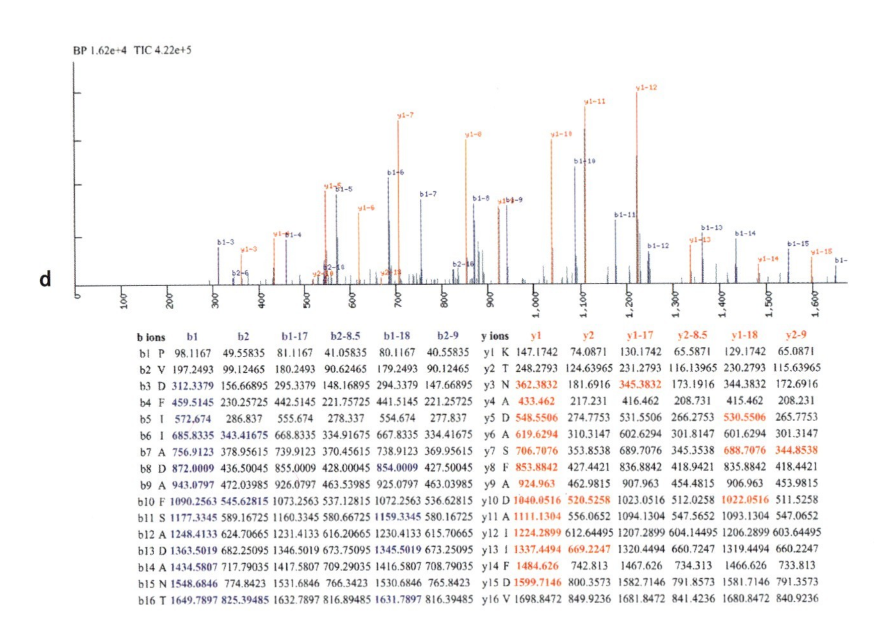

b ions		b1	b2	b1-17	b2-8.5	b1-18	b2-9	y ions		y1	y2	y1-17	y2-8.5	y1-18	y2-9
b1	P	98.1167	49.55835	81.1167	41.05835	80.1167	40.55835	y1	K	147.1742	74.0871	130.1742	65.5871	129.1742	65.0871
b2	V	197.2493	99.12465	180.2493	90.62465	179.2493	90.12465	y2	T	248.2793	124.63965	231.2793	116.13965	230.2793	115.63965
b3	D	312.3379	156.66895	295.3379	148.16895	294.3379	147.66895	y3	N	362.3832	181.6916	345.3832	173.1916	344.3832	172.6916
b4	F	459.5145	230.25725	442.5145	221.75725	441.5145	221.25725	y4	A	433.462	217.231	416.462	208.731	415.462	208.231
b5	I	572.674	286.837	555.674	278.337	554.674	277.837	y5	D	548.5506	274.7753	531.5506	266.2753	530.5506	265.7753
b6	I	685.8335	343.41675	668.8335	334.91675	667.8335	334.41675	y6	A	619.6294	310.3147	602.6294	301.8147	601.6294	301.3147
b7	A	756.9123	378.95615	739.9123	370.45615	738.9123	369.95615	y7	S	706.7076	353.8538	689.7076	345.3538	688.7076	344.8538
b8	D	872.0009	436.50045	855.0009	428.00045	854.0009	427.50045	y8	F	853.8842	427.4421	836.8842	418.9421	835.8842	418.4421
b9	A	943.0797	472.03985	926.0797	463.53985	925.0797	463.03985	y9	A	924.963	462.9815	907.963	454.4815	906.963	453.9815
b10	F	1090.2563	545.62815	1073.2563	537.12815	1072.2563	536.62815	y10	D	1040.0516	520.5258	1023.0516	512.0258	1022.0516	511.5258
b11	S	1177.3345	589.16725	1160.3345	580.66725	1159.3345	580.16725	y11	A	1111.1304	556.0652	1094.1304	547.5652	1093.1304	547.0652
b12	A	1248.4133	624.70665	1231.4133	616.20665	1230.4133	615.70665	y12	I	1224.2899	612.64495	1207.2899	604.14495	1206.2899	603.64495
b13	D	1363.5019	682.25095	1346.5019	673.75095	1345.5019	673.25095	y13	I	1337.4494	669.2247	1320.4494	660.7247	1319.4494	660.2247
b14	A	1434.5807	717.79035	1417.5807	709.29035	1416.5807	708.79035	y14	F	1484.626	742.813	1467.626	734.313	1466.626	733.813
b15	N	1548.6846	774.8423	1531.6846	766.3423	1530.6846	765.8423	y15	D	1599.7146	800.3573	1582.7146	791.8573	1581.7146	791.3573
b16	T	1649.7897	825.39485	1632.7897	816.89485	1631.7897	816.39485	y16	V	1698.8472	849.9236	1681.8472	841.4236	1680.8472	840.9236

Abb. 8.1 *Fortsetzung*
c Theoretische y-Ionen eines Peptids aus der Datenbank, das eine große Übereinstimmung aufweist. Die theoretischen y-Ionen des Peptids PVDFIIADAFSADANTK werden mit dem MS/MS-Spektrum überlagert, sodass sich erkennen lässt, welche Fragmentionen y-Ionen sein könnten. Der Massenunterschied zwischen benachbarten y-Ionen entspricht der Masse eines Aminosäurerestes (s. Anhänge 5 und 6). **d** Theoretische b-y-Ionen eines Peptids aus der Datenbank, das eine große Übereinstimmung aufweist. Die Fragmentionen des MS/MS-Spektrums werden von den theoretischen b-y-Ionen des Peptids PVDFIIADAFSADANTK überlagert und so markiert. Ist die Übereinstimmung eines mehrfach geladenen Vorläuferions mit der Datenbank hoch, sollten die Ionen mit der stärksten Intensität mit den vorhergesagten Fragmentionen übereinstimmen.

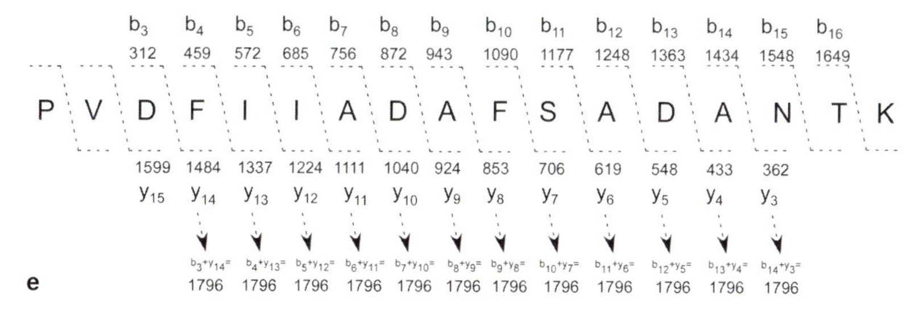

Abb. 8.1 *Fortsetzung*
e Zusammenfassung der Peptidübereinstimmungen im MS/MS-Spektrum. Diese Art der Interpretation wird in der Regel eingesetzt, um darzustellen, welche b-y-Ionen eines Peptids im MS/MS-Spektrum detektiert wurden. Über der Aminosäuresequenz sind die berechneten *m/z*-Werte der b-Ionen aufgeführt, unter der Sequenz die berechneten *m/z*-Werte der y-Ionen. Alle Werte beziehen sich auf einfache Ladungen und sind monoisotopische Massen. Die Abbildung zeigt auch die Komplementarität der b- und y-Ionen-Serien. Ist ein b- oder ein y-Ion identifiziert, lässt sich das komplementäre Ion anhand der Masse des Vorläuferions berechnen. Der Nachweis komplementärer Ionenpaare ist ein Hinweis darauf, dass es sich bei dem Peptidfund in der Datenbank um das entsprechende, zum MS/MS-Spektrum passende Peptid handelt.

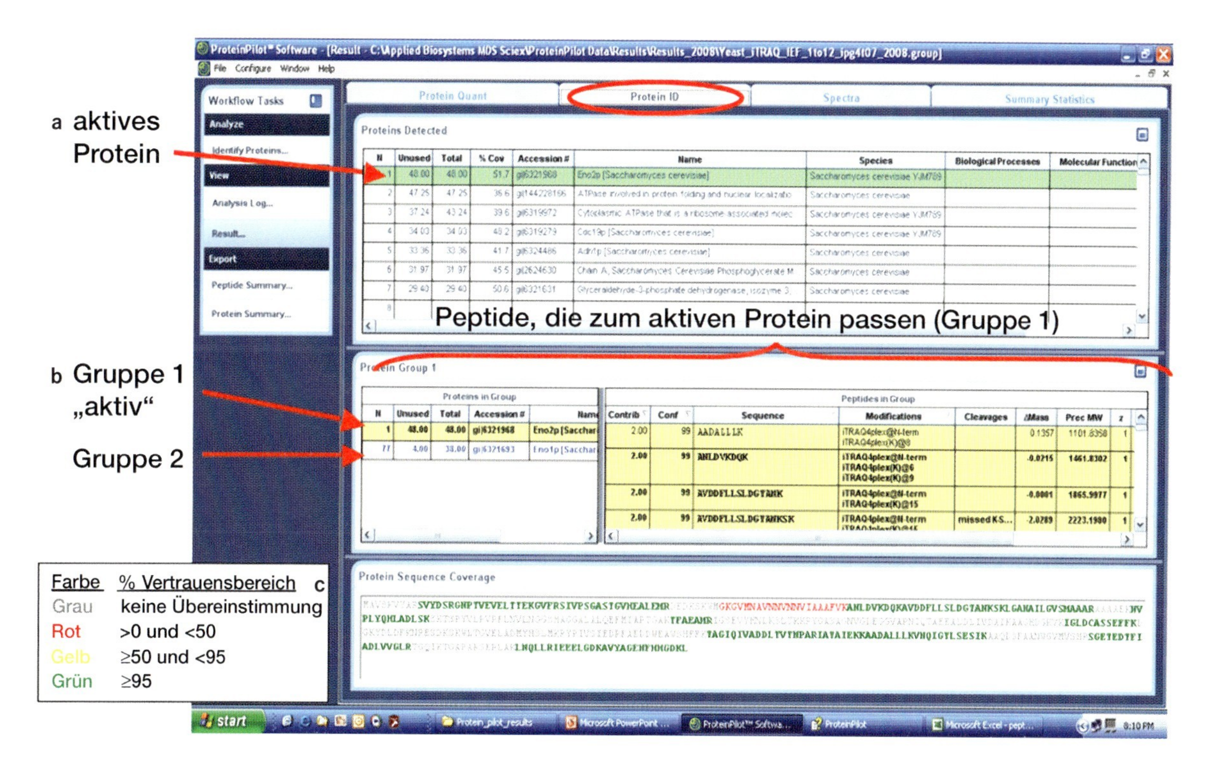

Abb. 8.8 Das „Protein ID"-Fenster der Ergebnisdatei. **a** Das aktive Protein ist grün hinterlegt. **b** Die gesamte Peptidinformation für das aktivierte Protein erscheint im „Protein Group"-Fenster. **c** Die Sequenzabdeckung des aktiven Proteins wird im „Protein Sequence Coverage"-Fenster mit der im Ausschnitt gezeigten Farbcodierung dargestellt.

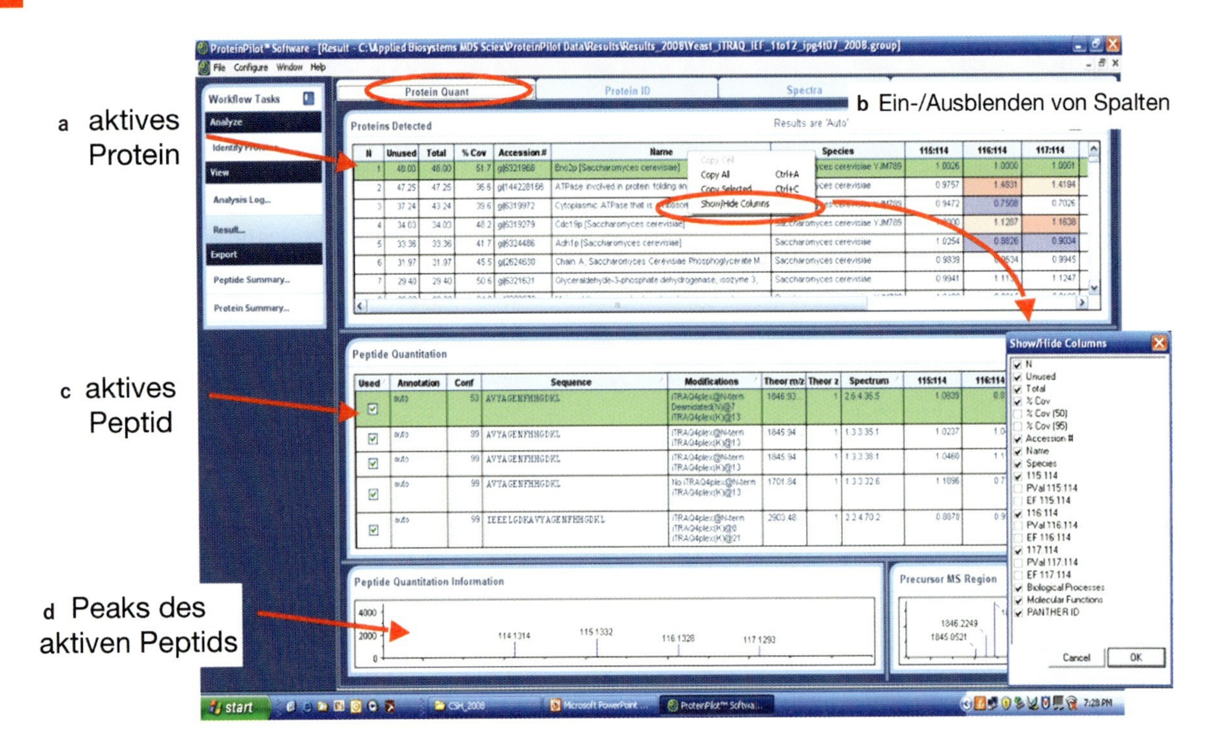

Abb. 8.9 Die „Protein Quant"-Tabelle der Ergebnisdatei. **a** Das aktive Protein ist grün hinterlegt. **b** Die gesamte Peptidinformation für das aktivierte Protein erscheint im „Protein Group"-Fenster. **c** Massenspektren des *m/z*-Bereichs des iTRAQ-Reporterions wie auch des Vorläuferions. **d** In jeder Tabelle lassen sich die Spalten unter „Show/Hide Columns" ein- oder ausblenden.

Denominator: IT114

115:114	116:114	117:114
1.0026	1.0000	1.0001
0.9757	1.4831	1.4194
0.9472	0.7508	0.7026
1.0000	1.1287	1.1638
1.0254	0.8826	0.9034
0.9839	0.9634	0.9945
0.9941	1.1130	1.1247

Farbe	p-Wert	Quotient
Dunkelrot	<0,001	>1
Mittelrot	0,001 bis <0,01	>1
Hellrot	0,01 bis <0,05	>1
keine Farbe	≥0,05	jedes
Hellviolett	0,01 bis <0,05	<1
Mittelviolett	0,001 bis <0,01	<1
Dunkelviolett	<0,001	<1

Abb. 8.10 Farbcodierung, die die *p*-Werte der iTRAQ-Quotienten widerspiegelt.

a

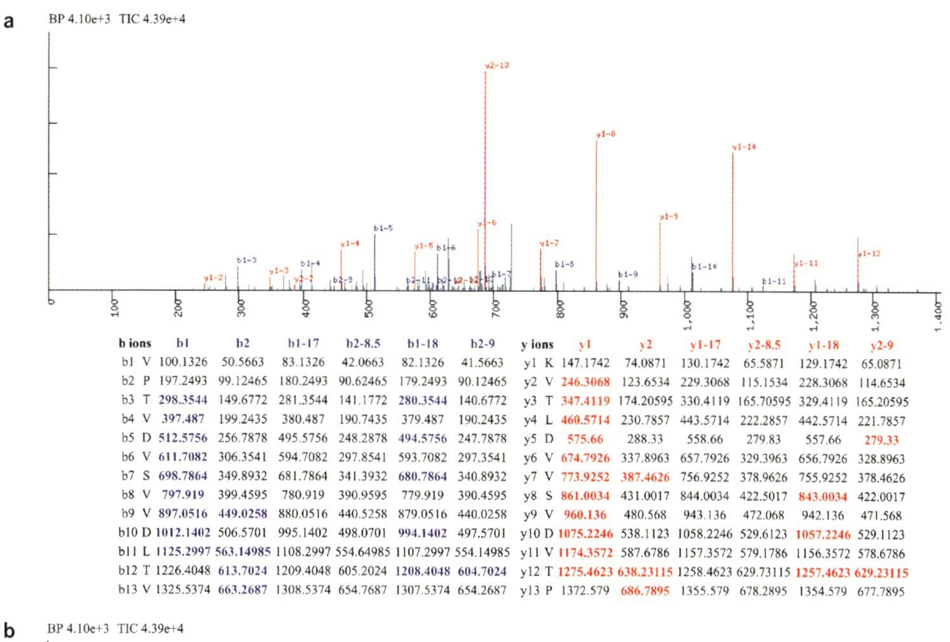

b ions		b1	b2	b1-17	b2-8.5	b1-18	b2-9	y ions		y1	y2	y1-17	y2-8.5	y1-18	y2-9
b1	V	100.1326	50.5663	83.1326	42.0663	82.1326	41.5663	y1	K	147.1742	74.0871	130.1742	65.5871	129.1742	65.0871
b2	P	197.2493	99.12465	180.2493	90.62465	179.2493	90.12465	y2	V	246.3068	123.6534	229.3068	115.1534	228.3068	114.6534
b3	T	298.3544	149.6772	281.3544	141.1772	280.3544	140.6772	y3	T	347.4119	174.20595	330.4119	165.70595	329.4119	165.20595
b4	V	397.487	199.2435	380.487	190.7435	379.487	190.2435	y4	L	460.5714	230.7857	443.5714	222.2857	442.5714	221.7857
b5	D	512.5756	256.7878	495.5756	248.2878	494.5756	247.7878	y5	D	575.66	288.33	558.66	279.83	557.66	279.33
b6	V	611.7082	306.3541	594.7082	297.8541	593.7082	297.3541	y6	V	674.7926	337.8963	657.7926	329.3963	656.7926	328.8963
b7	S	698.7864	349.8932	681.7864	341.3932	680.7864	340.8932	y7	V	773.9252	387.4626	756.9252	378.9626	755.9252	378.4626
b8	V	797.919	399.4595	780.919	390.9595	779.919	390.4595	y8	S	861.0034	431.0017	844.0034	422.5017	843.0034	422.0017
b9	V	897.0516	449.0258	880.0516	440.5258	879.0516	440.0258	y9	V	960.136	480.568	943.136	472.068	942.136	471.568
b10	D	1012.1402	506.5701	995.1402	498.0701	994.1402	497.5701	y10	D	1075.2246	538.1123	1058.2246	529.6123	1057.2246	529.1123
b11	L	1125.2997	563.14985	1108.2997	554.64985	1107.2997	554.14985	y11	V	1174.3572	587.6786	1157.3572	579.1786	1156.3572	578.6786
b12	T	1226.4048	613.7024	1209.4048	605.2024	1208.4048	604.7024	y12	T	1275.4623	638.23115	1258.4623	629.73115	1257.4623	629.23115
b13	V	1325.5374	663.2687	1308.5374	654.7687	1307.5374	654.2687	y13	P	1372.579	686.7895	1355.579	678.2895	1354.579	677.7895

b

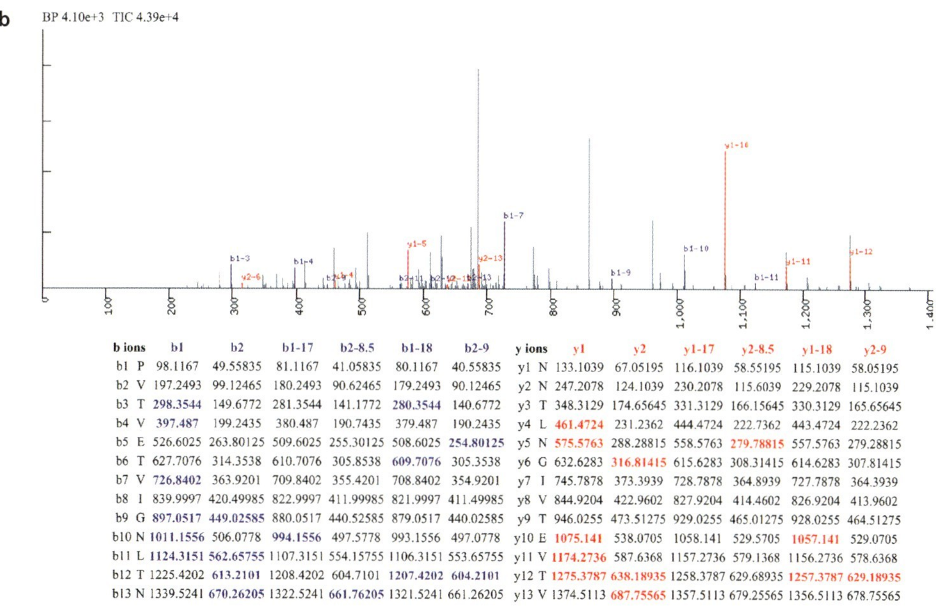

b ions		b1	b2	b1-17	b2-8.5	b1-18	b2-9	y ions		y1	y2	y1-17	y2-8.5	y1-18	y2-9
b1	P	98.1167	49.55835	81.1167	41.05835	80.1167	40.55835	y1	N	133.1039	67.05195	116.1039	58.55195	115.1039	58.05195
b2	V	197.2493	99.12465	180.2493	90.62465	179.2493	90.12465	y2	N	247.2078	124.1039	230.2078	115.6039	229.2078	115.1039
b3	T	298.3544	149.6772	281.3544	141.1772	280.3544	140.6772	y3	T	348.3129	174.65645	331.3129	166.15645	330.3129	165.65645
b4	V	397.487	199.2435	380.487	190.7435	379.487	190.2435	y4	L	461.4724	231.2362	444.4724	222.7362	443.4724	222.2362
b5	E	526.6025	263.80125	509.6025	255.30125	508.6025	254.80125	y5	N	575.5763	288.28815	558.5763	279.78815	557.5763	279.28815
b6	T	627.7076	314.3538	610.7076	305.8538	609.7076	305.3538	y6	G	632.6283	316.81415	615.6283	308.31415	614.6283	307.81415
b7	V	726.8402	363.9201	709.8402	355.4201	708.8402	354.9201	y7	I	745.7878	373.3939	728.7878	364.8939	727.7878	364.3939
b8	I	839.9997	420.49985	822.9997	411.99985	821.9997	411.49985	y8	V	844.9204	422.9602	827.9204	414.4602	826.9204	413.9602
b9	G	897.0517	449.02585	880.0517	440.52585	879.0517	440.02585	y9	T	946.0255	473.51275	929.0255	465.01275	928.0255	464.51275
b10	N	1011.1556	506.0778	994.1556	497.5778	993.1556	497.0778	y10	E	1075.141	538.0705	1058.141	529.5705	1057.141	529.0705
b11	L	1124.3151	562.65755	1107.3151	554.15755	1106.3151	553.65755	y11	V	1174.2736	587.6368	1157.2736	579.1368	1156.2736	578.6368
b12	T	1225.4202	613.2101	1208.4202	604.7101	1207.4202	604.2101	y12	T	1275.3787	638.18935	1258.3787	629.68935	1257.3787	629.18935
b13	N	1339.5241	670.26205	1322.5241	661.76205	1321.5241	661.26205	y13	V	1374.5113	687.75565	1357.5113	679.25565	1356.5113	678.75565

Abb. 8.11 Evaluierung der ersten beiden Peptidtreffer mit einem MS/MS-Spektrum. Gezeigt sind die ersten beiden Peptidübereinstimmungen mit einem MS/MS-Spektrum, die sich aus einem SEQUEST-Suchlauf mit den gewonnenen Daten ergeben. **a** Das Peptid mit dem höchsten Score (VPTVDVSVVDLTVK) aus dem Tdh1/2/3-Protein aus Hefe (Cn = 4,6). **b** Das Peptid mit dem zweithöchsten Score (PVTVETVIGNLTNN) aus dem Meu1-Protein aus Hefe (Cn = 2,0). Der erste Peptidtreffer in **a** wird aus mehreren wichtigen Gründen als korrekt erachtet. Erstens handelt es sich aufgrund der allgemeinen Ionenintensität und den sich vom Hintergrundrauschen deutlich abhebenden Peaks um ein Spektrum guter Qualität. Zweitens ist der Großteil der dominierenden Fragmentionen als b- oder y-Ion gekennzeichnet. Drittens erweist sich der Peptidtreffer als ein kanonisches tryptisches Fragment. Viertens zeigt die Tabelle mit den experimentellen Ionendaten, die zu den Daten des theoretisch fragmentierten Peptids passen, dass das Peptid eine lange kontinuierliche Kette von b- und y-Ionen enthält. Und fünftens sind b- und y-Ionen-Paare komplementär (z.B. ist die Summe der komplementären b-y-Ionen-Paare gleich der Masse des Vorläuferions). Der zweite Treffer in **b** wird aus einer Reihe von Gründen als fehlerhaft erachtet. Viele der dominierenden Ionen sind nicht kommentiert. Der zweitbeste Treffer ist ein nichtkanonisches tryptisches Peptid. Die Tabelle unter dem Spektrum zeigt eine eher zufällige Übereinstimmung von experimentellen und theoretischen Werten ohne erkennbares Muster.

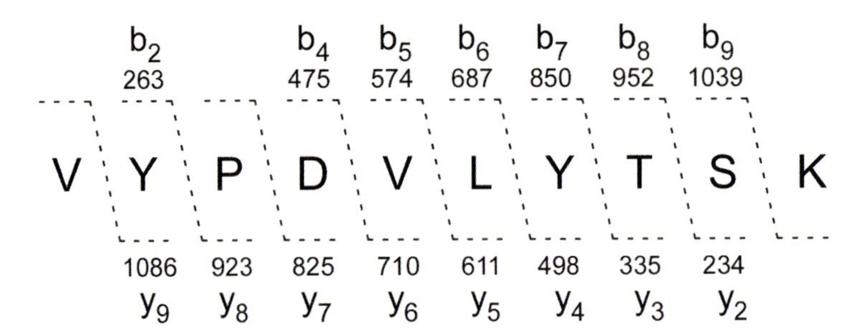

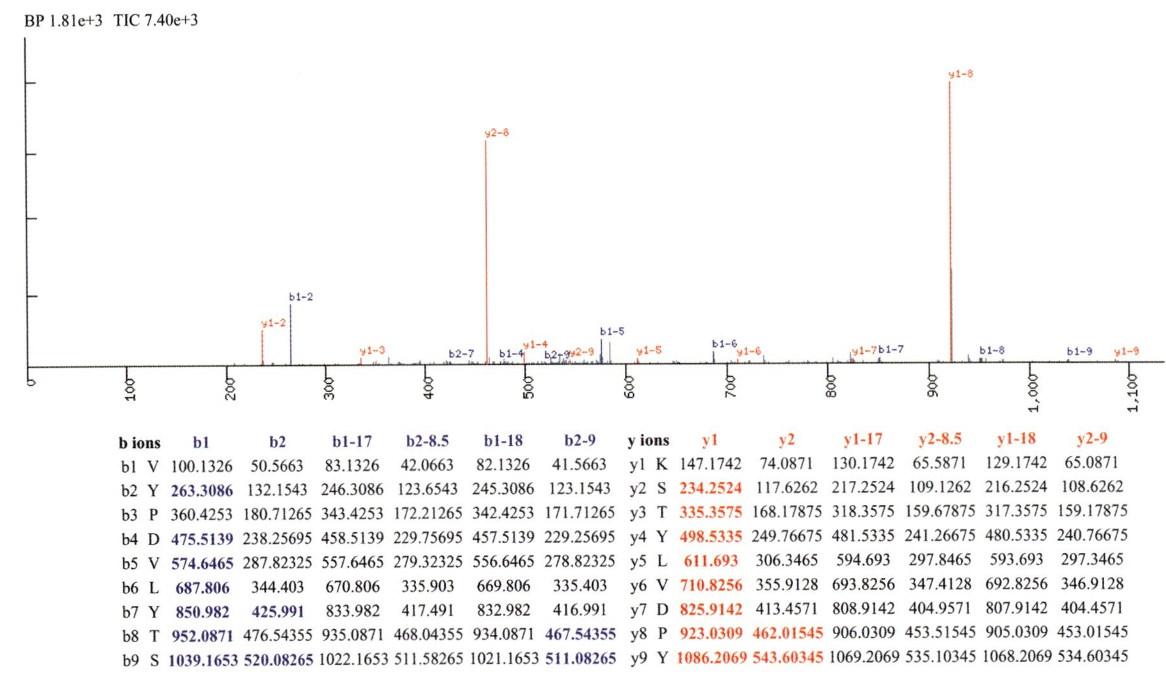

b ions		b1	b2	b1-17	b2-8.5	b1-18	b2-9	y ions		y1	y2	y1-17	y2-8.5	y1-18	y2-9
b1	V	100.1326	50.5663	83.1326	42.0663	82.1326	41.5663	y1	K	147.1742	74.0871	130.1742	65.5871	129.1742	65.0871
b2	Y	**263.3086**	132.1543	246.3086	123.6543	245.3086	123.1543	y2	S	**234.2524**	117.6262	217.2524	109.1262	216.2524	108.6262
b3	P	360.4253	180.71265	343.4253	172.21265	342.4253	171.71265	y3	T	**335.3575**	168.17875	318.3575	159.67875	317.3575	159.17875
b4	D	**475.5139**	238.25695	458.5139	229.75695	457.5139	229.25695	y4	Y	**498.5335**	249.76675	481.5335	241.26675	480.5335	240.76675
b5	V	**574.6465**	287.82325	557.6465	279.32325	556.6465	278.82325	y5	L	**611.693**	306.3465	594.693	297.8465	593.693	297.3465
b6	L	**687.806**	344.403	670.806	335.903	669.806	335.403	y6	V	**710.8256**	355.9128	693.8256	347.4128	692.8256	346.9128
b7	Y	**850.982**	**425.991**	833.982	417.491	832.982	416.991	y7	D	**825.9142**	413.4571	808.9142	404.9571	807.9142	404.4571
b8	T	**952.0871**	476.54355	935.0871	468.04355	934.0871	**467.54355**	y8	P	**923.0309**	**462.01545**	906.0309	453.51545	905.0309	453.01545
b9	S	**1039.1653**	**520.08265**	1022.1653	511.58265	1021.1653	**511.08265**	y9	Y	**1086.2069**	**543.60345**	1069.2069	535.10345	1068.2069	534.60345

Abb. 8.12 Peptide mit einem Pro führen zu Fragmentionen mit hoher Intensität. Das MS/MS-Fragmentierungsspektrum des Vorläuferions (*m/z* 592,92) zeigt zwei Ionen mit hoher Intensität. Der SEQUEST-Algorithmus identifizierte das Peptid VYPDVLYTSK aus dem Gpm1-Protein aus Hefe als das Peptid mit dem höchsten Score (Cn = 2,2). Die beiden dominierenden Ionen sind Beispiele für Pro-Peaks; diese entstehen durch Fragmentionen mit hoher Intensität, welche wiederum durch eine Fragmentierung auf der aminoterminalen Seite von Pro gebildet werden. Die Ionen $y_{1\text{-}8}$ und $y_{2\text{-}8}$ sind einfach bzw. zweifach geladene y_8-Ionen. Das Vorläuferion weist eine zweifache Ladung auf. Die unter dem Spektrum abgebildete Tabelle zeigt, inwiefern die beobachteten Fragmentionen zu den theoretischen Fragmentionen der Peptidsequenz passen. Die Spalten b_2 und y_2 zeigen die Werte für zweifach geladene b- und y-Ionen. Die Spalten x-17 und x-18 (wobei x für b_1 oder y_1 steht) zeigen die Werte der einfach geladenen Ionen für die jeweiligen b- und y-Ionen mit einem Neutralverlust von Ammoniak bzw. Wasser. Die Spalten x-8,5 und x-9 (wobei x für b_2 oder y_2 steht) zeigen die Werte für die entsprechenden zweifach geladenen b- und y-Ionen mit einem Neutralverlust von Ammoniak bzw. Wasser.

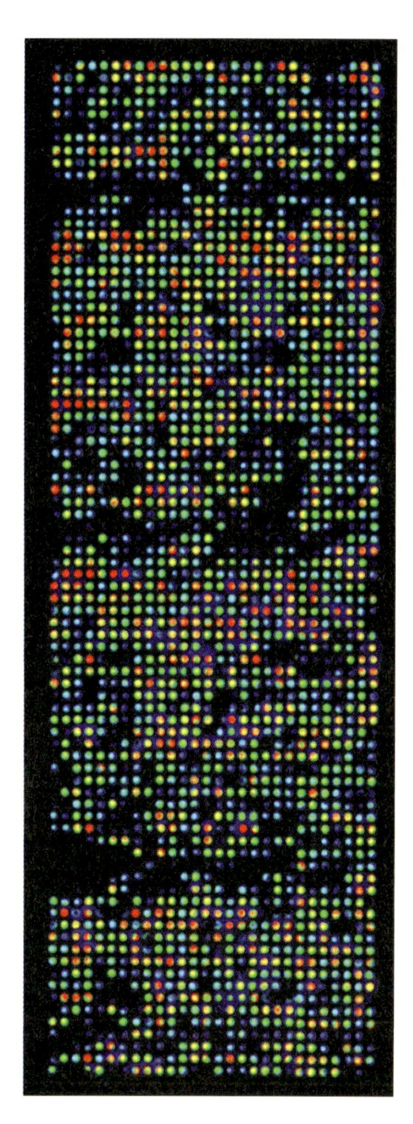

Abb. 10.13 Protein auf einem NAPPA, sichtbar gemacht durch die Bindung eines Anti-GST-Antikörpers. Das Falschfarbenbild zeigt die Proteinmengen auf dem Array (weiß [gesättigt] > rot > gelb > grün > blau).

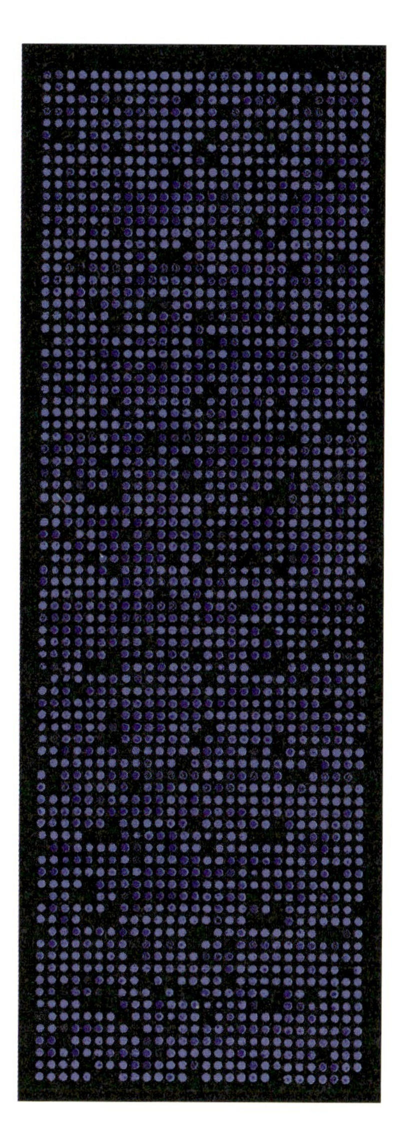

Abb. 10.14 DNA auf einem NAPPA, sichtbar gemacht durch die Bindung von PicoGreen.

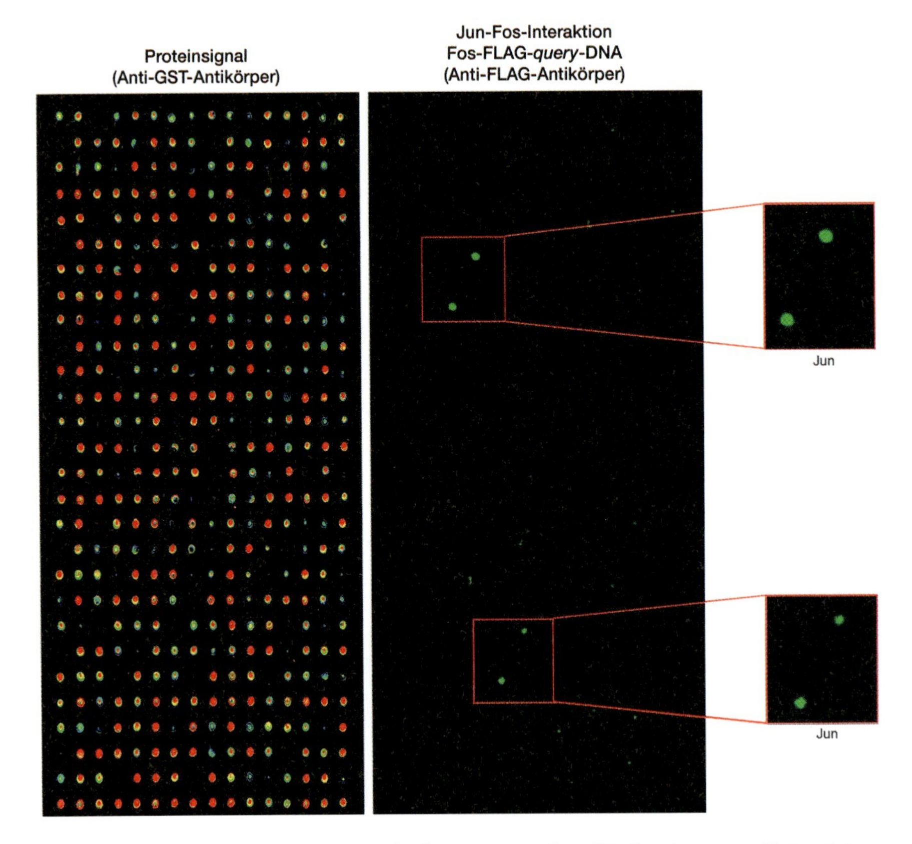

Abb. 11.1 Identifizierung der Interaktionspartner von Fos. Die Synthese von Zielproteinen auf einem Array mit mehr als 400 Spots wurde mithilfe eines Anti-GST-Antikörpers nachgewiesen (links). Die Fos-FLAG-*query*-DNA wurden mit der auf dem Array fixierten DNA coexprimiert und gebundenes *query*-Protein mit einem Anti-FLAG-Antikörper detektiert (rechts). Auf diese Weise ließ sich Jun als Interaktionspartner von Fos nachweisen (Ausschnitt). Die Aufnahmen wurden im CSHL-Proteomikkurs 2007 erstellt und freundlicherweise von Sanjeeva Srivastava, Harvard University, zur Verfügung gestellt.

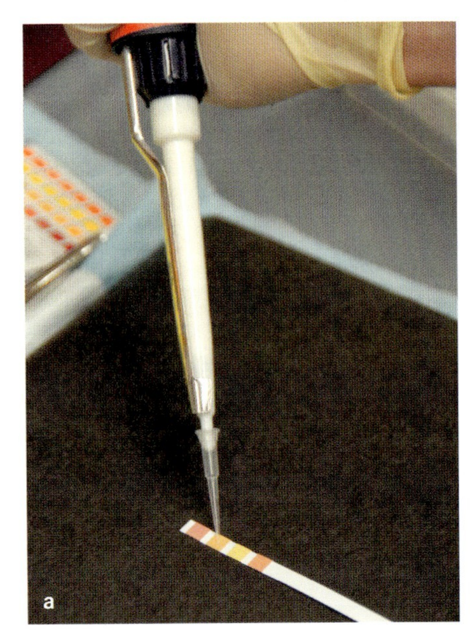

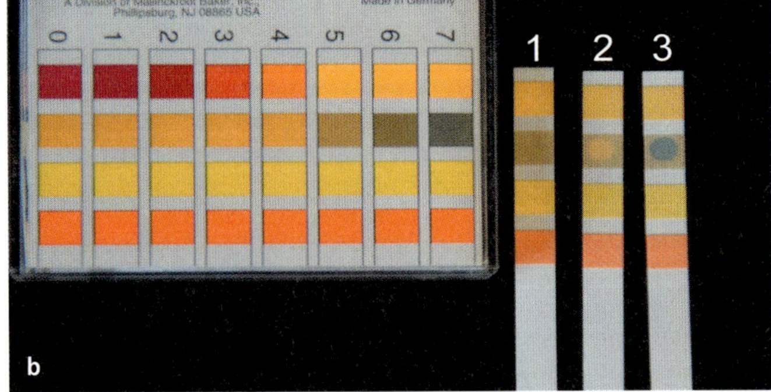

Abb. A2.3 Überprüfung des pH-Wertes der Proteinlösung vor der Zugabe von Trypsin. **a** Auftropfen von <1 µl Proteinlösung auf das zweite Quadrat eines pH-Papier-Streifens (0–14) vor der Zugabe von Trypsin. Das Quadrat wird sich gelb färben, wenn die Lösung sauer ist. Ist der pH-Wert >7, dann färbt sich das Papier blau. **b** Das pH-Papier zeigt den pH-Wert des Puffers an. Die drei Streifen zeigen das Ergebnis (1) ohne aufgetragene Lösung, (2) mit saurer Lösung und (3) mit basischer Lösung.

5. Auswählen von „iTRAQ 4 Plex" („Peptide Labeled") oder, bei Daten aus 2D-Gelen, „Identification" in der „Sample Type"-Drop-Down-Liste, die sich im „Describe Sample"-Dialogfenster befindet.
6. Auswählen von „Iodoacetamide" in der „Cys Alkylation"-Drop-Down-Liste.
7. Auswählen von „4700" in der „Instrument"-Drop-Down-Liste.
8. Im „Special Factors"-Dialogfenster:
   a. alle Kästchen ohne Haken (bei iTRAQ-Daten).
   b. Auswählen von „Gel-based ID" (bei 2D-Gel-Daten).
9. Auswählen von „*Saccharomyces cerevisiae*" in der „Species"-Drop-Down-Liste.
10. Im „Specify Processing"-Dialogfenster:
    a. Haken im „Quantitate"-Kästchen setzen (bei iTRAQ-Daten).
    b. „Quantitate"-Kästchen ohne Haken (bei 2D-Gel-Daten).
11. Haken setzen bei „Biological Modifications" im „ID Focus"-Dialogfenster.
12. Auswählen von „NCBInr.yeast.2007.08.08" in der „Database"-Drop-Down-Liste.
    Die Datenbanken in der Drop-Down-Liste befinden sich im FASTA-Format und sind im Verzeichnis C:\Applied Biosystems MDS Sciex\ProteinPilot Data\SearchDatabases gespeichert.
13. Auswählen von „Thorough ID" im „Search Effort"-Dialogfenster.
14. Auswählen des gewünschten Schwellenwertes für den Vertrauensbereich in der „Detected Protein Threshold"-Drop-Down-Liste; als Ergebnis werden alle Proteine aufgeführt, deren Score sich über dem ausgewählten Schwellenwert befindet.
15. (nur für iTRAQ-Daten) Eingabe der in dem „Certificate of Analysis" des iTRAQ-Kits aufgeführten Werte in das „iTRAQ Isotope Correction Factors"-Dialogfenster; diese Werte passen die berechneten iTRAQ-Quotienten an und kompensieren so eine unter 100 % liegende Isotopanreicherung bei der Synthese eines Reagenzes.

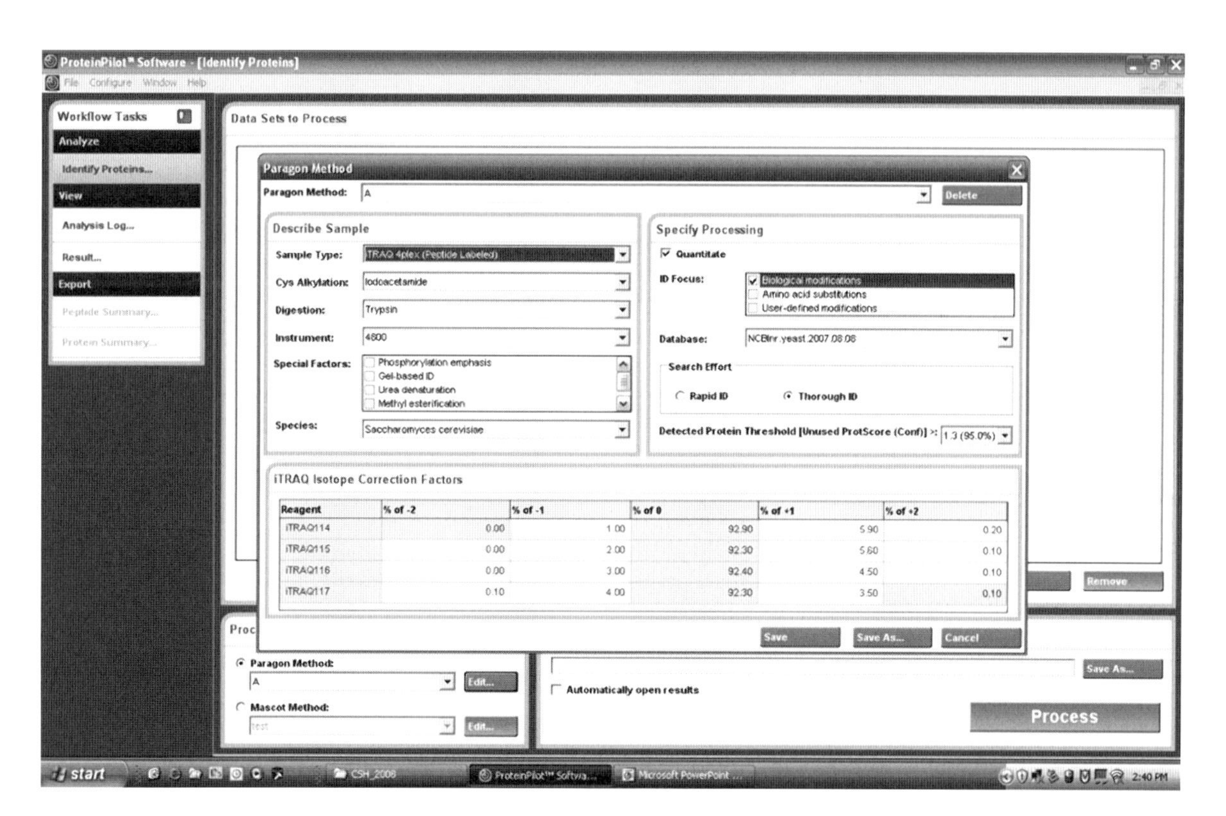

Abb. 8.7 Das „Paragon Method"-Fenster

16. Anklicken von „Save As...", um die Suchparameter zu speichern.
   Kursteilnehmer sichern die Parameter unter der Gruppenbezeichnung und der Anwendung (z.B. „Group A iTRAQ").
17. Anklicken von „Save As..." im „Results File"-Dialogfenster (Abb. 8.6d), um Namen und Verzeichnis für die Ergebnisdatei auszuwählen; Standardmäßig werden die Daten (im group-Format) im Verzeichnis C:\Applied Biosystems MDS Sciex\ProteinPilot Data\Results gespeichert, was aber vom Nutzer geändert werden kann.
18. Anklicken von „Process" (Abb. 8.6e).

Laden der Ergebnisdateien in ProteinPilot

19. Anklicken von „Result" in der „Workflow Tasks"-Taskleiste (Abb. 8.6).
20. Auswählen der Ergebnisdatei (group-Format) im Verzeichnis C:\Applied Biosystems MDS Sciex\ProteinPilot Data\Results.

Überblick über die Bildschirmansicht der Ergebnisse von ProteinPilot

Wird die Ergebnisdatei geöffnet (Abb. 8.8), erscheinen drei oder vier Reiter für Registerkarten, die sich mit dem Sortieren der Daten und ihrer Interpretation befassen. Wurden nur Suchparameter für die Identifizierung ausgewählt, wie es für die 2D-Gele der Fall ist, dann stehen die Reiter für die Registerkarten „Protein ID", „Spectra" und „Summary Statistics" zur Verfügung. Wurden Quantifizierungsparameter ausgewählt wie für das iTRAQ-Experiment, dann erscheint außerdem der Reiter für die Registerkarte „Protein Quant".

Die „Protein ID"-Registerkarte unter dem entsprechenden Reiter (Abb. 8.8) führt alle identifizierten Proteine auf, die sich über dem Schwellenwert für den Vertrauensbereich befinden, der unter den Suchparametern angegeben wurde. Im „Proteins Detected"-Fenster werden die Proteine mit der zugehörigen Scoring-Information, ihrem Namen, der Accession-Number, der Spezies und weitere Informationen aufgelistet. Eine Sortierung nach Score, Proteinnamen oder einer anderen Kategorie erfolgt, indem man auf die Überschrift der jeweiligen Spalte klickt. Wiederholtes Anklicken der Überschrift wechselt zwischen auf- und absteigender Sortierung. Jedem Protein sind zwei Scores zugewiesen: „Unused" und „Total". Diese werden unten definiert. Das aktive Protein erscheint im „Proteins Detected"-Fenster grün hinterlegt (Abb. 8.8a). Durch Anklicken einer Proteinzeile wird das entsprechende Protein aktiviert. Die „Protein Group"-Tabelle (Abb. 8.8b) zeigt die Peptidinformation, die zu dem aktivierten Protein gehört wie auch zu jedem der Proteine, die vom Pro-Group-Algorithmus in die Gruppe des aktivierten Proteins eingeordnet werden. Jedes Peptid besitzt einen sogenannten „Contrib Score", der den Anteil des einzelnen Peptidscores am Gesamtscore des Proteins („Total Score") wiedergibt. Der „Total Score" (dritte Spalte von links in der „Protein Group"-Tabelle) ist daher die Summe aller „Contrib Scores" von Peptiden, die ihm zugeteilt sind. Dabei handelt es sich nicht notwendigerweise um einmalig vorkommende Peptidsequenzen; es können also auch Peptide zum „Total Score" beitragen, die von mehr als einem Protein stammen. Proteine, die Übereinstimmungen mit den gleichen Peptiden zeigen, werden zu einer Gruppe zusammengefasst (Abb. 8.8b). Der „Unused Score" (zweite Spalte von links in der „Protein Group"-Tabelle) zeigt die Peptidscores, die noch keinem höher gewerteten Protein zugewiesen wurden. Er spiegelt die Einzigartigkeit des Peptids für das betreffende Protein wider. Das „Protein Sequence Coverage"-Fenster (Abb. 8.8c) zeigt schließlich die Sequenzabdeckung des aktivierten Proteins. Die Farben spiegeln die Signifikanz wider, mit der die übereinstimmenden Peptide dem Protein zugewiesen werden können.

Die „Spectra"-Registerkarte unter dem entsprechenden Reiter führt spezifische Details aller MS/MS-Spektren auf, die zu Peptidübereinstimmungen geführt haben. Zu diesen Informationen gehören Scores, Modifikationen und die grafische Darstellung des Spektrums selbst, zusammen mit einer Annotierung. Wurden die Daten einer iTRAQ-Quantifizierung gewonnen, dann sind auch iTRAQ-Quotienten enthalten. Aufgeführt werden auch andere Peptide, die nur bei einem geringeren Vertrauensbereich zu dem Spektrum passen. Die „Summary Statistics"-Registerkarte liefert Informationen über die Zahl der Proteine, die bei verschiedenen Vertrauensintervallen identifiziert wurden, einschließlich des Intervalls, das bei der Eingabe der Suchparameter ausgewählt wurde. Hier werden auch die Ergebnisparameter, die Analyseparameter und die Einstellungen für die Quantifizierung zusammengefasst, welche jeweils der Recherche und der Analyse der Daten zugrunde liegen.

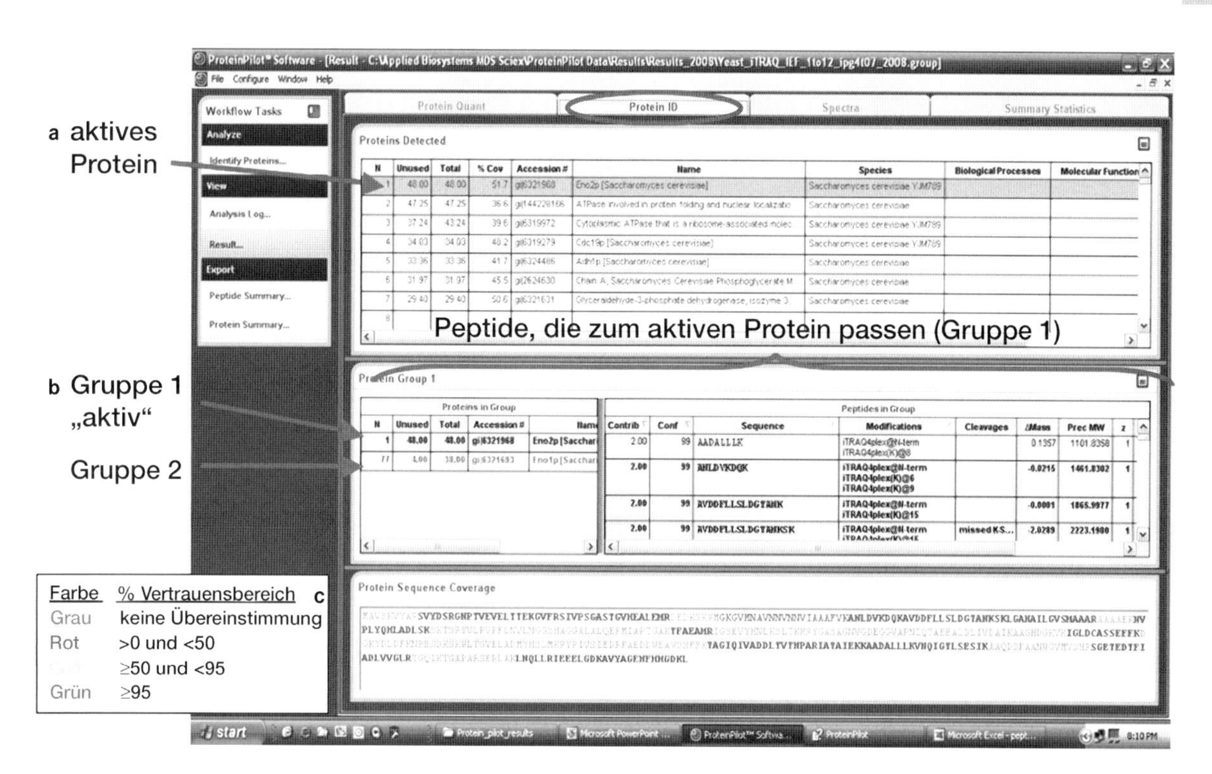

Abb. 8.8 (siehe auch Farbteil) Das „Protein ID"-Fenster der Ergebnisdatei. **a** Das aktive Protein ist grün hinterlegt. **b** Die gesamte Peptidinformation für das aktivierte Protein erscheint im „Protein Group"-Fenster. **c** Die Sequenzabdeckung des aktiven Proteins wird im „Protein Sequence Coverage"-Fenster mit der im Ausschnitt gezeigten Farbcodierung dargestellt.

Die „Protein Quant"-Tabelle (Abb. 8.9) zeigt die relative Quantifizierung aller im Vertrauensbereich identifizierten Proteine und erscheint nur, wenn die entsprechenden Einstellungen für die Quantifizierung unter den Suchparametern eingegeben wurden. Die „Protein Quant"-Tabelle ist ähnlich aufgebaut, wie die Liste unter dem „Protein ID"-Reiter, außer dass weniger die Identifizierung im Vordergrund steht als die Quantifizierung. In dem „Proteins Detected"-Fenster werden Proteine mit im Wesentlichen den gleichen Informationen aufgelistet, die auch auf der „Protein ID"-Registerkarte zu finden sind, doch sind sie um die iTRAQ-Quotienten ergänzt. Proteine werden aktiviert, indem man auf die entsprechende Zeile klickt; sie werden daraufhin grün hinterlegt (Abb. 8.9a). Der Anwender bestimmt, welche Informationen aus dem „Protein ID"- oder „Protein Quant"-Fenster angezeigt werden sollen. Klickt man mit der rechten Maustaste auf die jeweilige Spaltenüberschrift, erscheint ein Fenster, über das der Anwender Informationen ein- oder ausblenden kann (Abb. 8.9b). (Diese Möglichkeit besteht bei jeder Tabelle des Programms.) Die Peptidinformation, die in dem „Peptide Quantification"-Fenster aufgeführt ist, gehört zu dem aktiven Protein (Abb. 8.9c). Das „Peptide Quantification"-Fenster liefert Informationen über alle Peptide, die einem aktiven Protein zugeordnet wurden, wobei der Schwerpunkt bei den iTRAQ-Quotienten liegt, die für das Peptid ermittelt wurden. Ist der Haken für die „Used"-Spalte gesetzt, dann werden die iTRAQ-Quotienten der Peptide verwendet, um die Quotienten für das vollständige aktive Protein zu ermitteln. Der Anwender ist daher flexibel in der Auswahl der Daten. Die „Annotation"-Spalte gibt Auskunft darüber, ob Anwender oder Software über die Verwendung der Quantifizierungsdaten eines Peptids entschieden hat. Ist „Auto" angezeigt, dann geht die aktuelle Information in der „User"-Spalte auf die Auswahl durch die Software zurück. Ist „Manual" angezeigt, dann hat der Anwender die Auswahl getroffen. Massenspektren des *m*/*z*-Bereichs des auf das aktive Peptid zurückgehenden iTRAQ-Reporterions wie auch des jeweiligen Vorläuferions werden unten auf der Seite dargestellt (Abb. 8.9d).

Die wichtigste Information auf der „Protein Quant"-Registerkarte ist die Auflistung von Proteinen, die in verschiedenen Proben unterschiedlich häufig vorkommen. Es ist daher sinnvoll, die Proteininformationen nach iTRAQ-Quotienten zu sortieren. Indem man eine der Spalten mit iTRAQ-Quotienten in dem „Proteins Detected"-Fenster anklickt, wird die Proteintabelle automatisch nach den Informationen in dieser Spalte in aufsteigender Reihenfolge umsortiert. Dadurch erhält man einen raschen Überblick darüber, welche Proteine sich für eine weitere Validierung eignen. Die iTRAQ-Quotienten in dem „Proteins Detected"-Fenster sind farblich unterschiedlich hinterlegt. Die Farben spiegeln die Signifikanz p wider, mit der der Quotient aus den Peptidtreffern jedes Proteins ermittelt wurde. Die Farbcodierung wird in Abb. 8.10 erläutert.

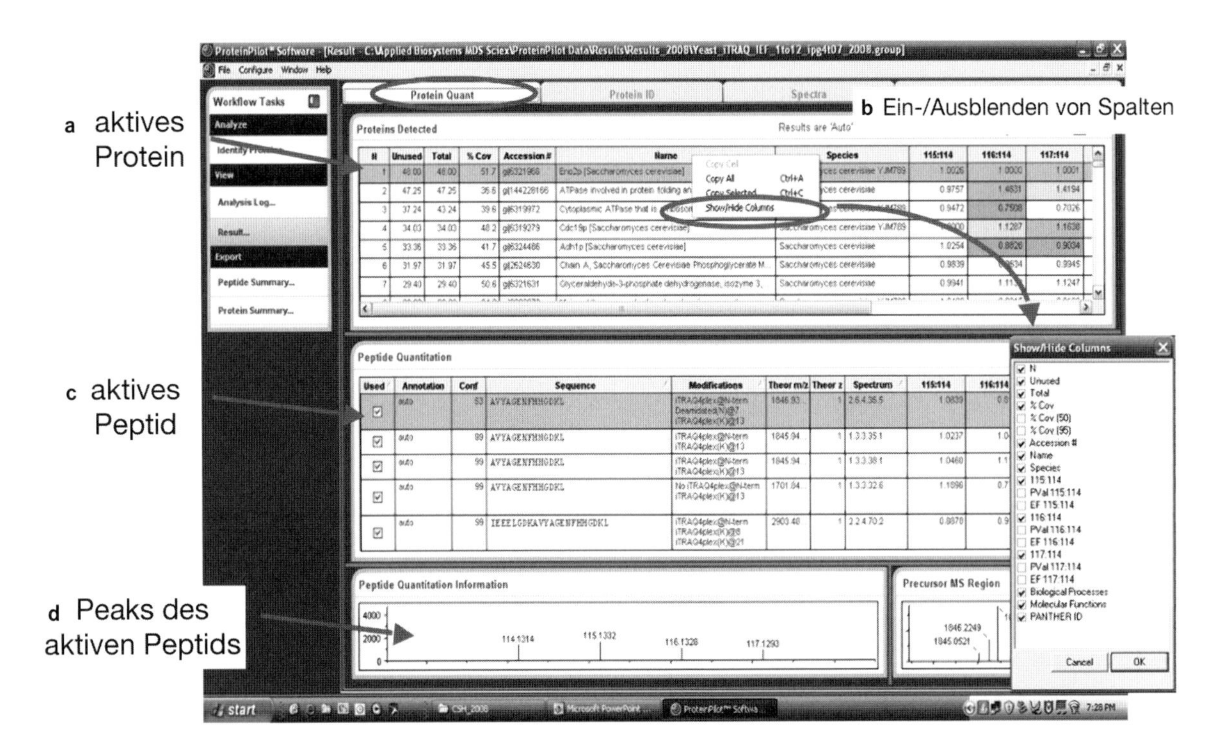

Abb. 8.9 (siehe auch Farbteil) Die „Protein Quant"-Tabelle der Ergebnisdatei. **a** Das aktive Protein ist grün hinterlegt. **b** Die gesamte Peptidinformation für das aktivierte Protein erscheint im „Protein Group"-Fenster. **c** Massenspektren des m/z-Bereichs des iTRAQ-Reporterions wie auch des Vorläuferions. **d** In jeder Tabelle lassen sich die Spalten unter „Show/Hide Columns" ein- oder ausblenden.

Denominator: IT114

115:114	116:114	117:114
1.0026	1.0000	1.0001
0.9757	1.4831	1.4194
0.9472	0.7508	0.7026
1.0000	1.1287	1.1638
1.0254	0.8826	0.9034
0.9839	0.9634	0.9945
0.9941	1.1130	1.1247

Farbe	p-Wert	Quotient
Dunkelrot	<0,001	>1
Mittelrot	0,001 bis <0,01	>1
Hellrot	0,01 bis <0,05	>1
keine Farbe	≥0,05	jedes
Hellviolett	0,01 bis <0,05	<1
Mittelviolett	0,001 bis <0,01	<1
Dunkelviolett	<0,001	<1

Abb. 8.10 (siehe auch Farbteil) Farbcodierung, die die p-Werte der iTRAQ-Quotienten widerspiegelt.

Protokoll 3
Evaluierung eines MS/MS-Spektrums, das mit einer Peptidsequenz aus der Datenbankrecherche übereinstimmt

Im Kurs motivieren wir die Teilnehmer, nach diesem Protokoll zu entscheiden, ob sie eine Peptidsequenz, die laut einer Datenbankrecherche auf ein MS/MS-Spektrum passt, annehmen oder verwerfen. Bei der Recherche gibt es aufgrund einer zufälligen oder stochastischen Übereinstimmung zwischen experimentellen und theoretischen Daten immer sowohl korrekte als auch falsch-positive Identifizierungen. Enthalten Tandemmassenspektren nur eine begrenzte Fragmentinformation, ist die Identifizierung durch die Suchmaschinen möglicherweise falsch-positiv. Insbesondere bei Proteinen oder posttranslationalen Modifikationen, die aufgrund eines einzigen MS/MS-Spektrums identifiziert wurden, ist eine Validierung der Daten durch eine sorgfältige Überprüfung der Spektren unverzichtbar.

1. Evaluierung der Qualität eines MS/MS-Spektrums.

   Ein wichtiges Kriterium für die Qualität eines Spektrums ist die Anwesenheit eines Hintergrundrauschens (Abb. 8.2a). Fehlt dieses Hintergrundrauschen und überragen nur Peaks einer ähnlichen Intensität die Basislinie, ist dies ein Zeichen dafür, dass es sich bei dem Vorläuferion nicht um ein Peptid handelt. Ein Spektrum mit nur wenigen Ionen oder geringer Gesamtionenintensität ist ein Anzeichen für ein Peptid, das nur in geringer Häufigkeit vorkommt; außerdem fehlen möglicherweise Informationen, um die Peptidübereinstimmung zu validieren.

2. Evaluierung, wie gut die vorhergesagten b- und y-Ionen eines Peptids zu den Produktionen des Spektrums passen (Abb. 8.11).

   Die meisten der dominierenden Produktionen des Spektrums sollten entweder den b- oder den y-Ionen entsprechen, die aus der Sequenz abgeleitet wurden. Eine große Zahl an ungeklärten Peaks mit hoher Intensität im Spektrum ist ein Zeichen für eine nicht korrekte Identifizierung. Zu untersuchen ist die Kontinuität der b- oder y-Ionen-Serien. Man sollte eine kontinuierliche Kette aus 3–4 Ionen derselben Serie erkennen können und nicht nur isolierte Ionen an verschiedenen Stellen. Einander ergänzende Paare aus b- und y-Ionen sind ein guter Hinweis auf eine korrekte Identifizierung.

   Während tryptische Peptide in einer ESI-LS-MS/MS in der Regel zwei- und dreifach geladene Ionen ergeben, sind kleine tryptische Peptide (<6–8 Aminosäuren) üblicherweise einfach geladen. Wichtig ist, dass kurze Peptide zu einer begrenzten Zahl an Fragmentionen führen. Die geringe Zahl an Fragmentionen hindert zum einen die Suchalgorithmen daran, das korrekte Peptid zu identifizieren, zum anderen wird es auch für den Anwender schwierig, die Sequenz zu evaluieren.

   Häufig ist es unmöglich, alle Fragmentionen zu kommentieren, die in einem Spektrum vorhanden sind. Bei zwei- oder dreifach geladenen tryptischen Peptiden gilt es als deutlicher Hinweis auf eine kontinuierliche y-Ionen-Serie, wenn die Mehrheit der dominierenden Peaks im *m*/*z*-Bereich oberhalb des *m*/*z*-Bereichs des Vorläuferions liegt.

   Sehr komplexe Tandemmassenspektren können durch gleichzeitige Fragmentierung von zwei unterschiedlichen Peptiden entstehen. Nachweisen lässt sich dies, indem man den Vorläuferscan nach Hinweisen auf zwei Vorläuferionen durchsucht. Nach der Identifizierung eines Peptids kann man die nichtidentifizierten Peaks des MS/MS-Scans für eine zweite Datenbankrecherche nutzen.

   Die moderate Auflösung eines Ionenfallenmassenspektrometers bietet häufig nicht die Möglichkeit, den Ladungszustand eines Vorläuferions direkt zu ermitteln. Ist der Ladungszustand eines Vorläuferions unbekannt, gehen Datenbanksuchalgorithmen im Allgemeinen von vielfach geladenen Zuständen (z.B. +2, +3, +4) der Vorläuferionen aus. Mit jedem Ladungszustand wird ein separater Suchlauf in der Proteindatenbank gestartet und eine Vielzahl von Peptidsequenzen wird dokumentiert. Der Anwender sollte nur eine Peptididentifizierung akzeptieren.

   Wichtig ist, dass die für die Fragmentierung der Vorläuferionen gewählten CID-Bedingungen bei Ionenfallen- und TOF/TOF-Analysatoren verschieden sind. Ionenfallengeräte fragmentieren Vorläuferpeptidionen mithilfe einer Niedrigenergie-CID mit einem inerten Gas, in der Regel Helium, innerhalb des Ionenfallenanalysators. Ist das Vorläuferion fragmentiert, zerfallen die entstandenen Ionen nicht weiter. Bei Ionenfallen ist es durch diesen CID-Mechanismus nicht möglich, Ionen mit weniger als 28 % der Masse des Vorläuferions einzufangen. Diese „1/3-Regel", oder der „*low mass cut-off*", manifestiert sich dadurch, dass in den Tandemspektren Ionen mit einem geringen Massenbereich fehlen. Bei TOF/TOF-Geräten ist die Fragmentierung dagegen variabel. Ein TOF/TOF-Massenspektrometer erlaubt Kollisionen mit hoher Energie, durch die Seitenkettenbindungen gespalten werden, wie auch Kollisionen mit niedriger Energie, die primäre Peptidbindungen fragmentieren (Khatun et al. 2007). Allgemein entstehen interne Fragmentionen und y-Ionen. Für Anwender von QTOF- und Tripel-Quadrupol-Geräten erfolgt die CID in einer separaten Kollisionszelle mit Hochfrequenz, sodass alle Ionen, die in die Zelle gelangen, angeregt werden und eine sekundäre Fragmentierung von b- und y-Ionen auftreten kann. Im Gegensatz

a

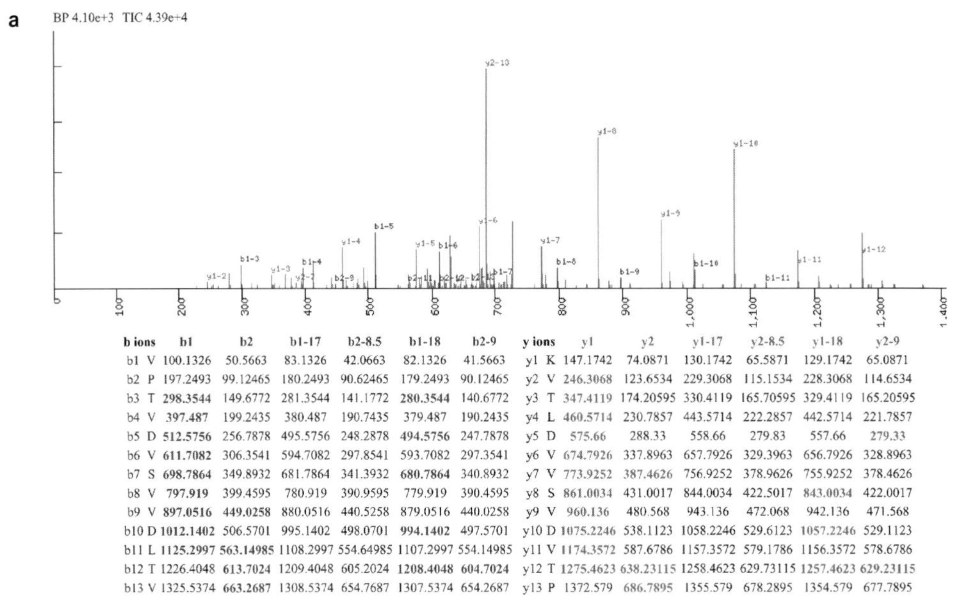

b ions		b1	b2	b1-17	b2-8.5	b1-18	b2-9	y ions		y1	y2	y1-17	y2-8.5	y1-18	y2-9
b1	V	100.1326	50.5663	83.1326	42.0663	82.1326	41.5663	y1	K	147.1742	74.0871	130.1742	65.5871	129.1742	65.0871
b2	P	197.2493	99.12465	180.2493	90.62465	179.2493	90.12465	y2	V	246.3068	123.6534	229.3068	115.1534	228.3068	114.6534
b3	T	298.3544	149.6772	281.3544	141.1772	280.3544	140.6772	y3	T	347.4119	174.20595	330.4119	165.70595	329.4119	165.20595
b4	V	397.487	199.2435	380.487	190.7435	379.487	190.2435	y4	L	460.5714	230.7857	443.5714	222.2857	442.5714	221.7857
b5	D	512.5756	256.7878	495.5756	248.2878	494.5756	247.7878	y5	D	575.66	288.33	558.66	279.83	557.66	279.33
b6	V	611.7082	306.3541	594.7082	297.8541	593.7082	297.3541	y6	V	674.7926	337.8963	657.7926	329.3963	656.7926	328.8963
b7	S	698.7864	349.8932	681.7864	341.3932	680.7864	340.8932	y7	V	773.9252	387.4626	756.9252	378.9626	755.9252	378.4626
b8	V	797.919	399.4595	780.919	390.9595	779.919	390.4595	y8	S	861.0034	431.0017	844.0034	422.5017	843.0034	422.0017
b9	V	897.0516	449.0258	880.0516	440.5258	879.0516	440.0258	y9	V	960.136	480.568	943.136	472.068	942.136	471.568
b10	D	1012.1402	506.5701	995.1402	498.0701	994.1402	497.5701	y10	D	1075.2246	538.1123	1058.2246	529.6123	1057.2246	529.1123
b11	L	1125.2997	563.14985	1108.2997	554.64985	1107.2997	554.14985	y11	V	1174.3572	587.6786	1157.3572	579.1786	1156.3572	578.6786
b12	T	1226.4048	613.7024	1209.4048	605.2024	1208.4048	604.7024	y12	T	1275.4623	638.23115	1258.4623	629.73115	1257.4623	629.23115
b13	V	1325.5374	663.2687	1308.5374	654.7687	1307.5374	654.2687	y13	P	1372.579	686.7895	1355.579	678.2895	1354.579	677.7895

b

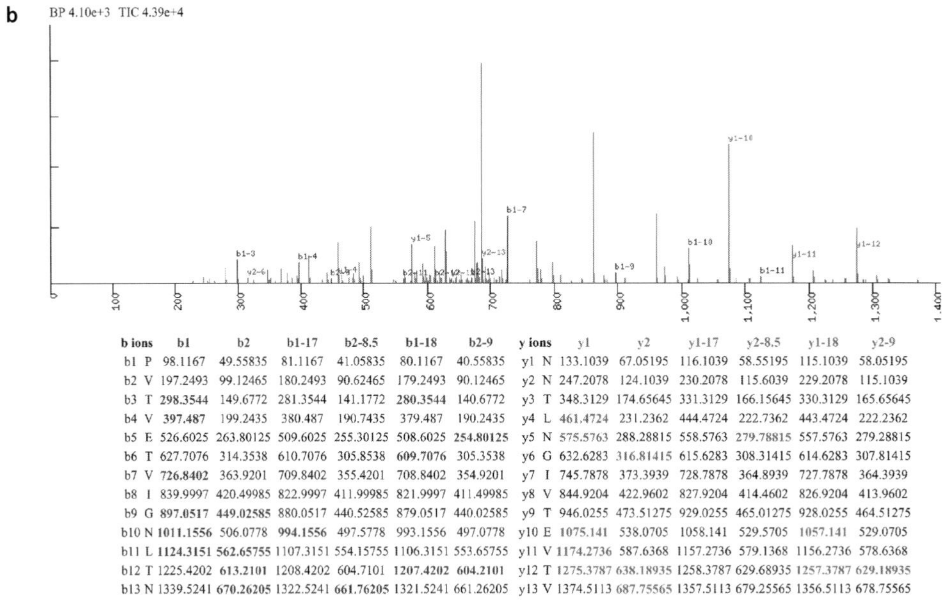

b ions		b1	b2	b1-17	b2-8.5	b1-18	b2-9	y ions		y1	y2	y1-17	y2-8.5	y1-18	y2-9
b1	P	98.1167	49.55835	81.1167	41.05835	80.1167	40.55835	y1	N	133.1039	67.05195	116.1039	58.55195	115.1039	58.05195
b2	V	197.2493	99.12465	180.2493	90.62465	179.2493	90.12465	y2	N	247.2078	124.1039	230.2078	115.6039	229.2078	115.1039
b3	T	298.3544	149.6772	281.3544	141.1772	280.3544	140.6772	y3	T	348.3129	174.65645	331.3129	166.15645	330.3129	165.65645
b4	V	397.487	199.2435	380.487	190.7435	379.487	190.2435	y4	L	461.4724	231.2362	444.4724	222.7362	443.4724	222.2362
b5	E	526.6025	263.80125	509.6025	255.30125	508.6025	254.80125	y5	N	575.5763	288.28815	558.5763	279.78815	557.5763	279.28815
b6	T	627.7076	314.3538	610.7076	305.8538	609.7076	305.3538	y6	G	632.6283	316.81415	615.6283	308.31415	614.6283	307.81415
b7	V	726.8402	363.9201	709.8402	355.4201	708.8402	354.9201	y7	I	745.7878	373.3939	728.7878	364.8939	727.7878	364.3939
b8	I	839.9997	420.49985	822.9997	411.99985	821.9997	411.49985	y8	V	844.9204	422.9602	827.9204	414.4602	826.9204	413.9602
b9	G	897.0517	449.02585	880.0517	440.52585	879.0517	440.02585	y9	T	946.0255	473.51275	929.0255	465.01275	928.0255	464.51275
b10	N	1011.1556	506.0778	994.1556	497.5778	993.1556	497.0778	y10	E	1075.141	538.0705	1058.141	529.5705	1057.141	529.0705
b11	L	1124.3151	562.65755	1107.3151	554.15755	1106.3151	553.65755	y11	V	1174.2736	587.6368	1157.2736	579.1368	1156.2736	578.6368
b12	T	1225.4202	613.2101	1208.4202	604.7101	1207.4202	604.2101	y12	T	1275.3787	638.18935	1258.3787	629.68935	1257.3787	629.18935
b13	N	1339.5241	670.26205	1322.5241	661.76205	1321.5241	661.26205	y13	V	1374.5113	687.75565	1357.5113	679.25565	1356.5113	678.75565

Abb. 8.11 (siehe auch Farbteil) Evaluierung der ersten beiden Peptidtreffer mit einem MS/MS-Spektrum. Gezeigt sind die ersten beiden Peptidübereinstimmungen mit einem MS/MS-Spektrum, die sich aus einem SEQUEST-Suchlauf mit den gewonnenen Daten ergeben. **a** Das Peptid mit dem höchsten Score (VPTVDVSVVDLTVK) aus dem Tdh1/2/3-Protein aus Hefe (Cn = 4,6). **b** Das Peptid mit dem zweithöchsten Score (PVTVETVIGNLTNN) aus dem Meu1-Protein aus Hefe (Cn = 2,0). Der erste Peptidtreffer in **a** wird aus mehreren wichtigen Gründen als korrekt erachtet. Erstens handelt es sich aufgrund der allgemeinen Ionenintensität und den sich vom Hintergrundrauschen deutlich abhebenden Peaks um ein Spektrum guter Qualität. Zweitens ist der Großteil der dominierenden Fragmentionen als b- oder y-Ion gekennzeichnet. Drittens erweist sich der Peptidtreffer als ein kanonisches tryptisches Fragment. Viertens zeigt die Tabelle mit den experimentellen Ionendaten, die zu den Daten des theoretisch fragmentierten Peptids passen, dass das Peptid eine lange kontinuierliche Kette von b- und y-Ionen enthält. Und fünftens sind b- und y-Ionen-Paare komplementär (z.B. ist die Summe der komplementären b-y-Ionen-Paare gleich der Masse des Vorläuferions). Der zweite Treffer in **b** wird aus einer Reihe von Gründen als fehlerhaft erachtet. Viele der dominierenden Ionen sind nicht kommentiert. Der zweitbeste Treffer ist ein nichtkanonisches tryptisches Peptid. Die Tabelle unter dem Spektrum zeigt eine eher zufällige Übereinstimmung von experimentellen und theoretischen Werten ohne erkennbares Muster.

zu einer Ionenfalle behalten TOT/TOF-, QTOF-, Tripel-Quadrupol- und FT-ITC-Massenspektrometer allesamt die Produktionen mit niedriger Masse. Und während die mithilfe einer ESI generierten Vorläuferionen von tryptischen Peptiden in der Regel zwei- oder dreifach geladen sind, sind Vorläuferionen aus einer MALDI-Quelle am Allgemeinen nur einfach geladen. Aus all diesen Gründen sind die MS/MS-Spektren, die durch eine Ionenfalle, ein TOF/TOF-, ein QTOF-MS oder einen anderen Massenanalysator aus der gleichen Peptidsequenz generiert werden, nicht identisch und können sogar erhebliche Unterschiede aufweisen.

3. Evaluierung der Peptidsequenz und des Spektrums unter Berücksichtigung besonderer Sequenzeffekte auf die Intensität (Abb. 8.12).

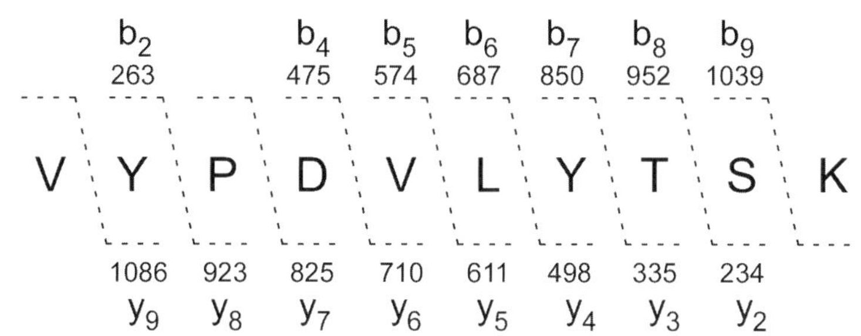

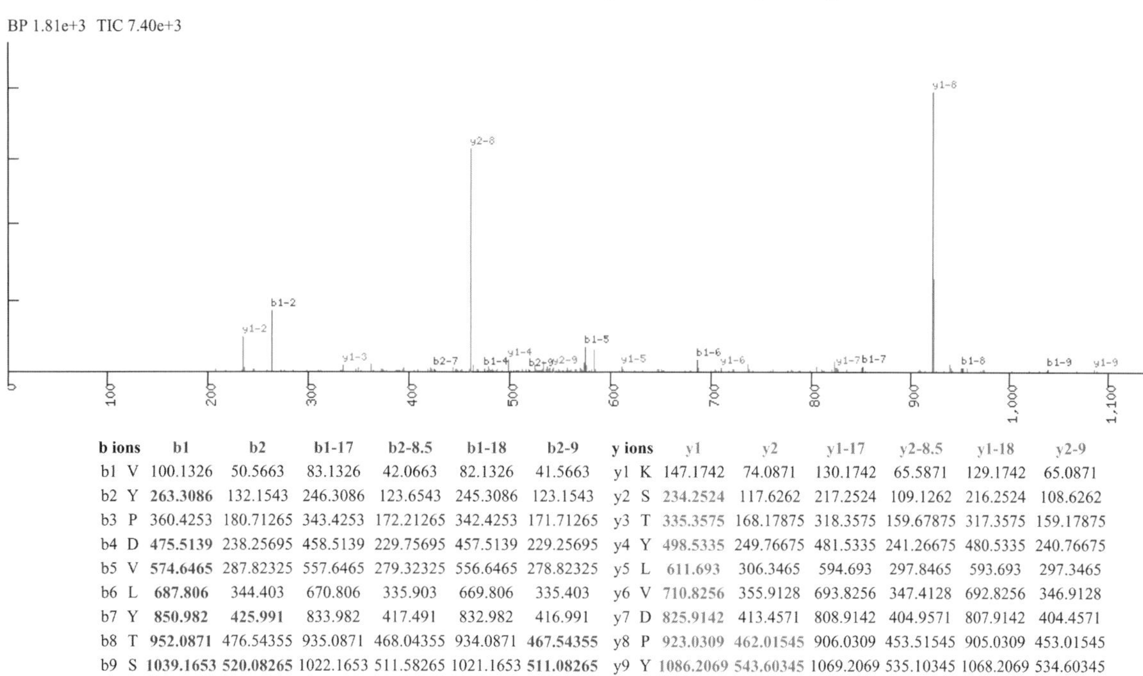

b ions		b1	b2	b1-17	b2-8.5	b1-18	b2-9	y ions		y1	y2	y1-17	y2-8.5	y1-18	y2-9
b1	V	100.1326	50.5663	83.1326	42.0663	82.1326	41.5663	y1	K	147.1742	74.0871	130.1742	65.5871	129.1742	65.0871
b2	Y	**263.3086**	132.1543	246.3086	123.6543	245.3086	123.1543	y2	S	234.2524	117.6262	217.2524	109.1262	216.2524	108.6262
b3	P	360.4253	180.71265	343.4253	172.21265	342.4253	171.71265	y3	T	335.3575	168.17875	318.3575	159.67875	317.3575	159.17875
b4	D	**475.5139**	238.25695	458.5139	229.75695	457.5139	229.25695	y4	Y	498.5335	249.76675	481.5335	241.26675	480.5335	240.76675
b5	V	**574.6465**	287.82325	557.6465	279.32325	556.6465	278.82325	y5	L	611.693	306.3465	594.693	297.8465	593.693	297.3465
b6	L	**687.806**	344.403	670.806	335.903	669.806	335.403	y6	V	710.8256	355.9128	693.8256	347.4128	692.8256	346.9128
b7	Y	**850.982**	**425.991**	833.982	417.491	832.982	416.991	y7	D	825.9142	413.4571	808.9142	404.9571	807.9142	404.4571
b8	T	**952.0871**	476.54355	935.0871	468.04355	934.0871	**467.54355**	y8	P	923.0309	462.01545	906.0309	453.51545	905.0309	453.01545
b9	S	**1039.1653**	**520.08265**	1022.1653	511.58265	1021.1653	**511.08265**	y9	Y	1086.2069	543.60345	1069.2069	535.10345	1068.2069	534.60345

Abb. 8.12 (siehe auch Farbteil) Peptide mit einem Pro führen zu Fragmentionen mit hoher Intensität. Das MS/MS-Fragmentierungsspektrum des Vorläuferions (*m/z* 592,92) zeigt zwei Ionen mit hoher Intensität. Der SEQUEST-Algorithmus identifizierte das Peptid VYPDVLYTSK aus dem Gpm1-Protein aus Hefe als das Peptid mit dem höchsten Score (Cn = 2,2). Die beiden dominierenden Ionen sind Beispiele für Pro-Peaks; diese entstehen durch Fragmentionen mit hoher Intensität, welche wiederum durch eine Fragmentierung auf der aminoterminalen Seite von Pro gebildet werden. Die Ionen $y_{1\text{-}8}$ und $y_{2\text{-}8}$ sind einfach bzw. zweifach geladene y_8-Ionen. Das Vorläuferion weist eine zweifache Ladung auf. Die unter dem Spektrum abgebildete Tabelle zeigt, inwiefern die beobachteten Fragmentionen zu den theoretischen Fragmentionen der Peptidsequenz passen. Die Spalten b_2 und y_2 zeigen die Werte für zweifach geladene b- und y-Ionen. Die Spalten x-17 und x-18 (wobei x für b_1 oder y_1 steht) zeigen die Werte der einfach geladenen Ionen für die jeweiligen b- und y-Ionen mit einem Neutralverlust von Ammoniak bzw. Wasser. Die Spalten x-8,5 und x-9 (wobei x für b_2 oder y_2 steht) zeigen die Werte für die entsprechenden zweifach geladenen b- und y-Ionen mit einem Neutralverlust von Ammoniak bzw. Wasser.

Ein Peptid wird eher in der Mitte fragmentiert als in der Nähe seiner Enden. Bei Ionenfallenmassenspektrometern übersteigt die Intensität der y-Ionen die der b-Ionen um das Zweifache (Tabb et al. 2003, 2006). Bestimmte Aminosäuren können einen besonderen Einfluss auf die Fragmentierung ausüben. Erkennt man diese Effekte, erhöht sich die Signifikanz der Identifizierung. Vor allem Peptide mit einem internen Pro neigen stark zu einer Spaltung auf der aminoterminalen Seite des Pro (Abb. 8.12). Dies wird allgemein als „Prolineffekt" bezeichnet. Peptide mit Asp werden dagegen häufig auf der carboxyterminalen Seite der Aminosäure fragmentiert (Kapp et al. 2003). Untersuchungen der Häufigkeit von Peptidfragmentierungen in Abhängigkeit von bestimmten Aminosäuren ergaben, dass Ile, Val und Leu eine Fragmentierung auf der carboxyterminalen Seite begünstigen, Gly und Ser dagegen auf der aminoterminalen Seite (Tabb et a. 2003). Peptidbindungen zwischen Asn und Gly sind sehr instabil (Kapp et al. 2003).

4. Untersuchung des Spektrums hinsichtlich Produktionen mit Neutralverlusten. Sowohl Voräufer- als auch Fragmentionen können kleine neutrale Moleküle verlieren (Abb. 8.13).

   Neutralverluste des Vorläuferions führen zu dominierenden Peaks im Fragmentierungsspektrum, die allerdings einen geringeren *m/z*-Wert als das Vorläuferion besitzen. Vor allem Phosphopeptide, die Phosphoserin oder Phosphothreonin enthalten, geben bei einer Niedrigenergie-CID (z.B. in einer Ionenfalle) leicht ein Phosphorsäuremolekül ab (–98 Da) (Schlosser et al. 2001). Diese Beobachtung ist für die Erkennung von Phosphopeptiden außerordentlich hilfreich (Abb. 8.13). Bei zweifach geladenen Phosphopeptidvorläuferionen sind die Ionen im Fragmentierungsspektrum, die die stärkste Intensität besitzen, die Neutralverlustionen (–49 Da des Vorläuferions). Bei dreifach geladenen Phosphopeptidvorläuferionen sind die Ionen im Fragmentierungsspektrum mit der

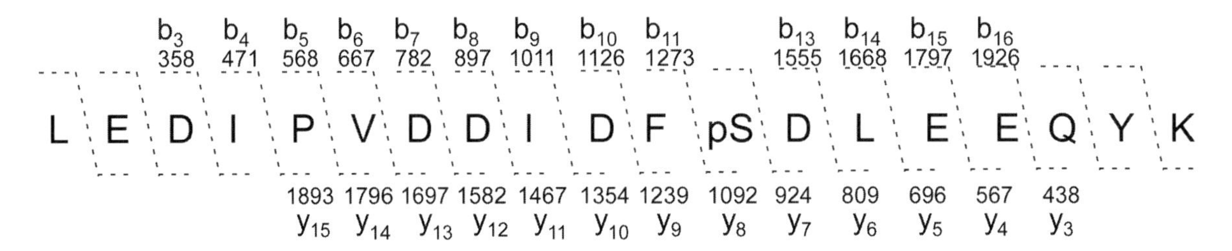

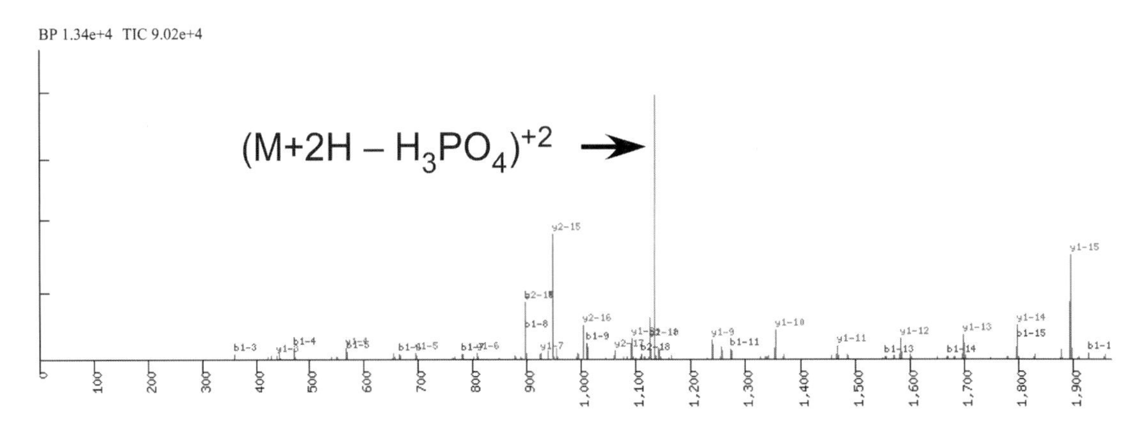

Abb. 8.13 MS/MS-Spektrum eines Phosphopeptids. Phosphopeptidvorläufer- und auch -fragmentionen können verschiedene Neutralverluste an Phosphorsäure (–98 Da) aufweisen. Bei einer Niedrigenergie-CID, insbesondere von Ionenfallenmassenspektrometern, verlieren Phosphopeptide mit Phosphoserin oder Phosphothreonin leicht Phosphorsäure, wodurch im MS/MS-Spektrum ein Neutralion mit hoher Intensität entsteht. In diesem Experiment wird für die Identifizierung von phosphorylierten Peptiden IMAC-Fe^{3+} eingesetzt, um Phosphopeptide aus Hefe anzureichern. Die angereicherten Peptide wurden durch eine LC-MS/MS mit Ionenfalle analysiert. Von dem Vorläuferion mit *m/z* 1184 wurde das vorliegende Produktionenspektrum erstellt. Die SEQUEST-Recherche identifizierte das Phosphopeptid LEDIPVDDIDFS*DLEEQYK als Peptid mit dem höchsten Score (Cn = 5,4). Die manuelle Analyse des MS/MS-Spektrums identifizierte das Ion mit der höchsten Intensität als einen Neutralverlust von –49 Da (Phosphorsäure) des zweifach geladenen Vorläuferions. Bei ein- oder dreifach geladenen Vorläuferionen hätte man Neutralverluste von –98 bzw. –32,6 Da beobachtet. In diesem Spektrum ist auch ein Pro-Peak mit relativ hoher Intensität zu erkennen.

stärksten Intensität die Neutralverlustionen (–32,6 Da des Vorläuferions). Bei einem Fragmentierungsspektrum eines phosphorylierten Peptids, das mit einem Ionenfallenmassenspektrometer erstellt wurde, ist das Signal von b- und y-Ionen im Vergleich zum Neutralverlustpeak deutlich schwächer. Die geringere Intensität der b- und y-Ionen-Peaks erschwert eine zuverlässige Identifizierung. Besonders schwierig ist die korrekte Identifizierung einer modifizierten Aminosäure, wenn das Peptid viele Ser oder Thr enthält.
Fragmentionen mit Neutralverlusten bilden in der Regel Peakpaare. Die Intensität des Neutralverlustions beträgt üblicherweise 10–20 % der Intensität des intakten Fragmentions. Die b- und y-Fragmentionen, die Ser, Thr, Glu oder Asp enthalten, haben eventuell H_2O verloren (–18 Da). Die b- und y-Fragmentionen, die Asn, Gln, Arg oder Lys enthalten, können Ammoniak abgeben (–17 Da). Vorläuferionen mit Gln an ihrem Aminoterminus geben sehr leicht Ammoniak ab, wodurch ein Neutralverlustpeak und eine dominierende b-17-Ionen-Serie entstehen. Vorläuferionen mit oxidierten Methioninen können Methansulfensäure verlieren (–64 Da) (Reid et al. 2004).

5. Suche nach unabhängigen Spektren, die das gleiche Peptid identifizieren.
   Bei häufig vorkommenden Peptiden lassen sich unterschiedliche Ladungszustände (z.B. +2 und +3) des identifizierten Peptids für die Fragmentierung auswählen. Da die Recherchen auf der Basis verschiedener Ladungszustände unabhängig voneinander sind, steigt die Wahrscheinlichkeit einer korrekten Identifizierung, wenn diese Recherchen zu derselben Peptidsequenz führen.
6. Evaluierung der Basizität der Fragmentionen.
   Eine Vielzahl von Studien haben sich mit dem Einfluss von basischen Aminosäuren auf die Intensitäten der Fragmentionen befasst (Paizs und Suhau 2002; Tabb et al. 2004). Enthält ein tryptisches Peptid eine einzelne basische Aminosäure, die durch CID fragmentiert wird (Lys oder Arg), dann haben die Produktionen, die diese basische Aminosäure enthalten, verglichen mit anderen Fragmentionen, eine höhere Intensität. Bei der Fragmentierung in Ionenfallenmassenspektrometern haben die y-Ionen in der Regel eine höhere Intensität als die b-Ionen. Werden dreifach geladene Peptidionen durch CID fragmentiert, sind die Produktionen, die mehrere basische Aminsäuren (Lys, Arg, His) enthalten, eher zweifach geladen (Tabb et al. 2006). Bei einfach geladenen Vorläuferionen kann eine Fragmentionenserie die anderen Serien dominieren, insbesondere, wenn es sich bei der terminalen Aminosäure um das stark basische Arg handelt. Bei der Validierung des MS/MS-Spektrums, können b- und y-Ionenprodukte, die diesen Beobachtungen entsprechende Merkmale zeigen, die Identifizierung bestätigen.
7. Untersuchung der Ionen des MS/MS-Spektrums, die eine geringe Masse haben.
   Bei der Verwendung von Ionenfallenmassenspektrometern ist es durch den Mechanismus der CID nicht möglich, Fragmente mit Massen von weniger als 28 % der Vorläuferionenmasse einzufangen und zu analysieren. Wie zuvor beschrieben, gilt für Ionenfallenmassenspektrometer bei der Fragmentierung die „1/3-Regel", sodass keine Ionen mit geringer Masse stabilisiert werden können. Bei TOF/TOF- und QTOF-Geräten ist jedoch eine Analyse von Ionen mit geringer Masse möglich. Diese Ionen können Informationen über die Aminosäuresequenz der Peptide liefern, die für die Validierung der Peptidübereinstimmungen aus der Datenbankrecherche sehr nützlich sein können. Immoniumionen sind interne Produktionen, die in einer zweiten Fragmentierung von Amidbindungen durch eine CID entstehen. Ihre Struktur ist $RCH{=}H_2N^+$, wobei R die Seitenkette der Aminosäure darstellt. Die Masse eines Immoniumions einer Aminosäure ist um 27 Da geringer als die Masse der ursprünglichen Aminosäure. Jede Aminosäure in einem Peptid besitzt ein charakteristisches Immoniumion. Die Anwesenheit von Immoniumionen im Bereich der niedrigen Massen eines MS/MS-Spektrums kann die Anwesenheit der entsprechenden Aminosäure im Peptid anzeigen. Die Immoniumionen von Tyr (136), His (110), Met (104), Pro (70), Phe (120), Trp (159), Leu/Ile (86) und Val (72) werden am häufigsten beobachtet. Mithilfe der Immoniumionen lässt sich die Aminosäuresequenz des Peptids verifizieren. Das Carboxylende des Peptids kann gegen die Produktionen im Bereich des Spektrums, in dem sich die Ionen mit geringen Massen befinden, abgeglichen werden. Bei Peptiden mit einem carboxyterminalen Lys, kann man möglicherweise ein Ion mit 147 detektieren. Befindet sich am Carboxylende ein Arg, dann lässt sich eventuell ein Ion mit 175 nachweisen. Während b_1-Ionen nur selten vorkommen und y_2-Ionen häufig eine geringe Intensität zeigen, wird im Bereich des MS/MS-Spektrums mit den geringen m/z-Werten häufig ein Ionenpaar hoher Intensität beobachtet, dessen einzelne Ionen sich um 28 Da voneinander unterscheiden. Die Ionen entsprechen a_2- und b_2-Fragmentionen und sind das Ergebnis eines leicht auftretenden Verlustes von CO am b_2-Ion. Dieses Ionenpaar wird allgemein als „a_2/b_2-Paar" bezeichnet. Anhang 6 führt die m/z-Werte aller möglichen Kombinationen von b_2-Ionen mit den Massen der Aminosäurereste auf.
   In den Fällen, in denen eine korrekte Identifizierung der Aminosäuresequenzen der Peptide für zukünftige Experimente notwendig ist, wird das Peptid häufig chemisch synthetisiert und das Fragmentmuster des künstlich hergestellten Peptids mit dem MS/MS-Fragmentierungsspektrum des nativen Vorläuferions verglichen. Die beiden MS/MS-Spektren sollten identische Fragmentionen (m/z) und relative Intensitäten aufweisen.

Literatur

Bradshaw RA (2005) Revised draft guidelines for proteomic data publication. *Mol Cell Proteomics* 4: 1223-1225

Carr S, Aebersold R, Baldwin M, Burlingame A, Clauser K, Nesvizhskii A, Working Group On Publication Guidelines For Peptide And Protein Identification Data (2004) The need for guidelines in publication of peptide and protein identification data. *Mol Cell Proteomics* 3: 531-533

Chen Y, Kwon SW, Kim SC, Zhao Y (2005) Integrated approach for manual evaluation of peptides identified by searching protein sequence databases with tandem mass spectra. *J Proteome Res* 4: 998-1005

Craig R, Beavis RC (2003) A method for reducing the time required to match protein sequences with tandem mass spectra. *Rapid Commun Mass Spectrom* 17: 2310-2316

Craig R, Beavis RC (2004) TANDEM: Matching proteins with tandem mass spectra. *Bioinformatics* 20: 1466-1467

Creasy DM, Cottrell JS (2004) Unimod: Protein modifications for mass spectrometry. *Proteomics* 4: 1534-1536

Dongré AR, Jones JL, Somogyi A, Wysocki VH (1996) Influence of peptide composition, gas-phase basicity, and chemical modification on fragmentation efficiency: Evidence for the mobile proton model. *J Am Chem Soc* 118: 8365-8374

Deutsch E (2008) mzML: A single, unifying data format for mass spectrometer output. *Proteomics* 8: 2776-2777

Eng JK, McCormack AL, Yates JR (1994) An approach to correlate tandem mass spectral data of peptides with amino acid sequences. *J Am Soc Mass Spectrom* 5: 976-989

Fenyo D, Beavis RC (2003) A method for assessing the statistical significance of mass spectrometry-based protein identifications using general scoring schemes. *Anal Chem* 75: 768-774

Geer LY, Markey SP, Kowalak JA, Wagner L, Xu M, Maynard DM, Yang X, Shi W, Bryant SH (2004) Open mass spectrometry search algorithm. *J Proteome Res* 3: 958-964

Han DK, Eng J, Zhou H, Aebersold R (2001) Quantitative profiling of differentiation-induced microsomal proteins using isotope-coded affinity tags and mass spectrometry. *Nat Biotechnol* 19: 946-951

Kapp EA, Schütz F, Reid GE, Eddes JS, Moritz RL, O'Hair RA, Speed TP, Simpson RJ (2003) Mining a tandem mass spectrometry database to determine the trends and global factors influencing peptide fragmentation. *Anal Chem* 75: 6251-6264

Keller A, Nesvizhskii AI, Kolker E, Aebersold R (2002) Empirical statistical model to estimate the accuracy of peptide identifications made by MS/MS and database search. *Anal Chem* 74: 5383-5392

Khatun J, Ramkissoon K, Giddings MC (2007) Fragmentation characteristics of collision-induced dissociation in MALDI TOF/TOF mass spectrometry. *Anal Chem* 79: 3032-3040

Link AJ, Eng J, Schieltz DM, Carmack E, Mize GJ, Morris DR, Garvin BM, Yates JR III (1999) Direct analysis of protein complexes using mass spectrometry. *Nat Biotechnol* 17: 676-682

MacCoss MJ, Wu CC, Yates JR III (2002) Probability-based validation of protein identifications using a modified SEQUEST algorithm. *Anal Chem* 74: 5593-5599

McCormack AL, Schieltz DM, Goode B, Yang S, Barnes G, Drubin D, Yates JR III (1997) Direct analysis and identification of proteins in mixtures by LC/MS/MS and database searching at the low-femtomole level. *Anal Chem* 69: 767-776

Nesvizhskii AI, Keller A, Kolker E, Aebersold R (2003) A statistical model for identifying proteins by tandem mass spectrometry. *Anal Chem* 75: 4646-4658

Paizs B, Suhai S (2002) Towards understanding some ion intensity relationships for the tandem mass spectra of protonated peptides. *Rapid Commun Mass Spectrom* 16: 1699-1702

Paizs B, Suhai S (2005) Fragmentation pathways of protonated peptides. *Mass Spectrom Rev* 24: 508-548

Pappin DJ, Hojrup P, Bleasby AJ (1993) Rapid identification of proteins by peptide-mass fingerprinting. *Curr Biol* 3: 327-332

Peng J, Elias JE, Thoreen CC, Licklider LJ, Gygi SP (2003) Evaluation of multidimensional chromatography coupled with tandem mass spectrometry (LC/LC-MS/MS) for large-scale protein analysis: The yeast proteome. *J Proteome Res* 2: 43-50

Perkins DN, Pappin DJ, Creasy DM, Cottrell JS (1999) Probability-based protein identification by searching sequence databases using mass spectrometry data. *Electrophoresis* 20: 3551-3567

Reid GE, Roberts KD, Kapp EA, Simpson RI (2004) Statistical and mechanistic approaches to understanding the gas-phase fragmentation behavior of methionine sulfoxide containing peptides. *J Proteome Res* 3: 751-759

Resing KA, Meyer-Arendt K, Mendoza AM, Aveline-Wolf LD, Jonscher KR, Pierce KG, Old WM, Cheung HT, Russell S, Wattawa JL et al. (2004) Improving reproducibility and sensitivity in identifying human proteins by shotgun proteomics. *Anal Chem* 76: 3556-3568

Sadygov RG, Cociorva D, Yates JR III (2004) Large-scale database searching using tandem mass spectra: Looking up the answer in the back of the book. *Nat Methods* 1: 195-202

Sadygov RG, Liu H, Yates JR III (2004) Statistical models for protein validation using tandem mass spectral data and protein amino acid sequence databases. *Anal Chem* 76: 1664-1671

Schlosser A, Pipkorn R, Bossemeyer D, Lehmann WD (2001) Analysis of protein phosphorylation by a combination of elastase digestion and neutral loss tandem mass spectrometry. *Anal Chem* 73: 170-176

Shilov IV, Seymour SL, Patel AA, Loboda A, Tang WH, Keating SP, Hunter HL, Nuwaysir LM, Schaeffer DA (2007) The Paragon algorithm, a next generation search engine that uses sequence temperature values and feature probabilities to identify peptides from tandem mass spectra. *Mol Cell Proteomics* 6: 1638-1655

Tabb DL, Fernando CG, Chambers MC (2007) MyriMatch: Highly accurate tandem mass spectral peptide identification by multivariate hypergeometric analysis. *J Proteome Res* 6: 654-661

Tabb DL, Friedman DB, Ham AJ (2006) Verification of automated peptide identifications from proteomic tandem mass spectra. *Nat Protoc* 1: 2213-2222

Tabb DL, Huang Y, Wysocki VH, Yates JR III (2004) Influence of basic residue content on fragment ion peak intensities in low-energy collision-induced dissociation spectra of peptides. *Anal Chem* 76: 1243-1248

Tabb DL, McDonald WH, Yates JR III (2002) DTASelect and Contrast: Tools for assembling and comparing protein identifications from shotgun proteomics. *J Proteome Res* 1: 21-26

Tabb DL, Smith LL, Breci LA, Wysocki VH, Lin D, Yates JR III (2003) Statistical characterization of ion trap tandem mass spectra from doubly charged tryptic peptides. *Anal Chem* 75: 1155-1163

Washburn MP, Wolters D, Yates JR III (2001) Large-scale analysis of the yeast proteome by multidimensional protein identification technology. *Nat Biotechnol* 19: 242-247

Wysocki VH, Tsaprailis G, Smith LL, Breci LA (2000) Mobile and localized protons: A framework for understanding peptide dissociation. *J Mass Spectrom* 35: 1399-1406

Yang X, Dondeti V, Dezube R, Maynard DM, Geer LY, Epstein J, Chen X, Markey SP, Kowalak JA (2004) DBParser: Web-based Software for shotgun proteomic data analyses. *J Proteome Res* 3: 1002-1008

Zhang B, Chambers MC, Tabb DL (2007). Proteomic parsimony through bipartite graph analysis improves accuracy and transparency. *J Proteome Res* 6: 3549-3557

Experiment 9

9

Hochdurchsatzklonierung von ORFs

Herstellung großer Mengen von Expressionskonstrukten

Ein Überblick über die funktionelle Proteomik

Im vergangenen Jahrzehnt hat die biologische Forschung eine Verschiebung ihrer Paradigmen durchlaufen, von den zielgerichteten, reduktionistischen Ansätzen hin zu einer zunehmenden Anzahl umfassender, genomübergreifender Projekte. Mithilfe dieser Ansätze werden in großem Maßstab Daten generiert und in relationale Datenbanken übertragen, sodass man Einblicke in biologische Systeme und die Organisation physiologischer Netzwerke erhält und sich neue Hypothesen ableiten lassen. Die rasante Zunahme der Genomsequenzierprojekte erweitert auch unsere Kenntnisse von Genen und Proteinen und erhöht die Zahl der potenziellen Ziele für die Entwicklung von Arzneistoffen, Impfstoffen und diagnostischen Markern außerordentlich.

Man könnte annehmen, dass es die Hauptaufgabe des Genoms ist, die Information, die für die Herstellung zellulärer Proteine notwendig ist, zu sammeln und zu erhalten. Eines der bedeutendsten Ergebnisse der genomischen Ära ist ihr Beitrag zum Verständnis des Proteoms und seiner Funktionen. Proteine stellen sowohl die Maschinerie einer Zelle als auch ihr Grundgerüst bereit. Sie sind die wichtigsten Ziele für Arzneistoffe und das Immunsystem und werden häufig als Biomarker für die Diagnostik eingesetzt. Eine bedeutende Aufgabe der postgenomischen Biologie ist die Aufklärung der Proteinfunktion auf der Ebene des gesamten Systems – eine Herausforderung, die in der Entwicklung der Proteomik mündete.

Selbst die einfachste Zelle enthält eine große Zahl an Proteinen, wodurch sich die Untersuchung des Proteoms einer Zelle aufwendig gestaltet. Die Proteomik analysiert eine um eine Zehnerpotenz höhere Anzahl unterschiedlicher Spezies als jede ihrer Schwesterdisziplinen (z.B. die Genomik, die Transkriptomik oder die Metabolomik). Diese Zahlen beruhen auf der Komplexität der Proteine und ihrer Funktionen und auch auf den Herausforderungen, die mit ihrer Untersuchung einhergehen. Proteine sind komplexe dreidimensionale Moleküle, deren Funktionen von einer einzigartigen Faltung jedes Proteins abhängen. Die Bestimmung und die Messung der Proteinfunktion erfordert ein breites Spektrum an Assays und Ansätzen. Diese in einem Hochdurchsatzverfahren durchzuführen, ist die bedeutendste Herausforderung der Ära der Proteomik.

Synergistische Ansätze der Proteomik

Die erfolgreiche Anwendung der Proteomik erfordert zwei komplementäre Ansätze, von denen einer die Häufigkeiten der Proteine verfolgt und der andere ihre Funktion untersucht. Der vorherrschende Ansatz, die Untersuchung der Häufigkeiten, nutzt in der Regel eine Massenspektrometrie gekoppelt mit unterschiedlichen Methoden zur Auftrennung, der Probengewinnung (z.B. aus Gewebe, Körperflüssigkeiten usw.) und der Identifizierung vorhandener Proteine. Von Interesse sind dabei besonders die Proteine, die unter verschiedenen Bedingungen unterschiedlich häufig sind – so lassen sich zum Beispiel Proteine identifizieren, die in krankem Gewebe viel häufiger vorkommen als in gesundem.

Wie in den vorherigen Kapiteln bereits beschrieben, sieht sich der häufigkeitsbasierte Ansatz einigen Herausforderungen gegenüber. Erstens begünstigen die Trennungs- und Nachweismethoden häufige Proteine stark; die Menge von mehr als die Hälfte der Proteine in einer Probe kann jedoch unterhalb der üblichen Nachweisgrenze liegen. Zweitens gibt es keine Sicherheit, dass sich ein detektiertes Protein auch identifizieren lässt. Und Drittens muss noch die biologische Funktion ermittelt oder die potenzielle Bedeutung als therapeutische oder immunologisches Zielmoleküle überprüft werden, wenn man Proteine mit deutlich unterschiedlichen Häufigkeiten gefunden hat. Es ist daher einleuchtend, dass häufigkeitsbasierte Ansätze durch Informationen über die Proteinfunktion ergänzt werden müssen.

Eine erst seit Kurzem verfolgte Strategie ist die funktionelle Proteomik, die in den Experimenten 9–11 behandelt wird. Die hier beschriebenen Ansätze verwenden eine Hochdurchsatz-(*high throughput*-, HT-)Analyse der Proteinfunktion, indem zunächst rekombinante Proteine hergestellt werden; anschließend untersucht man ihre Eigenschaften einschließlich der Struktur, der Protein-Protein-Wechselwirkungen, der katalytischen Aktivität, der Wechselwirkung mit Arzneistoffen, der biochemischen Aktivität, dem Potenzial, eine Immunreaktion auszulösen, und als Quelle für die Herstellung von Antikörpern und anderen nützlichen Reagenzien. Außerdem trägt die *in vivo*-Expression von Proteinen in Screening-Experimenten zum Verständnis der physiologischen Wirkung einer Proteinexpression, der Suppression von genetischen Phänotypen und der inhärenten Eigenschaften des Proteins (z.B. seiner subzellulären Lokalisation, seiner Interaktionspartner und seiner posttranslationalen Modifikation) bei. Die funktionelle Proteomik befasst sich unmittelbar mit der Untersuchung von spezifischen Proteinnetzwerken innerhalb von Zellen oder Organismen und ihrer funktionellen Wege.

Die funktionelle Proteomik umgeht einige der Beschränkungen, die ein häufigkeitsbasierter Ansatz mit sich bringt. Erstens ist sie viel weniger sensitiv für die natürliche Häufigkeit des Proteins. Das heißt, selbst wenn ein Protein *in vivo* gewöhnlich nur sehr schwach exprimiert wird, lässt sich sein Gen leicht klonieren und das Protein kann analysiert werden. Zweitens wird die Identität des Proteins nie infrage gestellt. Und Drittens werden die Experimente spezifisch darauf ausgerichtet, Proteine mit den Aktivitäten von Interesse zu finden, da der Fokus auf der Proteinfunktion liegt. Begrenzt wird ein funktioneller Ansatz jedoch sowohl von potenziellen Artefakten, die durch die Überexpression bzw. ektopische Expression von Proteinen entstehen, als auch von den erforderlichen Vorkenntnissen über die Gensequenz und die Verfügbarkeit entsprechender Klone. Durch eine Kombination der beiden Strategien, dem Ziel des häufigkeitsbasierten Ansatzes, Neues zu entdecken, und den biologisch ausgerichteten Zielen des funktionellen Ansatzes, erfährt die Entdeckung und Annotierung aller Proteinfunktionen eine enorme Beschleunigung.

Die Notwendigkeit von flexiblen, proteincodierenden „*expression ready*“-Klonbibliotheken

Nahezu alle Methoden zur Untersuchung der Proteinfunktion beginnen mit der Expression von klonierten Kopien proteincodierender Sequenzen. Der erste Schritt hin zu einer Plattform für die funktionelle Proteomik eines Organismus von Interesse ist daher, einen vollständigen Satz von validierten proteincodierenden Klonen zu erstellen. Eine nützliche Klonsammlung sollte sich durch folgende Merkmale auszeichnen:

1. Die Sammlung sollte indiziert und katalogisiert sein. Die Identität der Gene in jeder Vertiefung oder jedem Gefäß sollte in einer Datenbank hinterlegt sein. Dadurch verschwendet man keine Zeit damit, die Identität der Gene, die sich in einem Screening als positiv erwiesen haben, im Nachhinein ermitteln zu müssen, und es ermöglicht innerhalb der Sammlung einen Datenabgleich und einen Zugriff auf alle Daten eines Gens (selbst wenn es in einem Experiment kein Signal gegeben hat).
2. Die Klonsammlung sollte „*expression ready*“ sein. Funktionelle HT-Assays erfordern häufig die Addition von Peptid-Tags für die Aufreinigung (His_6, GST), für die Detektion (GFP) oder die Bestimmung der Funktion (Gal4-AD) des Testproteins. Die Addition der Sequenz dieser Peptide ist nur möglich, wenn die untranslatierten Regionen (UTRs) entfernt und die offenen Leseraster (ORFs) einheitlich sind.
3. Die ORF-Klone sollten so flexibel konstruiert sein, dass die Durchführung aller funktionellen Assays möglich ist. Für die Praxis bedeutet dies, dass man die Sammlungen proteincodierender Sequenzen ohne großen Aufwand in jeden Expressionsvektor klonieren können sollte – im Leseraster und ohne Mutation.
4. Die Sammlung sollte dem Standard „*fully sequence verified*“ entsprechen und bezahlbar sein.
5. Die Sammlung sollte umfassend sein. Im Idealfall sollte jedes Gen des Organismus enthalten sein (Abb. 9.1).

Unterschiedliche funktionelle Untersuchungen erfordern verschiedene Proteinexpressionsvektoren. Daher sollte ein flexibles Vektorsystem für die Klonierung verwendet werden, durch das sich die klonierten Sequen-

Abb. 9.1 Automatisiertes System zur Lagerung von Klonsammlungen. Große Sammlungen von ORF-Klonen lassen sich in einem automatisierten Lagersystem wie diesem gut aufbewahren und verwalten. Zu der Einheit gehören zwei Tiefkühlschränke bei – 80 °C, jeder mit einer Kapazität von 80 000 Gefäßen. Jeder Schrank ist mit einer automatischen zentralen Einheit zur Gefäßaufnahme verbunden. Diese zentrale Einheit liest den individuellen zweidimensionalen Barcode auf dem Boden der Gefäße aus und nimmt dann über einen an einem Arm montierten Greifer die Gefäße mit den vom Nutzer angeforderten Proben aus dem Vorratsbehälter.

zen rasch in jeden anderen Vektor übertragen lassen. Am effizientesten ist in dieser Hinsicht der Einsatz von Vektoren, die auf einer Klonierung durch Rekombination beruhen. Durch dieses Verfahren lassen sich DNA-Fragmente, die von ortsspezifischen Rekombinationsstellen flankiert sind, in einem einzigen Schritt von einem Vektor in einen anderen übertragen, wobei das Leseraster erhalten bleibt und es nicht zu Mutationen kommt (Abb. 9.2). Mittlerweile sind einige solcher Systeme auf dem Markt wie das Gateway-System (Invitrogen) und das Creator-System (Clontech). Die entsprechenden Reaktionen sind relativ einfach und erlauben daher eine automatisierte HT-Analyse, und sie sind hocheffizient. Ist ein „Master"-Klon hergestellt, lassen sich die Sequenzen in bakterielle, virale und von Säugern abgeleitete Vektoren klonieren, die bei der *in vivo*- und der *in vitro*-Analyse von Proteinen weit verbreitet sind.

Die folgenden Protokolle beschreiben die Übertragung proteincodierender Sequenzen von einem Master-Vektor in einen Expressions-(Destinations-)vektor, der in funktionellen Experimenten eingesetzt werden soll.

Rekombinationsklonierung

Ein Destinationsvektor ist ein Vektor, der so verändert wurde, dass sich die von einem Master-Klon (Entry-Klon) stammenden, proteincodierenden Sequenzen im Leseraster klonieren lassen. Verwendet werden Enzyme, die für die Klonierung durch Rekombination geeignet sind. In der Regel handelt es sich bei dem Des-

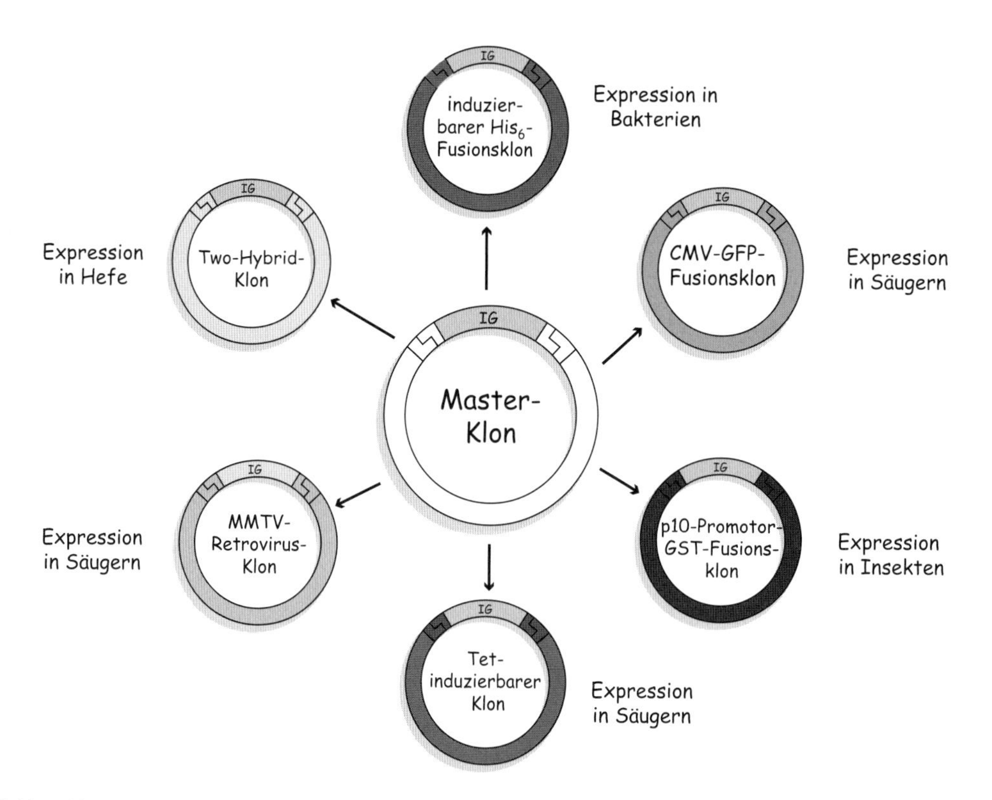

Abb. 9.2 Vom Master-Klon zu den Expressionsklonen. Ist das Gen von Interesse (IG) in einen Master-Vektor kloniert, der die Grundlage für den Master-Klon darstellt, lässt sich das Fremdgen durch eine einfache *in vitro*-Reaktion in nahezu jeden Expressionsvektor (der die entsprechenden ortsspezifischen Rekombinationsstellen besitzt) übertragen und so ein Expressionklon herstellen. Auf diese Weise können Proteine, kontrolliert durch verschiedene Promotoren und mit unterschiedlichen angefügten Tags, in einem breiten Spektrum von Zelltypen exprimiert werden.

tinationsvektor um einen Expressionsvektor, in den eine Kassette im Leseraster eingefügt wurde und zwar an einer Position, an der später die proteincodierende Sequenz inseriert werden soll. Die Kassette enthält einen negativen Selektionsmarker, flankiert von zwei Stellen für die Rekombinationsklonierung, die denen auf dem Master-Klon entsprechen. Werden Master-Klon und Destinationsvektor zusammen mit LR-Clonase gemischt, katalysiert das Enzym ein Rekombinationsereignis zwischen den entsprechenden Rekombinationsstellen, wobei die Orientierung durch die Anordnung der Rekombinationsstellen festgelegt ist (Abb. 9.3). Durch positive Selektion auf den Marker des Destinationsvektors und eine negative Selektion auf den Marker in dessen Kassette werden nur die Destinationsvektoren ausgewählt, die ihre Kassette verworfen und gegen eine proteincodierende Sequenz ausgetauscht haben.

Da sichergestellt ist, dass die Sequenzen sich immer noch im Leseraster befinden, ist es möglich, über die Destinationsvektoren an alle inserierten Proteinsequenzen Peptid-Tags anzufügen. In der unten beschriebenen Reaktion werden über den Destinationsvektor alle exprimierten Proteine mit Glutathion-S-Tranferase (GST) markiert, wodurch sich die translatierten Proteine mithilfe eines an einer festen Oberfläche (wie ein Kügelchen oder die Fläche eines Arrays) gekoppelten Anti-GST-Antikörpers binden lassen. Dieser Tag kann sich am Ende des Proteins befinden. Für diese Kopplung am Carboxylende ist es wichtig, dass ein Master-Klon eingesetzt wird, bei dem das Stopp-Codon aus der proteincodierenden Sequenz entfernt wurde, damit die Ribosomen die Translation nicht am Stopp-Codon beenden.

In den unten aufgeführten Protokollen werden 96-Well-Mikrotiterplatten verwendet, die später für die Herstellung von Proteinmicroarrays eingesetzt werden, bei denen man in der Regel Hunderte oder gar Tausende von Genen analysiert. Unser Ziel an dieser Stelle ist, den effizienten Ablauf einer HT-Analyse zu be-

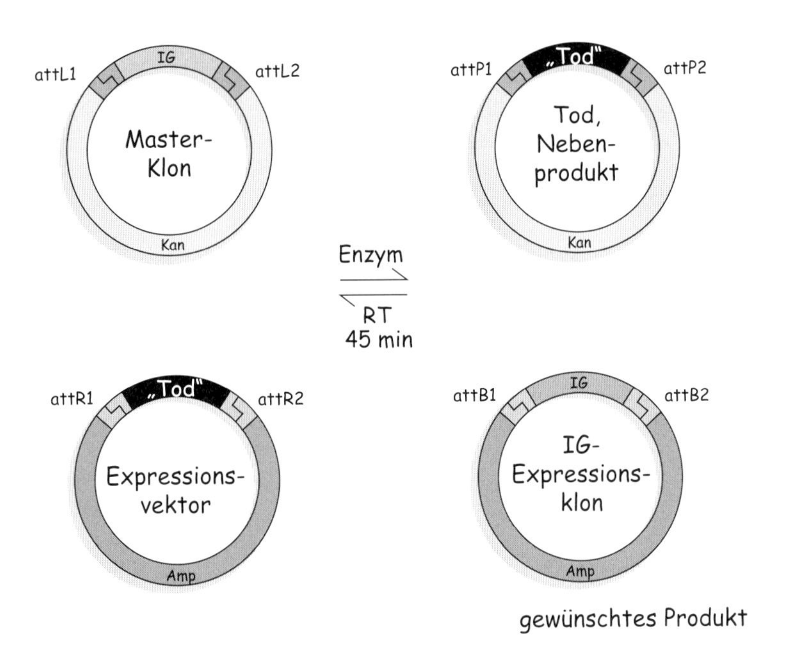

Abb. 9.3 Ortsspezifische Rekombination mit dem Gateway-System. Der Master-Klon enthält das Gen von Interesse (IG), das von ortsspezifischen Rekombinationsstellen flankiert ist. Der Klon wird mit einem Expressionsvektor gemischt, der ein „Todesgen" trägt, welches von den entsprechenden Rekombinationsstellen flankiert ist. Nach der Zugabe des Enzyms und einer Inkubation wird ein gewisser Anteil der Stellen rekombinieren, wodurch ein neues Produkt mit IG im Expressionsvektor entsteht. In diesem Beispiel ist der Expressionsklon das einzige Plasmid, dem das „Todesgen" fehlt und durch das der Wirtsorganismus auf ampicillinhaltigem Nährboden wachsen kann.

schreiben, bei der die Einfachheit der Durchführung und die entstehenden Kosten zu wichtigen Aspekten werden. Handelt es sich nur um wenige Proben, die umkloniert werden sollen, dann eignen sich Mikrozentrifugenröhrchen für die Durchführung. Für HT-Analysen ist dies jedoch zu kostspielig. Informieren Sie sich in den Anleitungen, die den Produkten beiliegen, nach Protokollen, die die Durchführung in einzelnen Gefäßen und in kleinerem Maßstab beschreiben.

Protokoll 1
Herstellung von Expressionskonstrukten mithilfe der Gateway-LR-Reaktion

Materialien

Reagenzien

Destinationsvektor
LR-Clonase (Invitrogen)
LR-Clonasepuffer (Invitrogen)
Minipreps der Entry-Klone
(optional) Topoisomerase I
Topoisomerase I ist teuer. Es ist genauso effizient, den Destinationsvektor mithilfe einer innerhalb der Rekombinationskassette zwischen den attR-Stellen nur einmal vorkommenden Restriktionsschnittstelle zu linearisieren.

Geräte

96-Well-PCR-Mikrotiterplatte mit Master-Klonen

Jede Vertiefung enthält einen anderen Master-Klon. Wird die DNA des Master-Klons im HT-Verfahren isoliert, variiert deren Konzentration in den Vertiefungen mit großer Wahrscheinlichkeit. Der Schlüssel zum Erfolg eines HT-Verfahrens ist, diese Schwankungen so gering wie möglich zu halten. Obwohl die hier beschriebenen Reaktionsbedingungen relativ unempfindlich sind, vermögen sie einen zu großen Konzentrationsunterschied nicht auszugleichen.

Durchführung

1. Herstellen eines Master-Mixes auf Eis; die unten aufgeführten Mengen lassen sich auf 104 Vertiefungen aufteilen und reichen daher für eine 96-Well-Mikrotiterplatte.

Destinationsvektor	104 µl
LR-Clonase	104 µl
LR-Clonasepuffer	208 µl
Topoisomerase I	14 µl
entionisiertes H_2O	93,6 µl

Der Destinationsvektor (in diesem Fall pANT7-GST) wird mithilfe einer Methode in großem Maßstab hergestellt, die qualitativ hochwertige DNA liefert wie ein Anionenaustausch. Kontaminationen durch RNA und Protein sind zu vermeiden, sodass eine genaue Quantifizierung der DNA möglich ist. Die pro Reaktion eingesetzte Menge an Destinationsvektor beträgt 12 ng.

2. Sorgfältiges Mischen des Master-Mixes durch Aufziehen mit einer Pipette; Aliquotieren von 5 µl Master-Mix pro Vertiefung einer 96-Well-Platte.

Aliquotiert wird im Idealfall mit einer hochwertigen Mehrkanalpipette (Abb. 9.4a). Sollen mehrere Platten beladen werden, ist ein Pipettierroboter am genauesten, außerdem lässt sich die Beladung der Platten zurückverfolgen und jeder Schritt wird dokumentiert und in einer Datei gespeichert (Abb. 9.4b).

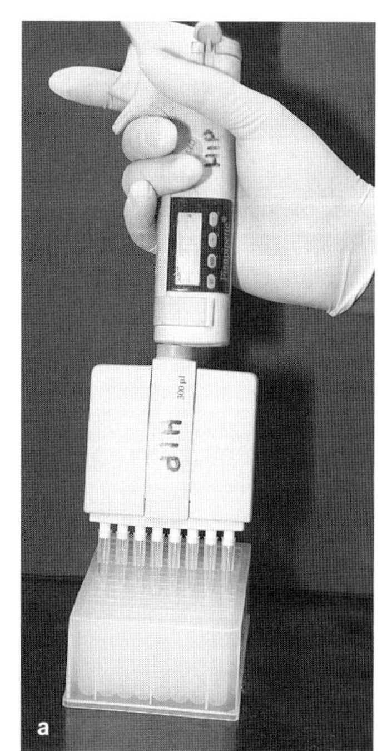

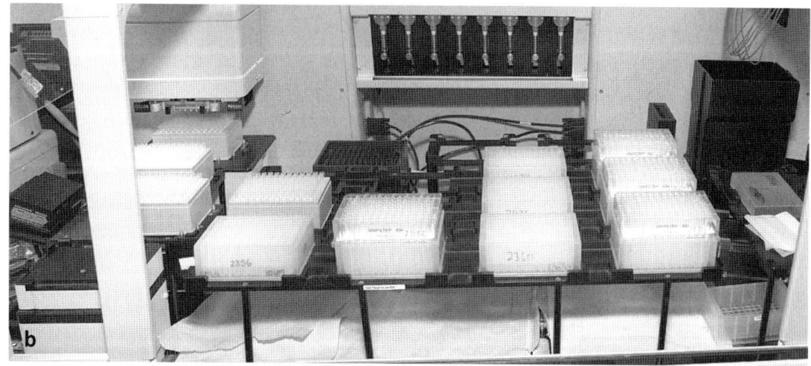

Abb. 9.4 Geräte für die automatisierte Handhabung von Flüssigkeiten. **a** Mehrkanalpipetten wie diese sind unverzichtbar bei der Durchführung von HT-Experimenten. Sie lassen sich einsetzen, um Pellets zu resuspendieren oder Reagenzien auf viele Vertiefungen in Mikrotiterplatten zu verteilen. Soll dasselbe Reagenz in viele Vertiefungen aliquotiert werden, kann man in einem einzelnen Gefäß einen Master-Mix herstellen. Dieser wird anschließend auf alle Vertiefungen einer Spalte in einer Mikrotiterplatte aufgeteilt. Von dieser Spalte ausgehend werden nun die Vertiefungen einer ganzen Platte befüllt. **b** Werden viele beladene Platten benötigt, dann erweisen sich Pipettierroboter als genauer und schneller, und sie bringen niemals Vertiefungen oder ganze Platten durcheinander. Sie sind jedoch sehr teuer.

3. Zugabe von 5 µl (3 ng) verdünnter Miniprep-DNA des Entry-Klons in jede Vertiefung; diese Klone werden auch als Donor-Klone bezeichnet.
   Miniprep-DNA, die mit kommerziellen Kits oder mit selbst hergestellten Reagenzien hergestellt wurde, liefert gute Ergebnisse, vorausgesetzt, die DNA wurde sorgfältig quantifiziert und die zugegebene DNA-Menge stimmt genau; das unten beschriebene Verfahren zur DNA-Präparation (Isolierung von DNA-Plasmiden im 96-Well-Format) ist für diesen Schritt gut geeignet.
4. Inkubation der Reaktionsansätze für 1–3 h bei 25 °C.
   Obwohl die Anleitung eine Inkubation bei Raumtemperatur empfiehlt, liefern die bei einer kontrollierten Temperatur von 25 °C inkubierten Reaktionsansätze zuverlässigere Ergebnisse.
5. Kurzes Zentrifugieren der Platten, um die Reaktionsansätze am Boden zu sammeln.
6. Transformieren kompetenter Bakterien mit den Plasmiden (wie im nächsten Protokoll beschrieben) oder Einfrieren der Ansätze bei –20 °C, wenn nicht unmittelbar anschließend transformiert werden soll.

Protokoll 2
Transformation chemisch kompetenter Bakterien mit dem Gateway-LR-Reaktionsprodukt

Materialien

Achtung: Für den korrekten Umgang mit Substanzen, die mit einem <!> gekennzeichnet sind, siehe Anhang 11.

Reagenzien

kompetente Zellen (s. Anhang 9)

5× KCM-Puffer (500 mM KCl <!>, 150 mM $CaCl_2$ <!>, 250 mM $MgCl_2$ <!>)

LB-Agarplatten (mit dem entsprechenden Antibiotikum)

Bei der Arbeit mit 96-Well-Mikrotiterplatten ist es unpraktisch, transformierte Bakterien auf normalen 10-cm-Petrischalen mit LB-Agar auszuplattieren, weil mit großer Wahrscheinlichkeit bei der Rückverfolgung der 96 einzelnen Schalen Fehler auftreten. Stattdessen wird in unserem Labor ein Plastikgitter in eine Kulturschale mit den Maßen 25 cm × 25 cm gelegt, die 330 ml Agar fasst. Auf diese Weise lassen sich die Bakterien in den Vertiefungen einer 96-Well-Platte in zwei Kulturschalen mit je 48 Sektoren ausplattieren. Es handelt sich dabei um eine Konfiguration, die mit der Arbeitsweise eines Probenaufnahmeroboters kompatibel ist (Abb. 9.5). Kulturschale und Gitter können von Genetix bezogen werden.

LR-Reaktionsprodukte (diese Plasmide stammen von Schritt 6 des vorherigen Protokolls)

2 M Magnesiumlösung (für die Herstellung von SOB-Medium)

Für die Herstellung von 100 ml:

Komponente	Menge	Endkonzentration
$MgSO_4 \cdot 7\ H_2O$ (Fisher)	24,6 g	1 M
$MgCl_2 \cdot 6\ H_2O$ (Sigma)	20,3 g	1 M

SOB-Medium (für die Herstellung von SOC-Medium)

Für die Herstellung von 1 l Flüssigmedium in einem 2-l-Erlenmeyerkolben:

Komponente	Menge	Endkonzentration
Bacto Yeast Extract	5 g	0,5 %
Bacto Trypton	20 g	2 %
NaCl	0,58 g	10 mM
KCl	0,18 g	2,5 mM

Lösen der Komponenten in MilliQ-H_2O. Autoklavieren für 15 min bei 121 °C und 1 bar. Zugabe von 10 ml 2 M Magnesiumlösung (Endkonzentration: 20 mM).

Abb. 9.5 In Kulturschalen ausplattierte Bakterien. Verwendet man Kulturschalen mit Einsätzen wie diesen, kann man 48 unterschiedliche Klone auf einer einzigen Platte ausplattieren, statt 48 verschiedene Petrischalen verwenden zu müssen. Wie in dem Ausschnitt gezeigt, sind diese Schalen auch kompatibel mit automatischen Probenaufnahmerobotern.

SOC-Medium

Zugabe von 10 ml 2 M D-Glucose zu 1 l SOB-Medium; Sterilisieren der Lösung durch Filtrieren durch einen 0,22-µm-Filter.

Geräte

96-Well-PCR-Mikrotiterplatte
luftdurchlässige Abdeckung für die Platte
Inkubator, 37 °C

Durchführung

1. Auftauen von kompetenten Bakterien in Eiswasser, wenn alle notwendigen Lösungen hergestellt sind.
2. Herstellung des Master-Mixes für die Transformation; Mischen von 16 µl autoklaviertem, destilliertem und entionisiertem H_2O und 4 µl 5× KCM-Puffer pro Reaktion.
   Für jede 96-Well-Platte Transformations-Master-Mix für 100 Reaktionen herstellen, sodass ein kleiner Spielraum für Pipettierungenauigkeiten bleibt. Dazu 1,6 ml H_2O mit 400 µl 5× KCM-Puffer mischen.
3. Aliquotieren von 20 µl in jede Vertiefung der PCR-Platte; Inkubation der Platte in Eiswasser für mindestens 5 min.
   Werden die Schritte manuell durchgeführt, ist die Verwendung einer elektronischen Pipette sinnvoll, mit der so viel Master-Mix aufgezogen werden kann, um alle Vertiefungen zu füllen (Abb. 9.6).
4. Zugabe von 25 µl aufgetauten kompetenten Zellen in jede Vertiefung mit Transformations-Master-Mix, während die Platte auf Eis gekühlt wird.
   Werden die Schritte manuell durchgeführt, ist die Verwendung einer elektronischen Pipette sinnvoll, mit der so viel Master-Mix aufgezogen werden kann, um alle Vertiefungen zu füllen. Denken Sie daran, Stammlösungen mit einem zusätzlichen Volumen von mindestens 5 µl herzustellen, da das Pipettieren von Flüssigkeiten, die einen hohen Anteil von Glycerin enthalten, oft ungenau ist.
   Es spart Zeit, wenn die kompetenten Zellen bereits im 96-Well-Format aliquotiert und eingefroren wurden.
5. Zugabe von 5 µl LR-Reaktionsprodukt; mit der Pipette gut mischen.
   Dieser Schritt kann mit einer Mehrkanalpipette durchgeführt werden. Der LR-Mix wird zuletzt zugegeben, da er sich von Vertiefung zu Vertiefung unterscheidet. Die Pipettenspitzen müssen nach jedem Pipettierschritt verworfen werden.
6. Inkubation der Platte für 20 min auf Eis.
7. Entfernen der Platte aus dem Eis; Inkubieren für 10 min bei Raumtemperatur.

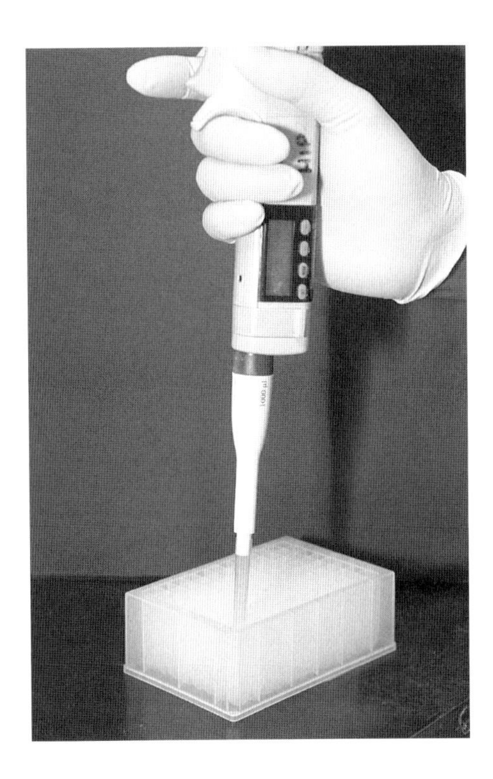

Abb. 9.6 Durch den Einsatz von elektronischen Pipetten lassen sich Proben zügig in viele Vertiefungen pipettieren. Soll die gleiche Lösung in viele Vertiefungen pipettiert werden, dann sind elektronische Pipetten wie diese sehr hilfreich. Es lässt sich ein großes Volumen aufziehen und dann in jede Vertiefung pipettieren, ohne dass jedes Mal wieder Lösung aus dem Gefäß mit dem Master-Mix aufgenommen werden muss.

8. Platte wieder auf Eis legen; Inkubation für 2 min.

9. Zugabe von 100 µl SOC-Medium; Verschließen der Platte mit einer luftdurchlässigen Abdeckung; Inkubation für 60 min bei 37 °C.

Die Zugabe von SOC-Medium kann mit einer Mehrkanalpipette geschehen, die Spitzen dürfen jedoch die Vertiefungen nicht berühren, um Kreuzkontaminationen zu vermeiden. Optional kann die Platte während der Inkubation geschüttelt werden.

10. Ausplattieren von 100 µl jedes Reaktionsansatzes auf LB-Agarplatten mit entsprechendem Selektionsmedium.

Der Transformationsmix sollte zu jedem Sektor der 48-Sektor-Platte gegeben werden. Nachdem alle Sektoren beimpft wurde, Platte anheben und kreisförmig bewegen, um das Gemisch in den einzelnen Sektoren zu verteilen; eine mechanische Verteilung ist nicht notwendig.

Wichtig: Wechseln Sie die Pipettenspitzen zwischen den Proben.

Dieser Schritt lässt sich beschleunigen, wenn er mit einem Pipettierroboter durchgeführt wird, bei dem sich die Abstände zwischen den Spitzen auf das Format einstellen lassen.

11. Inkubation der Platten für 20 h bei 37 °C.

Wir beginnen die Inkubation in der Regel für 1–2 h mit einem geöffneten Deckel. Für die restliche Zeit wird die Platte dann geschlossen und auf den Deckel gedreht, um zu verhindern, dass Kondenswasser auf den Agar tropft.

Experiment 10

Herstellung von Proteinmicroarrays

Nucleic acid programmable protein array (NAPPA)

Die funktionelle Proteomik ermöglicht die Untersuchung von Proteinaktivitäten *in vitro* mittels Hochdurchsatz-(HT-)verfahren. Für solche Analysen sind Proteinmicroarrays die Methode der Wahl, da sie viele Proteine gleichzeitig erfassen und nur geringe Reaktionsvolumina benötigen. Proteinmicroarrays werden in der Regel eingesetzt, um die Häufigkeit von vielen unterschiedlichen Analyten in einer Probe zu bestimmen oder die Funktionen oder Eigenschaften vieler unterschiedlicher Proteine zu ermitteln, die auf dem Array angeordnet sind.

Häufigkeitsbasierte Microarrays

Häufigkeitsbasierte Microarrays gibt es in zwei Formen: sogenannte *capture*-Arrays und *reverse phase*-Proteinblots (Abb. 10.1).

Capture-Arrays bestehen aus einem Array aus analytspezifischen Reagenzien (ASRs) – nahezu immer Antikörper –, deren Spezifität bekannt ist und die ihre Antigene (Analyten) aus einer komplexen Probe abfangen; Ziel ist, schließlich die Menge der einzelnen in der Probe vorhandenen Antigene zu bestimmen. Für die Bestimmung der Analytmenge existieren zwei grundlegende Strategien. Die erste ist die direkte Markierung aller Analyten in der Probe (z.B. radioaktiv oder über eine Fluoreszenzmarkierung). Diese Herangehensweise erlaubt die gleichzeitige Messung von vielen verschiedenen Analyten, doch ist hierfür eine sehr hohe Spezifität der ASRs

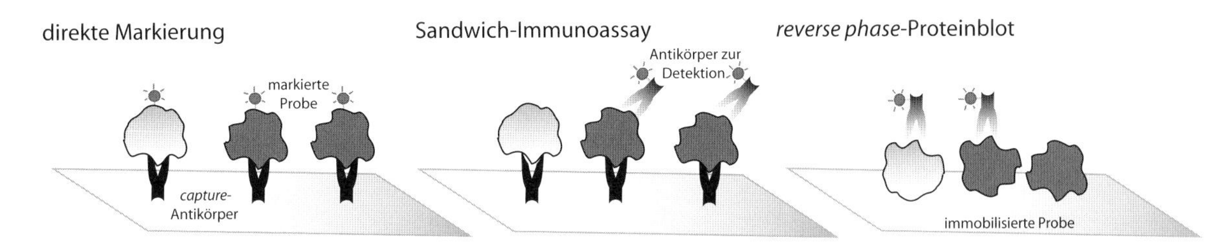

Abb. 10.1 Nachweismethoden für häufigkeitsbasierte Microarrays. Bei *capture*- oder Antikörpermicroarrays wird die gesamte Probe mit detektierbaren Markern markiert, bevor man den Microarray mit der Probe testet (links). Diese Vorgehensweise hat den Vorteil, dass alle Spots des Microarrays gleichzeitig ausgewertet werden können. Jede Kreuzreaktivität von Antikörpern, die für die Bindung der Analyten verwendeten werden, führt jedoch zu falsch positiven Ergebnissen (hellgrau). Alternativ lassen sich Analyten nachweisen, indem sie zunächst durch einen spezifischen Antikörper gebunden werden. Der Nachweis erfolgt über einen zweiten, detektierbaren Antikörper, der spezifisch an ein anderes Epitop des Analyten bindet, ganz im Sinne eines Sandwich-Immunoassays (Mitte). Durch dieses Verfahren wird die Zahl falsch positiver Ergebnisse (hellgrau) signifikant reduziert, doch kann die Durchführung in größerem Maßstab sehr aufwendig sein. Bei einem *reverse phase*-Proteinblot (rechts) wird die komplexe Probe direkt auf den Träger gedruckt und mit einem Antikörper getestet. Dieses Verfahren erlaubt eine schnelle Sichtung vieler Proben, das Ergebnis ist jedoch in erheblichem Maß von den Eigenschaften des verwendeten Antikörpers abhängig.

auf dem Array Voraussetzung. Außerdem wirkt es sich nachteilig aus, wenn die Markierung der verschiedenen Analyten nicht gleichmäßig ist. Die zweite Strategie nutzt einen zusätzlichen ASR wie einen fluoreszenzmarkierten Antikörper, der an ein anderes Epitop auf dem eingefangenen Antigen bindet; es entsteht ein Sandwich-Assay, der eine ausgezeichnete Spezifität besitzt. Dieser Ansatz bringt jedoch eine deutliche Beschränkung der Zahl der Analyten mit sich, die sich gleichzeitig analysieren lassen, und er erfordert mindestens zwei ASRs, die auf jedem zu untersuchenden Analyten zwei unterschiedliche Epitope sehr spezifisch binden.

Im Gegensatz zu anderen Arrays handelt es sich bei *reverse phase*-Proteinblots (RPPBs) nicht um Arrays bekannter Moleküle, sondern um auf den Träger gedruckte Spots unbekannter Proben. In einigen Fällen werden die Proben direkt aufgedruckt, doch können bei sehr komplexen Proben durch die begrenzte Zahl an zugänglichen Bindungsstellen an der Oberfläche des Spots häufige Molekülspezies überrepräsentiert sein, seltene dagegen einer Detektion entgehen. Man geht daher zunehmend dazu über, die Proben zunächst mithilfe einer Vielzahl biochemischer Methoden zu fraktionieren und anschließend die Fraktionen zu drucken. Durch die Vorfraktionierung nimmt die Komplexität jedes einzelnen gedruckten Spots ab und die Wahrscheinlichkeit der Detektion seltenerer Molekülspezies steigt. Bei RPPBs erhält man Signale, indem die gedruckten Proben mit spezifischen ASRs getestet werden. Wie bei *capture*-Arrays hängt auch diese Methode in hohem Maß von der Verfügbarkeit hochspezifischer ASRs für die Analyten von Interesse ab.

Häufigkeitsbasierte Proteinmicroarrays sind die am häufigsten eingesetzte Form von Proteinmicroarrays, und sie waren die ersten, die kommerziell vertrieben wurden. Dazu wurden zunächst im Handel erhältliche Antikörper auf die Arrays aufgetragen. Dieser Ansatz gilt hinsichtlich der Profilerstellung und des Screenings als sehr leistungsstark. Die größte Herausforderung ist hier der Mangel an einem breiten Spektrum von geeigneten Antikörpern. Bei der Mehrzahl dieser Arrays handelt es sich um Cytokin-Arrays, da es umfassende Sammlungen von qualitativ hochwertigen Anti-Cytokin-Antikörpern gibt. Um jedoch auf der Ebene des Proteoms von Nutzen zu sein, müssen Antikörper gegen jedes menschliche Protein (und dessen Isoformen) hergestellt werden. Zurzeit stehen solche Antikörper nur in Teilbereichen zur Verfügung und noch weniger Antikörper haben auch die für einen Proteinmicroarray notwendigen Eigenschaften. Eine weitere Einschränkung häufigkeitsbasierer *capture*-Arrays ist, dass sie keine Informationen über die Funktion des Proteins liefern.

Funktionsbasierte Microarrays

Dieser Abschnitt behandelt *funktionsbasierte* oder *target-Proteinarrays*: Das sind Microarrays, bei denen die interessierenden und zu testenden Proteine auf den Träger gedruckt werden. Jeder Spot auf dem Array enthält ein bekanntes Protein, als Zielprotein (*target protein*) bezeichnet, dessen Koordinate in einer Array-Karte dokumentiert ist. Solche *target*-Proteinarrays lassen sich mit einer großen Vielfalt an Molekülen (*query*-Molekülen) testen, um die Wechselwirkung zwischen den aufgetragenen Proteinen und anderen Proteinen, Arzneistoffen, Nucleinsäuren, Lipiden oder Antikörpern zu ermitteln. Außerdem lassen sich solche Arrays einsetzen, um die Interaktionen zwischen Enzymen und ihren Substraten zu untersuchen. So kann zum Beispiel bestimmt werden, welche Proteine auf einem Array Substrate einer aktiven Kinase sind. Die Liste möglicher Anwendungen solcher Microarrays ist lang. Hier ein Ausschnitt:

1. Die Erstellung von Proteininteraktionsnetzwerken, einschließlich der Zusammensetzung von Multiproteinkomplexen, um Stoffwechselwege und biochemische Netzwerke aufzuklären.
2. Das Screening von Proteinen, die von einem pathogenen Organismus exprimiert werden, im Serum eines rekonvaleszenten Patienten, um die immundominanten Antigene zu identifizieren und schließlich geeignete Kandidaten für die Herstellung von Impfstoffen zu finden.
3. Das Überprüfen potenzieller Wechselwirkungen eines Arzneistoffes gegen ein breites Spektrum von Proteinen, um eine unspezifische, nicht beabsichtigte Bindung von Molekülen zu ermitteln, was auf potenzielle Nebenwirkungen und Toxizitäten hinweist.
4. Das Überprüfen der Selektivität der Bindung eines Wirkstoffes an verwandte Proteine.
5. Die Aufnahme eines Substratprofils aktiver Enzyme mithilfe eines breiten Spektrums an Proteinen.
6. Das Überprüfen von Mutanten eines bestimmten Proteins hinsichtlich ihrer funktionellen Aktivität, um entscheidende Aminosäuren oder funktionelle Domänen zu kartieren.
7. Das Testen des Serums von Patienten mit Autoimmunerkrankungen oder chronischen Krankheiten gegen potenzielle Antigene, um Autoantikörper und Biomarker zu identifizieren.

Die ersten Untersuchungen zur Herstellung und Verwendung von Proteinmicroarrays waren hinsichtlich ihrer Nützlichkeit sehr vielversprechend. MacBeath und Schreiber (2000) immobilisierten gereinigte Proteine auf aldehydbehandelten Glasträgern, um die Wechselwirkungen zwischen einigen bekannten interagierenden Proteinpaaren zu analysieren. Dieser Ansatz wurde später dazu genutzt, Proteinwechselwirkungen zwischen den Transkriptionsfaktoren mit Leucin-Zipper-Domäne (bZIP) zu analysieren (Newman und Keating 2003). Zhu et al. (2001) exprimierten, reinigten und immobilisierten eine His_6-Glutathion-S-Transferase-(GST-) markierte Probe des Proteoms von *Saccharomyces cerevisiae* auf nickelbeschichteten Glasträgern und nutzen die Träger, um nach calmodulinbindenden und nach phosphoinositidbindenden Proteinen zu suchen. Weitere Studien zeigten, dass sich Proteinmicroarrays verwenden lassen, um Enzymsubstrate und auch Zielmoleküle für Immunreaktionen zu suchen (Ptacek et al. 2005; Zhu et al. 2006). Mithilfe dieser Herangehensweise ließen sich mittlerweile Interaktionen zwischen Proteinen, zwischen Protein und Arzneistoffen, Proteinen und Antikörpern wie auch Proteinaktivität und -spezifität erfolgreich bestimmen, was das immens breite Anwendungsspektrum von Proteinmicroarrays demonstriert und das Verfahren zu einem äußerst wertvollen Werkzeug macht.

Eine der größten Herausforderungen, die mit *target*-Proteinmicroarrays einhergehen, ist ihre Herstellung. Zurzeit werden die Arrays produziert, indem man die Proteine exprimiert, aufreinigt und auf eine feste Oberfläche dicht nebeneinander aufträgt. Für die Herstellung von Arrays mit Hunderten oder Tausenden von Proteinen ist für die Proteinsythese der Einsatz von HT-Methoden notwendig. Anders als bei DNA, gibt es für das Kopieren und Amplifizieren von Proteinen keine einfachen enzymatischen Verfahren. Stattdessen sind Synthese und Aufreinigung von Proteinen mühsam, kostspielig und bei relativ vielen Zielproteinen häufig nicht erfolgreich. Die Anwendung von HT-Methoden verringert die Probenvolumina und daher die Gesamtausbeute an Endprodukt. Die Herstellung von Proteinmicroarrays muss außerdem mit Verfahren erfolgen, die die Aktivität der Proteine auf dem Array sicherstellen. Proteine sind relativ instabil und werden bei den vielen Manipulationen, die bei der Herstellung eines Proteinmicroarrays zu durchlaufen sind, häufig beschädigt. Einmal auf den Träger gedruckt können sie sich entfalten und ihre Aktivität verlieren. Und es ist unmöglich vorherzusehen, welche Proteine ihre Aktivität verlieren werden, wodurch die Halbwertszeit eines Arrays, selbst wenn er eingefroren ist, unter Umständen nur im Bereich von wenigen Tagen liegt.

Ein alternativer Ansatz ist die Translation der Proteine *in situ* auf der Oberfläche des Arrays. Dieses Verfahren wird als *nucleic acid programmable protein array* (NAPPA) bezeichnet und erlaubt die gleichzeitige Synthese von vielen Proteinen im Microarrayformat, ohne dass die Aufreinigung einzelner Proteine notwendig ist. Die Methode nutzt zellfreie Systeme (in der Regel T7-RNA-Polymerase und Reticulocytenlysat), die DNA in Proteine transkribieren und translatieren; cDNA-Kopien von Genen werden in die gewünschten Zielproteine umgewandelt (Abb. 10.2). Statt die Proteine auf den Träger zu drucken, werden die cDNAs der Gene, die das gewünschte Protein codieren, auf dem Träger fixiert. Die cDNAs wurden zuvor so konfiguriert, dass alle entstehenden Proteine an einem Ende einen Epitop-Tag tragen. Zusammen mit der DNA wird ein Agens zum Fixieren des Proteins, zum Beispiel ein Antikörper, aufgedruckt, das das Protein unmittelbar nach seiner Synthese an die Arrayoberfläche bindet. Sind die verschiedenen Gene und das fixierende Agens einmal gedruckt, sind solche Arrays stabil und können für einen langen Zeitraum trocken gelagert werden.

Um diese sich selbsttätig aufbauenden Proteinmicroarrays zu aktivieren, wird der *in vitro*-Transkriptions/Translations-(IVTT-)Mix zugegeben, die verschiedenen Proteine werden durch die im Reaktionsgemisch enthaltene molekulare Maschinerie transkribiert und translatiert, und wenn die Proteine synthetisiert sind, werden sie an die Arrayoberfläche gebunden. Das Reaktionsgemisch kann nun abgewaschen werden und der Array ist bereit für das Experiment. Durch diese Vorgehensweise müssen Proteine nicht getrennt exprimiert und aufgereinigt werden, sondern sie entstehen „*just in time*" vor der Durchführung des Versuchs, wodurch auch das Problem der geringen Halbwertszeit gelöst ist. Außerdem ist es von Vorteil, dass Säugerproteine in Reticulocytenlysat aus Säugern exprimiert werden, wodurch sich die Effizienz der cDNA-Expression erhöht und die natürliche Faltung der Proteine gefördert wird. Voraussetzung ist jedoch, dass riesige Sammlungen klonierter cDNAs für diese Methode zugänglich sind.

Der in Experiment 9 beschriebene Ansatz der Rekombinationsklonierung ist eine ideale Methode für die Herstellung der cDNA für den NAPPA. Alle Gene in einer Sammlung von Master-Klonen lassen sich in einen

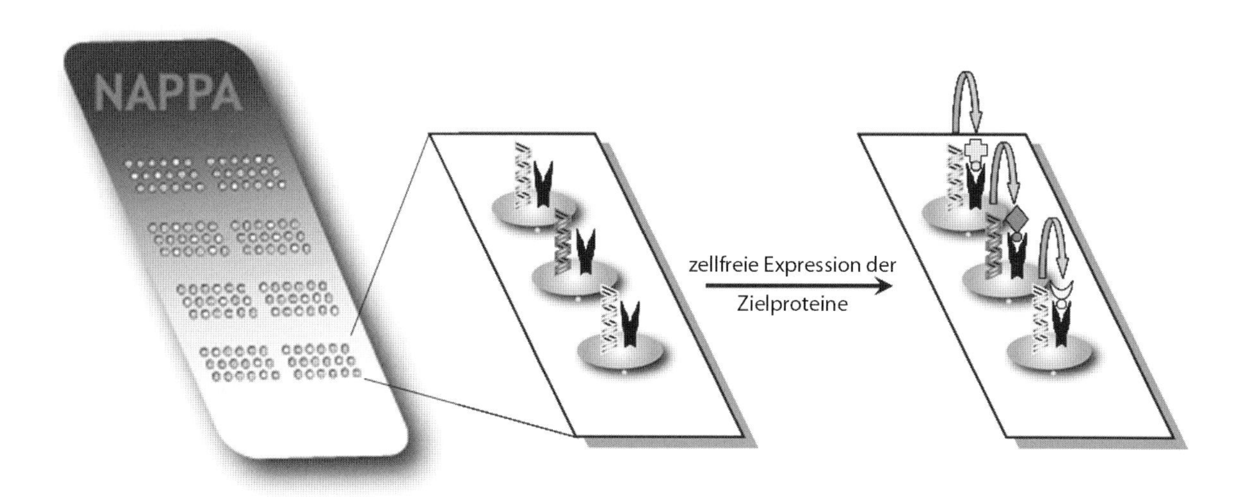

Abb. 10.2 Schematischer Ablauf eines *nucleic acid programmable protein array* (NAPPA). Statt Proteine aufzureinigen und dann auf den Array zu drucken, werden bei einem NAPPA cDNA-Moleküle der jeweiligen Proteine aufgetragen, *in situ* auf der Trägeroberfläche transkribiert und in Proteine translatiert. Diese Methode wiederholt das zentrale Dogma der Molekularbiologie an jedem einzelnen Spot auf dem Träger.

Vektor klonieren, der für die *in vitro*-Transkription und -Translation konstruiert wurde und einen geeigneten Epitop-Tag anfügt.

Chemische Grundlagen von NAPPA

Die hier beschriebenen Methoden für die Herstellung eines sich selbsttätig aufbauenden Proteinmicroarrays wurden unter Berücksichtigung einiger wichtiger Aspekte der experimentellen Anwendung entworfen und optimiert. Erstens war es das Ziel, ein sehr dichtes Format herzustellen, das das erforderliche Volumen des zellfreien Systems minimiert und die gleichzeitige Untersuchung vieler Proteine ermöglicht. Dadurch werden die Kosten pro Protein reduziert. Zweitens wurde die Methode so konstruiert, dass sich eine leicht verfügbare Matrix (wie ein Standardobjektträger aus Glas) verwenden lässt und kein Träger mit Vertiefungen im Nanomaßstab. Dadurch sind keine speziellen, auf die Matrix abgestimmten Geräte notwendig und die Methode ist universell einsetzbar. Drittens wurde die Methode so entwickelt, dass sich die allgemein für DNA-Microarrays üblichen Technologien für das Bedrucken und das Auslesen der Signale nutzen lassen. In der Regel sollte jedes Gerät, das für die Herstellung von Microarrays auf dem Markt ist, zu verwenden sein, und die meisten Fluoreszenz-Reader für DNA-Microarrays sind auch für die Auswertung von Proteinmicroarrays geeignet. Dadurch entfällt die Notwendigkeit, spezielle Geräte für das Drucken und die Auswertung von Arrays zu konstruieren, und die Methode wird hoffentlich einer breiten Masse zugänglich. Viertens war es wichtig, dass an jedem Spot ausreichend Protein fixiert wird, um die Untersuchung der Proteinfunktion zu ermöglichen. Bei der Anwendung der beschriebenen Methoden werden an jedem Spot im Durchschnitt etwa 50 fmol Protein gebunden sein. Und als Letztes erfordert die Methode ein effizientes Verfahren zur Auftragung, das Transkription und Translation *in situ* unterstützt.

Da die meisten Arrays Hunderte bis Tausende von unterschiedlichen DNA-Spezies umfassen werden, müssen sich sowohl die Chemie als auch der eigentliche Prozess der Auftragung für eine HT-Verarbeitung der entsprechenden Plasmid-DNA eignen und ausreichend DNA auf dem Träger fixieren, ohne dass die Integrität des Plasmids leidet. Frühe Experimente zeigten, dass sich superspiralisierte Plasmid-DNA viel besser für Transkription und Translation eignet als linearisierte DNA oder DNA mit Einzelstrangbruch. Ursprünglich wurde eine Vielzahl von Methoden zur DNA-Derivatisierung getestet (direkte UV-Absorption, Einbau von oberflächenreaktiven Nucleotiden, quervernetzende Agenzien, DNA-bindende Proteine usw.);

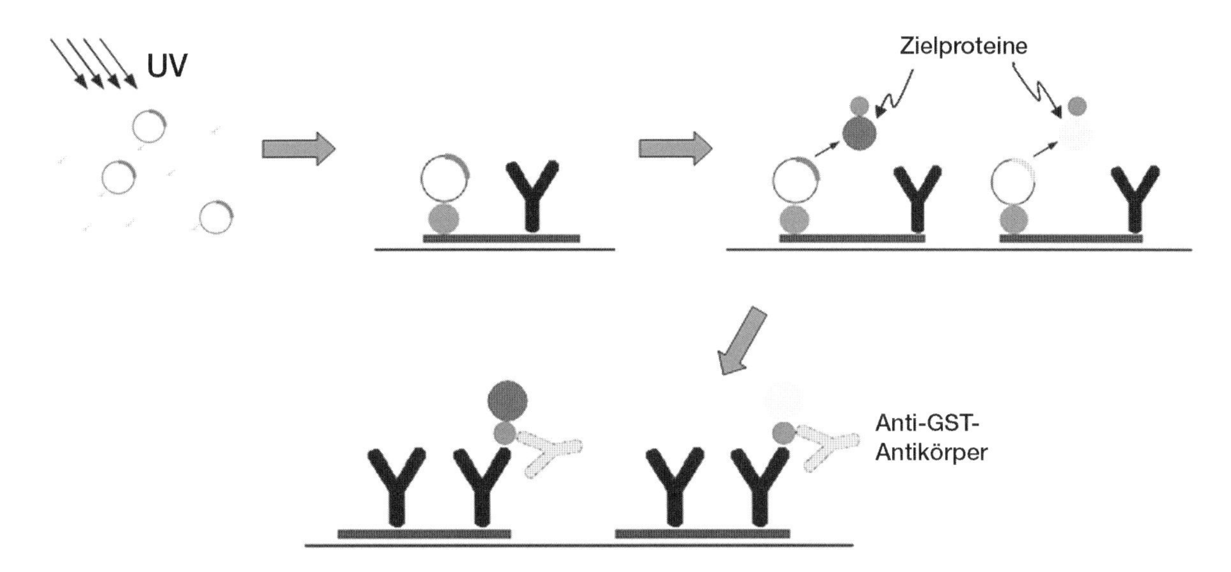

Abb. 10.3 Schematischer Ablauf der chemischen Vorgänge beim Drucken von NAPPAs. Plasmid-DNAs, die unterschiedliche GST-Fusionsproteine codieren, werden durch UV-Licht mit einem Psolaren-Biotin-Konjugat quervernetzt. Avidin, ein polyklonaler Anti-GST-Antikörper und ein Linker werden zu der biotinylierten Plasmid-DNA gegeben und die Proben werden auf Glasobjektträgern fixiert. Die Microarrays werden anschließend mit Reticulocytenlysat aus Kaninchen und T7-RNA-Polymerase inkubiert, um die Proteine, die alle einen GST-Tag besitzen, zu synthetisieren. Die Zielproteine werden synthetisiert und unmittelbar danach durch Bindung an den polyklonalen Anti-GST-Antikörper immobilisiert. Alle Zielproteine werden mithilfe eines monoklonalen Anti-GST-Antikörpers detektiert, der an den carboxyterminalen GST-Tag bindet; auf diese Weise lässt sich die Synthese eines Proteins mit vollständiger Länge nachweisen.

einige von ihnen haben die DNA nur schwach gebunden, andere wiederum fixierten sie zwar sehr gut, doch erwies sich die Expressionsstärke als unzureichend. Die effizienteste Strategie ist, die Plasmid-DNA mithilfe von UV-Licht kovalent an ein Psolaren-Biotin-Konjugat zu koppeln und dieses über Avidin an die Glasoberfläche zu binden (Abb. 10.3).

Das Protein wird über einen Epitop-Tag abgefangen. Die Addition eines carboxyterminalen GST-Tags an jedes Protein erfolgt meist über Rekombinationsklonierung, und das synthetisierte Protein wird auf dem Array über einen Anti-GST-Antikörper, der in einem 15-fachen molaren Überschuss mit dem Expressionsplasmid aufgedruckt wird, gebunden. GST und Anti-GST-Antikörper lassen sich auch durch andere Systeme aus Proteinfusions-Tag und passendem, bindendem Molekül ersetzen. Der Vorteil eines carboxyterminalen Tags ist, dass man überprüfen kann, ob die Proteine auch vollständig synthetisiert wurden, indem man einen separaten Antikörper gegen den GST-Tag verwendet.

Ist der Array gedruckt, dann kann er über Monate trocken bei Raumtemperatur gelagert werden, ohne dass ein signifikanter Signalverlust zu befürchten wäre. Um den Array zu aktivieren und zu verwenden, wird einfach eine geschlossene Schicht eines zellfreien Transkriptions/Translations-Systems (wie Reticulocytenlysat mit T7-RNA-Polymerase) auf die auf dem Objektträger fixierten cDNAs pipettiert und muss nicht einzeln auf jeden Spot auf dem Träger gegeben werden.

Dieses Verfahren kombiniert den Vorteil der hochaffinen Wechselwirkung zwischen Biotin und Avidin/Streptavidin mit dem einfach zu bewerkstelligenden Einbau von Psolaren in doppelsträngige DNA. Glücklicherweise sind Biotinylierung und Immobilisierung von Plasmid-DNA über weite pH-Bereiche und Salzkonzentrationen effizient. Die Menge an synthetisiertem Protein lässt sich bestimmen, wenn man das Anti-GST-Signal des synthetisierten und fixierten Proteins mit dem Signal vergleicht, das man erhält, wenn man eine bekannte Menge an gereinigtem GST-Protein aufdruckt. Es zeigt sich, dass bei einem NAPPA pro Spot im Durchschnitt etwa 400–2 700 pg oder 50 fmol Protein gebunden werden.

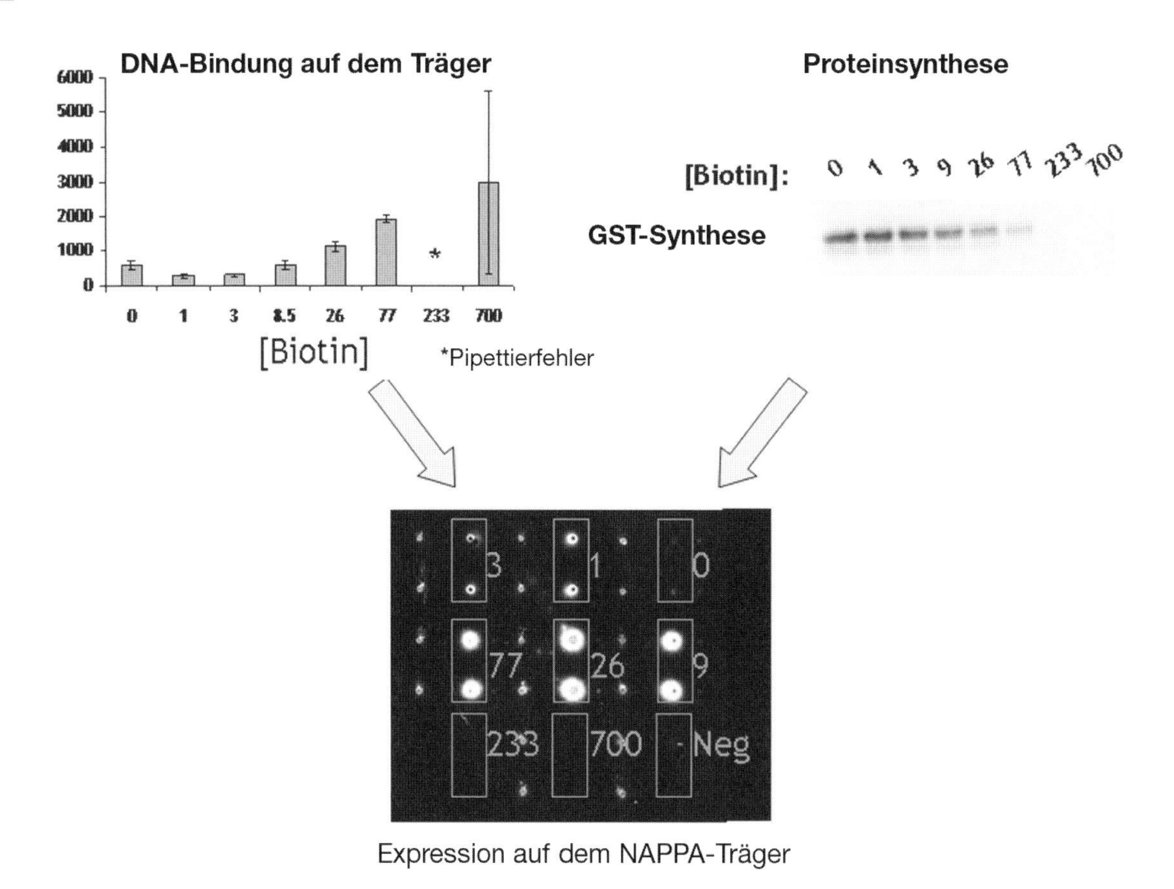

Abb. 10.4 Reaktionsparameter, die die Proteinausbeute auf den Microarrays beeinflussen. Eine höhere Biotinkonzentration führt zu einer besseren Fixierung der DNA auf dem Träger, hemmt jedoch die Proteinsynthese bei sehr hohen Konzentrationen (vermutlich über eine Hemmung der Transkription des Plasmids). Die Proteinmengen auf dem Array lassen sich optimieren, indem man die Biotinkonzentration variiert und das Ergebnis prüft.

Voraussetzung für eine leistungsstarke Proteinsynthese und Fixierung der Proteine auf dem Träger ist auf der einen Seite eine gute Fixierung der DNA an jedem Spot, die mit steigender Psolaren-Linker-Konzentration effizienter wird, und auf der anderen Seite eine effiziente Transkription bzw. Translation, die jedoch mit einer zunehmenden Zahl an interkalierenden Psolarenmolekülen pro Plasmid gehemmt werden. Die unten beschriebenen Linker haben sich aus einer Reihe von getesteten Psolaren-Biotin-Linker mit verschiedenen chemischen Konfigurationen als die effektivsten erwiesen. Durch eine Optimierung der gewählten Bedingungen lässt sich eine gute DNA-Fixierung erreichen, gepaart mit einer ebenfalls zufriedenstellenden Zugänglichkeit der DNA für die T7-RNA-Polymerase. Glücklicherweise gibt es ein breites Fenster, wodurch die Reaktionen relativ unempfindlich sind (Abb. 10.4).

Herstellung eines NAPPAs

Die folgenden Protokolle schildern detailliert die Vorbereitung eines NAPPAs, die Proteinsynthese und die Detektion der Signale. Am ersten Tag werden die Glasträger vorbereitet und die bakteriellen Transformanden kultiviert. Am folgenden Tag werden die Plasmide isoliert und aufgetragen. Am dritten Tag werden die cDNAs auf dem NAPPA-Träger exprimiert und am letzten Tag erfolgt die Detektion von Proteinen bzw. DNA mithilfe von Antikörpern und Färbungen.

Protokoll 1
Beschichten von Glasobjektträgern mit Aminosilan

Materialien

Achtung: Für den korrekten Umgang mit Substanzen, die mit einem <!> gekennzeichnet sind, siehe Anhang 11.

Reagenzien

2 % Aminosilan (3-Aminopropyltriethoxysilan) <!> in Aceton <!>

Herstellen von 300 ml 2 % Aminosilan durch Zugabe von 6 ml Aminosilan (Pierce) zu 294 ml Aceton.

Geräte

Glasdose
Objektträger aus Glas (VWR)
verschließbare Plastikdosen (Volumen etwa 11 cm × 15 cm × 4,5 cm)
Ständer für Objektträger, Edelstahl (Wheaton Science Products)
Horizontalschüttler

Durchführung

1. Einsetzen von 30 Objektträgern in den Metallständer; Behandeln der Objektträger mit 2 % Aminosilan für ca. 5 min (zwischen 1–15 min) in einer Glasdose auf dem Horizontalschüttler.
2. Abspülen der Objektträger im Metallständer mit Aceton.
3. Kurz mit entionisiertem H_2O abspülen.
4. Aufbewahren der silanisierten Träger bei Raumtemperatur in dem Ständer in einer Dose.

Protokoll 2
Herstellung von Bakterienkulturen im 96-Well-Format

Materialien

Reagenzien

Bakterien, die ein Expressionsplasmid enthalten

Die Bakterien befinden sich entweder auf Agarplatten, im 96-Well-Format auf Agar oder in glycerinhaltigem Medium.

KPi-Lösung (Kaliumphosphat)

Herstellen der KPi-Lösung durch Lösen von 23,1 g KH_2PO_4 (MW 136,09) und 125,4g K_2HPO_4 (MW 174,18) in entionisiertem H_2O; Auffüllen auf 1 l mit entionisiertem H_2O; Sterilisieren der Lösung mithilfe eines Filters. (Die Endkonzentrationen betragen 0,17 M KH_2PO_4 und 0,72 M K_2HPO_4.)

Terrific Broth (TB)

Für die Herstellung von 900 ml TB in einem 2-l-Erlenmeyerkolben:

Komponente	Menge	Endkonzentration
Bacto Yeast Extract	24 g	2,4 %
Bacto Trypton	12 g	1,2 %
Glycerin	4 ml	0,4 %
Lösen der Komponenten in 900 ml H_2O. Autoklavieren für 15 min bei 121 °C und 1 bar.		

Terrific Broth-(TB-)Kulturmedium

Zugabe von 100 ml KPi-Lösung zu 900 ml TB; Zugabe von 10 % Ampicillin (Endkonzentration 100 ng ml^{-1}) unmittelbar vor Gebrauch in Schritt 1.

Hier wird Ampicillin verwendet, da nahezu alle NAPPA-Vektoren dieses Antibiotikum als Selektionsmarker verwenden. Bei dem Einsatz anderer Vektoren muss Ampicillin durch das entsprechende Antibiotikum ersetzt werden. Es ist wichtig, Plasmide zu verwenden, die in großen Stückzahlen in den Zellen vorkommen, da eine fehlende Expression und nur wenig fixiertes Protein auf dem Microarray in der Regel auf eine nur geringe Ausbeute an Plasmid-DNA zurückzuführen sind.

Geräte

96-Pin-Transfer-Einheit

96-Well-Block mit tiefen Vertiefungen (Marsh/ABgene)

Zentrifuge (mit Ausschwingrotor, der einen Block mit tiefen Vertiefungen und Filterplatte aufnehmen kann; maximal 3 750 rpm)

luftdurchlässige Abdeckung für die den Block (Marsh/ABgene)

LB-Agarplatte (gegossen in einem OmniTray, Nalge Nunc)

Dispensiergerät (z.B. Multidrop [Thermo Scientific] oder Matrix WellMate [Thermo Scientific])

Thermo Multidrop und Matrix WellMate sind Beispiele für eine Klasse von Geräten, die die semiautomatisierte Verteilung von Flüssigkeiten durchführen, ohne dass man sehr teuere Roboter anschaffen muss (Abb. 10.5). In der Regel haben diese Geräte acht Kanäle, die den acht Reihen einer 96-Well-Mikrotiterplatte entsprechen, und sie verwenden eine Peristaltikpumpe, um die Flüssigkeit aus einem Vorratsgefäß in die Vertiefungen der Platte zu transportieren. Die verteilten Volumina reichen von 10 µl bis zu 1 ml; die Platten lassen sich häufig innerhalb von Sekunden befüllen. Der Aufnahmeschlauch kann bei einem Pufferwechsel gespült und in ein anderes Vorratsgefäß gehängt werden.

Schüttelinkubator für einen Block mit tiefen Vertiefungen, 37 °C

Vakuumverteiler für 96-Well-Platten (Eppendorf)

Abb. 10.5 Dispensiergerät zum schnellen Befüllen der Mikrotiterplatten. Geräte wie dieses nutzen Peristaltikpumpen, um Vertiefungen von 96-Well-Mikrotiterplatten mit Flüssigkeit aus einem Vorratsgefäß (links) zu füllen. Sie sind günstiger als Pipettierroboter (s. Experiment 9, Abb. 9.4b) und sie sind kompatibel mit Stapeleinheiten, sodass viele Platten ohne Nachladen verarbeitet werden können. Außerdem lassen sich die Reihen der Platten mit unterschiedlichen Lösungen beladen.

Durchführung

1. Zugabe von 1,5 ml TB-Kulturmedium in jede Vertiefung des 96-Well-Blocks.
   Wenn verfügbar, kann ein automatisiertes System (z.B. Matrix WellMate) eingesetzt werden, um das Medium zu verteilen.
2. Animpfen jeder Vertiefung mit Bakterien, die ein Expressionsplasmid enthalten.

   Animpfen ausgehend von einem Glycerol-Stock in einer 96-Well-Platte
   a. Sterilisieren einer 96-Pin-Transfer-Einheit mit 80 % Ethanol; Abflammen; Abkühlen der Pins.
   b. Übertragen der Bakterien aus den Glycerol-Stocks auf eine LB-Agarplatte (gegossen in einem OmniTray) mit 100 ng ml^{-1} Ampicillin mithilfe der 96-Pin-Transfer-Einheit; Inkubation der Bakterienkulturen über Nacht bei 37 °C.
   c. Animpfen des Flüssigmediums mit den Bakterienkolonien mithilfe der 96-Pin-Transfer-Einheit; die Bakterienkolonien sollten zu erkennen sein (Abb. 10.6), was darauf hinweist, dass die Bakterien nicht überaltert sind.
   Um eine maximale Ausbeute zu erhalten, halten wir es für günstiger, die Bakterien über Nacht auf Agar mit Selektionsmarker wachsen zu lassen, bevor das Flüssigmedium angeimpft wird. Obwohl dadurch mehr Zeit investiert werden muss, bringt diese Vorgehensweise in der Regel eine größere Ausbeute, als wenn man das Flüssigmedium direkt aus den Glycerol-Stocks animpft. Ein Grund ist vermutlich, dass die Bakterien durch das Wachstum auf festem Medium ihre hohe Zahl an Plasmiden erhalten. Alternativ kann der Kulturblock aber auch direkt aus den Glycerol-Stocks angeimpft werden.

   Animpfen ausgehend von Bakterien auf Agar
   a. Übertragen der Bakterien entweder mithilfe von Zahnstochern oder einer 96-Pin-Transfer-Einheit (abhängig von den Kulturgefäßen) vom Agar in das Flüssigmedium des Blocks.
3. Abdecken des Blocks mit einer luftdurchlässigen Folie.
4. Inkubation der Kulturen in einem Schüttelinkubator 22–24 h bei 37 °C.
5. Pelletieren der Bakterien durch Zentrifugieren für 15 min mit 2000–2500 rpm.
6. Einfrieren der Pellets bei –20 °C, wenn die Bakterien nicht direkt verwendet werden; ansonsten mit den DNA-Präparationen fortfahren (s. Protokoll 3).

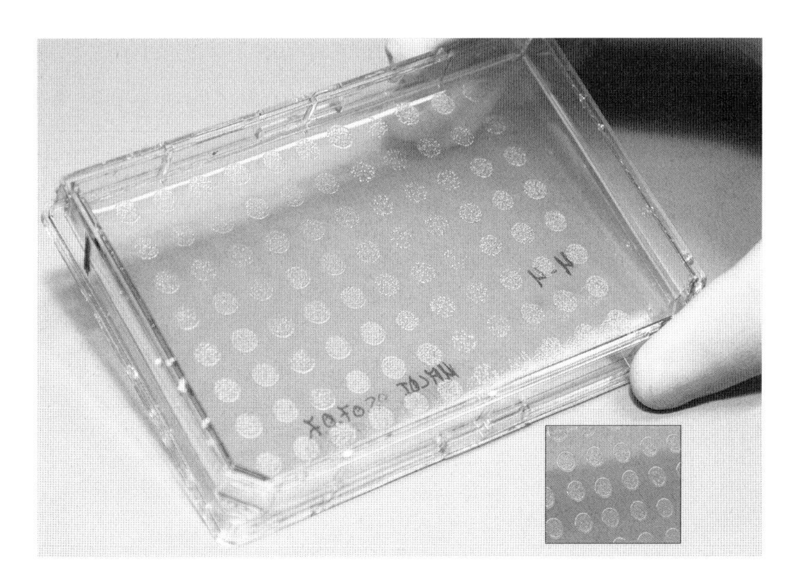

Abb. 10.6 OmniTray. Ein OmniTray hat das Format einer 96-Well-Mikrotiterplatte, besitzt aber keine Vertiefungen. Er ist sehr nützlich für die Herstellung eines Rasters aus Bakterienkolonien, das kompatibel mit einer 96-Pin-Transfer-Einheit ist, welche für das Animpfen von 96-Well-Kulturen verwendet wird. Die Kolonien sollten wie auf dem Foto deutlich zu erkennen sein. Sind die Kulturen zu alt, wie in dem Ausschnitt zu sehen ist, dann ist die Ausbeute an Plasmiden deutlich geringer.

Protokoll 3
Isolierung von DNA-Plasmiden in einem 96-Well-Format

Materialien

Achtung: Für den korrekten Umgang mit Substanzen, die mit einem <!> gekennzeichnet sind, siehe Anhang 11.

Reagenzien

Bakterienpellet in einem 96-Well-Block (aus Schritt 6, Protokoll 2)
Isopropanol (600 µl pro Vertiefung)
Lösung 1: Resuspendierungspuffer (200 µl pro Vertiefung)
50 mM Tris-Cl (pH 8,0)
10 mM EDTA (pH 8,0)
0,1 mg ml^{-1} RNase
bis zu 1 Woche bei 4 °C lagerfähig
Lösung 2: Lyselösung (NaOH/SDS) (200 µl pro Vertiefung)
0,2 N NaOH <!>
1 % (w/v) SDS <!>
frisch herstellen
Lösung 3: Neutralisierungslösung (200 µl pro Vertiefung)
3 M Kaliumacetat (pH 5,5)
Lösen von 294,4 g Kaliumacetat in 800 ml entionisiertem H_2O; Zugabe von Eisessig <!> bis der pH-Wert 5,5 erreicht (ca. 115 ml); Auffüllen auf 1 l mit entionisiertem H_2O; Aufbewahren bei 4 °C.

Geräte

96-Well-Block mit tiefen Vertiefungen (Marsh/ABgene)
Aluminiumabdichtungen für den Block (fünf Stück pro 96-Well-Block; Beckmann)
Filterplatte aus 25 µm Glasfaser (Whatman)
Dispensiergerät (z.B. Multidrop [Thermo Scientific] oder Matrix WellMate [Thermo Scientific])

Durchführung

1. Zugabe von 200 µl Lösung 1 zu jedem Bakterienpellet; Resuspendieren durch Vortexen oder mithilfe einer Pipette (Abb. 10.7).
   Lösung 1 wird am besten mit einer einfachen oder eine Mehrkanalpipette zugegeben (für die folgenden Schritte kann ein Dispensiergerät eingesetzt werden). Welches Gerät auch immer verwendet wird, das Mischen der Probe ist unbedingt notwendig. Neben einer stringenten Selektion durch das Antibiotikum ist eine gute Resuspendierung der Bakterien der wichtigste Faktor, um eine hohe DNA-Ausbeute zu erzielen. Bleiben die Bakterien am Boden haften oder sind sie teilweise verklumpt, nimmt die Ausbeute deutlich ab. Damit steigt auch der relative Gehalt an kontaminierenden Substanzen. Nach der Resuspendierung sollte die Probe seidig aussehen. Bakterien sind in Lösung 1 stabil, sodass man sich nicht beeilen muss, mit dem nächsten Schritt fortzufahren.
2. Zugabe von 200 µl Lösung 2 in jede Vertiefung; Verschließen des Blocks mit einer Aluminiumabdichtung; Block fünfmal über Kopf schwenken.
   Nach dem Mischen sollten die Proben klar und viskos sein (Abb. 10.8). Der gesamte Schritt sollte bei Raumtemperatur nicht länger als 5 min in Anspruch nehmen, weil es, insbesondere bei höheren Temperaturen, zu Brüchen in der chromosomalen DNA kommen kann, was zu einer Kontamination der Probe führt.
3. Zugabe von 200 µl Lösung 3 in jede Vertiefung; Verschließen des Blocks mit einer Aluminiumabdichtung; Block zehnmal über Kopf schwenken.
   Die Proben sehen nun aus wie ein wässriger Hüttenkäse; Proben unmittelbar anschließend zentrifugieren.
4. Zentrifugieren des Blocks für 10 min mit ca. 4000 rpm.
5. Während der Zentrifugation der DNA-Präparationen, Zugabe von 600 µl Isopropanol in jede Vertiefung eines 96-Well-Blocks (Dieser Schritt kann mit einem Dispensiergerät durchgeführt werden.); Auflegen einer 25-µm-Filterplatte auf den Block mit dem Isopropanol (Abb. 10.9); Block zur Seite legen (Raumtemperatur).

Abb. 10.7 Vortexen, um die Bakterienpellets zu resuspendieren. Mithilfe einer Pipette lassen sich Bakterienpellets am besten resuspendieren. Auch wenn durch Vortexen resuspendiert wird, darf am Ende kein Bakterienpellet mehr zu sehen sein.

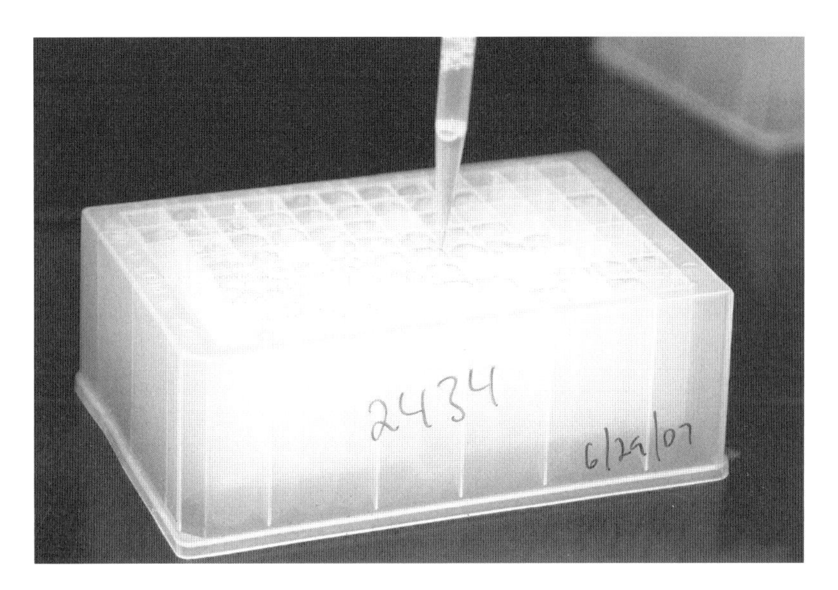

Abb. 10.8 Klares Lysat. Nach Zugabe der NaOH/SDS-Lösung sollten die Proben klar und viskos werden.

6. Überführen der Überstände aus dem zentrifugierten Block (Schritt 4) in die Filterplatte mithilfe einer Mehrkanalpipette; Vorsicht: die Proben nicht vertauschen (die Lösung aus der Vertiefung A1 des Blocks sollte in die Vertiefung A1 der Filterplatte pipettiert werden); die Pellets sind nicht sehr kompakt, daher schnell arbeiten und keinen Zelldebris überführen.
7. Zentrifugieren der gestapelten Platten für 10 min bei 25 °C mit 750×g, um den restlichen Debris zu entfernen und Lysat und Isopropanol zu vereinigen.
8. Abnehmen der Filterplatte; Verschließen des Blocks mit einer Aluminiumabdichtung und den Block einige Mal über Kopf drehen.

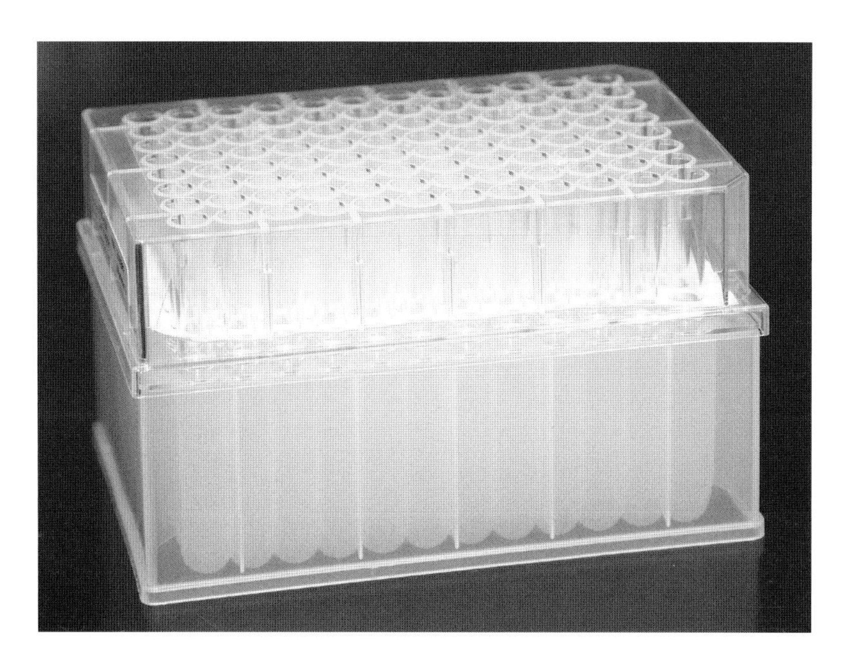

Abb. 10.9 Auf den Block aufgesetzte Filterplatte mit Isopropanol.

Abb. 10.10 Auf den Kopf gedrehter Block, um die isopropanolpräzipitierten DNA-Pellets zu trocknen.

9. Zentrifugieren des Blocks bei maximaler Geschwindigkeit für 20 min bei 25 °C.
   Durch das Isopropanol würden die Salze bei niedrigen Temperaturen präzipitieren; die Zentrifugation findet daher bei 25 °C statt.
10. Dekantieren des Überstands und Klopfen des Blocks auf einem trockenen Papierstapel.
11. Block für 10 min auf der Arbeitsplatte auf den Kopf gedreht stehen lassen, um die Proben zu trocknen; nicht zu lange trocknen lassen, da sich das DNA-Pellet im nächsten Schritt sonst nicht lösen lässt (Abb. 10.10).
   Das Isopropanol muss vor dem Lösen der Pellets vollständig entfernt werden, um die DNA nicht zu kontaminieren. Die Zeit für das Trocknen variiert in Abhängigkeit von der Luftfeuchtigkeit. Sobald die Proben nicht

mehr nach Isopropanol riechen (i.d.R. nach 5–10 min), können die Pellets gelöst werden. Zum Trocknen der Pellets den Block auf den Kopf drehen und leicht schräg stellen, damit die Luft an der Blockunterseite zirkulieren kann.

12. Lösen der DNA-Pellets in je 150 µl entionisiertem H_2O; Schütteln des Blocks für mindestens 15 min bei Raumtemperatur.
13. Verschließen des Blocks mit einer Aluminiumabdichtung; kurzes Zentrifugieren, um die Proben am Boden der Vertiefungen zu sammeln.
14. Quantifizierung der DNA-Menge in jeder Vertiefung mithilfe des in Anhang 10 beschriebenen Verfahrens (DNA-Quantifizierung).
    Für eine erfolgreiche Synthese und Fixierung des Proteins sind entsprechende Mengen an DNA notwendig. In dem 150-µl-Reaktionsansatz müssen sich mindestens 30 µg Gesamt-DNA befinden (200 ng μl^{-1}). Reicht die Ausbeute nicht, muss die DNA-Isolierung vor dem nächsten Schritt wiederholt werden. Es können zwei separate Minipräparationen durchgeführt und diese dann vereinigt werden, doch erhöht diese Vorgehensweise auch die Menge an Kontaminationen. Im Idealfall erhält man aus einer einzigen Präparation eine ausreichende DNA-Menge.
15. Fortfahren mit Protokoll 4; werden die Proben nicht direkt verwendet, kann der Block bei –20 °C eingefroren werden.

Protokoll 4
DNA-Biotinylierung, Präzipitation und Auftragen der Proben

Materialien

Achtung: Für den korrekten Umgang mit Substanzen, die mit einem <!> gekennzeichnet sind, siehe Anhang 11.

Reagenzien

BS3-Linker (Bis[sulfosuccinimidyl]suberat; Pierce)
DNA-Proben (aus Protokoll 3)
80 % Ethanol, Raumtemperatur
0,6 mg ml^{-1} GST-Protein, gereinigt
Isopropanol, Raumtemperatur
polyklonaler Anti-GST-Antikörper (Amersham)
Psolaren-Biotin <!> (Pierce)
3 M Natriumacetat pH 5,5
Streptavidin
IgG-Antikörper (vollständiges Molekül) aus der Maus

Geräte

96-Well-Platte (Greiner)
  Es handelt sich um eine Platte mit großem Volumen und konisch zulaufenden Vertiefungen. um das Wiederfinden des DNA-Pellets zu erleichtern.
384-Well-Array-Platte (Genetix)
  Siehe Anmerkung zu Schritt 15.
Zentrifuge (z.B. Eppendorf 5810)
feuchte Kammer (s. Schritt 20)
verschließbare Plastikdosen (Volumen etwa 11 cm × 15 cm × 4,5 cm)
Ständer für Objektträger, Edelstahl (Wheaton Science Products)
Horizontalschüttler
96-Pin-Transfer-Einheit (z.B. QArray Mini)
UV-Crosslinker (z.B. Stratagene)

Durchführung

1. Überführen der gesamten DNA-Lösung (150 µl pro Vertiefung) aus jeder einzelnen Vertiefung des Blocks in die entsprechende Vertiefung der 96-Well-Platte von Greiner.
   Wie oben erwähnt, wird eine gewisse Menge an DNA benötigt, um eine erfolgreiche Synthese und Fixierung des Proteins sicherzustellen. In dem 150-µl-Reaktionsansatz müssen sich mindestens 30 µg Gesamt-DNA befinden (200 ng μl^{-1}).
2. Herstellen einer Psolaren-Biotin-Lösung mit 5 ng μl^{-1} H_2O.
3. Zugabe von 40 µl Psolaren-Biotin-Lösung zu den 150 µl DNA-Lösung; kurzes Zentrifugieren der Platte; Schütteln der Platte auf einem Horizontalschüttler für ca. 5 min bei Raumtemperatur mit 800 rpm.
4. Quervernetzen des Psolaren-Biotins mit der DNA mithilfe eines UV-Crosslinkers bei 365 nm; die gesamte Dosis sollte 8 800 mJ cm^{-2} bei 365 nm betragen. (Bei einer von der Arbeitsfläche gemessenen Plattenhöhe von 7,9 cm dauert der Vorgang mit dem Crosslinker 1800 von Stratagene zum Beispiel 45 min.)
   Es sind einige Vorversuche notwendig, um die Bedingungen zu optimieren. Eine zu schwache Quervernetzung führt zu einer zu geringen Menge an DNA auf dem Träger (dies lässt sich über die Bindung von PicoGreen bestimmen, s. Protokoll 7, S. 170). Eine zu starke Quervernetzung führt zu einer schwachen Proteinsynthese, selbst wenn ausreichend DNA fixiert wurde (dies lässt sich über die Messung eines Anti-GST-Signals ermitteln).
5. Zugabe von 20 µl 3 M Natriumacetat (pH 5,5) in jede Vertiefung; Zugabe von 120 µl Isopropanol in jede Vertiefung; Vortexen der Platte für 2 min mit geringer Geschwindigkeit.
6. Zentrifugieren der Platte für 20 min bei Raumtemperatur mit 4 000 rpm (maximale Geschwindigkeit).
7. Verwerfen des Überstands.
8. Waschen der Pellets mit 100 µl 80 % Ethanol (Raumtemperatur).
9. Vortexen der Platte für 2 min mit geringer Geschwindigkeit.
10. Zentrifugieren der Platte für 20 min bei Raumtemperatur.
11. Verwerfen des Überstands.
12. Platte für 10 min auf der Arbeitsplatte auf den Kopf gedreht stehen lassen, um die Pellets zu trocknen.
    Pellets nicht zu lange trocknen lassen, da sie sich sonst nicht gut wieder lösen lassen.
13. Herstellen eines Master-Mixes für zwei 96-Well-Platten.

Streptavidin	10 mg
entionisiertes H_2O	2,9 ml
polyklonaler Anti-GST-Antikörper	30 µl
90 mM BS3-Linker (in DMSO)	75 µl

Die Zugabe des Linkers unmittelbar vor Gebrauch verhindert eine übermäßig starke Quervernetzung. Die Endkonzentration für den polyklonalen Anti-GST-Antikörper (1:100) ist 50 µg ml^{-1}, für Streptavidin 3 mg ml^{-1} und für den BS3-Linker 2 mM.

14. Zugabe von 15 µl Master-Mix in jede Vertiefung; Schütteln der Platte für 15 min.
15. Überführen von je 10 µl der gelösten Probe in die Vertiefungen einer 384-Well-Array-Platte.
    Vor diesem Schritt sollte ein Schema erstellt werden, wo sich die Klone der 96-Well-Platte in der 384-Well-Platte befinden. Die größte Aufmerksamkeit ist nötig, um hier keine Proben zu vertauschen.
16. Vorbereiten der GST-Registrierungsspots für den Proteinnachweis (Protokoll 6): Verdünnen von 0,6 mg ml^{-1} GST 1:20 in H_2O; Zugabe von BS3-Linker mit einer Endkonzentration von 2 mM.
    Die Bedeutung der Registrierungsspots kann nicht häufig genug betont werden. Insbesondere auf Arrays mit sehr hoher Probendichte sind Orientierungspunkte auf dem Träger unbedingt notwendig. Die Proben für die Registrierung sollten in der 384-Well-Platte so angeordnet sein, dass sie nachher auf dem endgültigen Array ein sinnvolles Muster ergeben. Dieses unterscheidet sich von Experiment zu Experiment.
    Wir verwenden gereinigtes GST für die Registierungsspots, da die meisten der üblicherweise genutzten NAPPA-Vektoren GST als *capture*-Tag an das Protein anfügen. Der Anti-GST-Antikörper, der eingesetzt wird, um die fixierten Proteine nachzuweisen, wird auch an das gereinigte GST-Protein binden. Wird eine sorgfältig quantifizierte Menge an gereinigtem Protein aufgedruckt, lassen sich die Registrierungsspots auch als Standard für die Abschätzung der Ausbeute an synthetisiertem Protein verwenden. Andere NAPPA-Vektoren nutzen unter anderem auch den FLAG-, den myc- und den GFP-Tag. In einem solchen Fall muss das in diesem Schritt eingesetzte GST gegen die entsprechenden gereinigten Proteine ausgetauscht werden.

17. Vorbereiten der Anti-Maus-IgG-Antikörper-Registrierungsspots für die Proteininteraktionsexperimente (Experiment 11, Protokolle 1 und 2): Verdünnen der Stammlösung des Anti-Maus-IgG-Antikörpers 1:20 in H_2O; Zugabe von BS3-Linker mit einer Endkonzentration von 2 mM.
    Die Proteininteraktion wird in der Regel mit einem monoklonalen primären Antikörper sichtbar gemacht, der an das „*query*"-Protein (oder seinen Tag) bindet. Ein sekundärer Anti-Maus-IgG-Antikörper, der mit Meerrettich-Peroxidase konjugiert ist, wird verwendet, um den monoklonalen Antikörper nachzuweisen. Daher wird der hier für das direkte Aufdrucken auf den Träger vorbereitete IgG-Antikörper aus der Maus von dem sekundären Antikörper detektiert und kann als Registrierungsspot für Interaktionsexperimente dienen. Stammt der primäre Antikörper aus einem anderen Organismus als der Maus, dann muss ein entsprechender sekundärer IgG-Antikörper aus dieser Spezies auch für die Registrierungsspots eingesetzt werden. Wird der Array zum Beispiel mit menschlichem Serum und den darin enthaltenen primären Antikörpern getestet (z.B. für die Suche nach Biomarkern), dann ist ein sekundärer Anti-Mensch-IgG-Antikörper für die Herstellung von Registrierungsspots sinnvoll.
18. Kurzes Zentrifugieren der Platte, um die Proben am Boden der Vertiefungen zu sammeln.
19. Auftragen der Proben bei Raumtemperatur und 45–60 % Luftfeuchtigkeit.
    Eine ausführliche Beschreibung des Programms würde den Umfang dieses Kapitels überschreiten, da jedes Programm vom verwendeten Gerät und vom Experiment selbst abhängt. Mit den hier beschriebenen Parametern und Schritten wird eine unerwünschte Signalüberlagerung signifikant, wenn die Dichte von 3000 Spots pro Standard-Objektträger (26 mm × 76 mm) (bei Verwendung von 300-µm-Pins) überschritten wird.
20. Einsetzen der bedruckten Träger in eine feuchte Kammer. (Wir legen die Träger auf eine erhöhte Plattform, die sich in einem geschlossenen Behälter mit wasserbedecktem Boden befindet [Abb. 10.11]); Bedecken der Kammer mit einer lichtdichten Folie, um Licht abzuschirmen; Aufbewahren über Nacht bei 4 °C.
21. Entfernen der Träger aus der feuchten Kammer; Vorsichtig den Deckel öffnen, damit kein Kondensat auf die bedruckten Träger tropft.
22. Lufttrocknen der Träger bei Raumtemperatur auf Papiertüchern (bedruckte Seite nach oben); Lagern der Träger in Metallständern, die sich in Plastikdosen befinden, bei Raumtemperatur, vor Licht und Feuchtigkeit geschützt.
    Träger, die mit den oben genannten Chemikalien behandelt wurden, lassen sich unter wasserfreien Bedingungen für etliche Monate aufbewahren, ohne dass ein Verlust an Signalstärke zu befürchten ist.

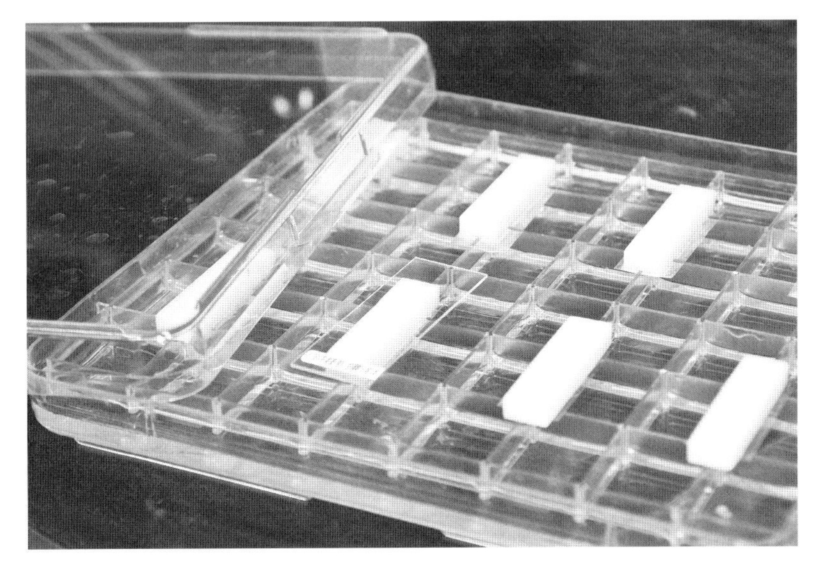

Abb. 10.11 Feuchte Kammer. Eine feuchte Kammer lässt sich sehr leicht bauen, indem man etwas Wasser auf den Boden einer Kulturschale mit einem 48-Sektor-Einsatz gibt und diese mit dem Deckel verschließt.

Protokoll 5
Proteinsynthese auf NAPPA-Trägern

Materialien

Reagenzien

Blockierungslösung

Wie verwenden SuperBlock (Pierce), wenn die Antikörper für die Detektion monoklonal sind, und 5 % Milchpulver in PBS-(*phosphate-buffered saline*-)Puffer mit 0,2 % Tween 20, wenn sich die Antikörper in Serum befinden.

zellfreies Expressionssystem; Reticulocytenlysat aus Kaninchen (ein Röhrchen für vier Träger; Promega)

H_2O, DEPC-(Diethylpyrocarbonat-)behandelt (Ambion)

PBS (pH 7,4)

RNaseOUT (Invitrogen)

Geräte

HybriWell-Dichtungssystem (1 pro Träger; Grace Bio-Labs)

programmierbarer Kühlinkubator mit nivellierten Ablagen

Horizontalschüttler

Objektträgerinkubatoren, 15 °C und 30 °C

Siehe Schritt 7.

Durchführung

1. Blockieren der Träger mit ca. 30 ml SuperBlock oder Milchpulverlösung in einer Plastikdose (ausreichend für vier Träger); die Träger sollten vollkommen von der Blockierungslösung bedeckt sein; Inkubation der Träger für ca. 60 min auf einem Horizontalschüttler bei Raumtemperatur oder über Nacht bei 4 °C im Kühlraum.
2. Abspülen der Träger mit destilliertem, entionisiertem H_2O; vorsichtig mit gefilterter Druckluft trocknen.
3. Herstellen des IVTT-Mixes; für jeden Träger sind 100 µl IVTT-Mix notwendig.
   a. Reticulocytenlysat auf Eis stellen.
   b. Zugabe der folgenden Komponenten zum Lysat (ausreichend für vier Träger).

TNT-Puffer (Bestandteil des Kits von Promega)	4 µl
T7-RNA-Polymerase (Bestandteil des Kits von Promega)	2 µl
-Met (Bestandteil des Kits von Promega)	1 µl
-Leu oder -Cys (Bestandteil des Kits von Promega)	1 µl
RNaseOUT (optional)	2 µl
DEPC-behandeltes H_2O	40 µl

   Nicht Vortexen! Stattdessen zum Mischen vorsichtig mit der Pipette aufziehen.
4. Auflegen einer HybriWell-Dichtung auf jeden Träger; das Dichtmaterial mit einem Holzspan am Rand andrücken, um die Dichtigkeit sicherzustellen; HybriWell auf der Seite der gedruckten Spots aufbringen und Dichtung so ausrichten, dass sich die gedruckten Spots in der Mitte befinden (Abb. 10.12).
5. Zugabe von IVTT-Mix über den HybriWell-Zugang, der dem Barcode bzw. der Trägermarkierung gegenüber liegt; beide Zugänge sollten geöffnet sein, um den Mix zugeben zu können; den Mix langsam pipettieren; es ist normal, dass sich die Dichtung am Einlass vorübergehend ein wenig aufwölbt; die HybriWell-Dichtung leicht entlang der Innenseite der Kleberänder massieren, um den IVTT-Mix durch Kapillarwirkung zu verteilen; der IVTT-Mix sollte den gesamten bedruckten Bereich des Trägers blasenfrei bedecken.

Abb. 10.12 Zusammenbau einer Kassette für die NAPPA-Proteinsynthese. Auf die bedruckte Seite des Trägers wird vorsichtig eine HybriWell-Dichtung aufgelegt und darauf geachtet, dass der bedruckte Bereich des Trägers nicht von den klebenden Rändern bedeckt wird. Das Dichtmaterial am Rand wird mit der flachen Seite eines Holzspans angedrückt. Nachdem überprüft wurde, dass beide Zugänge zur Kammer offen sind, wird der Proteinsynthese-Mix kontinuierlich über einen Zugang zugegeben. Über Kapillarwirkung wird die Lösung in die Kammer gezogen. Durch Massieren der Ränder unmittelbar auf der Innenseite der Dichtung in Fließrichtung lässt sich mehr Flüssigkeit in die Kammer ziehen.

Dieser Schritt ist recht schwierig zu bewerkstelligen und erfordert einige Übung. Es kann hilfreich sein, einige Übungsträger herzustellen und mit einer Lösung aus 10–20 % Glycerin in Wasser mit Farbstoff zu üben, bevor man eine echte Probe einfüllt. Die Übungsträger spiegeln die realen Verhältnisse jedoch nicht vollständig wider. Aufgrund der Oberflächenbeschaffenheit der Träger ist das Aufbringen der echten Proben schwieriger, doch sollte die Beladung der Übungsträger auf jeden Fall funktionieren, bevor man sich den echten Trägern widmet.

6. Verschließen beider Zugänge mit kleinen runden Dichtungen (Abb. 10.12).
   Es ist wichtig, die Zugänge nach der Zugabe des Mixes zu verschließen, um ein Austrocknen und Aussickern zu verhindern.
7. Inkubation der Träger für 90 min bei 30 °C zur Synthese der Proteine; Inkubation für 30 min bei 15 °C zum Fixieren der Proteine.
   Die Temperaturangaben für die Proteinsynthese sollten unbedingt eingehalten werden; eine Abweichung von nur ein paar Grad bedeutet eine geringere Ausbeute.
8. Entfernen des HybriWell.
9. Waschen der Träger in einer Plastikdose für 3 min mit ca. 30 ml Milchpulverlösung.
10. Verwerfen der Waschlösung und zweimaliges Wiederholen von Schritt 9.
11. Blockieren der Träger mit ca. 30 ml Milchpulverlösung auf einem Horizontalschüttler, entweder über Nacht bei 4 °C oder für 1 h bei Raumtemperatur.

Protokoll 6
Nachweis der Proteine auf NAPPA-Trägern

Materialien

Reagenzien

Blockierungslösung

Wie verwenden SuperBlock (Pierce), wenn die Antikörper für die Detektion monoklonal sind, und 5 % Milchpulver in PBS-(*phosphate-buffered saline-*)Puffer mit 0,2 % Tween 20, wenn die Antikörper sich in Serum befinden.

PBS (pH 7,4)

primärer Antikörper (z.B. Anti-GST-Antikörper aus der Maus [Cell Signaling Technology] oder Anti-HA-[Hämagglutinin-]Antikörper aus der Maus)

sekundärer Antikörper, HRP-(*horseradish peroxidase-*, Meerrettich-Peroxidase-)konjugierter Anti-Maus-Antikörper (Amersham)

Cyanin-3-tyramid-Reagenz-Kit mit Tyramidsignalverstärkung (*tyramide signal amplification*, TSA) (Perkin Elmer)

Geräte

Träger mit Spots (aus Protokoll 5)

Deckgläschen, 24 × 50 (drei pro Träger)

Plastikdose

Scanner (z.B. PerkinElmer Scan Array 5000) Cy3-Anregung 550 nm, Emission 570 nm; Cy5-Anregung 649 nm, Emission 670 nm

Durchführung

1. Herstellen der Antikörperlösungen in Blockierungslösung; die Verdünnung hängt von den verwendeten Antikörpern und der verwendeten Geräte ab; die Bedingungen ähneln denen für Western-Blots meist stark; Aufbewahren der verdünnten Antikörper bei 4 °C.

   In der Regel verwendet man einen primären Antikörper (z.B. bei Interaktionsexperimenten einen Anti-*query*-Protein-Antikörper; beim Nachweis von Immunreaktionen handelt es sich um Serum des Patienten) und einen markergekoppelten sekundären Antikörper (z.B. einen HRP-konjugierten Anti-Maus-IgG-Antikörper oder einen Cy5-konjugierten Anti-Mensch-IgG-Antikörper). Alle Antikörper sollten unbedingt vorher auf den Arrays getestet werden, um sicherzustellen, dass sie keine Kreuzreaktionen mit den Chemikalien auf der Trägeroberfläche zeigen (wodurch alle Spots auf dem Array zu einem Signal führen würden). Wenn möglich sollten Antikörper von verschiedenen Anbietern geprüft werden, um den herauszufinden, der das beste Signal-zu-Rausch-Verhältnis liefert.

2. Herstellung einer TSA-Stammlösung bei Verwendung von HRP-konjugierten Antikörpern.
   a. Zugabe von 150 µl DMSO zu getrocknetem TSA (aus dem TSA-Kit).
   b. Vortexen, um zu lösen.
   c. Lagern der 100× Stammlösung bei 4 °C.

   Das TSA-Reagenz besteht aus einem Tyramidmolekül, konjugiert mit einem Markermolekül (z.B. Cy3, Cy5 oder Biotin), das durch HRP aktiviert wird und ein freies Radikal bildet. Dieses hochreaktive freie Radikal begünstigt die Anlagerung an Tyr-Seitenketten, die kovalent gebunden werden. Mit fortschreitender Reaktionsdauer reichern sich die Markermoleküle daher an jedem Spot an, der eine lokale HRP-Aktivität besitzt.

3. Zugabe von 150 µl Lösung mit primärem Antikörper (z.B. Anti-GST-Antikörper oder Anti-HA-Antikörper, beide aus der Maus) auf das nichtmarkierte bzw. nicht mit Spots versehene Ende des Trägers; Auflegen eines Deckglases.
4. Inkubation des Trägers für 1 h bei Raumtemperatur.
5. Waschen des Trägers mit Milchpulverlösung dreimal für jeweils ca. 5 min; Flüssigkeit nach jedem Waschschritt ablaufen lassen.
6. Zugabe von 150 µl Lösung mit sekundärem Antikörper (z.B. HRP-konjugierter Anti-Maus-Antikörper) auf das nichtmarkierte bzw. nicht mit Spots versehene Ende des Trägers; Auflegen eines Deckglases.
7. Inkubation des Trägers für 1 h bei Raumtemperatur.

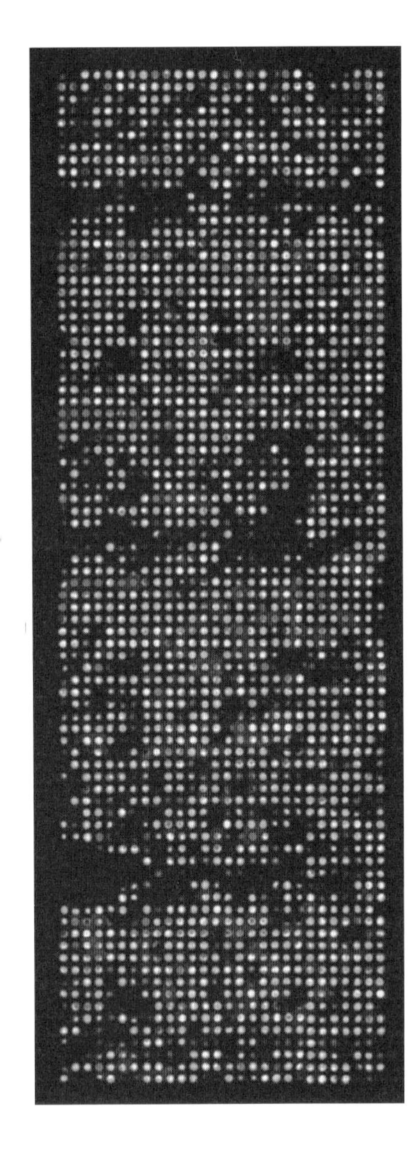

Abb. 10.13 (siehe auch Farbteil) Protein auf einem NAPPA, sichtbar gemacht durch die Bindung eines Anti-GST-Antikörpers. Das Falschfarbenbild zeigt die Proteinmengen auf dem Array (weiß [gesättigt] > rot > gelb > grün > blau).

8. Waschen des Trägers mit PBS (pH 7,4) dreimal für jeweils ca. 5 min.
9. Spülen des Trägers kurz mit destilliertem, entionisiertem H_2O.
   Vor der Zugabe der TSA-Lösung in Schritt 10 sollte sichergestellt sein, dass der Träger nicht zu feucht und nicht zu trocken ist. (Ist er zu feucht, wird die TSA-Lösung verdünnt. Ist er zu trocken, verteilt sich die Lösung nicht gleichmäßig.)
10. Verdünnen der TSA-Stammlösung 1:100 mit dem Verdünner aus dem TSA-Kit (pro Träger sind ca. 600 µl TSA-Mix notwendig; Pipettieren von 600 µl auf jeden Träger; Auflegen eines Deckglases; Inkubation des Trägers für 10 min.
11. Spülen des Trägers kurz mit destilliertem, entionisiertem H_2O; Trocknen mit gefilterter Druckluft.
12. Scan des Trägers (Abb. 10.13).

Protokoll 7
Nachweis von DNA auf NAPPA-Trägern

Materialien

Reagenzien
PBS (pH 7,4)
PicoGreen-Stammlösung (Invitrogen)
SuperBlock (Pierce)
TE (pH 8,0)

Geräte
Träger mit Spots
Plastikdose
Horizontalschüttler
Scanner (z.B. PerkinElmer Scan Array 5000)

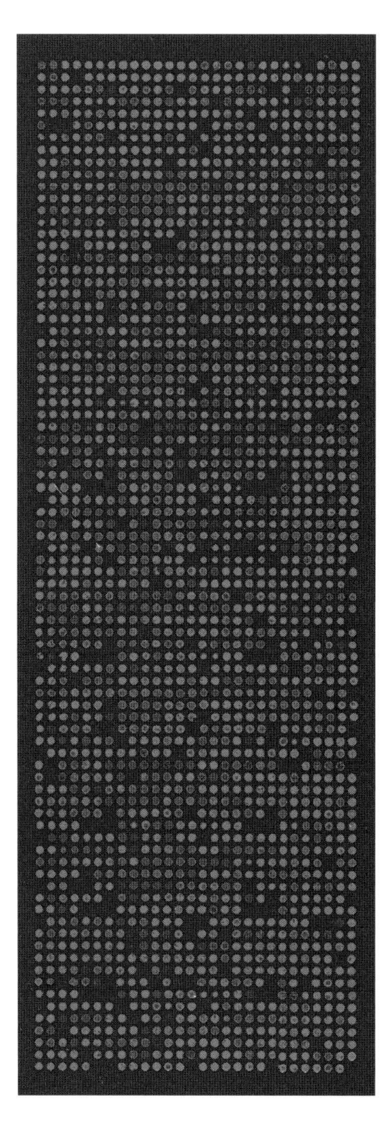

Abb. 10.14 (siehe auch Farbteil) DNA auf einem NAPPA, sichtbar gemacht durch die Bindung von PicoGreen.

Durchführung

1. Herstellen einer PicoGreen-Stammlösung durch Zugabe von 200 µl TE in ein Gefäß (100 µl) mit PicoGreen.
   Invitrogen empfiehlt die Herstellung der PicoGreen-Lösung in einem Plastik- und nicht in einem Glasgefäß, da das Reagenz von der Glasoberfläche adsorbiert werden könnte. Die Arbeitslösung ist vor Licht zu schützen und sollte daher mit Folie abgedeckt bzw. im Dunkeln aufbewahrt werden, da das Reagenz durch Licht abgebaut wird. Die Lösung sollte innerhalb weniger Stunden nach ihrer Herstellung verbraucht werden.
2. Herstellen einer PicoGreen-Arbeitslösung durch Verdünnen der PicoGreen-Stammlösung 1:600 in SuperBlock.
3. Ein bis vier Träger auf den Boden einer Plastikdose legen (z.B. einer leeren Dose für Pipettenspitzen); Blockieren der Träger mit SuperBlock auf einem Horizontalschüttler für 1 h bei Raumtemperatur.
   Wir bevorzugen es, die Träger in kleinen Boxen vollkommen mit Lösung bedeckt zu inkubieren, die Verwendung von Deckgläsern (24 × 50 mm) ist für diesen Schritt jedoch ökonomischer.
4. Zugabe von 20 ml PicoGreen-Arbeitslösung, um sicherzustellen, dass alle Träger vollständig bedeckt sind (20 ml reichen für die Inkubation in einer Pipettenspitzendose aus); Inkubieren auf einem Horizontalschüttler für 5 min bei Raumtemperatur.
5. Waschen des Trägers mit PBS (pH 7,4) dreimal für jeweils ca. 5 min.
6. Spülen des Trägers kurz mit destilliertem, entionisiertem H_2O; Trocknen mit gefilterter Druckluft.
7. Scan des Trägers (Abb. 10.14).

Literatur

MacBeath G, Schreiber SL (2000) Printing proteins as microarrays for high-throughput function determination. *Science* 289: 1760-1763

Newman JRS, Keating AE (2003) Comprehensive identification of human bZIP interactions with coiled-coil arrays. *Science* 300: 2097-2101

Ptacek J, Devgan G, Michaud G, Zhu H, Zhu X, Fasolo J, Guo H, Jona G, Breitkreutz A, Sopko R et al (2005) Global analysis of protein phosphorylation in yeast. *Nature* 438: 679-684

Zhu H, Bilgin M, Bangham R, Hall D, Casamayor A, Bertone P, Lan N, Jansen R, Bidlingmaier S, Houfek T et al (2001) Global analysis of protein activities using proteome Chips. *Science* 293: 2101-2105

Zhu H, Hu S, Jona G, Zhu X, Kreiswirth N, Willey BM, Mazzulli T, Liu G, Song Q, Chen P et al (2006) Severe acute respiratory syndrome diagnostics using a coronavirus protein microarray. *Proc Natl Acad Sci* 103: 4011-4016

Experiment 11

11

Einsatz von NAPPA für die Identifizierung von Protein-Protein-Wechselwirkungen

Die Identifizierung von Protein-Protein-Wechselwirkungen mithilfe eines NAPPA (*nucleic acid programmable protein array*) kann nach zwei unterschiedlichen Schemata erfolgen. Bei dem ersten testet man einen NAPPA-Träger, auf dem synthetisierte Proteine fixiert sind, mit dem aufgereinigten, zu untersuchenden Protein (*query*-Protein) und sucht nach Wechselwirkungen zwischen Proteinen. Diese Interaktionen lassen sich entweder durch eine direkte Markierung des *query*-Proteins nachweisen oder indem man einen markierten Antikörper, der an das Protein selbst oder einen Tag auf dem Protein bindet, einsetzt. Dieser Ansatz ist geeignet, wenn gereinigtes Protein zur Verfügung steht, und er hat den Vorteil, dass es unerheblich ist, ob das *query*-Protein posttranslationale Modifikationen besitzt; auch kann eine Reihe von unterschiedlichen Bedingungen für die Interaktion getestet werden.

Bei dem zweiten Schema wird das *query*-Protein mit den Zielproteinen auf dem NAPPA-Träger coexprimiert. Im Gegensatz zu den auf den Array gedruckten Genen, deren Proteine einen Epitop-Tag für die Fixierung der Proteine auf der Trägeroberfläche besitzen, wird das Gen für das *query*-Protein zu dem zellfreien Expressionssystem gegeben. Das *query*-Protein besitzt keinen Tag (wenn ein gut geeigneter Anti-*query*-Protein-Antikörper zu Verfügung steht) oder es hat einen einmalig vorkommenden Epitop-Tag, der sich für den Nachweis des Proteins eignet. Obwohl sich mit dieser Vorgehensweise, verglichen mit der, bei der gereinigtes Protein eingesetzt wird, weniger unterschiedliche Bedingungen für die Bindung testen lassen, hat diese Methode doch einige Vorteile:

1. Universalität: Es ist nur ein cDNA-Klon des *query*-Gens notwendig, sodass sich dieser Ansatz bei einer Vielzahl von Genen einsetzen lässt.
2. Sensitivität: Eine Reihe von bekannten Wechselwirkungen zwischen Proteinen, deren Nachweis große Mengen gereinigten Proteins erfordert, lässt sich besser mithilfe der Coexpression nachweisen. Obwohl es nicht nachgewiesen ist, könnte dies ein Hinweis darauf sein, dass die Protein-Protein-Interaktion gefördert wird, wenn sich die in Wechselwirkung tretenden Proteine zur gleichen Zeit falten.
3. Flexibilität: Es lassen sich viele unterschiedliche Epitop-Tags für den Nachweis des *query*-Proteins und viele Proteinfragmente für Kartierungsanalysen testen.

Die Bindung des *query*-Proteins lässt sich zwar mithilfe von Antikörpern gegen das *query*-Protein nachweisen, doch stehen diese Antikörper oft nicht zur Verfügung. Stattdessen kann ein Epitop-Tag eingesetzt werden, der keine Kreuzreaktivität mit dem *capture*-Tag und dessen Affinitätsreagenz zeigt. Es müssen einige Eigenschaften eines potenziellen Epitop-Tags bedacht werden.

Größe. Eines der entscheidendsten Merkmale, das es bei der Auswahl eines Tags zu berücksichtigen gilt, ist seine Größe. Große Tags wie der GST-(Glutathion-S-Transferase-)Tag (26 kD), könnten, zumindest theoretisch, eine sterische Behinderung bedeuten, insbesondere an den Enden des Proteins, an die sie angefügt werden. (Es gibt aber auch Hinweise darauf, dass größere Tags den Abstand der Proteine zur Trägeroberfläche vergrößern und so die Zugänglichkeit verbessern; für *query*-Proteine ist dieser Aspekt jedoch von geringerer Bedeutung.) Einige große, gut charakterisierte Tags wie GST beeinflussen die Proteinfunktion in seltenen Fällen. Kleine Peptide wie FLAG, myc und HA (Hämagglutininantigen), d.h. Peptide aus 7–12 Aminosäuren, interagieren in der Regel nicht mit dem Protein, an das sie gekoppelt sind, und eignen sich daher gut als Tags

Tab. 11.1 Ausgewählte Antikörper für den Nachweis von Epitop-Tags bei NAPPAs

Epitop	Antikörper	Anbieter
FLAG	M2	Sigma-Aldrich
HA	12CAS	Sigma-Aldrich
myc	9E10	Sigma-Aldrich
GST	26H1	Cell Signaling Technology
GFP	Anti-GFP	Invitrogen

NAPPA, *nucleic acid programmable protein array*; HA, Hämagglutininantigen; GST, Glutathion-*S*-Transferase; GFP, grün fluoreszierendes Protein.

für *query*-Proteine. Das Ziel ist, einen Tag auszuwählen, der es dem *query*-Protein ermöglicht, seine natürlichen Eigenschaften wie die Konformation zu bewahren, damit die Wahrscheinlichkeit steigt, einen echten Interaktionspartner zu finden.

Linkersequenz. Durch den Einbau einer Linkersequenz zwischen dem Epitop-Tag und dem *query*-Protein kann die Zugänglichkeit des Epitops für den Antikörper und dadurch der Nachweis des *query*-Proteins verbessert werden.

Proteinfaltung. Einige Tags verbessern sogar die Proteinfaltung – eine Eigenschaft, die gelegentlich bei Thioredoxinen auftritt, wenn sie mit dem Aminoterminus des *query*-Proteins fusioniert werden.

Reagenzien für die Detektion. Der Vorteil der Verwendung eines Tags für den Nachweis des *query*-Proteins liegt in der Verfügbarkeit von qualitativ hochwertigen Reagenzien für die Detektion. In der Regel handelt es sich dabei um Antikörper gegen den Tag. Doch nicht alle Antikörper eignen sich gleich gut für die Detektion von Proteinmicroarrays, insbesondere, wenn der Antikörper eine Kreuzreaktivität für andere Epitope zeigt. Es ist daher unbedingt notwendig, einige Antikörper zu testen, um den geeignetsten herauszufinden. Tab. 11.1 (s. auch Protokoll 2) führt einige kommerziell erhältliche Anti-Tag-Antikörper auf, die sich sehr gut für den Nachweis des entsprechenden *query*-Proteins auf NAPPA-Trägern eignen.

Lokalisierung des Tags. Die sterischen Eigenschaften eines Epitops können davon abhängen, mit welchem Ende des Proteins der Tag fusioniert ist. Durch Tags am Carboxylende lässt sich prüfen, ob Proteine mit vollständiger Länge translatiert wurden. Die Effizienz der Translation scheint von der Aminosäuresequenz in der Nähe des Translationsstarts abzuhängen. Tags, die an das Aminoende gekoppelt sind, stellen sicher, dass alle Proteine mit den gleichen Aminosäuren beginnen. Werden Proteine in Bakterien exprimiert und aus ihnen aufgereinigt, ist die Expression bei Verwendung von aminoterminalen Tags reproduzierbarer und die Ausbeute ist höher, als wenn die nativen Startcodons verwendet werden (Braun et al. 2002; Dyson 2004). Letztlich kann es sinnvoll sein, beide Möglichkeiten auszuprobieren oder Konstrukte zu entwickeln, die an den Enden verschiedene Tags besitzen.

Protokoll 1
Coexpression des *query*-Proteins auf NAPPA-Trägern

Die Menge an *query*-Protein, das ausgehend von der entsprechenden Plasmid-DNA transkribiert und translatiert wird, hängt unter anderem von der eingesetzten Menge an Plasmid-DNA und der Größe des Proteins von Interesse ab. Wird zu wenig *query*-Protein synthetisiert, gibt es möglicherweise kein nachweisbares Signal für die Bindung. Eine sehr starke Expression kann dagegen zu unspezifischen Hintergrundsignalen führen. Da die am besten geeignete Menge an *query*-Plasmid von *query*-Protein zu *query*-Protein variiert, muss die optimale Menge an *query*-DNA, die in ein Coexpressionsexperiment eingesetzt wird, unbedingt empirisch ermittelt werden. Wie testen drei verschiedene Mengen, in der Regel zwischen 50–150 ng DNA pro Träger.

Materialien

Reagenzien

Blockierungslösung

Wie verwenden SuperBlock (Pierce) mit 30 ml pro Dose mit bis zu vier Trägern, wenn die Antikörper für die Detektion monoklonal sind, und 5 % Milchpulver in PBS-(*phosphate-buffered saline-*)Puffer mit 0,2 % Tween 20, wenn sich die Antikörper in Serum befinden.

zellfreies Expressionssystem; Reticulocytenlysat aus Kaninchen (ein Röhrchen für vier Träger; Promega)

H_2O, DEPC-(Diethylpyrocarbonat-)behandelt (Ambion)

PBS (pH 7,4)

query-Plasmid (aus einer Minipräparation; 50–150 ng pro Träger)

(optional) RNaseOUT (Invitrogen)

Geräte

Träger mit Spots (aus Experiment 10, Protokoll 4)

HybriWell-Dichtungssystem (1 pro Träger; Grace Bio-Labs)

programmierbarer Kühlinkubator mit nivellierten Ablagen

Plastikdosen (Volumen etwa 11 cm × 15 cm × 4,5 cm)

Horizontalschüttler

Objektträgerinkubatoren, 15 °C und 30 °C

Siehe Schritt 7.

Durchführung

1. Blockieren der Träger mit ca. 30 ml SuperBlock oder Milchpulverlösung in einer Plastikdose (ausreichend für vier Träger); die Träger sollten vollkommen von der Blockierungslösung bedeckt sein; Inkubation der Träger für ca. 60 min auf einem Horizontalschüttler bei Raumtemperatur oder über Nacht bei 4 °C im Kälteraum.
2. Abspülen der Träger mit destilliertem, entionisiertem H_2O; vorsichtig mit gefilterter Druckluft trocknen.
3. Herstellen des *in vitro*-Transkription/Translations-(IVTT-)Mixes; für jeden Träger sind 100 µl IVTT-Mix notwendig (50 µl Lysat und 50 µl übrige Komponenten); der Ansatz ist ausreichend für einen Träger.

   Da sich in jedem gelieferten Gefäß 200 µl Reticulocytenlysat befinden und das Lysat nicht nochmals eingefroren werden sollte, kann ein Gefäß mit Lysat für bis zu vier Träger verbraucht werden.

   a. Reticulocytenlysat schnell auftauen und auf Eis stellen.

   b. Herstellung des IVTT-Mixes durch Zugabe der folgenden Komponenten zum Lysat (ausreichend für einen Träger, d.h. 50 µl Reticulocytenlysat).

TNT-Puffer (Bestandteil des Kits von Promega)	4 µl
T7-RNA-Polymerase (Bestandteil des Kits von Promega)	2 µl
-Met (Bestandteil des Kits von Promega)	1 µl
-Leu oder -Cys (Bestandteil des Kits von Promega)	1 µl
RNaseOUT (optional)	2 µl
DEPC-behandeltes H_2O	40 µl

   Sollen viele Träger gleichzeitig behandelt werden, sollte man einen Master-Mix aus Reticulocytenlysat und den Komponenten herstellen; anschließend wird der Master-Mix entsprechend der Zahl der Träger aliquotiert.

   c. Aliquotieren der relevanten Miniprep-DNA für die entsprechenden *query*-Protein(e) (50–150 ng DNA pro Träger) in einer Reihe von Vertiefungen oder Gefäßen.

   d. Zugabe von 100 µl IVTT-Mix zu jeder Probe mit *query*-DNA.

   Nicht Vortexen! Stattdessen zum Mischen vorsichtig mit der Pipette aufziehen.

4. Aufbringen einer HybriWell-Dichtung auf jeden Träger; das Dichtmaterial mit einem Holzspan am Rand andrücken, um die Dichtigkeit sicherzustellen; HybriWell auf der Seite der gedruckten Spots aufbringen und Dichtung so ausrichten, dass sich die gedruckten Spots in der Mitte befinden (s. Experiment 10, Abb. 10.12).
5. Zugabe von IVTT-Mix über den HybriWell-Zugang, der dem Barcode bzw. der Trägermarkierung gegenüber liegt; beide Zugänge sollten geöffnet sein, um den Mix zugeben zu können; den Mix langsam pipettieren; es ist normal, dass sich die Dichtung am Einlass vorübergehend ein wenig aufwölbt; die HybriWell-Dichtung leicht entlang der Innenseite der Kleberänder massieren, um den IVTT-Mix durch Kapillarwirkung zu verteilen; der IVTT-Mix sollte den gesamten bedruckten Bereich des Trägers blasenfrei bedecken.

   Dieser Schritt ist recht schwierig zu bewerkstelligen und erfordert einige Übung. Es kann hilfreich sein, einige Übungsträger herzustellen und mit einer Lösung aus 10–20 % Glycerin in Wasser mit Farbstoff zu üben, bevor man eine echte Probe einfüllt. Die Übungsträger spiegeln die realen Verhältnisse nicht vollständig wider. Aufgrund der Oberflächenbeschaffenheit der Träger ist das Aufbringen der tatsächlichen Proben schwieriger, doch sollte die Beladung der Übungsträger auf jeden Fall funktionieren, bevor man sich den echten Trägern widmet.
6. Verschließen beider Zugänge mit kleinen runden Dichtungen (s. Experiment 10, Abb. 10.12).

   Es ist wichtig, die Zugänge nach der Zugabe des Mixes zu verschließen, um ein Austrocknen und Aussickern zu verhindern.
7. Inkubation der Träger für 90 min bei 30 °C zur Synthese der Proteine; Inkubation für 2 h bei 15 °C zum Fixieren des Proteins und Binden des *query*-Proteins an seine immobilisierten Interaktionspartner.

   Die Temperaturangaben für die Proteinsynthese sollten unbedingt eingehalten werden; eine Abweichung von nur ein paar Grad bedeutet eine geringere Ausbeute.

   Falls es notwendig ist, das coexprimierte *query*-Protein gleichmäßiger auf dem Träger zu verteilen, kann die Inkubationszeit wie folgt verändert werden. Nach der Inkubation bei 15 °C werden die Träger in eine feuchte Kammer gelegt und für 12 h bei 4 °C inkubiert (praktisch ist die Inkubation über Nacht; die niedrige Temperatur verhindert den Abbau der Proteine).
8. Entfernen des HybriWell.
9. Waschen der Träger in einer Plastikdose für 3 min mit ca. 30 ml Milchpulverlösung.
10. Verwerfen der Waschlösung und zweimaliges Wiederholen von Schritt 9.
11. Blockieren der Träger mit ca. 30 ml Milchpulverlösung auf einem Horizontalschüttler, entweder über Nacht bei 4 °C oder für 1 h bei Raumtemperatur.

Protokoll 2
Detektion des *query*-Proteins auf NAPPA-Trägern

Materialien

Achtung: Für den korrekten Umgang mit Substanzen, die mit einem <!> gekennzeichnet sind, siehe Anhang 11.

Reagenzien

Blockierungslösung

Wie verwenden SuperBlock (Pierce) mit 30 nl pro Dose mit bis zu vier Trägern, wenn die Antikörper für die Detektion monoklonal sind, und 5 % Milchpulver in PBS-(*phosphate-buffered saline-*)Puffer mit 0,2 % Tween 20, wenn die Antikörper sich in Serum befinden.

Dimethylsulfoxid (DMSO) <!>

primärer Antikörper (z.B. Anti-GST-Antikörper aus der Maus [Cell Signaling Technology] oder Anti-HA-[Hämagglutinin-]Antikörper aus der Maus)

sekundärer Antikörper, HRP-(*horseradish peroxidase-*, Meerrettich-Peroxidase-)konjugierter Anti-Maus-Antikörper (Amersham)

Cyanin-3-tyramid-Reagenz-Kit mit Tyramidsignalverstärkung (*tyramide signal amplification*, TSA) (Perkin Elmer)
PBS (pH 7,4)

Geräte

Träger mit Spots (aus Schritt 11, Protokoll 1)
Deckgläschen, 24 × 50 (drei pro Träger)
Plastikdose
Scanner (z.B. PerkinElmer Scan Array 5000) Cy3-Anregung 550 nm, Emission 570 nm; Cy5-Anregung 649 nm, Emission 670 nm

Durchführung

1. Herstellen der Antikörperlösungen in Blockierungslösung; die Verdünnung hängt von den verwendeten Antikörpern und der verwendeten Geräte ab; die Bedingungen ähneln denen für Western-Blots meist sehr; Aufbewahren der verdünnten Antikörper bei 4 °C.
   In der Regel verwendet man einen primären Antikörper (z.B. bei Interaktionsexperimenten einen Anti-*query*-Protein-Antikörper; beim Nachweis von Immunreaktionen handelt es sich um Serum des Patienten) und einen markergekoppelten sekundären Antikörper (z.B. einen HRP-konjugierten Anti-Maus-IgG-Antikörper oder einen Cy5-konjugierten Anti-Mensch-IgG-Antikörper). Alle Antikörper sollten unbedingt vorher auf den Arrays getestet werden, um sicherzustellen, dass sie keine Kreuzreaktionen mit den Chemikalien auf der Trägeroberfläche zeigen (wodurch alle Spots auf dem Array zu einem Signal führen würden). Wenn möglich sollten Antikörper von verschiedenen Anbietern geprüft werden, um den herauszufinden, der das beste Signal-zu-Rausch-Verhältnis liefert.
2. Herstellung einer TSA-Stammlösung bei Verwendung von HRP-konjugierten Antikörpern.
   a. Zugabe von 150 µl DMSO zu getrocknetem TSA (aus dem TSA-Kit).
   b. Vortexen, um zu lösen.
   c. Lagern der 100× Stammlösung bei 4 °C.
   Das TSA-Reagenz besteht aus einem Tyramidmolekül, konjugiert mit einem Markermolekül (z.B. Cy3, Cy5 oder Biotin), das durch HRP aktiviert wird und ein freies Radikal bildet. Dieses hochreaktive freie Radikal begünstigt die Anlagerung an Tyr-Seitenketten, die kovalent gebunden werden. Mit fortschreitender Reaktionsdauer reichern sich die Markermoleküle daher an jedem Spot an, der eine lokale HRP-Aktivität besitzt.
3. Zugabe von 150 µl Lösung mit primärem Antikörper (z.B. Anti-GST-Antikörper oder Anti-HA-Antikörper, beide aus der Maus) auf das nichtmarkierte bzw. nicht mit Spots versehene Ende des Trägers; Auflegen eines Deckglases.
4. Inkubation des Trägers für 1 h bei Raumtemperatur.
5. Waschen des Trägers mit Milchpulverlösung dreimal für jeweils ca. 5 min; Flüssigkeit nach jedem Waschschritt ablaufen lassen.
6. Zugabe von 150 µl Lösung mit sekundärem Antikörper (z.B. HRP-konjugierter Anti-Maus-Antikörper) auf das nichtmarkierte bzw. nicht mit Spots versehene Ende des Trägers; Auflegen eines Deckglases.
7. Inkubation des Trägers für 1 h bei Raumtemperatur.
8. Waschen des Trägers mit PBS (pH 7,4) dreimal für jeweils ca. 5 min.
9. Spülen des Trägers kurz mit destilliertem, entionisiertem H_2O.
   Vor der Zugabe der TSA-Lösung in Schritt 10 sollte sichergestellt sein, dass der Träger nicht zu feucht und nicht zu trocken ist. (Ist er zu feucht, wird die TSA-Lösung verdünnt. Ist er zu trocken, verteilt sich die Lösung nicht gleichmäßig.)
10. Verdünnen der TSA-Stammlösung 1:100 mit dem Verdünner aus dem TSA-Kit (pro Träger sind ca. 600 µl TSA-Mix notwendig.
11. Pipettieren von 600 µl auf jeden Träger; Auflegen eines Deckglases; Inkubation des Trägers für 10 min.
12. Spülen des Trägers kurz mit destilliertem, entionisiertem H_2O; Trocknen mit gefilterter Druckluft.
13. Scan des Trägers (Abb. 11.1).

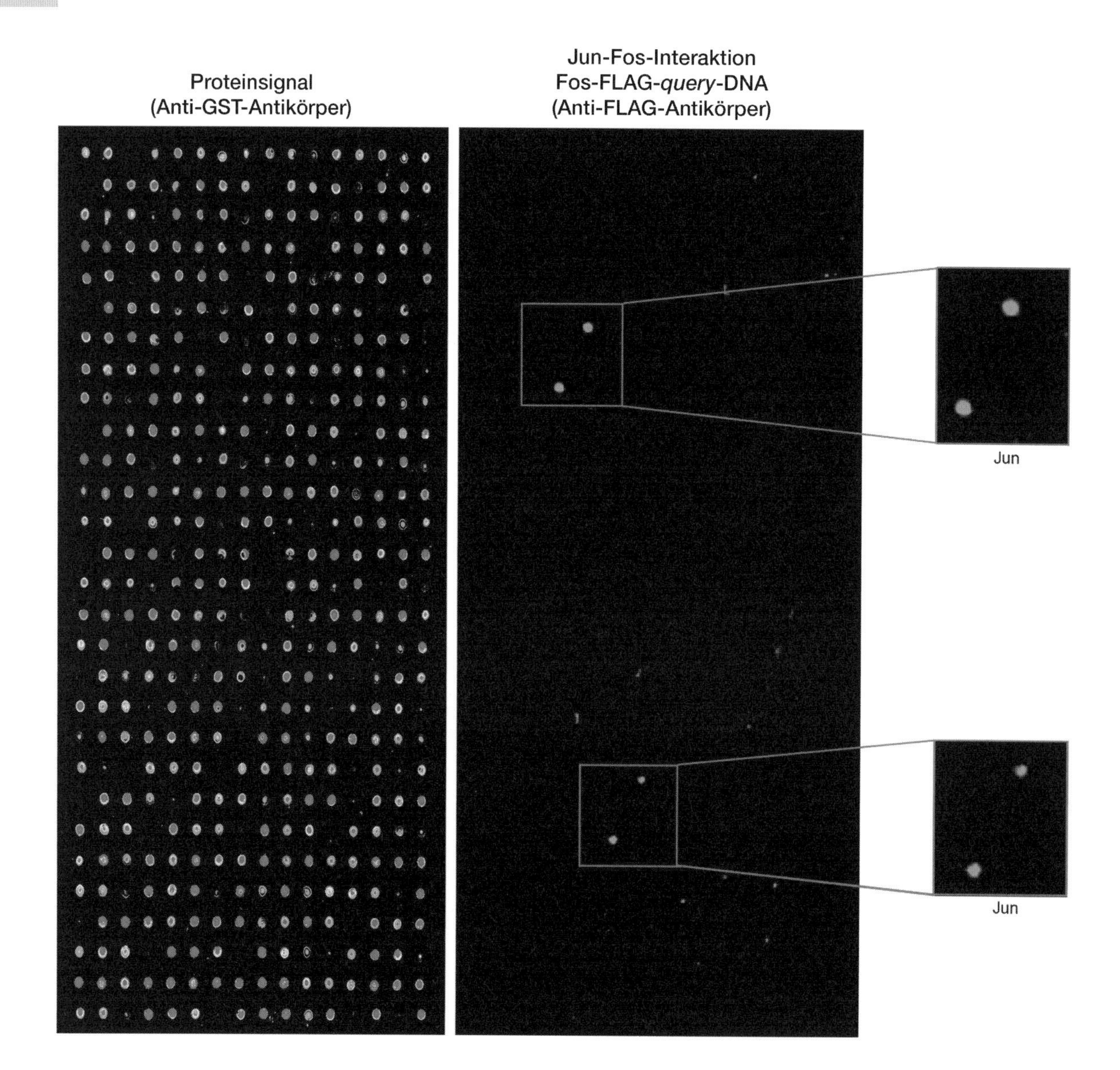

Abb. 11.1 (siehe auch Farbteil) Identifizierung der Interaktionspartner von Fos. Die Synthese von Zielproteinen auf einem Array mit mehr als 400 Spots wurde mithilfe eines Anti-GST-Antikörpers nachgewiesen (links). Die Fos-FLAG-*query*-DNA wurden mit der auf dem Array fixierten DNA coexprimiert und gebundenes *query*-Protein mit einem Anti-FLAG-Antikörper detektiert (rechts). Auf diese Weise ließ sich Jun als Interaktionspartner von Fos nachweisen (Ausschnitt). Die Aufnahmen wurden im CSHL-Proteomikkurs 2007 erstellt und freundlicherweise von Sanjeeva Srivastava, Harvard University, zur Verfügung gestellt.

Literatur

Braun P, Hu Y, Shen B, Halleck A, Koundinya M, Harlow E, LaBaer J (2002) Proteome-scale purification of human proteins from bacteria. *Proc Natl Acad Sci* 99: 2654-2659

Dyson MR, Shadbolt SP, Vincent KJ, Perera RL, McCafferty J (2004) Production of soluble mammalian proteins in *Escherichia coli*: Identification of protein features that correlate with successful expression. *BMC Biotechnol* 4: 32

A1

Anhang 1

Setup und Demonstration einer Nanoelektrospray-ionisierungs-(NanoESI-)Quelle und der Tandemmassen-spektrometrie (MS/MS)

Für die Injektion der Peptidprobe wird eine Elektrosprayionisierungsquelle aufgebaut und mit einer leeren gezogenen Mikrokapillarsäule verbunden. Die Mikrokapillarsäule wird direkt vor der Kapillaröffnung des Massenspektrometers in Position gebracht. (Die Herstellung der Mikrokapillarsäule ist ausführlich in Experiment 4 beschrieben.) Im CSHL-Proteomikkurs wird Angiotensin I mithilfe einer NanoESI-Quelle injiziert, um die Grundlagen der Elektrosprayionisierung und der Tandemmassenspektrometrie (MS/MS) zu demonstrieren. Mit einem Setup wird das Massenspektrometer für die LC-MS/MS-Experimente (Experiment 4 und 6) programmiert. Anschließend wird das Ionenfallenmassenspektrometer auf manuellen Betrieb eingestellt, sodass die Studierenden Vorläuferscans durchführen können, mit denen sich Vorläuferionen detektieren und analysieren lassen. Zur Demonstration der Grundlagen der MS/MS fangen die Studierenden ein bestimmtes Ion ein und fragmentieren es.

Materialien

Achtung: Für den korrekten Umgang mit Substanzen, die mit einem <!> gekennzeichnet sind, siehe Anhang 11.

Reagenzien

Peptide oder Peptidgemische in Lösung

Tuning-Lösung

Vereinigen von 500 µl Methanol <!>, 494 µl MilliQ-H_2O, 1 µl Ameisensäure <!>, 5 µl Angiotensin (aus einer Stammlösung mit 20 pmol μl^{-1}; Sigma-Aldrich)

Geräte

Kamera

Fused-Silica-Kapillare (FSC) mit 100 µm ID × 365 µm OD (PolyMicro Technologies)

Golddraht, 0,025“ OD (Scientific Instruments Services)

Hamilton-Spritze, 250 µl (Hamilton)

quaternäre HPLC-Pumpe (Agilent)

LTQ-Massenspektrometer (ThermoFisher)

Mikrokapillarsäule, ungepackt, mit 100 µm ID × 365 µm OD (s. Experiment 4)

MicroTight-Kapillarhülse, 380 µm, grün (Upchurch Scientific)

MicroTight-ZDV-Adapter (Upchurch)
Nanoelektrosprayionisierungsquelle (James Hill Instruments)
Die Hersteller von Massenspektrometern haben eigene Elektrospray- und Nanoelektrosprayionisierungsquellen. Im CSHL-Kurs verwenden wir eine Sonderanfertigung einer einfach gebauten NanoESI-Quelle, bei der alle HPLC-Komponenten leicht zugänglich sind; das Gerät eignet sich daher sehr gut für die Lehre von Grundlagen der NanoLC-ESI-MS/MS.
zweiflügeliges PEEK-Nut-Fitting mit PEEK-Ferrule (Upchurch Scientific)
PEEK-MicroTee (Upchurch Scientific)
Teflonschlauch, 1/6" OD (Upchurch)

Durchführung

Zusammenbau der NanoESI-Quelle für die Injektion von Angiotensin I

1. Herstellen einer NanoESI-Quelle für die Injektion einer Probe in das Massenspektrometer (Abb. A1.1).
   a. Einstechen einer 250-µl-Hamilton-Spritze in einen MicroTight-Adapter über ein zweiflügeliges PEEK-Nut-Fitting, eine PEEK-Ferrule und ein Stück Teflonschlauch.
      Der Teflonschlauch dient als Hülse und bildet eine dichte Verbindung zwischen der Spritze und dem MicroTight-Adapter.
   b. Einsetzen eines ca. 50 cm langen Stückes FSC (100 µm ID × 365 µm OD) in den MicroTight-Adapter über eine grüne MicroTight-Kapillarhülse (380 µm OD).
   c. Verbinden der Injektionseinheit mit einem Ausgang des PEEK-MicroTee über eine grüne Kapillarhülse (380 µm OD).
   d. Verbinden des Golddrahtes (0,025" OD) mit dem mittleren Ausgang des MicroTee und mit der ESI-Spannungsquelle.
   e. Verbinden einer gezogenen, leeren FSC-Säule mit dem dritten Ausgang des MicroTee.
      Für die Herstellung von gezogenen FSC-Säulen siehe Experiment 4.
   f. Abnehmen der 250-µl-Spritze; Einfüllen der Tuning-Lösung; Spritze wieder in die Infusionsleitung einstechen; Anbringen der Spritze an der Spritzenpumpe des LTQ-Massenspektrometers (Abb. A1.2).
2. Ausrichtung und Feinjustierung der Spitze der gezogenen Säule vor der Kapillaröffnung des Massenspektrometers (Abb. A1.3); die Spitze sollte in einem Abstand von 1–5 mm vor der Öffnung montiert werden; eine Kamera mit angeschlossenem Monitor kann die optimale Ausrichtung unterstützen.
3. Öffnen der Anwendung „LTQ Tune".
   Das LTQ-Massenspektrometer lässt sich mit diesem Programm manuell einstellen.
4. Start der Spritzenpumpe mit einer Flussrate von 1 µl min^{-1}; Überprüfen des Flusses aus der Nadelspitze.
   Tritt keine Flüssigkeit aus der gezogenen Spitze aus, muss sie wie in Experiment 4 beschrieben mit einem Schneidwerkzeug geöffnet werden. Mithilfe der Spritzenpumpe kann die Probenlösung über einen längeren Zeitraum in die ESI-Quelle injiziert werden.
5. Laden eines vorhandenen „Tune File" (falls dieser vorhanden ist) in „LTQ Tune"; ist das nicht möglich, wird irgendein „Tune File" geladen und Kapillartemperatur und Sprühspannung werden manuell auf 150 °C bzw. 2,2 kV eingestellt.
6. Anschalten der Quelle und Start der Injektion der Tuning-Lösung mit einer Flussrate von 0,5 µl min^{-1}; Erzeugung eines stabilen Ions mit m/z 433 durch Anpassen der Position der Säulenspitze, der Flussrate und der Sprühspannung.
   Starten des MS-Detektors durch Anklicken von „On/Standby" in der Anwendung „Tune Plus". Der Detektor beginnt mit dem Scan, an der ESI-Quelle wird eine hohe Spannung angelegt und der LTQ-Detektor stellt das Spektrum in Echtzeit dar. Bei m/z 433 sollte ein großer einzelner Peak mit wenigen oder keinen Hintergrundionen zu erkennen sein. Um ein zufriedenstellendes 433-Signal zu erhalten, erfolgt die Injektion anfangs mit 1 µl min^{-1}; dann wird auf eine Flussrate von 0,5 µl min^{-1} erhöht. In der „Scan Description Box" Auswählen von „Normal", um ein Massenspektrum von m/z 300–2 000 einzustellen; in der „Scan Rate Box" Auswählen von „Normal" als Scangeschwindigkeit; in der „Scan Type Box" Auswählen von „Full" für einen vollständigen MS-Scan; in der „Scan Time Box" Eintragen von „1 Microscan" und in der „Maximum Injection Time Box" Eintragen von „200 ms".

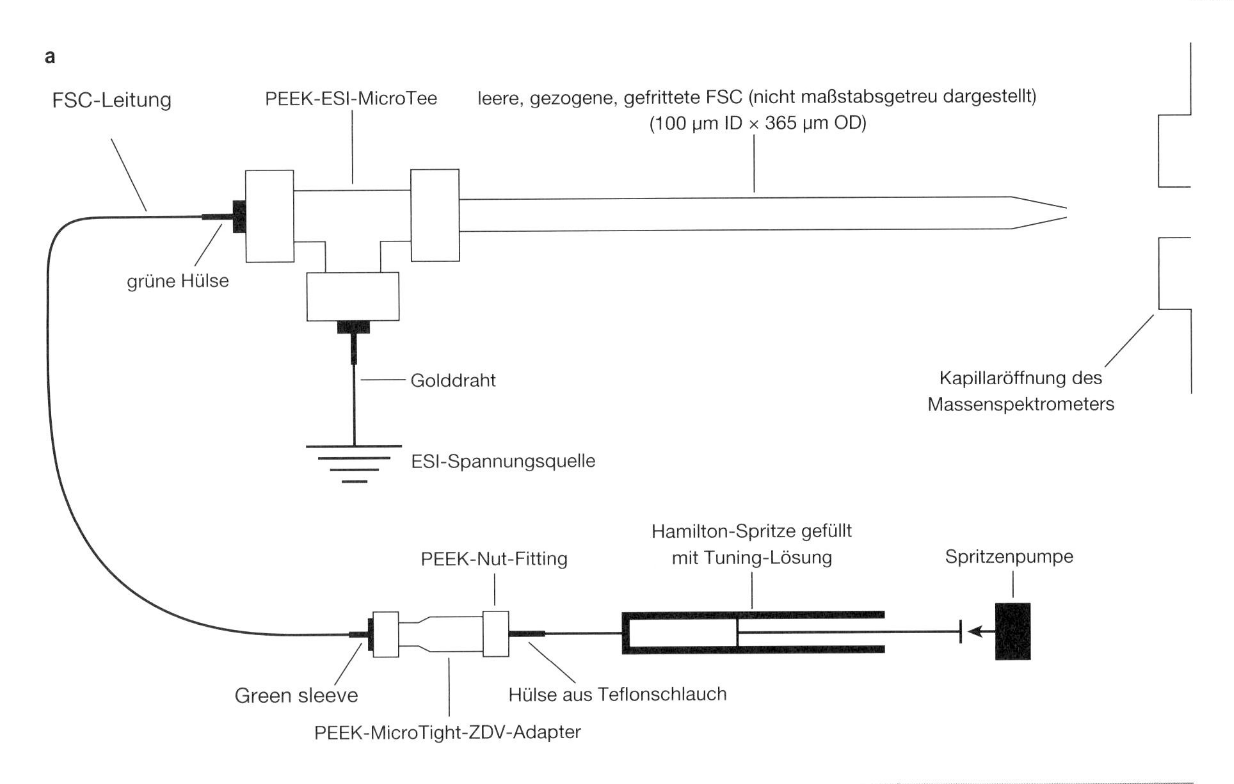

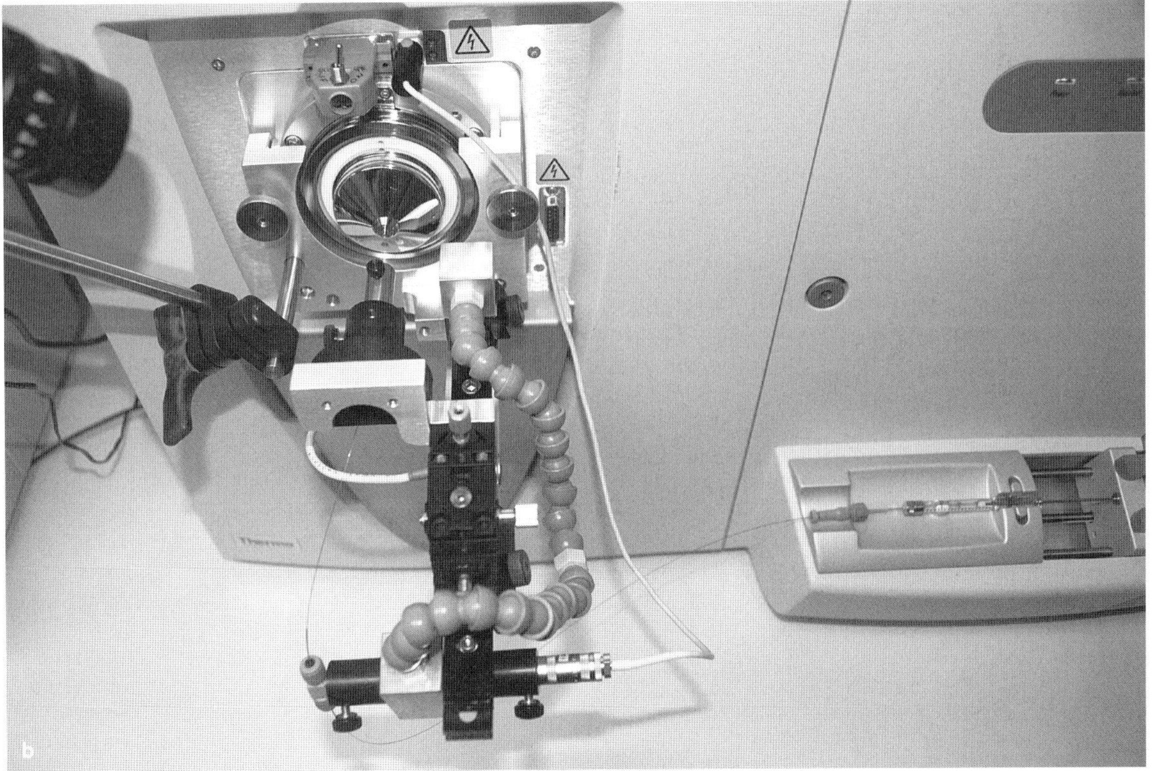

Abb. A1.1 Die NanoESI-Quelle für die Injektion. **a** Schematische Darstellung der Bestandteile und FSC-Verbindungen für die Injektion einer Probe, um die Arbeitsweise einer NanoESI-Quelle und eines Ionenfallenmassenspektrometers zu demonstrieren. **b** Das lineare Ionenfallenmassenspektrometer gekoppelt mit einer NanoESI-Quelle für die Probeninjektion.

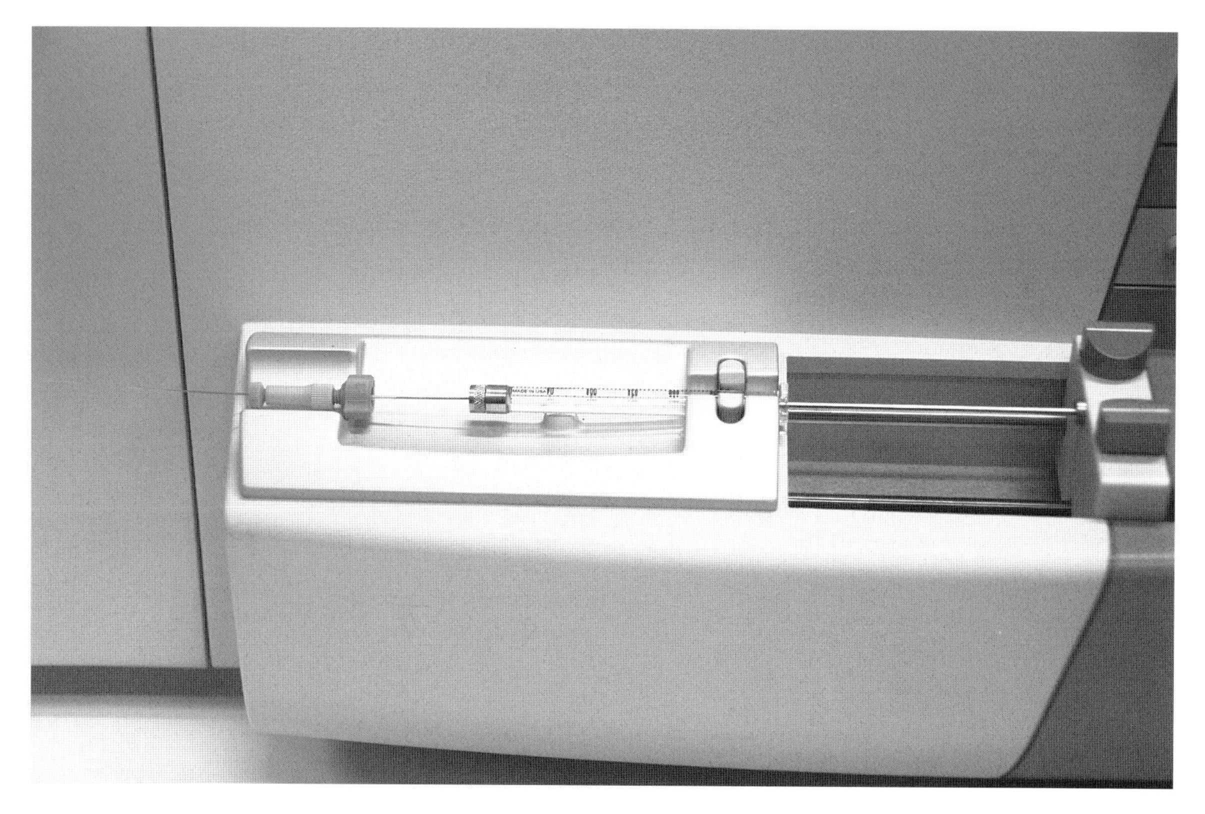

Abb. A1.2 Installation einer Hamilton-Spritze und einer Spritzenpumpe für die Injektion einer Probe in die ESI-Quelle eines Massenspektrometers.

7. Start des automatischen Tuning-Verfahrens mit dem 433-*m*/*z*-Ion.
   Das Tuning des LTQ ist in der Regel ein automatisch ablaufendes Verfahren. Währenddessen zeigt der LTQ-MS-Detektor in der „Status Group Box" verschiedene Tests in Form von Spektren oder Graphen wie auch verschiedene Kommentare an.
8. Ist die Datengewinnung optimal, wird der „Tune File" gespeichert; die Daten werden für die folgenden LC-MS/MS-Experimente genutzt.
   Vergleichen Sie die neuen Einstellungen mit denen vor dem Tuning, um Unterschiede in den Parametereinstellungen zu ermitteln; das Verfahren wird wiederholt, wenn die neuen Parameter die Signalqualität verschlechtern.

Demonstration der Grundlagen der Tandemmassenspektrometrie

1. Füllen der 250-µl-Hamilton-Spritze mit einer Peptidlösung; Verbinden der Injektionseinheit mit der ESI-Quelle.
2. Start der LTQ-Spritzenpumpe mit einer Flussrate von 0,5 µl min^{-1}; Überprüfen des Flusses aus der Säulenspitze.
3. Anklicken des „LTQ Tune"-Icons.
   Das LTQ-Massenspektrometer lässt sich mit diesem Programm manuell bedienen.
4. Auswählen des entsprechenden „Tune File" und eines *m*/*z*-Spektrums von 300–2000 unter „Define Scan".
5. Anlegen der Spannung; Überprüfen des Peaks im „Full MS Scan Mode".
   Ist die Spannung einmal angelegt, sollte der Peak von Interesse (wie der Angiotensin-Peak mit *m*/*z* 433) oder mehrere Peaks (nach Injektion mehrerer Peptide) erscheinen; Wechseln zwischen dem „Centroid"- und dem „Profile"-Modus, um die unterschiedlichen Datentypen zu prüfen; im Kurs zeigen wir, wie sich Scans aufsummieren lassen, wie man einen Durchschnitt bildet und die Daten in einer Datei abspeichert.

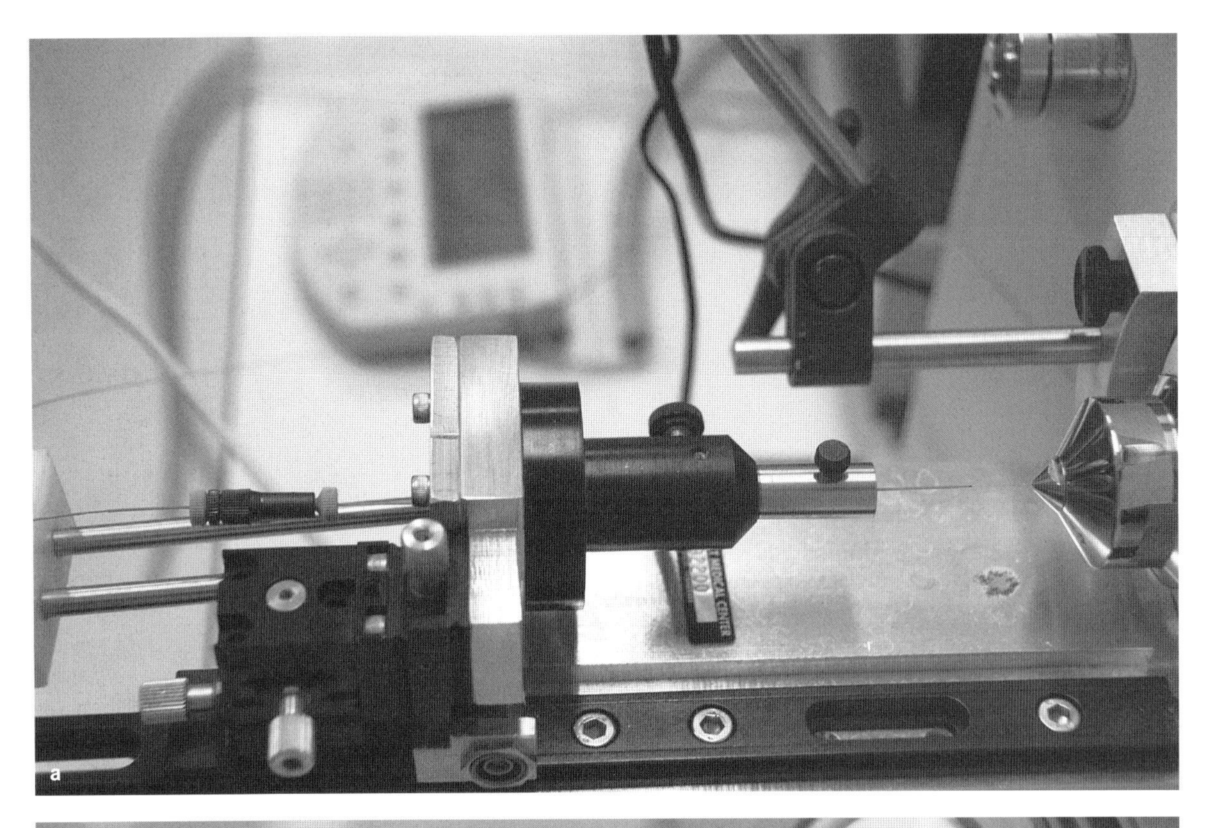

Abb. A1.3 Positionieren der ESI-Auslassspitze vor der Kapillaröffnung des Massenspektrometers. **a** NanoESI-Quelle und xyz-Manipulator dienen der Ausrichtung der ESI-Auslassspitze. **b** Position der gezogenen FSC-ESI-Auslassspitze vor der Kapillare für den Ionentransfer in das Massenspektrometer.

6. Durchführen von Zoom-Scans, wenn Peaks im vollständigen Scan zu erkennen sind.
   In der Lehre führen wir diese Scans durch, um den Studierenden zu zeigen, wie sich die Ladungszustände der Vorläuferionen bestimmen lassen.
7. Fragmentieren der Ionen von Interesse nach der Detektion der Vorläuferionen und der Ermittlung des Ladungszustands im „Full MS Scan Mode"; im Kurs wird das Ion mit *m/z* 433 eingefangen; Eingeben des *m/z*-Wertes in die „Parent Mass Box" unter den MS-Einstellungen, die normalisierte Einstellung der „CID Energy" auf „0" belassen; Anklicken von „Apply".
   Das ausgewählte Ion (*m/z*) wird nun eingefangen und im „Full Scan" als einzelnes Ion dargestellt. Zu diesem Zeitpunkt sollte keine Fragmentierung zu erkennen sein, da die Energie für die kollisionsinduzierte Dissoziation (CID) auf „0" eingestellt ist. Diese Demonstration zeigt, dass die Ionenfalle ein einzelnes Ion (*m/z*) einzufangen vermag, während alle anderen Ionen verworfen werden.
8. Erhöhen der CID-Energie bis zu einem Optimum für die Fragmentierung des entsprechenden Peptids.
   Für die Demonstration der CID wird die CID-Energie (0 %, 10 %, 15 %, 25 %, 35 %) in der Ionenfalle langsam erhöht, sodass sich die Fragmentierung des Ions und Ablauf der MS/MS nachvollziehen lassen. Für die Bedingungen im Kurs sind in der Regel 35 % CID-Energie optimal. Das ist ebenfalls die Standardeinstellung des Massenspektrometers. Im Kurs zeigen wir auch, wie die Ionenfalle eine MS^n durchführt, indem eines der MS/MS-Ionen ausgewählt und eine MS^3 des fragmentierten Ions gestartet wird. Das fragmentierte Ion wird eingefangen und die normalisierte kollisionsinduzierte Energie auf 35 % erhöht, um das Ion nochmals zu spalten.
9. Wurde das Peptid erfolgreich fragmentiert, zu „Define Scan Box" zurückgehen und *m/z*-Wert löschen, der zuvor für die Fragmentierung eingegeben wurde.

Nachdem die Studierenden mit den Grundlagen von NanoESI und MS/MS vertraut gemacht worden sind, lernen sie, wie ein Massenspektrometer- und Mikrokapillar-LC-System eingerichtet und programmiert wird, um automatisierte, datenabhängige NanoLC-MS/MS- oder MudPIT-Experimente mit unbekannten biologischen Proben durchzuführen.

Anhang 2

A2

Proteinspaltung in Lösungen

Von großer Bedeutung für die massenspektrometrische Sequenzierung ist die proteolytische Spaltung der Proteine, da aus ihr Peptide mit Molekülmassen hervorgehen, die im Massenbereich des Massenspektrometers liegen. Für die Tandemmassenspektrometrie wird die Spaltung in der Regel mit der Protease Trypsin durchgeführt, die auf der carboxyterminalen Seite von Lysin (K) und Arginin (R) spaltet, jedoch nicht an K-P- und R-P-Stellen (Abb. A2.1).

Für die Spaltung von in Lösung befindlichen Proteinen gibt es zahlreiche Methoden. Da Trypsin ein relativ stabiles Enzym ist, lässt sich eine tryptische Spaltung bei verschiedenen denaturierenden Bedingungen (4 M Harnstoff, 2 M Guanidin-HCl, 0,1 % SDS und >10 % Acetonitril) durchführen. Proteine, die sich schlecht lösen lassen, werden zunächst in 8 M Harnstoff solubilisiert. Anschließend wird auf 2–4 M Harnstoff verdünnt und das Trypsin zugegeben. Bei den meisten Protokollen für die Spaltung von Proteinen müssen vor der Spaltung die Cysteinreste reduziert und alkyliert werden (Abb. A2.2). Reduktion und Alkylierung von Disulfidbrücken unterstützen die Denaturierung der Proteine, indem sie die entsprechenden Stellen im Protein für die Proteolyse zugänglicher machen.

Bei modifiziertem Trypsin handelt es sich eine Serin-Endopeptidase, die hergestellt wird, indem man Trypsin mit L-(Tosylamido-2-phenyl)ethylchormethylketon (TPCK) behandelt, wodurch jede verbliebene chymotryptische Aktivität zerstört wird. TPCK acetyliert die ε-Aminogruppen der Lysinreste und begrenzt dadurch die Autolyse. Modifiziertes Trypsin spaltet an K-P- und R-P-Stellen mit sehr viel geringerer Geschwindigkeit als an anderen Aminosäuren.

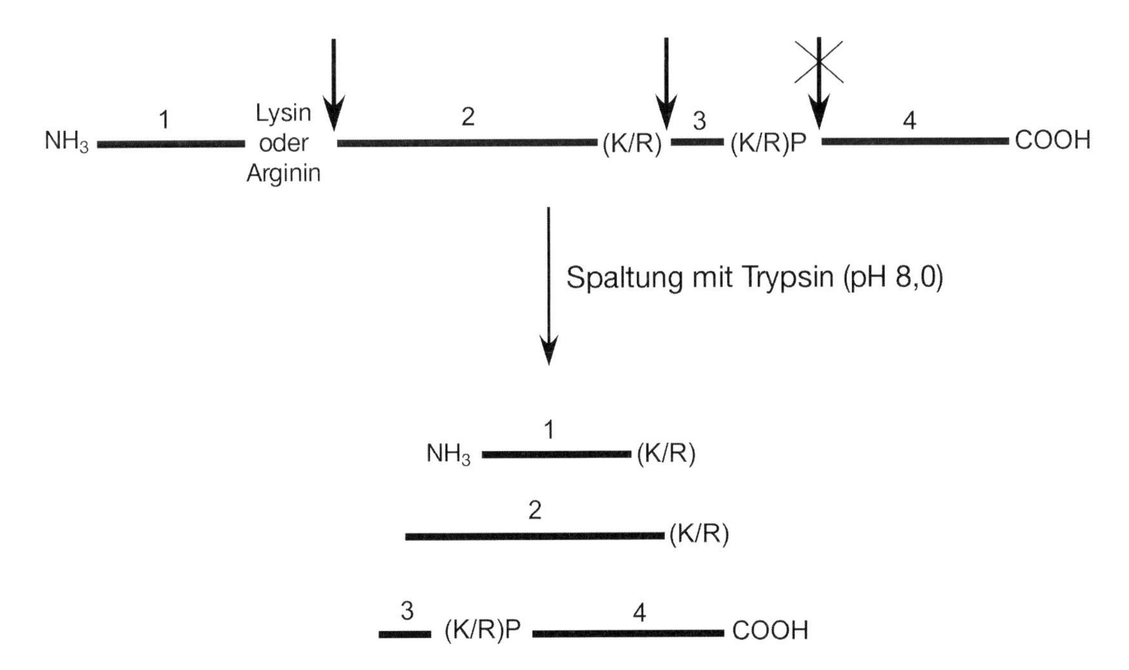

Abb. A2.1 Schnittstellen für die ortsspezifische Endoprotease Trypsin.

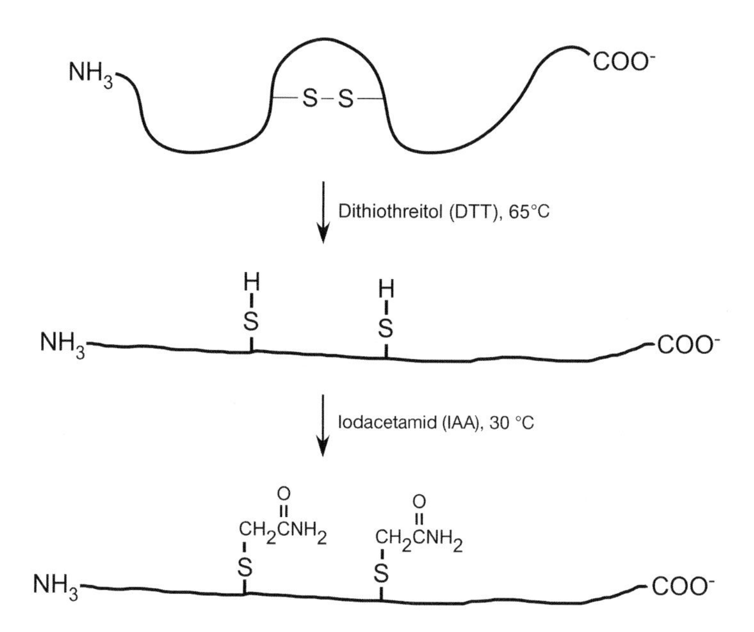

Abb. A2.2 Reduktion und Alkylierung der Cysteinreste innerhalb des Proteins durch DTT und IAA vor der proteolytischen Spaltung.

Materialien

Achtung: Für den korrekten Umgang mit Substanzen, die mit einem <!> gekennzeichnet sind, siehe Anhang 11.

Reagenzien

0,5 % Essigsäure <!>

100 mM Ammoniumhydrogencarbonat, 5 % Acetonitril <!>

50 mM Dithiothreitol (DTT) <!> (Sigma-Aldrich)

Einwiegen von 7,7 mg DTT (MW 154,2) in ein 1,5-ml-Mikrozentrifugengefäß; Zugabe von 1 ml MilliQ-H_2O; Mischen; frisch herstellen.

100 mM Iodacetamid (IAA) <!> (Sigma-Aldrich)

Einwiegen von 18,5 mg IAA (MW 184) in ein 1,5-ml-Mikrozentrifugengefäß; Zugabe von 1 ml MilliQ-H_2O; Mischen; frisch herstellen.

Proteinpellet

1 M Tris-Cl (pH 8,0) (optional, s. Schritte 1 und 2)

Trypsin, modifiziert, Sequenziergrad (Promega)

Geräte

Trockeneis

Inkubatoren, 30 °C, 37 °C und 65 °C

pH-Papier, 0–14

Durchführung

1. Lösen des Proteinpellets in 100 mM Ammoniumhydrogencarbonat, 5 % Acetonitril.

   Der für die Trypsinaktivität optimale pH-Wert ist 8. Ammoniumhydrogencarbonat ist, in H_2O gelöst, ein leicht basischer Puffer (pH 7,7) und wird allgemein eingesetzt, um tryptische Spaltungen zu puffern. Es handelt sich um einen einfachen, flüchtigen Puffer, der sich durch Lyophilisieren entfernen lässt. Geringe Konzentrationen an Acetonitril (<10 %) erleichtern die Proteolyse durch Trypsin im Vergleich zum reinen Ammoniumhydrogencarbonatpuffer. Proteine, die mithilfe einer Silberfärbung nachgewiesen werden, sollten in einem Volumen von 20 µl oder

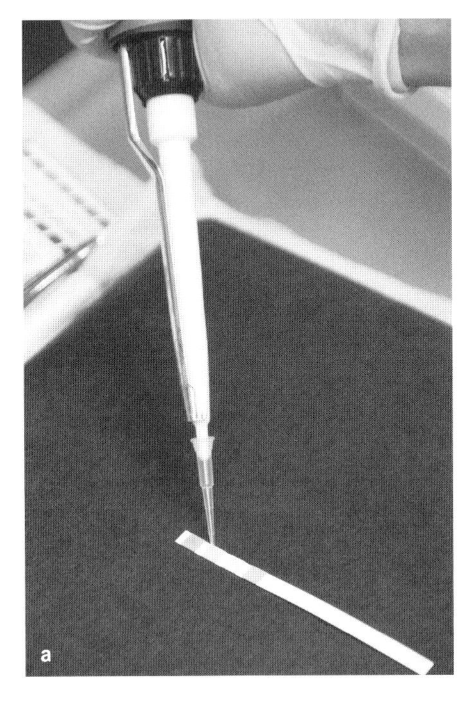

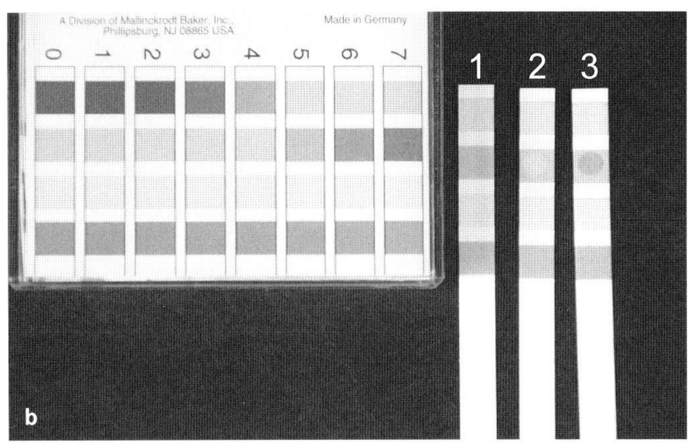

Abb. A2.3 (siehe auch Farbteil) Überprüfung des pH-Wertes der Proteinlösung vor der Zugabe von Trypsin. **a** Auftropfen von <1 µl Proteinlösung auf das zweite Quadrat eines pH-Papier-Streifens (0–14) vor der Zugabe von Trypsin. Das Quadrat wird sich gelb färben, wenn die Lösung sauer ist. Ist der pH-Wert >7, dann färbt sich das Papier blau. **b** Das pH-Papier zeigt den pH-Wert des Puffers an. Die drei Streifen zeigen das Ergebnis (1) ohne aufgetragene Lösung, (2) mit saurer Lösung und (3) mit basischer Lösung.

weniger gelöst werden. Proteine, die mithilfe einer Coomassie-Blau-Färbung detektiert werden, werden in einem Volumen von 20–100 µl gelöst. Ist die Proteinkonzentration bekannt, sollte sie auf 10 µg μl^{-1} eingestellt werden. Das genaue Volumen, in dem ein Proteinpellet solubilisiert wird, kann von Fall zu Fall variieren. Gelegentlich ist es notwendig, mehr Puffer einzusetzen, um das Pellet zu lösen. Sollen die Proteine direkt durch Massenspektrometrie analysiert werden, sollten keine Detergenzien eingesetzt werden. Bei Proteinen, die sich bereits in Lösung befinden, muss in der Regel nur der pH-Wert auf 8 eingestellt werden; dazu geben wir in der Regel 1/10 Volumen 1 M Tris-Cl (pH 8,0) hinzu. Trypsin ist ein relativ unempfindliches Enzym.

2. Überprüfen des pH-Werts der Proteinlösung, indem man weniger als 1 µl Lösung auf das zweite Quadrat eines pH-Papiers auftropft (Abb. A2.3a).
   Das pH-Papier sollte sich blau färben, um anzuzeigen, dass der pH-Wert höher als 7,5 ist. Färbt sich das Papier gelb, dann ist die Probe zu sauer, um trypsiniert zu werden. Zugabe von 1/10 Volumen 1 M Tris-Cl (pH 8,0), bis die Lösung das pH-Papier blau färbt.
3. Zugabe von 1/10 Volumen 50 mM DTT; Inkubation für 5 min bei 65 °C.
   Das DTT reduziert die Disulfidbrücken (Abb. A2.2).
4. Zugabe von 1/10 Volumen 100 mM Iodacetamidlösung; Inkubation für 30 min bei 30 °C im Dunkeln.
   Dieser Schritt alkyliert die Cysteinreste und verhindert die Bildung von Disulfidbrücken. Durch den Alkylierungsschritt wird an jeden Cysteinrest eine Masse von 57 Da angefügt. Bei der Datenbankrecherche mit den gewonnenen Spektren werden alle Cysteinreste eine feststehende Modifikation von 57 Da tragen und die Masse von Cystein wird nun 160 Da (103 + 57 Da) sein (Abb. A2.2).
5. Zugabe des modifizierten Trypsins; Inkubation über Nacht bei 37 °C.
   Für die Spaltung von silbergefärbten Proteinen in einem Volumen von 20 µl werden 2 µl einer Stammlösung mit einer Konzentration 100 ng μl^{-1} zugegeben. Für die Spaltung von Coomassie-gefärbten Proteinen in einem Volumen von 20 µl werden 1–5 µl einer Stammlösung mit einer Konzentration 1 ng μl^{-1} zugegeben. Ist die Menge des Proteins in der Probe bekannt, sollte Trypsin in einem Substrat-zu-Trypsin-Verhältnis von 50:1 zugegeben werden.
6. Abstoppen der Reaktion durch Ansäuern der Lösung auf einen pH-Wert von <6 mit 0,5 % Essigsäure (1–10 µl).
   Überprüfen des pH-Werts der Proteinlösung, indem man weniger als 1 µl auf das zweite Quadrat eines Stücks pH-Papier auftropft (Abb. A2.3a). Das pH-Papier sollte sich gelb färben, um anzuzeigen, dass der pH-Wert sauer ist.
7. Schockgefrieren der Proben mithilfe von Trockeneis und Lagerung bei –20 °C.
   Vor der Massenspektrometrie sollten die Proben mit mehr als 15 000×g für 5 min zentrifugiert werden. Bildet sich ein Pellet, dann wird der Überstand in ein neues Gefäß überführt. Feste Partikel können die Mikrokapillar-HPLC-Säule oder die NanoESI-Spitze verstopfen.

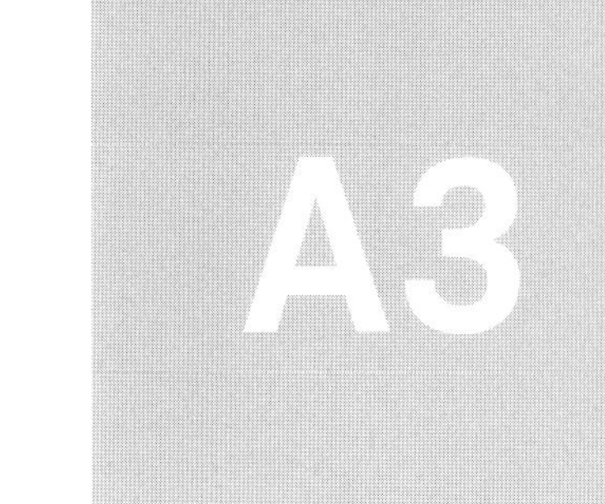

Anhang 3

Spaltung von fraktionierten Proteinen im Gel*

Die proteolytische Spaltung mit Trypsin, Dithiothreitol und Iodacetamid wird in Anhang 2 kurz behandelt.

Materialien

Achtung: Für den korrekten Umgang mit Substanzen, die mit einem <!> gekennzeichnet sind, siehe Anhang 11.

Reagenzien

Bei allen Schritten der Probenpräparation wie auch für das Gel sollten Chemikalien mit dem höchsten Reinheitsgrad verwendet werden. Um die Kontamination mit menschlichen epidermalen Proteinen (Keratinen) zu verhindern, sollten stets Handschuhe getragen werden. Um Verunreinigungen mit Talkumpuder und Staub zu vermeiden, sollten die Handschuhe puderfrei sein.

Acetonitril <!>

1 M Ammoniumhydrogencarbonat

Trypsinlösung

Die Lösung frisch herstellen und auf Eis stellen. Die Endkonzentration ist 100 mM Ammoniumhydrogencarbonat, 0,5 mM $CaCl_2$ <!>, 12,5 ng μl^{-1} modifiziertes Trypsin (Sequenziergrad; Promega).

50 mM Dithiothreitol (DTT) <!> (Sigma-Aldrich)

Einwiegen von 7,7 mg DTT (MW 154,2) in ein 1,5-ml-Mikrozentrifugengefäß; Zugabe von 1 ml MilliQ-H_2O; Mischen; frisch herstellen.

Ameisensäure <!>

100 mM Iodacetamid (IAA) <!> (Sigma-Aldrich)

Einwiegen von 18,5 mg IAA (MW 184) in ein 1,5-ml-Mikrozentrifugengefäß; Zugabe von 1 ml MilliQ-H_2O; Mischen; frisch herstellen.

Proteinpellet

Geräte

Trockeneis

Glasplatte

Inkubatoren, 30 °C, 37 °C und 65 °C

Massenspektrometer

Mikrozentrifugengefäße

Skalpell

SDS-PAGE-Gel- und Elektrophoreseeinheit

Spatel

Farbstoffe für Proteine im Gel (s. Anmerkung zu Schritt 1)

---

* Nach dem Protokoll für die Spaltung im Gel von Andrej Shevchenko und Matthias Mann. Eine neuere Version des Protokolls mit zusätzlichen Informationen wurde im Jahre 2006 entwickelt.

Vakuumevaporator (z.B. SpeedVac, Savant)
Windex

Im Chait-Labor der Rockefeller University wird für die Dekontamination von Spateln, Skalpellen, Glasplatten und anderen Geräten für die Proteinaufreinigung und Spaltung von Proteinen im Gel Windex eingesetzt. Windex entfernt hocheffizient kontaminierende Proteine wie Keratine, die bei Proteinspaltungen im Gel häufig zu finden sind, ohne die Proben im Gegenzug durch Chemikalien zu verunreinigen.

Durchführung

1. Auftrennen der Proteinprobe(n) über ein SDS-PAGE-Gel und Färben der Proteine.
   Dieses Protokoll ist sowohl für ein- als auch für zweidimensionale Gele verschiedener Dicke, Acrylamidkonzentrationen und Banden-(Spot-)größe einsetzbar. Die Gele können mit Standardmethoden mit 0,1 % SDS hergestellt werden. Die Proteine werden mit Coomassie Brilliant Blue R-250 oder G-250, oder auch kolloidalem Coomassie, einer Silberfärbung, SYPRO-Ruby oder einer Negativfärbung (Zink-Imidazol-Färbung) sichtbar gemacht. Wird eine Silberfärbung verwendet, dann sollte ein Protokoll ausgewählt werden, das mit der Massenspektrometrie kompatibel ist (Shevchenko et al. 1996, 2006). Es sind viele Farbstoffe im Handel, die mit der Massenspektrometrie kompatibel sind wie SilverSNAP, GelCode Blue und Imperial Protein Stain (alle Pierce). Nach einer Silberfärbung, einer Fluoreszenzfärbung und einer Negativfärbung sind vor der Reduktion und der Alkylierung keine ausgiebigen Waschschritte notwendig.
2. Fotografieren des Gels und Markieren der Banden oder Spots von Interesse.
3. Ausschneiden der Proteinbanden oder -spots von Interesse mithilfe eines Skalpells, eines Spatels und einer Glasplatte; Ausschneiden eines Gelblöckchens ähnlicher Größe aus einem Bereich ohne Protein (das Gelblöckchen sollte im Weiteren wie das Blöckchen mit dem Protein behandelt werden, denn es dient für die Spaltung des Proteins im Gel und die anschließende Massenspektrometrie als Kontrolle).
   So nahe wie möglich an der Proteinbande oder dem Spot entlang schneiden, um die Hintergrundsignale zu reduzieren.
4. Zerteilen des ausgeschnittenen Gels in Würfel von 1 mm Kantenlänge; Überführen der Würfel in ein 500-µl-Mikrozentrifugengefäß.
5. Waschen der Gelwürfel für 15 min mit einem H_2O-Acetonitril-Gemisch (1:1); das gesamte Volumen sollte das Zweifache des Gelvolumens umfassen; Zentrifugieren für 1 s, um die Flüssigkeit auf dem Gefäßboden zu sammeln.
6. Vollständiges Entfernen der Flüssigkeit mit einer Pipette.
   Bei Coomassie-gefärbten Banden sollte man mit dem Waschen fortfahren, bis sich kein Farbstoff mehr in den Würfeln befindet; der Großteil des Farbstoffes sollte entfernt sein.
7. Zugabe von Acetonitril, bis die Gelwürfel vollständig bedeckt sind.
8. Entfernen des Acetonitrils, nachdem die Würfel geschrumpft und weiß geworden sind.
9. Rehydratisieren in 100 mM Ammoniumhydrogencarbonat für 5 min.
10. Zugabe des gleichen Volumens Acetonitril (Verhältnis 1:1).
11. Inkubation für 15 min; Entfernen der Flüssigkeit.
12. Trocknen der Gelstückchen in einem Vakuumevaporator.
    Keine Wärme anwenden, um den Vorgang zu beschleunigen.
13. Rehydratisieren der Gelstückchen in 10 mM DTT, 100 mM Ammoniumhydrogencarbonat; Zugabe von Acetonitril, bis die Gelwürfel vollständig bedeckt sind; mehr Lösung zugeben, wenn sie von den Gelstückchen absorbiert wird; Inkubation für 45 min bei 65 °C.
    Die Lösung aus 10 mM DTT, 100 mM Ammoniumhydrogencarbonat reduziert die Disulfidbrücken.
14. Abziehen der Lösung und rasche Zugabe des gleichen Volumens 50 mM IAA, 100 mM Ammoniumhydrogencarbonat; Inkubation für 30 min bei 30 °C im Dunkeln.
    Dieser Schritt alkyliert die Cysteinreste und verhindert die Bildung von Disulfidbrücken. Durch den Alkylierungsschritt wird an jeden Cysteinrest eine Masse von 57 Da angefügt. Bei der Datenbankrecherche mit den gewonnenen Spektren werden alle Cysteinreste eine feststehende Modifikation von 57 Da tragen und die Masse von Cystein wird 160 Da (103 + 57 Da) sein.
15. Abziehen der Lösung und Waschen der Gelstückchen wie in Schritt 5–8 beschrieben.
16. Trocknen der Gelstückchen in einem Vakuumevaporator.
17. Zugabe von Trypsinlösung bis die Gelwürfel gerade bedeckt sind; Inkubation für 45 min auf Eis; Zugabe von weiterer Lösung, wenn sich das ursprüngliche Volumen durch Absorption in die Gelstückchen verringert.

18. Abziehen überstehender Trypsinlösung; Zugabe von 5–20 µl 100 mM Ammoniumhydrogencarbonat, um die Stückchen während der Spaltung feucht zu halten.
19. Inkubation über Nacht bei 37 °C.
20. Zugabe eines ausreichenden Volumens 100 mM Ammoniumhydrogencarbonat, das die Gelstückchen bedeckt; Inkubation für 15 min bei Raumtemperatur.
21. Zugabe des gleichen Volumens Acetonitril; Inkubation für 15 min bei Raumtemperatur.
22. Überführen des Überstands mit einer Pipette in ein neues 500-µl-Mikrozentrifugengefäß.
23. Wiederholen der Extraktion zweimal (Schritt 20–22), das 100 mM Ammoniumhydrogencarbonat jedoch durch 5 % Ameisensäure ersetzen, um die Peptide zu stabilisieren; Vereinigen der Überstände in dem 500-µl-Mikrozentrifugengefäß.
24. Einfrieren der Probe auf Trockeneis.
25. Lyophilisieren der extrahierten Peptide fast bis zur Trockne; nicht zu stark trocknen! Prozess stoppen, wenn sich noch 1-2 µl Flüssigkeit im Gefäß befinden.
26. Resuspendieren der Peptide in 2–20 µl 5 % Ameisensäure.
27. Analyse der Proben mit LC-MS/MS oder MALDI-TOF/TOF.

Literatur

Shevchenko A, Wilm M, Vorm O, Mann M (1996) Mass spectrometric sequencing of proteins silverstained polyacrylamide gels. *Anal Chem* 68: 850-858

Shevchenko A, Tomas H, Havlis J, Olsen JV, Mann M (2006) In-gel digestion for mass spectrometric characterization of proteins and proteomes. *Nat Protoc* 1: 2856-2860

Anhang 4

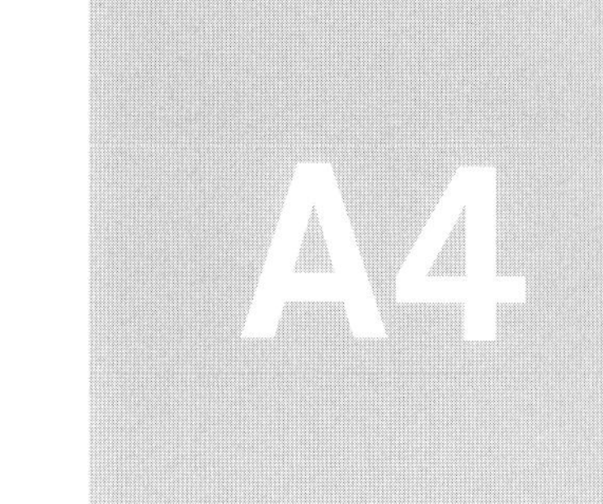

Fällung von Proteinen mit Trichloressigsäure (TCA)

Materialien

Achtung: Für den korrekten Umgang mit Substanzen, die mit einem <!> gekennzeichnet sind, siehe Anhang 11.

Reagenzien

Aceton <!>
Proteinprobe
100 % Trichloressigsäure (TCA) <!>, eiskalt (Sigma-Aldrich)

Geräte

Mikrozentrifuge
Vakuumevaporator (z.B. SpeedVac, Savant)

Durchführung

1. Zugabe von 0,11 Volumen eiskaltes 100 % TCA zur Probe.
2. Inkubation für 10 min auf Eis.
3. Zugabe von 500 µl eiskaltes 10 % TCA zur Probe.
4. Inkubation für 20 min auf Eis.
5. Zentrifugieren für 30 min mit 20 000×g.
6. Sorgfältiges Abziehen des Überstands.
   Für das Abziehen eignet sich eine Pipettenspitze. Das Proteinpellet sollte nicht zerstört werden.
7. Zugabe von 500 µl Aceton; Spülen von Gefäß und Pellet, indem man das Gefäß ein- bis zweimal sehr vorsichtig schwenkt.
8. Zentrifugieren für 10 min mit 20 000×g; sorgfältiges Abziehen des Überstands, ohne das Proteinpellet zu zerstören.
   Für das Abziehen eignet sich eine Pipettenspitze. Das Proteinpellet sollte nicht zerstört werden.
9. Trocknen des Pellets in einem Vakuumevaporator (in der Regel <5 min).
   Das Pellet kann nun in einem Puffer resuspendiert werden, der mit der Massenspektrometrie kompatibel ist.

A5

Anhang 5

Monoisotopische und Immoniumionenmassen von Aminosäuren*

Aminosäure	3-Buchstaben-Code	1-Buchstaben-Code	Masse Aminosäurerest[a]	Immoniumion	andere Ionen mit geringen Massen			
Glycin	Gly	G	57,021	30,034				
Alanin	Ala	A	71,037	44,050				
Serin	Ser	S	87,032	60,045				
Prolin	Pro	P	97,053	70,066				
Valin	Val	V	99,068	72,081	41,0391	55,0548	69,0704	
Threonin	Thr	T	101,048	74,061				
Cystein	Cys	C	103,009	76,022				
Isoleucin	Ile	I	113,084	86,097	44,0500	72,0449		
Leucin	Leu	L	113,084	86,097	44,0500	72,0449		
Asparagin	Asn	N	114,043	87,056	70,0293			
Asparaginsäure	Asp	D	115,027	88,040	70,0293			
Glutamin	Gln	Q	128,059	101,072	56,0500	84,0449	129,1028	
Lysin	Lys	K	128,095	101,108	56,0500	84,0813		
Glutaminsäure	Glu	E	129,043	102,056	84,0449			
Methionin	Met	M	131,040	104,053				
Histidin	His	H	137,059	110,072				
Phenylalanin	Phe	F	147,068	120,081	91,0548			
Arginin	Arg	R	156,101	129,114	70,0657	100,0875	112,0875	
Tyrosin	Tyr	Y	163,063	136,076	91,0548	107,0497		
Tryptophan	Trp	W	186,079	159,092	77,039	117,058	130,066	132,081
Cabamidomethylcystein			160,031	133,044				
oxidiertes Methionin			147,035	120,048				
Phosphoserin			166,998					
Phosphothreonin			181,014					
Phosphotyrosin			243,030					
Pyroglutaminsäure			111,032					

[a]Masse Aminosäure – Masse H_2O.

* Von Philip C. Andrews (*Department of Biological Chemistry, University of Michigan, Ann Arbor, Michigan 48109*)

Anhang 6

A6

Dipeptidmassen von Aminosäuren*

Massen unprotonierter Dipeptide – für den Einsatz bei Lücken (*gaps*) in einer *de novo*-Sequenzierung

		Gly	Ala	Ser	Pro	Val	Thr	Cys	Leu/ Ile	Asn	Asp	Gln/ Lys	Glu	Met	His	Met-ox	Phe	Arg	Cys-cm	Tyr	Cys-am	Trp
		G	A	S	P	V	T	C	L/I	N	D	Q/K	E	M	H	M-ox	F	R	C-cm	Y	C-am	W
		57	71	87	97	99	101	103	113	114	115	128	129	131	137	147	147	156	161	163	174	186
Gly	57	114																				
Ala	71	128	142																			
Ser	87	144	158	174																		
Pro	97	154	168	184	194																	
Val	99	156	170	186	196	198																
Thr	101	158	172	188	198	200	202															
Cys	103	160	174	190	200	202	204	206														
Leu/Ile	113	170	184	200	210	212	214	216	226													
Asn	114	171	185	201	211	213	215	217	227	228												
Asp	115	172	186	202	212	214	216	218	228	229	230											
Gln/Lys	128	185	199	215	225	227	229	231	241	242	243	256										
Glu	129	186	200	216	226	228	230	232	242	243	244	257	258									
Met	131	188	202	218	228	230	232	234	244	245	246	259	260	262								
His	137	194	208	224	234	236	238	240	250	251	252	265	266	268	274							
Met-ox	147	204	218	234	244	246	248	250	260	261	262	275	276	278	284	294						
Phe	147	204	218	234	244	246	248	250	260	261	262	275	276	278	284	294	294					
Arg	156	213	227	243	253	255	257	259	269	270	271	284	285	287	293	303	303	312				
Cys-cm	161	218	232	248	258	260	262	264	274	275	276	289	290	292	298	308	308	317	322			
Tyr	163	220	234	250	260	262	264	266	276	277	278	291	292	294	300	310	310	319	324	326		
Cys-am	174	231	245	261	271	273	275	277	287	288	289	302	303	305	311	312	312	330	335	337	348	
Trp	186	243	257	273	283	285	287	289	299	300	301	314	315	317	323	333	333	342	347	349	360	372

* Von Philip C. Andrews (*Department of Biological Chemistry, University of Michigan, Ann Arbor, Michigan 48109*)

Anhang 7

LTQ-Gerätemethoden*

Für die Peptidanalyse mithilfe von ein- und multidimensionaler Chromatographie, gekoppelt mit einer Massenspektrometrie, stehen bereits programmierte Gerätemethoden zur Verfügung.

Gerätemethode für die eindimensionale Umkehrphasen-NanoLC-MS/MS

Diese Gerätemethoden werden verwendet, um ein Setup für automatisierte eindimensionale RP-LC-MS/MS-(Umkehrphasen-Flüssigkeitschromatographie-Massenspektrometrie/Massenspektrometrie-)Analysen durchzuführen. Im Kurs werden Hochleistungsflüssigkeitschromatographie (HPLC) und LTQ-Massenspektrometrie in der Regel über die LTQ-Software Xcalibur gesteuert. HPLC und MS lassen sich jedoch ebenfalls individuell programmieren; HPLC-Pumpe und LTQ-Massenspektrometer werden dann gleichzeitig gestartet.

Materialien

Achtung: Für den korrekten Umgang mit Substanzen, die mit einem <!> gekennzeichnet sind, siehe Anhang 11.

Reagenzien

Puffer für die eindimensionale RP-LC

Puffer A: 5 % Acetonitril <!>, 0,1 % Ameisensäure <!>

Puffer B: 80 % Acetonitril, 0,1 % Ameisensäure

Geräte

LTQ-Massenspektrometer (ThermoFisher)

quaternäre HPLC-Pumpe (1200, Agilent)

Um automatisierte MudPIT-Experimente durchführen zu können, sind entweder eine quaternäre HPLC-Pumpe oder zwei binäre HPLC-Pumpen erforderlich. Im CSHL-Kurs wird die quaternäre Pumpe 1200 von Agilent zusammen mit einem Autosampler für Mikrotiterplatten (Agilent), der mit einem LTQ-Massenspektrometer (ThermoFisher) gekoppelt ist, verwendet, um den Studierenden das Setup und die Durchführung von RP-NanoLC-MS/MS- und MudPIT-Experimenten näher zu bringen. Für die Lehre können auch die Geräte anderer Hersteller eingesetzt werden.

* Jennifer L. Jennings hat zur Entwicklung dieser Methoden beigetragen (*Department of Microbiology and Immunology, Vanderbilt University School of Medicine, Nashville, Tennessee 37232*).

Parameter

Gradientenmethode für die HP1200-Pumpe: 70 min 1D-LC-MS/MS-Gradient

0,00	0,200 ml min^{-1}
0,00	0 % B
60,00	0,200 ml min^{-1}
60,00	40 % B
70,00	0,200 ml min^{-1}
70,00	60 % B
71,00	0 % B
71,00	0,300 ml min^{-1}
90,00	0,300 ml min^{-1}
90,00	0 % B

LTQ-Gerätemethode: Manual6_70min_meth

total time: 70 min
number of segments: 1
Scan events: 6
Scan events

1. normal/ms/full/300-2000/positive/centroid
2. normal/msms/dependent scan/1st most intense ion/dynamic exclusion ON
3. normal/msms/dependent scan/2nd most intense ion/dynamic exclusion ON
4. normal/msms/dependent scan/3rd most intense ion/dynamic exclusion ON
5. normal/msms/dependent scan/4th most intense ion/dynamic exclusion ON
6. normal/msms/dependent scan/5th most intense ion/dynamic exclusion ON

MudPIT-Gerätemethoden*

Diese Gerätemethoden werden eingesetzt, um zu demonstrieren, wie man ein Setup für automatisierte zweidimensionale SCX-(starke Kationenaustauscher-)RP-LC-MS/MS- oder für MudPIT-Analysen durchführt. Im Kurs sind HPLC und LTQ-Massenspektrometer so eingestellt, dass sie von der LTQ-Software Xcalibur gesteuert werden. Dazu ist ein Autosampler oder ein anderes Startgerät notwendig, das mit den HPLC-Pumpen und dem Massenspektrometer gekoppelt ist. Bei automatisierten MudPIT-Experimenten startet der Autosampler den HPLC-Gradienten und die LTQ-Gerätemethoden. Port 1 und Port 2 des Autosamplers werden mit dem »start in«-Anschluss zur peripheren Kontrolle des LTQ-Massenspektrometers und dem »9-pin remote port« der quaternären Pumpe (1200, Agilent) verbunden. Für jede der sechs Stufen eines MudPIT-Laufs gibt der Autosampler das Startsignal an beide Geräte, mit der Gerätemethode bzw. dem Gradienten zu beginnen.

Materialien

Achtung: Für den korrekten Umgang mit Substanzen, die mit einem <!> gekennzeichnet sind, siehe Anhang 11.

* Von Michael P. Washburn (*Stowers Institute für Medical Research, Kansas City, Missouri 64110*).

Reagenzien

Puffer für die MudPIT

Puffer A: 5 % Acetonitril <!>, 0,1 % Ameisensäure <!>

Puffer B: 80 % Acetonitril, 0,1 % Ameisensäure

Puffer C: 500 mM Ammoniumacetat <!>, 5 % Acetonitril, 0,1 % Ameisensäure

Geräte

LTQ-Massenspektrometer (ThermoFisher)

quaternäre HPLC-Pumpe (1200, Agilent)

Um automatisierte MudPIT-Experimente durchführen zu können, sind entweder eine quaternäre HPLC-Pumpe oder zwei binäre HPLC-Pumpen erforderlich. Im CSHL-Kurs wird die quaternäre Pumpe 1200 von Agilent zusammen mit einem Autosampler für Mikrotiterplatten (Agilent), der mit einem LTQ-Massenspektrometer (ThermoFisher) gekoppelt ist, verwendet, um den Studierenden das Setup und die Durchführung von RP-NanoLC-MS/MS- und MudPIT-Experimenten näher zu bringen. Für die Lehre können auch die Geräte anderer Hersteller eingesetzt werden.

Parameter

VU6_MudPIT_000.meth

Autosampler-Methode

Time	Port	Status
0,00	1	Off
0,00	2	Off
0,01	1	On
0,01	2	On
0,05	1	Off
0,05	2	Off

HPLC-Gradient

Time	Flow	Composition	
0,00	0,200	A = 100 %	B = 0 %
16,00	0,200	A = 60 %	B = 40 %
17,00	0,200	A = 0 %	B = 100 %
20,00	0,200	A = 0 %	B = 100 %

LTQ-Gerätemethode

total time: 20 min

Scan events: 6

current tune file

Scan events

1. normal/ms/full/300-2 000/positive/centroid
2. normal/msms/dependent scan/1st most intense ion/dynamic exclusion ON
3. normal/msms/dependent scan/2nd most intense ion/dynamic exclusion ON
4. normal/msms/dependent scan/3rd most intense ion/dynamic exclusion ON
5. normal/msms/dependent scan/4th most intense ion/dynamic exclusion ON
6. normal/msms/dependent scan/5th most intense ion/dynamic exclusion ON

VU6_MudPIT_015.meth

Autosampler-Methode

Time	Port	Status
0,00	1	Off
0,00	2	Off
0,01	1	On
0,01	2	On
0,05	1	Off
0,05	2	Off

HPLC-Gradient

Time	Flow	Composition		
0,00	0,200	A = 100 %	B = 0 %	C = 0 %
3,00	0,200	A = 100 %	B = 0 %	C = 0 %
3,10	0,200	A = 85 %	B = 0 %	C = 15 %
5,00	0,200	A = 85 %	B = 0 %	C = 15 %
5,10	0,200	A = 100 %	B = 0 %	C = 0 %
10,00	0,200	A = 100 %	B = 0 %	C = 0 %
10,10	0,200	A = 100 %	B = 0 %	C = 0 %
25,00	0,200	A = 85 %	B = 15 %	C = 0 %
117,00	0,200	A = 55 %	B = 45 %	C = 0 %

LTQ-Gerätemethode

total time: 117 min
Scan events: 6
current tune file
Scan events

1. normal/ms/full/300-2 000/positive/centroid
2. normal/msms/dependent scan/1st most intense ion/dynamic exclusion ON
3. normal/msms/dependent scan/2nd most intense ion/dynamic exclusion ON
4. normal/msms/dependent scan/3rd most intense ion/dynamic exclusion ON
5. normal/msms/dependent scan/4th most intense ion/dynamic exclusion ON
6. normal/msms/dependent scan/5th most intense ion/dynamic exclusion ON

VU6_MudPIT_030.meth

Autosampler-Methode

Time	Port	Status
0,00	1	Off
0,00	2	Off
0,01	1	On
0,01	2	On
0,05	1	Off
0,05	2	Off

HPLC-Gradient

Time	Flow	Composition		
0,00	0,200	A = 100 %	B = 0 %	C = 0 %
3,00	0,200	A = 100 %	B = 0 %	C = 0 %
3,10	0,200	A = 70 %	B = 0 %	C = 30 %
5,00	0,200	A = 70 %	B = 0 %	C = 30 %
5,10	0,200	A = 100 %	B = 0 %	C = 0 %
10,00	0,200	A = 100 %	B = 0 %	C = 0 %
10,10	0,200	A = 100 %	B = 0 %	C = 0 %
25,00	0,200	A = 85 %	B = 15 %	C = 0 %
117,00	0,200	A = 55 %	B = 45 %	C = 0 %

LTQ-Gerätemethode

total time: 117 min
Scan events: 6
current tune file
Scan events

1. normal/ms/full/300-2 000/positive/centroid
2. normal/msms/dependent scan/1st most intense ion/dynamic exclusion ON
3. normal/msms/dependent scan/2nd most intense ion/dynamic exclusion ON
4. normal/msms/dependent scan/3rd most intense ion/dynamic exclusion ON
5. normal/msms/dependent scan/4th most intense ion/dynamic exclusion ON
6. normal/msms/dependent scan/5th most intense ion/dynamic exclusion ON

VU6_MudPIT_050.meth

Autosampler-Methode

Time	Port	Status
0,00	1	Off
0,00	2	Off
0,01	1	On
0,01	2	On
0,05	1	Off
0,05	2	Off

HPLC-Gradient

Time	Flow	Composition		
0,00	0,200	A = 100 %	B = 0 %	C = 0 %
3,00	0,200	A = 100 %	B = 0 %	C = 0 %
3,10	0,200	A = 50 %	B = 0 %	C = 50 %
5,00	0,200	A = 50 %	B = 0 %	C = 50 %
5,10	0,200	A = 100 %	B = 0 %	C = 0 %
10,00	0,200	A = 100 %	B = 0 %	C = 0 %
10,10	0,200	A = 100 %	B = 0 %	C = 0 %
25,00	0,200	A = 85 %	B = 15 %	C = 0 %
117,00	0,200	A = 55 %	B = 45 %	C = 0 %

LTQ-Gerätemethode

total time: 117 min
Scan events: 6
current tune file
Scan events

1. normal/ms/full/300-2 000/positive/centroid
2. normal/msms/dependent scan/1st most intense ion/dynamic exclusion ON
3. normal/msms/dependent scan/2nd most intense ion/dynamic exclusion ON
4. normal/msms/dependent scan/3rd most intense ion/dynamic exclusion ON
5. normal/msms/dependent scan/4th most intense ion/dynamic exclusion ON
6. normal/msms/dependent scan/5th most intense ion/dynamic exclusion ON

VU6_MudPIT_070.meth

Autosampler-Methode

Time	Port	Status
0,00	1	Off
0,00	2	Off
0,01	1	On
0,01	2	On
0,05	1	Off
0,05	2	Off

HPLC-Gradient

Time	Flow	Composition		
0,00	0,200	A = 100 %	B = 0 %	C = 0 %
3,00	0,200	A = 100 %	B = 0 %	C = 0 %
3,10	0,200	A = 30 %	B = 0 %	C = 70 %
5,00	0,200	A = 30 %	B = 0 %	C = 70 %
5,10	0,200	A = 100 %	B = 0 %	C = 0 %
10,00	0,200	A = 100 %	B = 0 %	C = 0 %
10,10	0,200	A = 100 %	B = 0 %	C = 0 %
25,00	0,200	A = 85 %	B = 15 %	C = 0 %
117,00	0,200	A = 55 %	B = 45 %	C = 0 %

LTQ-Gerätemethode

total time: 117 min
Scan events: 6
current tune file
Scan events

1. normal/ms/full/300-2 000/positive/centroid
2. normal/msms/dependent scan/1st most intense ion/dynamic exclusion ON
3. normal/msms/dependent scan/2nd most intense ion/dynamic exclusion ON
4. normal/msms/dependent scan/3rd most intense ion/dynamic exclusion ON
5. normal/msms/dependent scan/4th most intense ion/dynamic exclusion ON
6. normal/msms/dependent scan/5th most intense ion/dynamic exclusion ON

VU6_MudPIT_100.meth

Autosampler-Methode

Time	Port	Status
0,00	1	Off
0,00	2	Off
0,01	1	On
0,01	2	On
0,05	1	Off
0,05	2	Off

HPLC-Gradient

Time	Flow	Composition		
0,00	0,200	A = 100 %	B = 0 %	C = 0 %
2,00	0,200	A = 100 %	B = 0 %	C = 0 %
2,10	0,200	A = 0 %	B = 0 %	C = 100 %
22,00	0,200	A = 0 %	B = 0 %	C = 100 %
22,10	0,200	A = 100 %	B = 0 %	C = 0 %
27,00	0,200	A = 100 %	B = 0 %	C = 0 %
27,10	0,200	A = 100 %	B = 0 %	C = 0 %
37,00	0,200	A = 80 %	B = 20 %	C = 0 %
85,00	0,200	A = 30 %	B = 70 %	C = 0 %
90,00	0,200	A = 0 %	B = 100 %	C = 0 %
90,10	0,200	A = 0 %	B = 100 %	C = 0 %
95,00	0,200	A = 0 %	B = 100 %	C = 0 %
95,10	0,200	A = 100 %	B = 0 %	C = 0 %
97,00	0,200	A = 100 %	B = 0 %	C = 0 %

LTQ-Gerätemethode

total time: 97 min
Scan events: 6
current tune file
Scan events

1. normal/ms/full/300-2000/positive/centroid
2. normal/msms/dependent scan/1st most intense ion/dynamic exclusion ON
3. normal/msms/dependent scan/2nd most intense ion/dynamic exclusion ON
4. normal/msms/dependent scan/3rd most intense ion/dynamic exclusion ON
5. normal/msms/dependent scan/4th most intense ion/dynamic exclusion ON
6. normal/msms/dependent scan/5th most intense ion/dynamic exclusion ON

Anhang 8

Offline-Entsalzung von Peptidgemischen

Für die Aufkonzentrierung und Entsalzung von Peptidproben vor der Analyse mittels LC-MS und MALDI-MS werden Umkehrphasen-Anreicherungs-(Entsalzungs-)kartuschen verwendet. Sie stellen ein unempfindliches und effizientes Verfahren für die Aufkonzentrierung stark verdünnter Peptidlösungen dar. Da große Volumina an Waschpuffern eingesetzt werden können, um Salze und andere kontaminierende Substanzen von der Säule zu waschen, werden solche Anreicherungssäulen häufig für die Aufreinigung von Peptidproben vor der Massenspektrometrie eingesetzt.

Materialien

Achtung: Für den korrekten Umgang mit Substanzen, die mit einem <!> gekennzeichnet sind, siehe Anhang 11.

Reagenzien

Puffer A: 2 % Acetonitril <!>, 0,1 % Trifluoressigsäure (TFA) <!>
Puffer B: 95 % Acetonitril, 0,1 % TFA
Puffer B: 70 % Ameisensäure <!>, 30 % Isopropanol <!>
Ameisensäure
Peptidprobe

Geräte

Entsalzungskartuschen (Michrom BioResources)

Die Umkehrphasen-Entsalzungskartuschen sind mit einer Probenkapazität von 2 µg (CapTrap), 20 µg (MicroTrap) und 200 µg (MacroTrap) erhältlich.

Trockeneis

Säulenhalter (Manual Trap Holder Kit; Michrom BioResources)

Eine Reihe von Herstellern bietet Offline-Entsalzungssysteme an. Insbesondere ZipTip (Millipore) ist weit verbreitet und dient der schnellen Entsalzung geringer Volumina und Probenmengen.

Hamilton-Spritze, 50 µl

Vakuumevaporator (z.B. SpeedVac, Savant)

Durchführung

1. Umkehrphasen-(RP-)Anreicherungskartusche in den Säulenhalter einsetzen (Abb. A8.1b); Verbinden des Zugangs für die Injektionsspritze mit dem Anschluss für die Kapillare (Abb. A8.1a,c); Anziehen der Schraubverbindungen.

   Es sollte die für die zu entsalzende Probenmenge geeignete RP-Kartusche verwendet werden. Das Bettvolumen der verschiedenen Säulen ist 0,5 µl (CapTrap), 5 µl (MicroTrap) und 50 µl (MacroTrap). Die Anreicherungssäulen sind bidirektional.

2. Injektion von 10 Säulenvolumina Puffer B mithilfe einer 50-µl-Hamilton-Spritze (Abb. A8.1d).

   Dieses organische, sehr unpolare Lösungsmittel entfernt alle unpolaren Kontaminationen. In CapTrap, MicroTrap bzw. MacroTrap werden je 5, 50 bzw. 500 µl injiziert.

   Wichtig: Überprüfen Sie, ob die Verbindungen dicht sind und ziehen Sie die Schraubverbindungen gegebenenfalls nach.

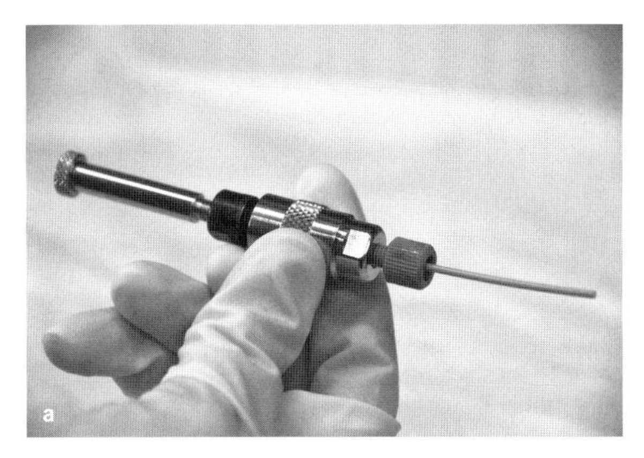

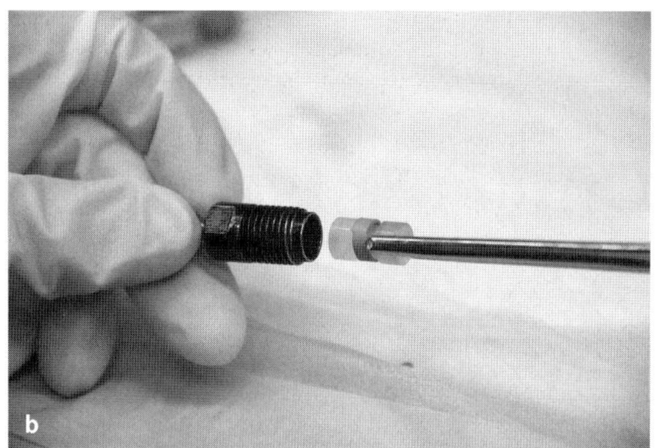

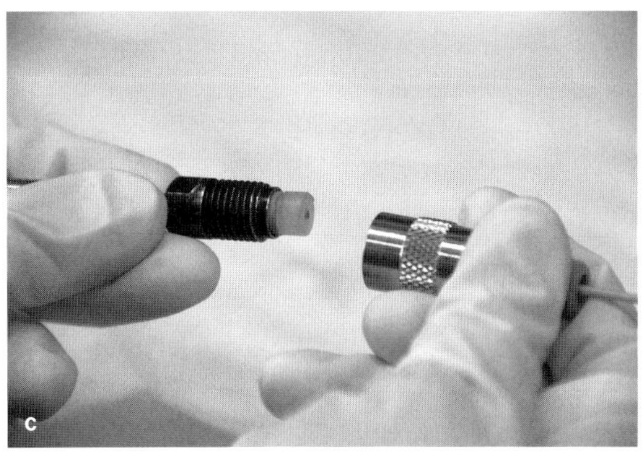

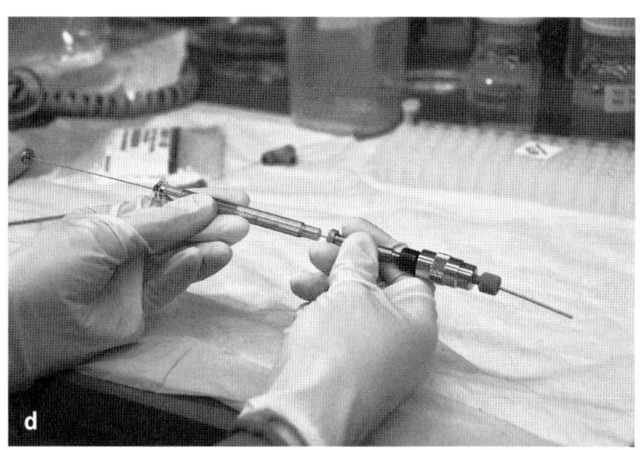

Abb. A8.1 Umkehrphasen-(RP-)Anreicherungssäule für das Aufkonzentrieren und Entsalzen von Peptidproben vor der LC-MS- und MALDI-MS-Analyse. **a** Entsalzungssystem für die Vorbereitung von Peptidproben für die LC-MS/MS-Analyse. Über den Spritzenzugang links werden Puffer und Peptidlösungen in die Säule injiziert. **b** Die RP-Entsalzungskartusche wird mithilfe einer Pinzette in den Halter eingesetzt. **c** Zusammenbau des Halters mit der eingesetzten RP-Kartusche. **d** Mobile Phasen und Peptidproben werden mithilfe der Hamilton-Spritze in die Säule injiziert.

3. Injektion von 10 Säulenvolumina Puffer C.
   Dieses sehr stringente Lösungsmittel entfernt alle Kontaminationen und Peptide aus zuvor gereinigten Proben.
4. Injektion von 10 Säulenvolumina Puffer A.
   Dieser Schritt äquilibriert die Anreicherungssäule, um sicherzustellen, dass vor der Anreicherung der Peptide das gesamte organische Lösungsmittel entfernt wurde. Man kann vor der Injektion der Probe zusätzlich 2 % Acetonitril, 0,1 % TFA injizieren, um die Äquilibrierung der Säule zu gewährleisten.
5. Zentrifugieren der Probe für 1 min mit 14 000×g, um feste Bestandteile in der Probe zu pelletieren, die die Anreicherungssäule verstopfen könnten.
6. Aufziehen der Probe in die 50-µl-Hamilton-Spritze.
7. Peptidprobe langsam in die äquilibrierte Säule injizieren (Abb. A8.1d).
   Während der Injektion der Probe kann die Durchflussfraktion in einem Mikrozentrifugengefäß gesammelt werden. In ihr sind Peptide enthalten, die nicht an die RP-Säule gebunden haben. Der Durchfluss kann erneut auf die Säule gegeben werden, um Peptide abzufangen, die beim ersten Mal nicht gebunden haben.
8. Injektion von 10 Säulenvolumina Puffer A.
   Zusätzliche Waschschritte mit 2 % Acetonitril, 0,1 % TFA können notwendig sein, wenn die ursprüngliche Peptidprobe große Mengen an Salzen, chaotropen Verbindungen oder Detergenzien enthielt.
9. Injektion von 2 Säulenvolumina Puffer B; Sammeln des Eluats in einem beschrifteten Mikrozentrifugengefäß.

Diese Lösung ist sehr unpolar und eluiert die Peptide von der Säule. Es handelt sich um die Peptidfraktion. Um die Peptide zu eluieren, werden in CapTrap, MicroTrap bzw. MacroTrap je 1, 10 bzw. 100 µl Puffer injiziert. Es können auch größere Elutionsvolumina eingesetzt werden, um die größtmögliche Menge an Peptide von der Anreicherungssäule zu eluieren. Bei der MicroTrap eluieren wir in der Regel mit 50 µl Puffer B.

10. Einfrieren der entsalzten Peptidprobe auf Trockeneis; Lyophilisieren der Probe auf ein Volumen von 1–2 µl mithilfe eines Vakuumevaporators.

Die Probe sollte nicht zu stark getrocknet werden, da sonst seltenere Peptide verloren gehen.

11. Resuspendieren der Peptide in 0,1 % Ameisensäure in einem Endvolumen von 1–10 µl.

12. Reinigen und äquilibrieren der MicroTrap durch Injektion von 20 Säulenvolumina Puffer B, 20 Säulenvolumina Puffer C und schließlich 20 Säulenvolumina Puffer A.

13. Zerlegen des Säulenhalters und Aufstecken der Säulenenden, um ein Austrocknen der RP-Säule zu verhindern.

Die RP-Säule kann aus dem Halter entfernt werden; sie ist, eingelegt in 0,1 % Ameisensäure, für unbegrenzte Zeit bei Raumtemperatur haltbar.

Anhang 9

Herstellung kompetenter Zellen

Es ist wichtig, die Bakterien so lebensfähig wie möglich zu erhalten. Alle Resuspendierungsschritte sollten daher sehr vorsichtig erfolgen. Hilfreich ist es, Pipetten, Spitzen, Dispensierhilfen, Gefäße und Platten, die für die Resuspendierung und Aliquotierung der Bakterien eingesetzt werden, vorher zu kühlen.

Materialien

Achtung: Für den korrekten Umgang mit Substanzen, die mit einem <!> gekennzeichnet sind, siehe Anhang 11.

Reagenzien

DH5α-Zellen

Dimethylsulfoxid (DMSO) <!>

LB-(*lysogeny broth*-)Agar

LB-Medium

Transformationspuffer, eiskalt

Für die Herstellung von 1 l:

Komponente	Menge	Endkonzentration
PIPES (Piperazin-*N*,*N'*-bis[2-ethansulfonsäure])	3 g	10 mM
$CaCl_2 \cdot 2\ H_2O$ <!>	2,2 g	15 mM
KCl	18,6 g	250 mM
Einstellen des pH-Werts auf 6,7–6,8 mit KOH <!>		
$MnCl_2 \cdot 4\ H_2O$ <!>	10,9 g	55 mM
Lösen der Komponenten in H_2O und Auffüllen auf 1 l. Durch einen 0,22-µm-Filter sterilfiltrieren und bei 4 °C aufbewahren.		

Geräte

flüssiger N_2 <!> oder Trockeneis

Siehe Schritt 11.

Schüttelinkubator

Da die Raumtemperatur gelegentlich über 20 °C liegt, sind die Ergebnisse reproduzierbarer, wenn der Inkubator in einem Kühlraum steht und auf 20 °C geheizt wird. Die Temperatur bleibt dadurch stabil.

Gefäße, gekühlt

Siehe Schritt 10.

Durchführung

1. Ausstreichen von DH5α-Zellen auf LB-Agar (ohne Antibiotika), um einzelne Kolonien zu erhalten (Abb. A9.1).
2. Animpfen von 5 ml LB-Medium mit einer Kolonie; Kultivierung im Schüttelinkubator über Nacht bei 37 °C.
3. Animpfen von 500 ml LB-Medium mit 5 ml Vorkultur; Kultivierung für ca. 20 h bei 20 °C (Schüttelinkubator im Kühlraum auf 20 °C und 300 rpm einstellen) bis zu einer OD_{600} von 0,5–0,7.
4. Zentrifugieren der Kultur für 10 min bei 4 °C mit 3000 rpm.
5. Sehr vorsichtiges Resuspendieren des Pellets mit 80 ml eiskaltem Transformationspuffer mit einer 25-ml-Pipette im Kühlraum.
6. Inkubation des Gefäßes für 10 min auf Eis.
7. Zentrifugieren für 10 min bei 4 °C mit 3000 rpm.
8. Sehr vorsichtiges Resuspendieren des Pellets mit 18,6 ml eiskaltem Transformationspuffer mit einer 25-ml-Pipette im Kühlraum.
9. Zugabe von 1,4 ml DMSO (Endkonzentration 7 %); Inkubation des Gefäßes für 10 min auf Eis.
10. Vorsichtiges Aliquotieren der kompetenten Zellen in vorgekühlte Mikrozentrifugengefäßes oder PCR-Platten.
    Für jede 96-Well-Platte ist ein Volumen von 2,5 ml in einem 5-ml-Gefäß notwendig; es können auch direkt 30 µl in jede Vertiefung pipettiert werden.
11. Schockgefrieren der Zellen auf Trockeneis oder in flüssigem Stickstoff.
    Kein Trockeneis/Ethanol-Bad verwenden, da das Ethanol in die Gefäße eindringen kann, wodurch die Transformationseffizienz reduziert wird.
12. Aufbewahren der kompetenten Zellen bei –80 °C.

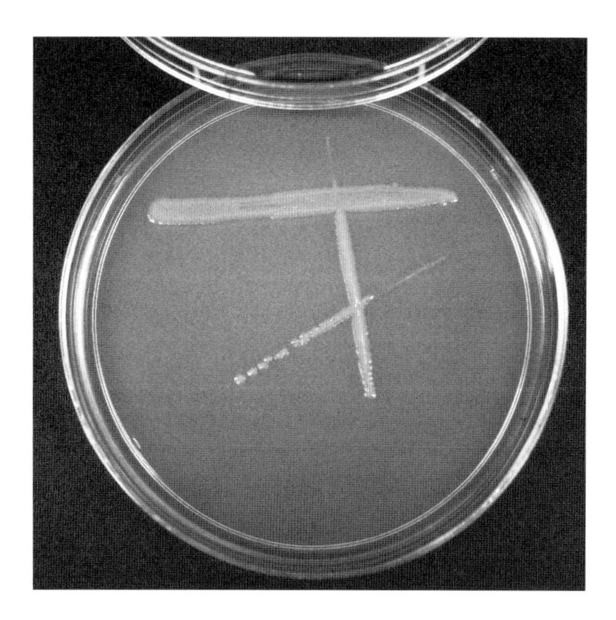

Abb. A9.1 Auf LB-Agar ausgestrichene Bakterien.

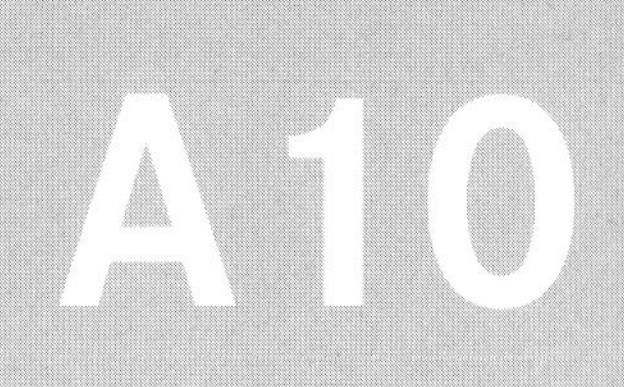

Anhang 10

Quantifizierung von DNA*

Materialien

Achtung: Für den korrekten Umgang mit Substanzen, die mit einem <!> gekennzeichnet sind, siehe Anhang 11.

Reagenzien

10× TNE-Puffer
- 100 mM Tris-Cl (pH 7,5)
- 1 M NaCl
- 10 mM EDTA

DNA-Proben

Bisbenzimidstammlösung zum Färben der DNA <!> (Hoechst)

Herstellung des Färbereagenzes durch Verdünnen der Stammlösung mit entionisiertem H_2O auf 1 mg ml^{-1}. Aufbewahren bei –20 °C.

Geräte

96-Well-Mikrotiterplatte, schwarz, mit flachem Boden (Corning)

UV-Mikrotiterplatten-Reader

Durchführung

1. Herstellen einer 1×-TNE-Lösung aus der 10×-Stammlösung.
2. Verdünnen des Färbereagenzes 1:1 000 in 1× TNE.
3. Aliquotieren von 95 µl des verdünnten Farbstoffreagenzes in jede Vertiefung einer schwarzen 96-Mikrotiterplatte mit flachem Boden.
4. Zugabe von 5 µl DNA-Probe in jede Vertiefung.
5. Zugabe einer Reihe von DNA-Standards mit bekannten Konzentrationen (der Konzentrationsbereich sollte den Bereich der erwarteten Konzentrationen abdecken und darüber hinausgehen).
6. Verschließen der Platte; Vortexen.
7. Kurzes Zentrifugieren der Platte, um die Lösung am Boden der Vertiefungen zu sammeln.
8. Einsetzen der Platte in einen UV-Mikrotiterplatten-Reader (Absorption 360 nm, Emission 465 nm).
9. Darstellung einer Standardkurve und Berechnen der Probenkonzentrationen.

* Freundlicherweise zur Verfügung gestellt von Frederick M. Boyce.

Anhang 11

Sicherheitshinweise

Allgemeine Sicherheitshinweise

Der Anhang „Sicherheitshinweise" in diesem Handbuch ist nicht vollständig, insofern sind Hinweise der einzelnen Hersteller und spezifische Produktinformationen stets zu beachten. Im Text sind Gefahrstoffe, die in den Protokollen mit einem <!> markiert sind, nicht gekennzeichnet; bei unsachgemäßer Verwendung können die Substanzen jedoch eine Gefahr für den Nutzer darstellen. Bitte kontaktieren Sie den Sicherheitsbeauftragten vor Ort oder informieren Sie sich in den Sicherheitsrichtlinien der Hersteller.

Die folgenden allgemeinen Sicherheitshinweise sollten stets beachtet werden.

- **Machen Sie sich mit den Eigenschaften der verwendeten Chemikalien vertraut**, bevor Sie mit dem Versuch beginnen.
- **Das Fehlen eines Warnhinweises** bedeutet nicht zwingend, dass die Materialien unbedenklich sind, da die Informationen unter Umständen nicht vollständig oder nicht verfügbar sind.
- **Sind Sie mit toxischen Substanzen in Berührung gekommen**, wenden Sie sich an den Sicherheitsbeauftragten vor Ort, und beachten Sie seine Anweisungen.
- **Beachten Sie die für Sie geltenden Richtlinien für die Entsorgung von Chemikalien**, organischem und radioaktivem Abfall.
- **Welches die geeigneten und verfügbaren Laborhandschuhe sind**, erfahren Sie von dem Sicherheitsbeauftragten vor Ort.
- **Verwenden Sie Säuren und Basen** mit großer Vorsicht. Tragen Sie eine Schutzbrille und geeignete Handschuhe. Wenn Sie mit großen Volumina umgehen, tragen Sie einen Schutzschirm für das Gesicht. Mischen Sie nicht starke Säuren mit organischen Lösungsmitteln, da sie miteinander reagieren können. Schwefelsäure und Salpetersäure können besonders stark exotherm reagieren – es besteht Brand- und Explosionsgefahr.
  Mischen Sie nicht starke Basen mit halogenierten Lösungsmitteln, da dadurch reaktive Carbene entstehen können – auch hier besteht Explosionsgefahr.
- **Behandeln und lagern Sie Druckgasbehälter** mit der entsprechenden Vorsicht, da sie entzündliche, toxische oder ätzende Gase enthalten können wie auch Gase, die zur Erstickung führen können oder die Oxidationsmittel sind. Um den korrekten Umgang sicherzustellen, lesen Sie das vom Hersteller mitgelieferte Sicherheitsdatenblatt.
- **Pipettieren Sie niemals** mit dem Mund. Diese Methode ist nicht steril und kann gefährlich sein. Verwenden Sie stets einen Peleusball oder eine andere Pipettierhilfe.
- **Halten Sie halogenierte und nichthalogenierte** Lösungsmittel getrennt (das Vermischen z.B. von Chloroform und Aceton kann in Anwesenheit von Basen zu unerwarteten Reaktionen führen). Halogenierte Lösungsmittel sind organische Lösungsmittel wie Chloroform, Dichlormethan, Trichlortrifluorethan und Dichlorethan. Einige nichthalogenierte Lösungsmittel sind Pentan, Heptan, Ethanol, Methanol, Benzen, Toluen, *N,N*-Dimethylformamid (DMF), Dimethylsulfoxid (DMSO) und Acetonitril.
- **Laserstrahlung**, sichtbar oder unsichtbar, kann zu schweren Schäden an Augen und Haut führen. Treffen Sie geeignete Vorkehrungen, die Sie vor dem Strahl selbst und auch vor seiner Reflexion schützen. Halten Sie sich stets an die Sicherheitshinweise des Herstellers, und wenden Sie sich an den Sicherheitsbeauftragten vor Ort. Ausführlichere Sicherheitshinweise siehe unten.

- **Blitzlampen** können die Augen aufgrund ihrer hohen Lichtintensität schädigen und manchmal auch explodieren. Tragen Sie einen geeigneten Augenschutz, und befolgen Sie die Anweisungen des Herstellers.
- **Fixierer, Entwickler und Fotolack für die Entwicklung von Filmen** enthalten gesundheitsschädliche Chemikalien. Gehen Sie entsprechend vorsichtig mit ihnen um, und beachten Sie die Anweisungen des Herstellers.
- **Stromquellen und Elektrophoreseeinheiten** können Brände verursachen und auch zu Stromschlägen führen, wenn sie nicht ordnungsgemäß verwendet werden.
- **Beim Umgang mit Mikrowellengeräten und Autoklaven** im Labor sind besondere Vorsichtsmaßnahmen notwendig, da eine unsachgemäße Verwendung zu verschiedenen Unfällen führen kann. Ein Beispiel ist das Aufkochen oder Sterilisieren von Agar, der in Flaschen abgefüllt ist. Wird der Deckel nicht ausreichend aufgeschraubt, sodass der in der Flasche entstehende Druck entweichen kann, können die Flaschen explodieren, wenn sie aus der Mikrowelle oder dem Autoklaven genommen werden. Die Folge sind schwere Verletzungen. Schrauben Sie also die Flaschenverschlüsse weit auf, bevor Sie die Gefäße in die Mikrowelle bzw. den Autoklaven stellen. Alternativ lassen sich z.B. für das nichtsterile Aufkochen von Agarose, die für Agarosegele verwendet werden soll, Erlenmeyerkolben verwenden.
- **Ultraschallgeräte** verwenden z.B. für die Zerstörung von Zellen Schallwellen mit hoher Frequenz (16–100 kHz). Dieser Ultraschall, übertragen durch die Luft, ist für den Menschen nicht direkt gesundheitsschädlich, doch kann die Lautstärke des hörbaren Schalls unterschiedliche Folgen haben wie Kopfschmerz, Übelkeit und Tinnitus. Ein direkter Körperkontakt mit Ultraschall hoher Intensität (dazu zählen nicht die im medizinischen Bereich eingesetzten Geräte) sollte vermieden werden. Tragen Sie einen geeigneten Gehörschutz; Warnschilder auf Labortüren sollten vorhanden sein.
- **Gehen Sie besonders vorsichtig mit scharfen Geräten und Gegenständen** wie Mikrotommessern, Skalpellen, Rasierklingen, Nadeln oder Kanülen um. Mikrotommesser sind extrem scharf! Beim Schneiden von Präparaten ist besondere Vorsicht geboten. Lassen Sie sich in die richtige Technik einweisen, wenn Ihnen der Gebrauch nicht bekannt ist. Entsorgen Sie scharfe Gegenstände in einem speziellen Container. Entsorgen Sie gebrauchte Nadeln und Kanülen aufgesteckt auf die Spritze und *ohne die Schutzkappe*. Dadurch lassen sich Verletzungen (und mögliche Infektionen; siehe biologische Sicherheit) verhindern, die durch die Manipulation gebrauchter Nadeln und Kanülen gefördert werden – es hat sich gezeigt, dass die meisten Stichverletzungen auf den Versuch, die Schutzkappe wieder aufzusetzen, zurückzuführen sind.
- **Umgang mit Tieren**: Die ethisch korrekte Behandlung von Tieren muss zu jedem Zeitpunkt gewährleistet sein. Informieren Sie sich über die Richtlinien bei der Einrichtung zur Versuchstierhaltung vor Ort. Tiere wie Ratten rufen häufig Allergien hervor, die bei wiederholter Exposition immer stärker werden können. Tragen Sie beim Umgang mit dem Tier stets einen Laborkittel und Handschuhe. Sind Allergien gegen Tierschuppen oder -speichel bekannt, tragen Sie eine Atemschutzmaske.

Allgemeine Eigenschaften gebräuchlicher Chemikalien

Gefahrstoffe lassen sich in folgende Kategorien einteilen.

- Anorganische Säuren wie Salzsäure, Schwefelsäure, Salpetersäure oder Phosphorsäure sind farblose Flüssigkeiten mit stechendem Geruch. Vermeiden Sie den Kontakt mit Haut und Kleidung. Kontaminationen können mit reichlich Wasser abgewaschen werden. Konzentrierte Säuren können Papier, Textilien und Haut zerstören und schwere Verletzungen an den Augen verursachen.
- Anorganische Basen wie Natriumhydroxid sind weiße Feststoffe, die sich in Wasser unter Hitzeentwicklung lösen. Konzentrierte Lösungen greifen über die Zeit Haut und sogar Fingernägel an.
- Schwermetallsalze sind in der Regel farbige, gekörnte Feststoffe, die sich in Wasser lösen. Viele sind starke Enzyminhibitoren und daher für den Menschen und die Umwelt (z.B. Fische und Algen) schädlich.
- Die meisten organischen Lösungsmittel sind brennbare flüchtige Flüssigkeiten. Das Einatmen der Dämpfe, das zu Übelkeit und Bewusstseinseintrübung führen kann, wie auch Hautkontakt sind zu vermeiden.

- Andere organische Verbindungen einschließlich der Organoschwefelverbindungen wie Mercaptoethanol oder organische Amine können sehr unangenehm riechen. Andere sind sehr reaktionsfreudig und sollten mit Vorsicht behandelt werden.
- Bei unsachgemäßem Umgang können Farbstoffe und ihre Lösungen nicht nur Proben färben, sondern auch Haut und Kleidung. Einige der Substanzen sind mutagen (z.B. Ethidiumbromid), karzinogen und toxisch.
- Nahezu alle Begriffe, die auf „-ase" enden (z.B. Katalase, β-Glucuronidase oder Zymolase), bezeichnen Enzyme. Es gibt jedoch auch andere Enzyme mit nichtsystematischen Namen wie Pepsin. Viele von ihnen werden vom Hersteller in Puffer usw. gelöst geliefert. Beachten Sie die charakteristischen Eigenschaften der jeweiligen Inhaltsstoffe.
- Toxische Verbindungen werden häufig eingesetzt, um Zellen zu manipulieren. Sie können gefährlich sein und sollten entsprechend gehandhabt werden.
- Zahlreiche der aufgeführten Substanzen sind hinsichtlich ihrer toxischen Eigenschaften nicht ausreichend untersucht – seien Sie sich dessen bewusst. Behandeln Sie jede Chemikalie mit angemessenem Respekt. Die toxischen Eigenschaften einer Verbindung lassen sich (z.B. mithilfe des LD_{50}-Wertes) quantifizieren, doch bei Karzinogenen oder Mutagenen ist dies nicht möglich; bereits ein einziger Kontakt kann eine schädliche Wirkung haben. Auch kann die Gefahr, die von einer Verbindung ausgeht, mit ihrem physikalischen Zustand variieren (feines Puder kontra große Kristalle; Diethylether kontra Glycerin; Trockeneis kontra Kohlendioxid in einer Druckgasflasche). Schätzen Sie ab, in welcher Phase des Experiments die Wahrscheinlichkeit mit einem Gefahrstoff in Kontakt zu kommen am größten ist, und ergreifen Sie entsprechende Schutzmaßnahmen für sich und Ihre Umwelt.

Gefahrstoffe

Aceton verursacht Augen- und Hautirritationen und reizt Schleimhäute und die oberen Atemwege. Atmen Sie die Dämpfe nicht ein. Es ist außerdem leicht entzündlich. Tragen Sie geeignete Handschuhe und eine Schutzbrille. Halten Sie Abstand zu Hitze, Funken und offenen Flammen.

Acetonitril (Methylcyanid) ist sehr flüchtig und sehr leicht entzündlich. Beim Einatmen, Verschlucken oder bei Hautkontakt wirkt es reizend und führt zu Atemnot. Schwere Fälle durch starke Exposition sind wie eine Cyanidvergiftung zu behandeln. Tragen Sie geeignete Handschuhe und eine Schutzbrille und arbeiten Sie immer unter einem Abzug. Halten Sie Abstand zu Hitze, Funken und offenen Flammen.

$AgNO_3$, siehe **Silbernitrat**

Alanin reizt Augen, Haut und Atemwege. Einatmen, Verschlucken oder Hautkontakt können Schäden hervorrufen. Tragen Sie geeignete Handschuhe und eine Schutzbrille.

Ameisensäure, **HCOOH**, ist sehr toxisch und wirkt stark zerstörend auf Schleimhäute, die oberen Atemwege, Augen und Haut. Einatmen, Verschlucken oder Hautkontakt können Schäden hervorrufen. Tragen Sie geeignete Handschuhe und eine Schutzbrille (oder einen Gesichtsschutz) und arbeiten Sie unter einem Abzug.

3-Aminopropyltriethoxysilan (TESPA), siehe **Silan**

Aminosilan wirkt reizend und kann die Hornhaut stark schädigen. Ebenfalls können Einatmen, Verschlucken oder Hautkontakt Schäden hervorrufen. Tragen Sie geeignete Handschuhe und eine dicht

Anmerkung: Urheberrechtlich geschützte Materialien sind an dieser Stelle nicht aufgeführt. Kits und andere im Handel erhältliche Gegenstände wie auch die meisten Narkotika, Farbstoffe und Fixative werden ebenfalls nicht erwähnt. Narkotika erfordern besonderen Umgang. Befolgen Sie die Anweisungen in den Sicherheitsrichtlinien der Hersteller, die den Produkten beiliegen.

schließende Schutzbrille. Vermeiden Sie den Kontakt mit Wasser.

Ammoniumhydroxid, NH_4OH, ist eine Lösung von Ammoniak in Wasser. Sie ist ätzend und im Umgang mit ihr ist große Vorsicht geboten. Da sich Ammoniakdämpfe verflüchtigen, ist die Lösung ätzend, toxisch und kann explosiv sein. Verwendung nur unter mechanischer Abluftventilation. Tragen Sie geeignete Handschuhe und arbeiten Sie immer unter einem Abzug.

Asparaginsäure ist möglicherweise mutagen und birgt die Gefahr irreversibler Schäden. Einatmen, Verschlucken oder Hautkontakt können Schäden hervorrufen. Tragen Sie geeignete Handschuhe und eine Schutzbrille. Atmen Sie den Staub nicht ein.

C_2H_4INO, siehe **Iodacetamid**

$C_2H_7FO_2S$, siehe **Phenylmethylsulfonylfluorid**

$CaCl_2$, siehe **Calciumchlorid**

Calciumchlorid, $CaCl_2$, ist hygroskopisch und kann Herzstörungen verursachen. Einatmen, Verschlucken oder Hautkontakt können Schäden hervorrufen. Atmen Sie den Staub nicht ein. Tragen Sie geeignete Handschuhe und eine dicht schließende Schutzbrille.

CH_3CH_2OH, siehe **Ethanol**

CHAPS, siehe **3-[(3-Cholamidopropyl)dimethylammonio]-1-propansulfonat**

CHCA, siehe **α-Cyano-4-hydroxyzimtsäure**

$CHCl_3$, siehe **Chloroform**

Chloroform, $CHCl_3$, reizt Haut, Augen, Schleimhäute und Atemwege. Es ist karzinogen und kann Leber und Nieren schädigen. Es ist flüchtig. Vermeiden Sie das Einatmen der Dämpfe. Tragen Sie geeignete Handschuhe und eine Schutzbrille und arbeiten Sie immer unter einem Abzug.

3-[(3-Cholamidopropyl)dimethylammonio]-1-propansulfonat (CHAPS) ist reizend und kann beim Einatmen, Verschlucken oder bei Hautkontakt Schäden hervorrufen. Tragen Sie geeignete Handschuhe und eine Schutzbrille.

Digitonin kann beim Einatmen, Verschlucken oder bei Hautkontakt schwerste Schäden hervorrufen. Tragen Sie geeignete Handschuhe und eine Schutzbrille und arbeiten Sie unter einem Abzug.

Dimethylsulfoxid (DMSO) kann beim Einatmen, Verschlucken oder bei Hautkontakt Schäden hervorrufen. Tragen Sie geeignete Handschuhe und eine Schutzbrille und arbeiten Sie unter einem Abzug. DMSO ist außerdem brennbar. Lagern Sie die Substanz in einem fest verschlossenen Behälter und halten Sie Abstand zu Hitze, Funken und offenen Flammen.

Dithiothreitol (DTT) ist ein starkes Reduktionsmittel, das einen fauligen Geruch verströmt. Wenn Sie mit dem Feststoff oder einer hochkonzentrierten Lösung arbeiten, tragen Sie geeignete Handschuhe und eine Schutzbrille und arbeiten Sie unter einem Abzug.

DMSO, siehe **Dimethylsufoxid**

DTT, siehe **Dithiothreitol**

Eisen(III)chlorid, $FeCl_3$, kann beim Einatmen, Verschlucken oder bei Hautkontakt Schäden hervorrufen. Tragen Sie geeignete Handschuhe und eine Schutzbrille und arbeiten Sie immer unter einem Abzug.

Eisessig, siehe **Essigsäure**

Essigsäure (Eisessig) wirkt stark ätzend und muss mit großer Vorsicht behandelt werden. Sie kann karzinogen sein. Sowohl Flüssigkeit als auch Nebel verursachen bei allen Geweben des Körpers schwere Verbrennungen. Einatmen, Verschlucken oder Hautkontakt können Schäden hervorrufen. Tragen Sie geeignete Handschuhe und eine dicht schließende Schutzbrille und arbeiten Sie unter einem Abzug. Halten Sie Abstand zu Hitze, Funken und offenen Flammen.

Essigsäure (konzentriert) muss mit großer Vorsicht behandelt werden. Einatmen, Verschlucken oder Hautkontakt können Schäden hervorrufen. Tragen Sie geeignete Handschuhe und eine dicht schließende Schutzbrille und arbeiten Sie unter einem Abzug.

Ethanol (EtOH), CH_3CH_2OH, ist leicht entzündlich und kann beim Einatmen, Verschlucken oder bei Hautkontakt Schäden hervorrufen. Tragen Sie geeignete Handschuhe und eine Schutzbrille und halten Sie Abstand zu Hitze, Funken und offenen Flammen.

$FeCl_3$, siehe **Eisen(III)chlorid**

Flüssiger Stickstoff (N_2fl) kann aufgrund seiner extrem geringen Temperatur schwere Schäden hervorrufen. Gehen Sie mit gefrorenen Proben sehr vorsichtig um. Durch Einsickern von flüssigem Stickstoff in gefrorene Gefäße können die Gefäße beim Erwärmen explodieren. Verwenden Sie wenn möglich Gefäße mit O-Ringen als Dichtung. Tragen Sie Kryohandschuhe und einen Gesichtsschutz. Schütten Sie flüssigen Stickstoff nicht auf Ihre Kleidung. Atmen Sie die Dämpfe nicht ein.

Formaldehyd, HCHO, ist sehr toxisch und flüchtig und könnte karzinogen sein. Es wird leicht durch die Haut absorbiert und reizt oder zerstört Haut, Augen, Schleimhäute und die oberen Atemwege. Vermeiden Sie das Einatmen von Dämpfen. Tragen Sie geeignete Handschuhe und eine Schutzbrille und arbeiten Sie immer unter einem Abzug. Halten Sie Abstand zu Hitze, Funken und offenen Flammen.

Formamid ist teratogen. Der Dampf reizt Haut, Augen, Schleimhäute und die oberen Atemwege. Einatmen, Verschlucken oder Hautkontakt können Schäden hervorrufen. Wenn Sie mit konzentrierten Lösungen arbeiten, tragen Sie geeignete Handschuhe und eine Schutzbrille und arbeiten Sie unter einem Abzug. Decken Sie die Lösungen stets ab.

Guanidinhydrochlorid reizt Schleimhäute, die oberen Atemwege, Augen und Haut. Einatmen, Verschlucken oder Hautkontakt können Schäden hervorrufen. Tragen Sie geeignete Handschuhe und eine Schutzbrille. Vermeiden Sie das Einatmen des Staubs.

H_3COH, siehe **Methanol**

Harnstoff kann beim Einatmen, Verschlucken oder bei Hautkontakt Schäden hervorrufen. Tragen Sie geeignete Handschuhe und eine Schutzbrille.

HCHO, siehe **Formaldehyd**

HCl, siehe **Salzsäure**

HCOOH, siehe **Ameisensäure**

$HOCH_2CH_2SH$, siehe **β-Mercaptoethanol (2-Mercaptoethanol)**

Imidazol ist ätzend und kann beim Einatmen, Verschlucken oder bei Hautkontakt Schäden hervorrufen. Tragen Sie geeignete Handschuhe und eine Schutzbrille und arbeiten Sie unter einem Abzug.

Iodacetamid, C_2H_4INO, kann Aminogruppen in Proteinen alkylieren und kann daher zu Schäden führen. Iodacetamid ist toxisch und kann beim Einatmen, Verschlucken oder bei Hautkontakt Schäden hervorrufen. Tragen Sie geeignete Handschuhe und eine Schutzbrille und arbeiten Sie immer unter einem Abzug. Atmen Sie den Staub nicht ein.

Isopropanol ist entzündlich und reizend. Einatmen, Verschlucken oder Hautkontakt können Schäden hervorrufen. Tragen Sie geeignete Handschuhe und eine Schutzbrille. Atmen Sie den Dampf nicht ein. Halten Sie Abstand zu Hitze, Funken und offenen Flammen.

Kaliumchlorid, KCl, kann beim Einatmen, Verschlucken oder bei Hautkontakt Schäden hervorrufen. Tragen Sie geeignete Handschuhe und eine Schutzbrille.

Kaliumhydroxid, KOH, und **KOH/Methanol** sind sehr toxisch. Sie können beim Einatmen, Verschlucken oder bei Hautkontakt Schäden hervorrufen. Lösungen sind ätzend und können zu schweren Verbrennungen führen. Sie sollten mit großer Vorsicht behandelt werden. Tragen Sie geeignete Handschuhe und eine dicht schließende Schutzbrille.

KCl, siehe **Kaliumchlorid**

KOH, siehe **Kaliumhydroxid**

Leupeptin (oder sein **Hemisulfat**) kann beim Einatmen, Verschlucken oder bei Hautkontakt Schäden hervorrufen. Tragen Sie geeignete Handschuhe und eine Schutzbrille und arbeiten Sie unter einem Abzug.

Magnesiumchlorid, $MgCl_2$, kann beim Einatmen, Verschlucken oder bei Hautkontakt Schäden hervorrufen. Tragen Sie geeignete Handschuhe und eine Schutzbrille und arbeiten Sie unter einem Abzug.

Manganchlorid, $MnCl_2$, kann beim Einatmen, Verschlucken oder bei Hautkontakt Schäden hervorrufen. Tragen Sie geeignete Handschuhe und eine Schutzbrille und arbeiten Sie unter einem Abzug.

MeOH, siehe **Methanol**

MES, siehe **2-(N-Morpholino)ethansulfonsäure**

Methanol, **MeOH** oder **H_3COH**, ist toxisch und kann zur Erblindung führen. Einatmen, Verschlucken oder Hautkontakt können Schäden hervorrufen. Um das Einatmen der Dämpfe zu verhindern, ist ausreichende Belüftung notwendig. Vermeiden Sie das Einatmen der Dämpfe. Tragen Sie geeignete Handschuhe und eine dicht schließende Schutzbrille und arbeiten Sie unter einem Abzug.

$MgCl_2$, siehe **Magnesiumchlorid**

$MnCl_2$, siehe **Manganchlorid**

MOPS, siehe **3-(N-Morpholino)propansulfonsäure**

2-(N-Morpholino)ethansulfonsäure (MES) kann beim Einatmen, Verschlucken oder bei Hautkontakt Schäden hervorrufen. Tragen Sie geeignete Handschuhe und eine Schutzbrille.

3-(N-Morpholino)propansulfonsäure (MOPS) kann beim Einatmen, Verschlucken oder bei Hautkontakt Schäden hervorrufen. Es reizt Schleimhäute und die oberen Atemwege. Tragen Sie geeignete Handschuhe und eine Schutzbrille und arbeiten Sie unter einem Abzug.

N_2fl, siehe **flüssiger Stickstoff**

Na_2CO_3, siehe **Natriumcarbonat**

Na_3VO_4, siehe **Natriumorthovanadat**

NaF, siehe **Natriumfluorid**

NaN_3, siehe **Natriumazid**

NaOH, siehe **Natriumhydroxid**

Natriumazid, **NaN_3**, ist sehr giftig. Es blockiert den Elektronentransport durch Cytochrom. Lösungen mit Natriumazid sollten eindeutig gekennzeichnet sein. Einatmen, Verschlucken oder Hautkontakt können Schäden hervorrufen. Tragen Sie geeignete Handschuhe und eine dicht schließende Schutzbrille und arbeiten Sie mit großer Vorsicht. Natriumazid ist ein Oxidationsmittel und sollte nicht neben entzündlichen Chemikalien gelagert werden.

Natriumcarbonat, **Na_2CO_3**, kann beim Einatmen, Verschlucken oder bei Hautkontakt Schäden hervorrufen. Tragen Sie geeignete Handschuhe und eine Schutzbrille und arbeiten Sie unter einem Abzug.

Natriumdesoxycholat reizt Schleimhäute und Atemwege und kann beim Einatmen, Verschlucken oder bei Hautkontakt Schäden hervorrufen. Tragen Sie beim Umgang mit dem Pulver geeignete Handschuhe und eine Schutzbrille. Atmen Sie den Staub nicht ein.

Natriumdodecylsulfat (SDS) ist toxisch und reizt und birgt die Gefahr einer schweren Schädigung der Augen. Einatmen, Verschlucken oder Hautkontakt können Schäden hervorrufen. Tragen Sie geeignete Handschuhe und eine dicht schließende Schutzbrille. Atmen Sie den Staub nicht ein.

Natriumfluorid, **NaF**, ist sehr toxisch und wirkt stark reizend. Es kann beim Einatmen, Verschlucken oder bei Hautkontakt schwere Schäden hervorrufen. Tragen Sie geeignete Handschuhe und eine Schutzbrille und arbeiten Sie immer unter einem Abzug.

Natriumhydroxid, **NaOH**, und **Lösungen, die Natriumhydroxid enthalten**, sind sehr toxisch und ätzend und sollten mit großer Vorsicht behandelt werden. Tragen Sie geeignete Handschuhe und einen Gesichtsschutz. Alle anderen konzentrierten Basen sollten in ähnlicher Weise gehandhabt werden.

Natriumorthovanadat, **Na_3VO_4**, kann beim Einatmen, Verschlucken oder bei Hautkontakt Schäden hervorrufen. Tragen Sie geeignete Handschuhe und eine Schutzbrille und arbeiten Sie unter einem Abzug.

NH_4OH, siehe **Ammoniumhydroxid**

Periodsäure ist ein starkes Oxidationsmittel. Bei Kontakt mit brennbaren Stoffen besteht Feuergefahr. Es wirkt ätzend und kann beim Einatmen, Verschlucken oder bei Hautkontakt Schäden hervorrufen. Tragen Sie geeignete Handschuhe und eine dicht schließende Schutzbrille.

Phenylmethylsulfonylfluorid (PMSF), **$C_7H_7FO_2S$**, ist ein sehr toxischer Cholinesteraseinhibitor. Es wirkt stark zerstörend auf die Schleimhäute der oberen Atemwege, auf Augen und Haut. Tragen Sie geeignete Handschuhe und eine Schutzbrille und arbeiten Sie immer unter einem Abzug. Nach Kontakt mit Augen oder Haut diese mit viel Wasser spülen und verunreinigte Kleidung entsorgen.

PMSF,
siehe **Phenylmethylsulfonylfluorid ($C_7H_7FO_2S$)**

Psolaren ist stark ätzend, insbesondere für Augen und Haut, und könnte karzinogen sein. Einatmen, Verschlucken oder Hautkontakt können Schäden hervorrufen. Tragen Sie geeignete Handschuhe und eine dicht schließende Schutzbrille. Vermeiden Sie das Einatmen des Staubs.

Salzsäure, **HCl**, ist flüchtig und kann beim Einatmen, Verschlucken oder bei Hautkontakt schwerste Schäden hervorrufen. Extrem zerstörend wirkt sie auf Schleimhäute, die oberen Atemwege, Augen und Haut. Tragen Sie geeignete Handschuhe und eine Schutzbrille und arbeiten Sie mit großer Vorsicht unter einem Abzug. Tragen Sie beim Umgang mit größeren Volumina eine dicht schließende Schutzbrille.

SDS, siehe **Natriumdodecylsulfat**

Silan ist sehr leicht entzündlich und ätzend. Einatmen, Verschlucken oder Hautkontakt können Schäden hervorrufen. Halten Sie Abstand zu Hitze, Funken und offenen Flammen. Der Dampf reizt Augen, Haut und Schleimhäute und die oberen Atemwege. Tragen Sie geeignete Handschuhe und eine dicht schließende Schutzbrille und arbeiten Sie unter einem Abzug.

Silbernitrat, **$AgNO_3$**, ist ein starkes Oxidationsmittel und muss mit großer Vorsicht behandelt werden. Einatmen, Verschlucken oder Hautkontakt können Schäden hervorrufen. Vermeiden Sie Hautkontakt. Tragen Sie geeignete Handschuhe und eine Schutzbrille. Bei Kontakt mit anderen Stoffen besteht Explosionsgefahr.

SYPRO-Orange/Red/Ruby enthält DMSO. Siehe **DMSO**

TCA, siehe **Trichloressigsäure**

TCEP, siehe **Tris-(carboxyethyl)phosphinhydrochlorid**

TESPA (3-Aminopropyltriethoxysilan), siehe **Silan**

TFA, siehe **Trifluoressigsäure**

Thioharnstoff könnte karzinogen sein und kann beim Einatmen, Verschlucken oder bei Hautkontakt Schäden hervorrufen. Tragen Sie geeignete Handschuhe und eine Schutzbrille und arbeiten Sie unter einem Abzug.

Thionylchlorid reagiert stark mit Wasser (setzt toxisches Gas frei) und verursacht schwere Verbrennungen. Es ist sehr toxisch und kann beim Einatmen, Verschlucken oder bei Hautkontakt Schäden hervorrufen. Tragen Sie geeignete Handschuhe und eine Schutzbrille und arbeiten Sie unter einem Abzug. Atmen Sie die Dämpfe nicht ein.

Trichloressigsäure (TCA) ist stark ätzend. Tragen Sie geeignete Handschuhe und eine dicht schließende Schutzbrille.

Triethylamin ist sehr toxisch und leicht entzündlich. Es reizt Schleimhäute, die oberen Atemwege, Augen und Haut stark und kann beim Einatmen, Verschlucken oder bei Hautkontakt Schäden hervorrufen. Tragen Sie geeignete Handschuhe und eine Schutzbrille und arbeiten Sie unter einem Abzug. Halten Sie Abstand zu Hitze, Funken und offenen Flammen.

Trifluoressigsäure (TFA) (konzentriert) kann beim Einatmen, Verschlucken oder bei Hautkontakt Schäden hervorrufen. Konzentrierte Säuren müssen mit großer Vorsicht behandelt werden. Der Zerfall setzt toxische Dämpfe frei. Tragen Sie geeignete Handschuhe und einen Gesichtsschutz und arbeiten Sie unter einem Abzug.

Tris-(carboxyethyl)phosphinhydrochlorid (TCEP) reizt Schleimhäute, die oberen Atemwege, Augen und Haut und kann Verbrennungen verursachen. Einatmen, Verschlucken oder Hautkontakt können Schäden hervorrufen. Tragen Sie geeignete Handschuhe und eine Schutzbrille und arbeiten Sie unter einem Abzug. Atmen Sie die Dämpfe oder den Nebel nicht ein.

Triton X-100 verursacht schwere Reizungen und Verbrennungen. Einatmen, Verschlucken oder Hautkontakt können Schäden hervorrufen. Tragen Sie geeignete Handschuhe und eine dicht schließende Schutzbrille. Atmen Sie die Dämpfe nicht ein.

Trizol kann beim Einatmen, Verschlucken oder bei Hautkontakt schwere Schäden hervorrufen. Ebenso kann es zu Verbrennungen führen. Tragen Sie geeignete Handschuhe, eine dicht schließende Schutzbrille und Schutzkleidung und arbeiten Sie immer unter einem Abzug. Nach Kontakt mit der Haut diese mit viel Wasser und Seifenlösung spülen; verwenden Sie kein Ethanol!

Trypsin kann eine allergische Reaktion der Atemwege hervorrufen. Es kann beim Einatmen, Verschlucken oder bei Hautkontakt Schäden hervorrufen. Atmen Sie den Staub nicht ein. Tragen Sie geeignete Handschuhe und eine dicht schließende Schutzbrille und sorgen Sie für ausreichend Belüftung.

α-Cyano-4-hydroxyzimtsäure (CHCA) kann Herzstörungen verursachen. Es kann zu chronischen Schäden kommen, die sich erst später bemerkbar machen. Einatmen, Verschlucken oder Hautkontakt können Schäden hervorrufen. Tragen Sie geeignete Handschuhe und eine Schutzbrille.

β-Mercaptoethanol (2-Mercaptoethanol), $HOCH_2CH_2SH$, kann beim Einatmen oder bei Hautkontakt schwere Schäden hervorrufen. Hohe Konzentrationen wirken stark zerstörend auf die Schleimhäute, die oberen Atemwege, Augen und Haut. β-Mercaptoethanol verströmt einen fauligen Geruch. Tragen Sie geeignete Handschuhe und eine Schutzbrille und arbeiten Sie immer unter einem Abzug.

Index

I